生态文明与生态哲学

卢风 王远哲 著

中国社会科学出版社

图书在版编目（CIP）数据

生态文明与生态哲学／卢风，王远哲著．—北京：中国社会科学出版社，2022.4

ISBN 978 - 7 - 5203 - 9901 - 2

Ⅰ.①生…　Ⅱ.①卢…②王…　Ⅲ.①生态学—哲学—研究
Ⅳ.①Q14 - 02

中国版本图书馆 CIP 数据核字（2022）第 041250 号

出 版 人	赵剑英
责任编辑	周晓慧
责任校对	刘　念
责任印制	戴　宽

出　　版	中国社会科学出版社
社　　址	北京鼓楼西大街甲 158 号
邮　　编	100720
网　　址	http://www.csspw.cn
发 行 部	010 - 84083685
门 市 部	010 - 84029450
经　　销	新华书店及其他书店

印刷装订	北京君升印刷有限公司
版　　次	2022 年 4 月第 1 版
印　　次	2022 年 4 月第 1 次印刷

开　　本	710×1000　1/16
印　　张	33.75
插　　页	2
字　　数	488 千字
定　　价	188.00 元

目　　录

导　论

从 20 世纪末直至今天，工业文明在达到鼎盛的同时日益暴露出深重危机。越来越多（仅指变化趋势）的有识之士认为，尽管工业文明取得了无比辉煌的成就，但它是不可持续的，人类必须超越工业文明，走向生态文明。本书阐述工业文明不可持续的深层原因，分析批判作为工业文明主流意识形态一部分的现代性哲学，阐释一种支持生态文明建设的新哲学——生态哲学，并展望生态文明的愿景。

第一章：文明与发展。

"文明"有开化、进步、善美之意，与野蛮、落后、丑恶相对。广义的"文明"与广义的"文化"大致同义，都指人类超越于非人动物所创造的一切，指由特定族群构成的社会形态。人类学家认为，原始社会也是一种文化，但有些人类学家和历史学家认为，原始社会不是文明，农业、城市和文字的出现才标志着文明的诞生。

文明必然是发展的，文明的发展源自人类对无限的追求，无限追求则源自人所特有的"符号化的智能和想象力"。

人类自诞生之日始就打破了自然界的自然和谐。哪怕是使用石器的技术也是不同于非人动物之本能的能力。人使用其技术的作为就是人为，而未被人类技术干预过的一切皆为自然。如果我们称原始社会为原始文明，那么可以说，自文明诞生之日始，文明就始终处于人为与自然的张力之中。人为与自然之间的张力一直积攒着，即人一直损害着地球生物圈的健康。原始社会的技术水平很低，技术改进极其缓慢，故张力积攒得很慢，对地球生物圈健康的损害很轻。农业文明的技术水平比原始社会要高，大面积垦荒、单一种植，为修建宫殿、陵墓等砍伐森林等，都破坏了地球生物圈的健康，但农业文明没有大量使用矿物能源，且循环利用了资源，广大劳动人民十分节俭，从而没有造成什么环境污染，对生态健康的损害也远远未达极限。工业文明空前地激发了技术创新，大量使用矿物能源，把人为与自然之间的张力迅速地推向了极限。

张力适度，文明与自然可以共生。没有张力，就意味着人类仍没有超越非人动物，张力过大而生物圈崩坏，则文明与生物圈俱毁。这就像琴弦，过松发不出声响，过紧则琴弦崩断，唯当张力适度时才能奏出乐音。

人往往"不到黄河心不死""不撞南墙不回头"。人类只有到明显看到生态破坏的极限时，才可能考虑改变文明发展的方向。

第二章：农业文明的得失。

前现代中华文明是典型的农业文明。中华文明具有非凡的韧性和可持续性。之所以如此，大致是因为：主流意识形态蕴含着"天人合一"观念，从而没有主客二分、征服自然的明晰意识；主流意识形态的基本价值导向以内向超越为主，而非以外向超越为主，它激励社会精英以成就"君子"或"圣人"人格为终极关切，而相对贬低身外之物或"难得之货"，相对轻视改造外部世界；思想精英引领社会，而非商业精英引领社会；在经济上以农为本，以工商为末；其主要技术是绿色的农桑技术，即"赞天地之化育"的技术。

传统中华文明亦有其短处。其技术诚然是绿色的，但效率极低。千百万劳动人民终岁劳苦，才能在供养统治阶级的奢侈生活之余勉强养家糊口。儒家思想是中华文明的主流意识形态，"仁"是其核心概念，"仁者爱人"，"鳏、寡、孤、独、废疾者皆有所养"应是王道仁政的基本目标。但统治阶级常常罔顾百姓的饥寒交迫，自己穷奢极欲。

欧洲启蒙运动以来，无政府主义者、社会主义者乃至自由主义者都痛感农业文明时期财富分配严重不公。长期以来，人们认为财富分配问题仅仅涉及人类社会内部的民族、种族、阶级、阶层、性别等的矛盾冲突，而无涉人类对自然的理解和态度。全球性生态危机的凸显要求我们重新思考农业文明遗留的财富分配不公。

第三章：工业文明的得失。

工业文明无疑取得了无比辉煌的成就。十分重要的成就有二。

一是科技迅速进步以及伴随着科技进步而来的物质财富涌流，到了 20 世纪下半叶，发达国家已绝少有人饥寒交迫了，到了 21 世纪，像中国这样人口众多的国家也开始脱贫致富奔小康。

二是民主法治。在 20 世纪 60 年代之前，我们有充分的理由指责西方的民主法治极端虚伪，例如美国仍实行种族隔离制度。但经过"民权运动"，西方发达国家的民主法治在改善。随着民主法治的改善，欧洲的福利制度也在改善。自 1978 年改革开放以来，中国也加强了社会主义民主法治建设。

工业文明正面临着空前深重的危机：因为它非但未能缩小反而加大了农业文明遗留下来的分配不公，故不同种族、阶级、阶层之间的冲突十分尖锐。20 世纪发生了两次世界大战。有了核武器以后，人类就一直无法摆脱核战争的阴影。20 世纪 60 年代以来，全球性的环境污染、生态破坏和气候变化又明显地威胁着人类的生存和发展。核战争的威胁和生态危机是互相纠缠的。

工业文明的成就是空前的，它所导致的危机也是空前的。前现代或许没有人会意识到全人类的生存危机，在工业文明晚期，我们非但感受到了全人类的生存危机，还感受到了整个地球生物圈的生存危机。

第四章：现代性与工业文明。

工业文明的主流意识形态就是现代性。所谓现代性就是源自欧洲启蒙思想的思想体系，是从前现代社会走向现代社会的思想指南，或说是现代化的思想指南。工业文明的发展过程就是现代化的过程。世界各国的现代化并非整齐划一，但现代化有共同的目标——工业化和城市化。无论是以自由主义为特色的欧美现代性，还是以社会主义为特色的苏联—东欧等国的现代性，都支持工业化和城市化建设。对理性和科技进步的乐观信念是现代性的核心。

被誉为"当代最伟大思想家"的史蒂芬·平克在其2018年出版的《当下的启蒙》中对现代性做了较为全面的辩护，其特色是用大量数据支持其观点。平克认为，启蒙运动的四大理念是：理性、科学、人文主义和进步。这四大理念也就是现代性的四大理念。

我们说工业文明既取得了巨大成就，也导致了深重危机。它既然取得了巨大成就，那便意味着其指导思想——现代性——有正确的方面。它导致了深重危机，那便意味着其指导思想包含着严重的错误。平克的《当下的启蒙》一书已详细指出了现代性的正确方面，我们在此则主要揭示现代性的错谬、危险之处。

现代性的错谬主要包括："终极实体"的消失、理性的独断、还原论的错置、物理主义的悖谬、主客二分的简单、物质主义的浅薄和危险。

现代性正确地否定了神灵鬼怪的存在，但错误地否认了超越于人类之上的"终极实体"的存在。大自然就是超越于人类之上的终极实体。作为终极实体的大自然，不是任何自然物，不是地球、太阳系、银河系或宇宙，而是万物之源，是"存在之大全"。万物（包括人类）皆源于自然，最终亦只能复归于自然。敬畏自然是人类的本分，因为自然永远执掌着惩罚人类错误的无上权柄。在现代性的视野中，终极实体消失了，人成了最高存在者。现代人相信，随着科技的不断进步，人类能征服一切非人存在者。不再本分地敬畏终极实体而妄想征服一切，核战争的危险和生态危机与这种僭妄有内在的关联。

人不可须臾失去理性，失去理性就会疯狂。现代性诉诸理性而逐渐消除了前现代社会的种种迷信、愚昧和偏执，但又走向了对理性的迷信和偏执——迷信人类凭理性能获得关于一切事物的确定知识，且能无限逼近对客观世界的囊括无遗的认识。量子力学告诉我们，人类对亚原子粒子的探测永远都是不确定的；复杂性科学则承认，自然界普遍存在复杂系统，复杂系统是不确定的，非线性的，不可预测的。

新科学和新哲学都告诉我们，人类永远也不可能达到对处于不断变化之中的任何一个具体事物的完全认知，更别提对整个世界的完全认知了。

现代性源自欧洲，欧洲有源远流长的还原论传统。有两种还原论在现代性中根深蒂固：一为世界构成还原论，一为数理还原论。构成还原论认为万物都是由某种"宇宙之砖"构成的，泰勒斯认为万物是由水构成的，德谟克利特认为万物是由原子构成的，现代物理学认为万物是由基本粒子或"弦"构成的。复杂事物不过就是其各构成部分之组合。数理还原论认为，虽然现象纷繁复杂、变化多端，但制约现象之变化的规律是不变的，是可以用数学语言（如微分方程）精确表征的。其实，还原论只是人类认知必须使用的方法，而不是世界本身的存在和生成方式。把人类必须使用的认知方法当作世界本身的存在和生成方式就是还原论的错置。

物理主义宣称万物都是物理的，如果把"物理的"等同于"机械的"或"线性的"，那么物理主义就已被量子物理学和复杂性科学所证伪。量子力学问世之前的物理主义的最大困难是说明人类的自由意志。不满于笛卡尔、康德之二元论的物理主义者难以用物理学去说明人类的行动自由，即超越了因果必然性。量子物理学和复杂性科学表明：亚原子粒子和复杂系统也超越了因果必然性。新科学正在为一种克服主客二分的新哲学提供依据。

主体与客体（抑或对象）的区分在许多语境中都是必要的，但认为主客二分是对万物的周延划分是错误的，即断言只有人才是主体，非人的一切都是毫无主体性的客体，则是武断的、错误的。量子力学已表明亚原子粒子由潜在到实在的生成过程与探测者（人）的探测活动不可分，复杂性科学（蕴含生态学）表明非人事物也有能动性，人工智能科学表明机器也有能动性，且其能动水平正呈指数式增长。于是，在许多语境中，人们用 agent 取代了 subject。人与非人事物都可以是 agent。

在终极实体退场、祛魅了的现代世界，尽管仍有许多人信仰不同

的宗教，但所有的宗教都受到了物质主义的侵蚀。物质主义激励人们
以无限追求物质财富的方式追求无限（即人生意义），这是现代性对
人类价值追求的严重误导。工业文明的深重危机与这种误导有直接的
关联。正因为多数人都以追求物质财富的方式追求无限，所以全球各
国都把物质经济增长当作发展的根本标志，于是"大量开发、大量生
产、大量消费、大量排放"被视为先进的生产—生活方式。这种生
产—生活方式正是全球性环境污染、生态破坏和气候变化的直接原
因。超越了物质主义，才可能改变污染环境、破坏生态健康并引起气
候变化的生产—生活方式。

第五章：走向生态文明。

据我们迄今为止的考据，是德国学者伊林·费切尔最早于 1978
年提出"生态文明"（ecological civilization）概念的。费切尔批判了
源自西方的技术进步主义，认为凭借技术进步征服自然的工业文明是
不可持续的，人类必须走向生态文明，"人类和非人自然之间和平共
生的仁慈生活方式"是可能的。1984 年苏联学者 B. C. 利皮茨基
（В. С. Липицкий）就共产主义教育问题提出了生态文明，1986 年中
国农学家叶谦吉指出："所谓生态文明，就是人类既获利于自然，又
还利于自然，在改造自然的同时又保护自然，人与自然之间保持着和
谐统一的关系。"人类思想史应记住伊林·费切尔、B. C. 利皮茨基和
叶谦吉的名字，因为他们各自独立提出的"生态文明"概念是人类思
想史的新篇章。生态文明建设要解决的问题，并非工业文明特有的问
题，而是整个人类文明的最深刻的矛盾问题：如何把人为与自然之间
的张力约束在合适的限度内？如何实现人与自然的和谐共生？

当今人类文明的发展趋势并非单一的，着眼于不同的方面，会看
到不同的趋势。许多有识之士认为，人类文明正处于一个历史转折点
上，即正从工业文明或资本主义社会转向一种全新的文明或社会，抑
或正走向一个新时代。人们对新文明、新社会或新时代有不同的预测
和命名。有人称其为后工业文明，有人称其为后资本主义社会，有人
称其为信息文明，亦有人称其为生态文明。我们主张称其为生态文

明，但称其为信息文明的观点也不可忽视。

生态文明论着眼于工业文明所导致的深重危机，根据最新科学和哲学指出工业文明不可持续，其主旨在救弊，而信息文明着眼于数字化技术和人工智能技术的迅猛发展，其主旨在促进工业文明的升级。生态文明论的思想基础是量子物理学、复杂性科学以及相应的生态哲学，而信息文明论的思想基础是计算机科学；前者摒弃了还原论，而后者继承甚至强化了数理还原论。但二者都主张超越笛卡尔、康德以来的心物二元论或主客二分。二者可以取长补短，共同促进文明的转型。

建设生态文明既要继承工业文明的科技创新成就，又要继续推进信息技术和人工智能技术的创新，最关键的却是绿色创新。

生态哲学就是生态文明新时代之时代精神的精华，其要点是：

（1）生机论的自然观：大自然是生生不息的，是具有创造性的，大自然随时都在涌现新事物、新秩序、新结构，等等。

（2）谦逊理性主义的知识论：人类揭示自然规律，并不像收割一垄成熟的小麦那样，多割掉一点就剩下少一点，直至割完，而是像在大森林中采蘑菇，多采到的那一点与大森林中未被发现和还将长出的相比，只是微不足道的一点，但那一点也许足够我们用了。换言之，人类知识的进步并非体现为绝对真理的不断积累，更不体现为向"终极理论"或"真理大全"的无限逼近，而只体现为有用知识的不断积累。无论人类知识进步到何种程度，人类之所知相对于大自然所隐藏的奥秘，都只是沧海一粟。

（3）自然主义的价值论：人类不是唯一的价值源泉，价值源自能动者（agents）的能动性，能动性既可以表现为人类的认知、评价、审美和各种实践，也可表现为动物的活动以及生物的生长，还可以表现为智能机器的行为。内在价值与工具价值之间的界限是相对的。内在价值源自能动者的相对独立性，例如，每一个人都具有相对独立性（自主性），从而具有内在价值。工具价值则源自能动者的相互关系和相互作用。

（4）辩证共同体主义：人既具有不可消解的个体性，又具有无所逃避的社会性。一方面，正因为人有不可消解的个体性，所以维护人权，发展个人自主性，永远为文明所必需。另一方面，个人无法脱离文化共同体，更无法脱离生态系统，《鲁滨逊漂流记》中的克鲁索离开了文明社会，逃到了一个荒岛上，但那个荒岛若不是一个生态系统，克鲁索就无法生存。

（5）超越物质主义的价值观、人生观、幸福观和发展观：人是悬挂在自己编织的意义之网上的文化动物。文化源自人的"符号化的智能和想象力"。人的动物本能经文化的"放大"而呈现出追求无限的态势，于是人是追求无限的有限存在者。追求无限便是追求意义。现代性激励人们以无限贪求物质财富的方式追求无限（即人生意义）。"大量开发、大量生产、大量消费、大量排放"的生产—生活方式就源自这样的无限追求，全球性生态危机也就源自这样的无限追求。王尔德曾告诫人们，不管我们有多成功，累积了多少财富，我们都不会感到满足。相反，我们的灵魂渴求意义——对这种渴求，金钱和物质财富都满足不了。意义归根结底是非物质的，直接追求非物质价值才是与人的本质相称的追求意义的方式。换言之，超越物质主义是人性的本真需要。超越了物质主义，人类才可能改变"大量开发、大量生产、大量消费、大量排放"的生产—生活方式，从而才可能走出生态危机，走向生态文明。

第六章：生态文明的哲学基础。

澳大利亚哲学家阿伦·盖尔认为思辨自然主义是生态文明的哲学基础。盖尔认为，英语世界的分析哲学片面地重视分析，而拒绝使用哲学必须使用的另外两种重要方法——通观与综合，从而使哲学失去了诊断文明病症和统领文化发展的作用。在工业文明陷入深重危机的历史关头，必须让哲学回归思辨统合的传统，从而帮助人类辨明正确的文明发展方向。盖尔特别重视德国哲学家谢林的观点：哲学家必须接受，存在一种先于一切思想（包括科学和哲学思想）的不可预想的存在（unvordenkliche Sein）。这一观点应是盖尔思辨自然主义的核心。

　　我们认为盖尔关于生态文明哲学基础的论述是十分重要的。我们和盖尔都不会认为，哲学是"科学的科学"，可以为一切科学提供坚不可摧的理论基础。我们只是认为文明自有支撑其制度和主流生产—生活方式的主流意识形态。主流意识形态也必定包含一个哲学部分，它包括世界观、知识论、价值观、幸福观、人生观、发展观，等等。这种世界观、知识论、价值观、幸福观、人生观、发展观直接支撑着文明的制度，支持着主流生产—生活方式。这种哲学就是文明的哲学基础。笛卡尔、康德开创的现代哲学是工业文明的哲学基础。超越工业文明，走向生态文明，必然要求开创一种新的哲学。生态哲学就是为生态文明之制度建设和生产—生活方式提供思想支撑（其实是深刻辩护）的新哲学。就像欧洲启蒙时期一样，启蒙思想家有一些基本共识，但不同的启蒙思想家必有其不同的思想特色，如今的生态哲学家也有一些基本共识，但不同的生态哲学家必有其不同的思想特色。

　　我们特别重视盖尔所重点阐述的谢林的观点：存在一种先于一切思想（包括科学和哲学思想）的不可预想的存在。我们特别指出：那先于一切思想的不可预想的存在就是大自然。这种意义的大自然是超验的，是万物之源，是万物之根，是"整体大全"，是终极实在（ultimate reality）。蒯因认为"自然化"就是"科学化"，即凡是能被科学说明的，都是自然的。但大自然不可能被如此自然化，大自然对科学永远都是隐而不露的。就此而言，我们倾向于称我们阐述的生态哲学为超验自然主义。

　　超验自然主义就是生态文明的哲学基础。信仰超验自然主义，我们才会敬畏自然；敬畏自然，我们才会诚心地保护地球。

　　第七章：生态文明建设中的伦理问题。

　　生态文明建设涉及两大类伦理问题：一是非人事物，特别是非人生物和生态系统有没有道德地位或资格；二是如何公平地分配环境善物（清洁水、清洁空气、安全食品、美丽景观等）和环保责任。

　　工业文明的基本道德观念是人类中心主义的，即认为人与非人事物之间的差别是不可消弭的。深刻影响现代人道德观念的伦理学有两种：功利主义和道义论。前者对现代经济学影响至深，从而对现代人的经济活动影响至深；后者对现代政治制度和公共道德影响至深。总的来讲，道义论对现代人道德观念的影响似乎比功利主义更大。康德学派是道义论的主要阐释者，康德学派就有鲜明的人类中心主义倾向。在康德学派看来，人具有理性、自由意志、尊严、内在价值和权利，而一切非人事物都没有理性、自由意志、尊严、内在价值和权利，人作为"理性存在者"属于"自由"世界，而一切非人存在者都只属于"自然"世界。简言之，人构成的共同体是道德共同体，只有人才具有道德资格或地位，一切非人事物皆没有道德资格或地位。从20世纪60、70年代开始，人类中心主义道德观受到了严正的质疑和批判。这种批判与生态文明建设中的伦理问题直接相关。

道德对于维护共同体的稳定无疑具有不可或缺的作用。在生态危机日益凸显的情况下，人们很容易想到，如果能把非人事物（特别是生物和生态系统）也纳入道德共同体，即能表明非人事物也具有道德资格或地位，那么它们就可以受到强有力的保护。这就要求摈弃人类中心主义的教条。有些思想家则把生态危机的深层根源归结为人类中心主义对道德观念的主导性影响。

突破人类中心主义的防线有多个切入点。

彼得·辛格和汤姆·雷根等人从论证非人动物，特别是高等动物，具有道德资格或地位切入。辛格沿着功利主义的路径，论证非人动物和人类一样具有感受苦乐的能力，因而也具有道德资格（边沁已有此种思想），现代人集约养殖动物，用动物做实验，严重导致了动物的痛苦，这是不道德的，人类必须摈弃"物种歧视"，让所有的动物获得解放。汤姆·雷根则以权利论的进路论证动物和人类一样具有道德资格。据雷根看，动物也是生活主体，也具有内在价值，从而具有权利。人类长期对动物的利用是违背权利原则的，是不正义的。动物解放论和动物权利论既产生了现实的影响，也得到了学院派哲学家的高度认同。从动物切入，人们很容易明白，人类与非人事物之间的差别并没有大到前者有道德资格而后者没有道德资格的程度，至少人与非人动物之间的差别没有那么大。

论证一切生物（不仅动物）都有道德资格是批判人类中心主义的又一个切入点。阿尔伯特·施韦泽在反思欧洲文化的根本弊端时意识到，欧洲文化引领世界之所以导致了两次世界大战，从而使人类深陷文化危机，就是因为缺乏"敬畏生命"的意识。人类不能学会善待所有的生物，就不可能在人类共同体内部彼此善待。善恶之分野就在是促进生命的生长繁荣，还是残害生命或阻碍生命的生长繁荣。如果说康德表述的"绝对命令"是对道德原则的极端形式化的表述，那么施韦泽的表述则是极深刻的实质性的表述。保罗·泰勒结合 20 世纪下半叶的环境运动，提出了"尊重自然"的伦理框架，在这个框架中，一切生命都被赋予了道德资格。在泰勒看来，每一个生物都是一个目的中心，从而都有其自身的善，人类有尊重一切生物的道德责任。

突破人类中心主义防线的最重要的切入点是利奥波德开创的"土地伦理"研究纲领，因为这个研究纲领并不局限于狭隘的伦理学视域，而已触及整个西方现代性思维的根基——主客二分、事实与价值的二分（科学与伦理学的分离）以及还原论思维方式。罗尔斯顿、克里考特和阿伦·奈斯等人着力开拓的生态哲学就是这一研究纲领的重要成果。

利奥波德认为，土地是一个共同体，这个共同体的成员包括所有的动物、植物（还应该包括微生物）、土壤、水等，人只是这个共同体中的普通成员，而不应以统治者和征服者自居。他说的"土地"就是今天生态学说的"生态系统"。他特别强调人与土地（一种共同体）之间的关系应是伦理关系，人不应该把土地当作资源和工具，人类必须生发出"生态良知"，必须担负起维护生态健康的伦理责任。

克里考特利用物理学和生态学的最新成果对"土地伦理"进行了系统的论证、补充和修正。这一工作招致犯了"自然主义谬误"的指责，克里考特正面回应了这种指责。罗尔斯顿着力论证，人类理性不是价值的唯一源泉，自然本身就有价值，价值并非纯粹主观的东西，而是具有客观性的。阿伦·奈斯等人提出的"深生态学"则对现代性意识形态、现代社会制度以及现代人的生产—生活方式进行了较为全面的反思，并主张每一个人都应该把"小我"提升为与生态系统融为一体的"生态自我"，应追求生态智慧。这些思想家都采取了整体论或系统论的思想方法，而摈弃了极端还原论的思想方法。

"动物解放论"和"动物权利论"主要是在伦理学视域中的批判，而利奥波德、克里考特、罗尔斯顿、奈斯等人的生态哲学则是在科学与哲学融合的视域中的批判。唯当我们能超越科学与哲学的界限，才可能对工业文明的危机进行既深刻又全面的透视。

我们不能认为经过"动物解放论""动物权利论""敬畏生命论""尊重自然论""土地伦理""地球伦理（克里考特)""自然价值论""深生态学"等批判，人类中心主义便已寿终正寝，事实上，迄今为止，人类中心主义仍占据着主导地位，只是已呈现出颓败的趋势而已。

环境污染也引起了人们对社会正义问题的重新思考，环境运动差不多从一开始就涉及正义问题。在没有工业污染的地区，清洁水、清洁空气，特别是清洁空气，是天然的公共物品，任何人都可以自由地呼吸。在遭受污染的地方，空气、水等天然物品被弄脏甚至被毒化。在这样的情况下，富人容易从受污染的地方撤离，而穷人往往无法撤离。在城市人口产生大量生活垃圾的情况下，垃圾填埋场选在哪里，就会把臭气带到哪里。市场经济必然导致贫富分化，穷人和富人之间的冲突是现代社会的主要矛盾。环境严重污染之后所引起的新的社会矛盾也主要涉及环境善物（清洁空气、清洁水、安全食品、美好景观等）和环保责任在穷人和富人之间的分配。这便是今天人们常说的环境正义问题。1972 年罗马俱乐部发表的报告《增长的极限》引起了社会各界对各种资源枯竭的担忧，进而引起人们对将来世代之生存和发展前景的担忧，"可持续发展"很快就成为国际社会讨论环境问题的关键词，于是环境正义有了关心将来世代的内涵。对环境正义问题的深入研究代表着正义研究的视野拓展。

环境正义只关乎人与人之间的关系。关心环境问题的人类中心主义者都比较重视环境正义问题。在非人类中心主义者看来，环境问题原本就是人与自然环境之间的关系，局限于人际关系的正义仍是狭隘的，扩及人与非人自然物（非人生物和生态系统）之间关系的正义才是真正的正义。沿着利奥波德的思路，我们可以说，仅当人类放弃自己征服自然的野心和恣意积累物质财富的贪欲而自觉地为维护生态健康承担责任时，才有真正的正义，这种正义就是生态正义。可见，生态正义问题就是关于非人自然物的道德地位或资格的问题。

第八章：生态实践与生态智慧。

生态文明论和生态哲学都是实践性的、直面现实的，而不是标榜"纯粹"的、咬文嚼字的。

人类进入农业文明以后，宗教和意识形态创造越来越发达。教人们做好人好事且追求理想的理论、"主义"、经典越来越多。但一方面人们就什么是善（抑或好）永远也达不成充分的一致意见，另一方面，无论多么正的宗教或意识形态，总免不了被伪善甚至邪恶的人所利用。生态危机得到社会各界的关注之后，"生态"一词成了好词，生态学和生态哲学也势必会被伪善甚至邪恶的人所利用。好理论、好思想、好"主义"也常常被束之高阁，或常常只被在嘴上说说，而未被说者所真诚奉行。现代教育所传授的知识，就常常不是被束之高阁就是只被在嘴上说说（在课堂上、讲台上、媒体上等），甚或被用以危害生命。如今，真诚追求智慧的人们或许都已意识到了这一点。

在数字化技术、网络技术、人工智能技术日益发达的今天，我们或可把人类智能分为三类：技能、知识和智慧。其中技能和智慧都是与人的实践和生命不可分离的，是不可数字化的，例如，达·芬奇的作画技能已随其逝世而消失，留下的只是他的画作；孔子、孟子、老子、庄子的智慧亦随着他们的逝世而消失，留下的只是他们的话语记录或著述。工匠必须有技能，极少数工匠有超绝的技能，如"庖丁解牛"这个故事所说的那个庖丁的解牛技能，技能也不可数字化。知识是可以数字化的，数字化技术问世之前，知识可记录于书本，储存于馆阁，如今可储存于磁盘、光盘、网络云端等。

知识就是有用的信息或理论，而智慧是在困难情境中做伦理决定并正确行动的能力。有知识是有智慧的必要条件，但不是充分条件。知识可以成为人们追求智慧的指南，不同的知识指引人们追求不同的智慧。

现代社会重视知识发现和传授，而不太重视技能和智慧。不太重视技能主要因为标准化的机器生产不需要高超技能。现代人由于不太重视智慧而过分重视知识，以致征服性力量激增，但缺乏正确使用其巨大力量的能力。核战争的潜在危险、环境污染、生态破坏、气候变化、病毒（如新冠病毒）的流行等全球性问题和灾难，都与人类知识与智慧的严重失衡密切相关。

当然，我们也不能说现代人中的精英们毫无智慧。他们大多具有贪大求快、争强斗富的"智慧"，那是现代科学和哲学指引他们获得的外向搜求、榨取或征服的"智慧"。面对种种全球性危机和灾难，人类亟须放弃贪大求快、争强斗富的国际竞争和人际竞争，亟须扭转外向搜求、榨取或征服的发展方向，亟须培养生态智慧。

为培养生态智慧，我们必须接受生态学和生态哲学的指引，改变"善"与"正当"观念。唯当一件事不仅有利于人而且无损于生态健康时，才是好的和正当的。生态智慧就是在困难的生态实践中做出正当决定并坚持有效行动的能力。这里的"正当"是由生态哲学界定的，而不是由人类中心主义伦理学界定的。生态实践就是建设生态文明的社会实践。

社会由有生态智慧的精英们引领，才能超越工业文明而走向生态文明。

第九章：生态经济、生态技术与绿色生活方式。

生态学乃至复杂性科学都表明：我们应把人类经济系统乃至整个社会系统看作生态系统的子系统，这也就是承认人类生活在自然之中，而不是超然于自然之上，或游离于自然之外。生态系统乃至整个地球生态圈的承载力是有限的，而不是无限的。这就意味着，人类一直热切追求的物质财富增长是有极限的，也就是说，物质经济增长是有极限的。建设生态文明不仅要求变线性经济为循环经济，而且要求促进经济非物质化。当物质经济增长达到极限时，人类可以继续谋求非物质经济增长。发展非物质经济，既可持续利用市场机制激励人们创新，从而保持社会活力，又可以使经济增长真正满足人们的本真需要。因为人的本真需要不是物质财富的增长，而是有意义的、幸福的生活。数字化技术、人工智能技术的发展为经济非物质化提供了技术条件，世界经济的发展则正呈现出非物质化趋势。但非物质化经济发展必然受军备竞赛的严重阻碍。

工业文明的主导性技术是征服性技术，用舒马赫的话说，是"追求更大规模、更快速度和不断增强的暴力，蔑视一切自然和谐规律"的技术。近十年来，"基于自然的解决方案"（NbS）越来越受国际社会的重视。所谓 NbS 就是尽可能多地利用生态系统的服务功能去解决各种社会、经济问题的综合性办法。其实，农业社会的人们早已熟谙这种方法，如中国的都江堰建设用的就是这种方法。用这种方法解决问题要考虑的利益相关者不仅包括人类，还包括非人生物和生态系统。重视 NbS 便是弱化人类技术的征服性。

NbS 并不完全拒绝使用现代技术，而只是注重人与自然的和谐共生。NbS 是生态文明建设的工程技术方法论原则。为建设生态文明，人类必须放弃追求征服性技术，而发展调谐性技术。使用调谐性技术就是用技术去调谐特定生态系统内各利益相关者的关系，这就要求人类把自己看作生态系统这种生命共同体内部的成员，而不是以征服者自居。我们仍可以使用杀虫剂，但绝不能以杀灭任何一个物种为目的，而只在特定情况下限制某些物种的种群，以维护生态健康。我们必然还要使用大型、重型机器，但在使用时我们应不忘自己是生命共同体的成员，不忘自己维护生态健康的责任。

我们已多次指出，物质主义价值导向是现代性对人类价值追求的严重误导。消费主义是现代商业社会的主导性文化。原初的消费主义是个人主义的、拜金主义的、物质主义的。现代性用政教分离的制度弱化了传统宗教的影响力，物质主义却借科学的力量而强有力地影响了立法和公共政策的制定，从而成了主导性的价值观，甚至可以说成了主导性的信仰。正因为如此，人们才把物质财富增长看作社会发展的根本标志，并以追求物质财富增长的方式追求无限（意义）。"大量开发、大量生产、大量消费、大量排放"的生产—生活方式就以物质主义价值观、发展观为精神动力。然而，这种生产—生活方式是不可持续的，物质主义的价值导向是极端危险的。

整个文明史都可以证明，自由、自主是人所不可舍弃的价值，现代民主法治和市场经济是迄今为止保障人的自由、自主的最佳制度。民主法治与市场经济不可分离。就此而言，我们不能舍弃市场经济。既然不能舍弃市场经济，就不能废除货币制度；不能废除货币制度，就不可能消除拜金主义的影响，也不可能消除消费主义的影响。但货币正趋于非物质化，拜金主义可以与物质主义脱钩，消费主义也可以与物质主义脱钩。绿色消费主义要求人们实施绿色消费，绿色消费主义就是超越了物质主义的消费主义。

生活方式必然是多种多样的，而不可能是统一的、整齐划一的。在生态文明中，保护环境、节能减排将成为受法律支持的公共道德原则，换言之，保护环境、节能减排将成为和"尊重人权"一样的对每一个人和组织的基本要求。保护环境、节能减排和尊重人权一样是对人的底线要求，它并不影响人们对多样化生活方式的追求。保护环境、节能减排的生活方式就是绿色生活方式。人们在保护环境、节能减排的同时，可以创造生活方式的多样性，并追求生活内容的丰富性。

生态文明论为解决人类文明所面临的种种全球性问题提供了最具有综合性的整体思想框架。它彻底避免了"只见树木不见森林"和"头痛医头、脚痛医脚"思维方式的弊端。根据生态文明论，人类为走出现代性和工业文明的危机，必须进行文明（或社会）各维度的联动变革。生态哲学将和蕴含着生态学的新科学一起为实现这种联动变革提供理由，生态哲学将成为生态文明新时代的时代精神的精华。

第一章　文明与发展

　　文明与野蛮相对，指人类开化、进步、美好、文雅的生活状态。概括地讲，中国的现代化建设也就是文明建设。1978 年中国共产党开始拨乱反正，纠正"以阶级斗争为纲"的路线错误。在思想解放的基础上，中国共产党总结中国革命与建设的经验教训，从中国经济单薄的实际出发，首先强调的是物质文明建设，强调"以经济建设为中心""就是把国家的工作重点坚决转移到社会主义现代化经济建设上来"，提出大力发展生产力是"当前最伟大的历史任务"。随着改革开放的日益深入，利己主义、享乐主义和拜金主义等思想在社会上产生了严重不良影响，中共逐渐认识到精神文明建设的必要性与重要作用。1982 年，中共十二大报告首次提出物质文明和精神文明"一起抓是建设社会主义的战略方针"。2002 年江泽民在中共十六大报告中提出："发展社会主义民主政治，建设社会主义政治文明，是全面建设小康社会的重要目标。"这一表述首次将政治文明与物质文明、精神文明一起确立为中国特色社会主义事业的目标，标志着从"两个文明"一起抓，正式发展为"三个文明"一起抓。2005 年，胡锦涛在中央党校省部级主要领导干部提高构建社会主义和谐社会能力专题研讨班上指出："随着我国经济社会的不断发展，中国特色社会主义事业的总体布局，更加明确地由社会主义经济建设、政治建设、文化建设三位一体发展为社会主义经济建设、政治建设、文化建设、社会建设四位一体。"2007 年，中共十七大报告首次提出了生态文明建设，这是中共第一次把生态文明建设作为一项重要的战略任务明确提出来，为"四位一体"总体布局向"五位一体"总体布局的转变奠

定了基础。① 2017 年，中共十九大报告三次提到中国特色社会主义建设
"五位一体"的总体布局，并明确提出，富强、民主、文明、和谐、美
丽的社会主义现代化强国的标志就是"物质文明、政治文明、精神文明、
社会文明、生态文明"的全面提升。可见，中国共产党领导的现代化建
设就是现代文明建设。

第一节　什么是文明

学者们通常认为，农业、城市、文字的出现就标志着人类文明的
诞生。如果坚持这一标准，那么，靠采集和狩猎为生的原始人就还没
有进入文明，即原始社会不算文明。

20 世纪英国著名历史学家汤因比（Arnold Joseph Toynbee）认为，
文明是超越了原始社会的高级社会。

> 已知的文明社会的数目是很小的。已知的原始社会的数目却
> 大得多。在 1915 年有三位西方的人类学家做过一次原始社会的
> 比较研究的旅行，他们只登记那些有充分材料的社会，其结果共
> 登记了六百五十个，其中大部分现在还存在着。自从大约三十万
> 年以前人类第一次以人的身份出现以来，一共有多少个原始社会
> 出现和消灭，那个数字是不可想象的，但是不管怎样，原始社会
> 的数目一定比文明社会的数目大得多。②
> ……
> 原始社会是同人类同年的，它的存在时间，就平均的估计数
> 字来说也有三十万年了。
> 产生文明的时间，同人类全部历史的时间实在差得远。它仅

---

① 叶子鹏:《从"两个文明"到"五位一体"》,《吉林省社会主义学院学报》2016 年第 2
期, 第 30—32 页。

② ［英］汤因比:《历史研究》（上）, 曹未风等译, 上海人民出版社 1997 年版, 第 44—
45 页。

仅只占人类全部时间的百分之二，或五十分之一。①

根据考古学的发现，第一种人类（能人）于 300 万年前出现在非洲。他们使用简单的石器。至少 100 万年前人类（直立人）开始在欧亚扩张其人口。大约 130 万年前现代人类（智人）出现在非洲，且此后很多年一直生活在非洲。4—5 万年前现代人扩张到欧洲、亚洲和澳洲。生活在西半球的最早的人类是大约 13000 年前由亚洲迁移过去的。② 大约 12000 年前在中东地区出现了农业的最简单的方式。③ 农业的出现被人类学家视为人类史的伟大革命。以色列学者尤瓦尔·赫拉利在其十分畅销的《人类简史》中说："人类在几百万年的演化过程中，一直都只是几十人的小部落。从农业革命以后，不过短短的几千年就出现了城市、国王和帝国。"④ 历史学家们之所以如此重视农业出现的革命性，就是因为农业革命才把人类带进文明。

按照汤因比等人的文明标准，人类绝大部分时间都生活在前文明时期，但是今天许多学者也把原始社会算作文明。

如果把原始社会算作文明，则文明已有 300 万年的历史，如果认为农业社会才算文明，则文明已有 12000 年的历史，有文字记载的文明则有几千年的历史。据布鲁斯·马兹利什考据，西语中 civilization 一词最初于 1756 年为法国学者维克托·里克蒂·米拉波（Victor Riqueti Mirabeau）所创。⑤ 英国著名历史学家尼尔·弗格森（Niall Ferguson）说："civilization（文明）是个法语词，1752 年法国经济学家安·罗伦特·雅克·杜尔哥首次使用，4 年后，法国大革命之父维

---

① ［英］汤因比：《历史研究》（上），曹未风等译，上海人民出版社 1997 年版，第 52—53 页。

② Gerald G. Marten, *Human Ecology*, London, Sterling, VA: Earthscan, 2001, p. 26.

③ Gerald G. Marten, *Human Ecology*, London, Sterling, VA: Earthscan, 2001, p. 27.

④ ［以色列］尤瓦尔·赫拉利：《人类简史：从动物到上帝》，中信出版社 2014 年版，第 101 页。

⑤ ［美］布鲁斯·马兹利什：《文明及其内涵》，汪辉译，商务印书馆 2017 年版，第 13 页。

克多·里凯特米拉波侯爵首次在出版物中使用该词。"① 此后，欧美人一直自命为文明之典范，他者（其他人）不是野蛮就是落后。19 世纪的著名日本学者福泽谕吉在其《文明论概略》中也承认"欧洲各国和美国为最文明的国家"②。

那么，该如何定义"文明"？

19 世纪法国著名历史学家、政治家基佐（F. P. G. Guizot）说：文明就是各民族"世代相传的东西"，是"从未曾丧失而只会增加"而形成的"一个越来越大的团块"，且要"继续下去直到永远"。"文明是一个可以被描写和叙述的事实——它是历史。""这个历史是一切历史中最伟大的历史，因为它无所不包。"③ "文明这个词所包含的第一个事实……是进展、发展这个事实。"④ 文明须具备两个条件："社会活动的发展和个人活动的发展，社会的进步和人性的进步。哪个地方人的外部条件扩展了、活跃了、改善了，哪个地方人的内在天性显得光彩夺目、雄伟壮丽，只要看到了这两个标志，虽然社会状况还很不完善，人类就大声鼓掌宣告文明的到来。"⑤ 文明所要求的发展和改善不仅指物质生活条件、政治经济制度（如财富分配制度）以及人际关系的改善，还指道德和精神的改善。

福泽谕吉的文明论受过基佐的影响。福泽谕吉说："文明是一个相对的词，其范围之大是无边无际的，因此只能说它是摆脱野蛮状态而逐步前进的东西。""文明之为物，至大至重，社会上的一切事物，无一不是以文明为目标的。"⑥ "文明恰似海洋，制度、文学等等犹如河流。……文明恰似仓库，人类的衣食、谋生的资本、蓬勃的生命力，无一不包罗在这个仓库里。社会上的一切事物，可能有使人厌恶

---

① ［英］尼尔·弗格森：《文明》，曾贤明、唐颖华译，中信出版社 2012 年版，第 xxxiv 页。
② ［日］福泽谕吉：《文明论概略》，北京编译社译，商务印书馆 1995 年版，第 9 页。
③ ［法］基佐：《欧洲文明史》，程洪逵、沅芷译，商务印书馆 1998 年版，第 4—5 页。
④ ［法］基佐：《欧洲文明史》，程洪逵、沅芷译，第 9 页。
⑤ ［法］基佐：《欧洲文明史》，程洪逵、沅芷译，第 11 页。
⑥ ［日］福泽谕吉：《文明论概略》，北京编译社译，商务印书馆 1995 年版，第 30 页。

的东西，但如果它对文明有益，就可以不必追究了。"① "文明就是指人的安乐和精神的进步。但是，人的安乐和精神进步是依靠人的智德而取得的。因此，归根结蒂，文明可以说是人类智德的进步。"②

汤因比认为，"历史研究的可以自行说明问题的单位既不是一个民族国家，也不是另一个极端上的人类全体，而是我们称之为社会的某一群人。"③ 文明正是"历史研究的可以自行说明问题的单位"。原始社会和文明社会之间的根本区别是"模仿的方向"。模仿行为是一切社会生活的属性。

> 在原始社会里，模仿的对象是老一辈，是已经死了的祖宗，虽然已经看不见他们了，可是他们的势力和特权地位却还通过活着的长辈而加强了。在这种对过去进行模仿的社会里，传统习惯占着统治地位，社会也就静止了。在另一方面，在文明社会，模仿的对象是富有创造精神的人物，这些人拥有群众，因为他们是先锋。在这种社会里，那种"习惯的堡垒"……是被切开了，社会沿着一条变化和生长的道路有力地前进。④

> 从原始社会变到文明社会这一件事实……是包括在从静止状态到活动状态的过渡当中⑤。

显然，历史学家所说的"文明"蕴含了当代日常语言中"文明"一词的基本含义：开化、进步与美好，但是历史学家所说的"文明"还指人所特有的生产、生活方式，指社会形态，指人超越非人动物所创造的一切。用基佐的话说，文明是特定族群创造的世代相传、有增

---

① ［日］福泽谕吉：《文明论概略》，北京编译社译，商务印书馆 1995 年版，第 31 页。
② ［日］福泽谕吉：《文明论概略》，北京编译社译，第 33 页。
③ ［英］汤因比：《历史研究》（上），曹未风等译，上海人民出版社 1997 年版，第 14 页。
④ ［英］汤因比：《历史研究》（上），曹未风等译，第 60 页。
⑤ ［英］汤因比：《历史研究》（上），曹未风等译，第 62 页。

无减的"一个越来越大的团块",人们创造的一切都在这个"团块"之中。用福泽谕吉的话说,文明是人类创造的无所不包的"大仓库",其中不仅有美好的东西,也有"使人厌恶的东西"。

我们可大致辨析出"文明"一词的两种意义:一指人类或人类社会的开化、进步、文雅、美好状态,一指历史中的高级社会形态。

第二节　文明、进步与发展

由以上叙述可看出,基佐、福泽谕吉和汤因比都强调文明一定是进步、发展的,或说文明是生长着的。实际上,多数论述文明的西方学者都强调文明一定是进步、发展的。

西方启蒙时期的学者大多认为,文明"以进步、完善为基础"[①]。基佐说:"在我看来,进步观念、发展观念似乎都是涵盖在文明一词中的基本观念。"基佐在追溯"文明"一词的词源时认定,该词的最初含义是"指城市生活不断完善,社会发展,或者更恰当的是人与人关系的发展。"[②]达尔文在《人类的由来》一书中,用一整章来探讨"原始时代和文明时代各种理智及道德能力的发展"。贯穿始终的线索是进步观念。不过,达尔文看重的是道德进步,而不是物质进步。[③]穆勒(John Stuart Mill)也认为文明的根本特征是进步、完善,在他看来,"文明有双重含义。它一方面代表人类整体的进步、完善,另一方面代表某些进步形式,也就是这些进步形式确立起了文明人与'蒙昧人和野蛮人'之间的差异"[④]。

"进步"与"发展"大致同义,或者指一个系统由简单到复杂的演变,或者指人类社会向某种价值目标(理想目标)的演变。现代语

---

① ［美］布鲁斯·马兹利什:《文明及其内涵》,汪辉译,商务印书馆 2017 年版,第 54 页。

② ［美］布鲁斯·马兹利什:《文明及其内涵》,汪辉译,第 60 页。

③ ［美］布鲁斯·马兹利什:《文明及其内涵》,汪辉译,第 76 页。

④ ［美］布鲁斯·马兹利什:《文明及其内涵》,汪辉译,第 81 页。

言中的"进步""发展"这两个词的使用都深受达尔文进化论的影响，故都与"演化"（evolution，亦译作"进化"）一词有关。

文明的发展不同于自然的进化。大约 36 亿年前地球上出现了生命。大约 10 亿年前，出现了含有遗传物质的细胞核。大约 7.5 亿年前出现了动物。① 由生物进化时间跨度之大可见生物进化之缓慢。洛夫洛克（James Lovelock）说："飞行姿态优美的海鸟用了超过 5000 万年［的时间］才从它们的祖先——蜥蜴进化出来。相比之下，从绳袋双翼飞机发展到当今的客机只用了 100 年。这种充满智慧的有意选择比自然选择快了 50 万倍。"② 另外，物种进化主要体现为其物质构成和身体机能的复杂化和生态系统的复杂化，而文明的发展长期以来主要体现为人化物的复杂化和数量增加。人化物是"人类行为的特有产物""它可以包括概念、语言、工具、建筑、城市，甚至还有肥沃的土壤"③。

汤因比也称文明的发展为文明的生长。他说：

　　……怎么衡量这种生长呢？能不能把它当作是对于社会的外部环境加强了控制来衡量呢？这样的加强控制有两种情况：对于人为情况的加强控制，这个情况是以征服附近地区人民的形式出现，以及对于自然环境的加强控制，这里是以改进物质技术的形式出现。……许多事例证明这两种现象——政治的和军事的扩张或技术改进——都不是真正造成生长现象的原因。军事扩张一般来说是军国主义的结果，而军国主义本身乃是衰落的象征。无论农业还是工业上的技术改进都同真正的生长很少有关系，或干脆没有关系。事实上，在真正的文明衰落期也会出现技术改进的现象。

---

①　［英］A. J. 麦克迈克尔：《危险的地球》，罗蕾、王晓红译，江苏人民出版社 2000 年版，第 29—31 页。

②　［英］James Lovelock：《新星世：即将到来的超智能时代》，古滨河译，高等教育出版社 2021 年版，第 45 页。

③　［加］巴里·艾伦：《知识与文明》，刘梁剑译，浙江大学出版社 2010 年版，第 83 页。

真正的进步包括在一种解释为"升华"的过程中。这个过程
是克服物质障碍的过程。社会的精力通过这个过程解放出来，对
挑战进行应战。这个过程是内部的，不是外部的；是属于精神
的，不是属于物质的。①

达尔文对道德进步的重视甚于对物质进步的重视，汤因比则强调
真正的进步是精神的进步而不是物质的进步。其实，这两个方面是相
互关联、相互促进的。所谓物质进步就是技术进步，技术进步直接依
赖于技术创新，而技术创新是一种智能活动，可见与人的精神活动直
接相关。

那么文明为什么必然发展呢？或者说，文明发展为什么远比自然
进化快呢？这相当于问，人在哪方面根本不同于非人自然物（包括所
有的非人动物)？

以前我们认为，人与非人动物的根本区别在于，人不仅能使用工
具，而且能够制造工具，非人动物不能制造工具。人与非人动物的这
一区别显然源自智能方面，说到底，人能制造工具，而非人动物不
能，就因为人比非人动物聪明。但我们又不能否认非人动物有智能，
所以，就智能而言，人与非人动物的区别只有程度之别，而非有智能
与没有智能的区别。那么，何种程度的智能差别使人类超越于非人动
物而能够进入文明呢？

德国生物学家、社会心理学家阿尔诺德·格伦认为，从生物学意
义来看，人与动物的最大区别是未特定化。动物是特定化的，动物的
特定化在体质上表现为动物的器官适应于各种特定生活环境条件的要
求。人的器官则没有这种特定的狭隘地被专门指定为适应某种环境条
件的生理功能。这种未特定化从生物学的意义上完全可以被看作生存
的不利因素，因为这使人作为生物比起其他物种更加难以生存。然

---

① ［英］汤因比：《历史研究》（上），曹未风等译，上海人民出版社 1997 年版，第 318—
319 页。

而，人的器官不是狭隘地被指定为某种生理功能，它反而能够被多重地利用；人不为本能所制约，因而他能够从事创造与发明；人没有从遗传中获得出生后活动的方向，却通过教育和自我教育发展自身。正是由于人的这种未特定化，自然把未完形赋予人，没有使他成为某种确定性的最终的存在，人就必须在应付环境的各种挑战中不断提高自身的生存能力，并运用这种能力在生存与发展的活动中补偿自己的缺陷，激发和运用自己潜在的创造性去实现自己的完整性，从而超越拥有特定化能力的动物。[①]

孟子则从伦理的角度界定了人与非人动物之间的区别。孟子说："人之所以异于禽兽者几希；庶民去之，君子存之。舜明于庶物，察于人伦，由仁义行，非行仁义也。"孟子显然已明白，人与非人动物之间的差别微乎其微，唯当一个人不断学习、修身，才能真正超越于禽兽，而彰显人性的光辉。人性的光辉主要体现为道德境界。

智能与语言直接相关。但语言也非人类所独有，"每种动物都有某种语言"[②]。非人动物甚至也会说谎。曾有科学家发现，有的青猴在没有狮子的时候却发出了"小心！有狮子"的叫声，把附近另一只猴子吓跑，好独享一根它看到的香蕉。[③] 可见，不能说人有语言，非人动物没有语言。尤瓦尔·赫拉利认为，人与非人动物之间的根本区别在于，人能够通过语言"传达一些根本不存在的事物的信息"，而非人动物不能。"只有智人能够表达关于从来没有看过、碰过、耳闻过的事物，而且讲得煞有介事""不论是人类还是许多动物，都能大喊：'小心！有狮子！'"但智人能够说出："狮子是我们部落的守护神。"讨论虚构的事物正是智人语言最独特的功能。[④]

---

① 林默彪：《社会转型与人文关切》，社会科学文献出版社 2018 年版，第 148 页。

② ［以色列］尤瓦尔·赫拉利：《人类简史：从动物到上帝》，中信出版社 2014 年版，第 23 页。

③ ［以色列］尤瓦尔·赫拉利：《人类简史：从动物到上帝》，第 33 页。

④ ［以色列］尤瓦尔·赫拉利：《人类简史：从动物到上帝》，第 25 页。

　　"虚构"这件事的重点不只在于让人类能够拥有想象，更重要的是可以"一起"想象，编织出种种共同的虚构故事，不管是《圣经》的《创世记》、澳大利亚原住民的"梦世记"（Dreamtime），甚至连现代所谓的国家其实也是一种想象。这样的虚构故事赋予智人前所未有的能力，让我们得以集结大批人力并灵活合作。虽然一群蚂蚁和蜜蜂也会合作，但方式死板，而且其实只限近亲。至于狼或黑猩猩的合作方式，虽然已经比蚂蚁灵活许多，但仍然只能和少数其他十分熟悉的个体合作。智人的合作则是不仅灵活，而且能和无数陌生人合作。①

　　在赫拉利看来，是讲虚构故事的能力使智人超越了非人动物，也使人类社会超越原始形态进入了文明。

　　德国著名哲学家恩斯特·卡西尔（Ernst Cassirer）充分利用他所处时代的科学（包括生物学、心理学、医学等）发现，从人类学哲学（anthropological philosophy）的视角探讨了人与非人动物的区别问题。卡西尔的论述已触及文明的起源和发展的动因。

　　西方前现代哲学早已倾向于把人定义为"理性动物"（animal rationale）。卡西尔认为，根据现代科学的发现，这个定义的概括性不够，理性不足以概括人类文化的丰富性和多样性。人应该被定义为符号动物（animal symbolicum）。"这样，我们才既能指明人的具体独特性，又能理解向人类敞开的新的道路——通向文明的道路（the way to civilization）。"② 卡西尔认为，有一点是无可置疑的，即符号化思想和符号化行为是人类生活的特征，人类文化的全部进步都奠基于这些条件（指符号化思想和符号化行为）。③

---

　　① ［以色列］尤瓦尔·赫拉利：《人类简史：从动物到上帝》，中信出版社 2014 年版，第 26 页。

　　② Ernst Cassirer, *An Essay on Man: An Introduction to a Philosophy of Human Culture*, New York: Doubleday Anchor Books, 1944, p. 44.

　　③ Ernst Cassirer, *An Essay on Man: An Introduction to a Philosophy of Human Culture*, p. 45.

　　非人动物也有语言，但它们只有情感语言（emotional language），而没有命题语言（propositional language）。卡西尔认为，命题语言与情感语言之间的区别是人类与动物世界之间的真正分野。所有研究动物的文献都没有证据能表明任何非人动物跨越了从主观到客观这么关键性的一步，从而由情感语言跨越到命题语言。① 为了说明这一点，有必要区分信号（signs）与符号（symbols）。非人动物可以识别信号，甚至可以识别复杂的信号，但它们无法识别符号。信号和符号属于不同的话语范畴：信号是存在之物理世界（the physical world of being）的一部分，而符号是人类意义世界（human world of meaning）的一部分。②

　　非人动物也有想象力和智能，但它们只有实践性的想象力和智能（practical imagination and intelligence），而没有符号化的想象力和智能（symbolic imagination and intelligence）。只有人才发展了符号化的想象力和智能这种新的智能形式。③ 卡西尔认为："具有普遍性、有效性和一般可应用性的符号原理是一种通向特别的人类世界或通向人类文化世界的神奇咒语（the magic word）：芝麻开门（Open Sesame）。人类一旦拥有这一魔钥（magic key），更深入的进步就有了保障。"④

　　卡西尔的观点蕴含了赫拉利的观点：正因为人具有符号化的想象力和智能，所以人能够讲述虚构的故事。也正因为这一点，人才能区分现实与理想。有了现实和理想的区别，就会有理想的不断扩展。于是，人的实践根本不同于非人动物的行为。人永远不会对现实完全满意，从而像非人动物那样本能地适应自然环境。人总想不断地改变现实以实现其理想。

　　英国著名学者特里·伊格尔顿（Terry Eagleton）说："欲望在人

---

① Ernst Cassirer, *An Essay on Man: An Introduction to a Philosophy of Human Culture*, New York: Doubleday Anchor Books, 1944, p. 48.

② Ernst Cassirer, *An Essay on Man: An Introduction to a Philosophy of Human Culture*, 1944, p. 51.

③ Ernst Cassirer, *An Essay on Man: An Introduction to a Philosophy of Human Culture*, p. 52.

④ Ernst Cassirer, *An Essay on Man: An Introduction to a Philosophy of Human Culture*, p. 55.

性中挖开一个洞，用不在场来压倒在场，驱使我们去追求不可企及之物。从这个意义上说，欲望又可以被看作文明存在的动力。""欲望意味着一种无限，'进步'是它的历史之名。"① 如果说非人动物也有欲望，则它们的欲望完全受限于自然，故非人动物的欲望并不意味着无限。人因为有符号化的想象力和智能，其欲望才趋于无限，故无限追求源自人的符号化的想象力和智能。但人毕竟和非人动物有着共同的祖先，毕竟有无法消除的动物性，从而有着和非人动物同样的有限性，例如，每个个人都是有死的，人必须吃源自生物圈的生物性食物才能活着，迄今为止仍通过两性的交配而繁殖后代，人类基因与类人猿基因高度相似…… 因此之故，我们可以断言：人是追求无限的有限存在者，人就介于非人动物和他自己想象的神之间。原始宗教中的诸神和高级宗教中的上帝或安拉都是人之无限追求的理想目标（甚至是终极目标）。

人对无限的追求便是文明进步或发展的内在根源，而人的无限追求源自人的符号化的想象力和智能。

无限追求典型地体现为各行各业精英们的生命求索或事业追求。一个以赚钱为志业的商人会永不知足、死而后已地赚钱；一个以政治为志业的政治家会永不知足、死而后已地追求权力；一个以求知为最高旨趣的学者会永不知足、死而后已地学习、探索……

美国著名人类学家格尔兹（Clifford Geertz）深为赞同马克斯·韦伯的观点：人是悬挂在他们自己编织的意义之网（webs of significance）上的动物。格尔兹进而认为，文化就是这样的网，而人类学的任务就是对文化之网所蕴含的意义（meaning）进行解释。② 我们也可以说人就是文化动物，文化就是用卡西尔所说的符号编织起来的意义之网。人的无限追求就表现为对意义的追求。各种宗教和意识形态都为普通人提供关于人生意义的尽可能明晰的解释，从而让人们深信

---

① ［英］特里·伊格尔顿：《论文化》，张舒语译，中信出版集团 2018 年版，第 27 页。
② Clifford Geertz, *Interpretation of Cultures*, Basic Books, Inc., New York, 1973, p. 5.

人生是有意义的。一个人只要坚信自己的人生是有意义的，就不会抑郁，就必然生气勃勃、不畏辛劳，用中国人常用的话说，就有精气神。一个虔诚的基督徒会坚定不移地信仰上帝，死而后已地追求天堂；一个虔诚的佛教徒会"永无疲厌"、死而后已地修行，以便往生佛国净土；一个真诚的儒者会死而后已地修身，"君子无终食之间违仁，造次必于是，颠沛必于是"……他们之所以会这样，就是因为坚信这样的人生才是有意义的。

人的无限追求也表现为改变现实、追求理想、不断创新的努力。我们可称这种努力为超越现实的努力，或简称为超越。这种意义的"超越"不同于西语中的 transcendence。西语中的 transcendence 与宗教密切相关，往往指对经验世界或人间的超越，是指向上帝或天国的。我们这里定义的"超越"仅指改变现实、追求理想的努力。

我们既可以从个人生活的角度看人之超越，也可以从社会或文明的角度看人之超越。无论从哪个角度看，都可以把人之超越区分为两种：内向超越和外向超越。

内向超越是个人改变自我的努力，是追求自我完善的努力，是追求德行、境界和智慧的努力。在中国古代，这种努力就体现为士之修身、道士之修道、僧人或居士之修行。古希腊的一些哲人和欧洲中世纪的许多修士、修女也都重视内向超越。简言之，内向超越是自我完善的努力。

外向超越是改造外部世界的努力，大禹治水、李冰父子领导建都江堰、历代皇族大兴土木、现代人建工厂、修公路、建铁路乃至建信息网络，都是外向超越。显然，外向超越就体现为人类改造自然的技术的进步，就体现为技术创新。就个人而言，外向超越就体现为挣更多的钱，谋求更高的职位，获取更高的荣誉，买更大的车或房子，等等。简言之，外向超越就是制造、获得更多更精的身外之物（即老子所鄙弃的"难得之货"）。

我们也可以说文明的发展就源自人类的超越。

人之改变现实、追求理想也可简括为对幸福或好生活的追求。现代人关于文明的基本信念是：随着文明的发展或进步，人类越来越幸福。

从个人的角度看，个人幸福与内向超越直接相关。一个人如果有抑郁症，就必须先治好自己的抑郁症，才可能幸福。一个人如果心胸狭窄，嫉妒心过强，不能分享他人的成功和幸福，那么他自己也不可能幸福。这样的人必须通过内向超越，养成健康的心态，才能获得幸福。儒家认为"仁者不忧"，也便是认为一个人只要有德行、境界就自然幸福。

我们很容易看出外向超越与文明进步的直接关系：从旧石器到新石器，到锄头、犁、剑、矛等铁器，再到蒸汽机、内燃机、坦克、飞机，直至今天的智能机器，直接反映了人类文明的发展进程。内向超越似乎只关乎个人幸福，而与社会进步或文明发展无关。实则不然。首先，文明的发展不仅取决于技术创新，也取决于人际协作和协作规模，仅当有道德的人远多于没有道德的人时，人际协作规模才能扩大。其次，不同族群之间的战争和同一族群内部之阶级、阶层、集团之间的斗争都会阻碍文明的发展，天下必须有足够多的有德行、有境界和有智慧的人，才能减少战争和斗争，从而才能确保文明的发展。当然，在特定的历史阶段，阶级斗争能有力地推动文明的进步。

文明的进步或发展既可以体现为技术进步，也可以体现为道德、艺术和政治的进步。基佐、汤因比、达尔文等人显然都更重视人类精神的进步。遗憾的是，现代性严重扭曲了"发展"或"进步"的含义，误导了文明发展的方向。关于这一点，本书后面将详加论述。

第三节　文明与文化

在许多语境中，"文化"与"文明"同义，特别是广义的"文化"和广义的"文明"都指人类超越非人动物而创造的一切人化物，也指由特定族群构成的整体社会形态。正因为这两个词所指的内容极为丰富，所以很难给出简洁的定义。也有一些西方学者想辨析这两个词之间的异同。例如，德国学者诺贝特·埃利亚斯（Norbert Elias）在其《文明的进程：文明的社会发生和心理发生研究》一书中就十分详细地辨析了这两个词在欧洲不同语言中的不同含义。

埃利亚斯写道："在英、法语中，'文明'这一概念既可用于政治，也可用于经济；既可用于宗教，也可用于技术；既可用于道德，也可用于社会的现实；而德语中'文化'的概念，就其核心来说，是指思想、艺术和宗教。"① 又说："'文明'是指一个过程，至少是指一个过程的结果，它所指的是始终在运动，始终在'前进'的东西；而德语中的'文化'……指的是另一种倾向，指那些已经存在的人的产品。……指的是艺术作品、书籍以及反映民族特性的宗教和哲学体系。"②

伊格尔顿则说："'文化'与'文明'最初指涉相似的事物，意义相近。但到了现代，我们会发现它们的意义是有所不同，实际上是恰恰相反。在现代史的书写中，德国人是文化的典范，而法国人则是文明的旗手。德国人有歌德、康德和门德尔松，而法国人有香水、高级烹饪和教皇新堡葡萄酒。德国人追求精神，而法国人讲究精致。"③

伊格尔顿概括了"文化"一词四种突出的含义：（1）大量的艺术性作品和知识性作品；（2）一种精神和智力发展过程；（3）人们赖以生存的价值观、习俗、信仰以及象征实践（symbolic practice）；（4）一套完整的生活方式。④ 其中第（2）种含义显然相近于埃利亚斯所说的"文明"所指的发展进程；而第（4）种含义显然相近于福泽谕吉所说的"文明"：文明是人类创造的无所不包的"大仓库"。

伊格尔顿区分了描述（descriptive）意义上的文化和规范（norma-

---

① ［德］诺贝特·埃利亚斯：《文明的进程：文明的社会发生和心理发生研究》，王佩莉、袁志英译，上海译文出版社2013年版，第2页。

② ［德］诺贝特·埃利亚斯：《文明的进程：文明的社会发生和心理发生研究》，王佩莉、袁志英译，第2—3页。

③ ［英］特里·伊格尔顿：《论文化》，张舒语译，中信出版集团2018年版，第5页。

④ ［英］特里·伊格尔顿：《论文化》，张舒语译，第5页。

tive）意义上的文化①（但《论文化》一书的译者把 normative 译成了"判断义的"）；还提到了人类学的文化和精神的文化之间的鸿沟。② 人类学家和历史学家都经常使用描述意义上的"文化"，即人类学的文化，而文学家、艺术家都经常谈论规范意义上的"文化"，或精神文化。伊格尔顿本人讲的文化往往是精神文化，他认为"文明融汇了物质和精神"③，又由于他坚持马克思主义的基本立场，于是他认为，"文明是文化的前提""文化是文明的产物，文化赋予文明精神的基础"④。

我们可以认为广义的"文化"与"文明"同义。

著名人类学家马林诺斯基（Bronislaw Malinowski）认为，文化是"一个有机整体（integral whole），包括工具和消费品、各种社会群体的制度宪纲、人们的观念和技艺、信仰和习俗。无论考察的是简单原始，抑或是极为复杂发达的文化，我们面对的都是一个部分由物质、部分由人群、部分由精神构成的庞大装置（apparatus）"⑤。

美国学者莫文（John C. Mowen）和迈纳（Michael S. Minor）用一个立体的图示去说明文化的结构，他们把文化划分为物质环境（material environment）、制度/社会环境（institutional/social environment）和文化价值（cultural values）三大维度。每个维度又包含若干亚维度，例如在物质环境中包括科技水平、自然资源、地理特征、经济发展等；在制度/社会环境中包括法律、政治、商业、宗教、各种亚文化等；以美国文化为例的文化价值又包括物质主义、进步、平等、不拘礼节、成就、个人主义等。⑥

马林诺斯基、莫文和迈纳所界定的"文化"就是与"文明"同

---

① ［英］特里·伊格尔顿：《论文化》，张舒语译，中信出版集团 2018 年版，第 10 页。

② ［英］特里·伊格尔顿：《论文化》，张舒语译，第 152 页。

③ ［英］特里·伊格尔顿：《论文化》，张舒语译，第 16 页。

④ ［英］特里·伊格尔顿：《论文化》，张舒语译，第 13 页。

⑤ B. 马林诺斯基：《科学的文化理论》，黄建波等译，中央民族大学出版社 1999 年版，第 52—53 页。

⑥ John C. Mowen, Michael S. Minor, *Consumer Behavior: A Framework*, Pearson Prentice Hall 2001, p. 266.

义的广义的"文化"。人们习惯于认为器物、制度和观念构成文化三要素，这三要素大致对应着我国日常语言中的物质文明、政治文明和精神文明；也对应着马林诺斯基文化定义中的"工具和消费品""制度宪纲"和"人们的观念和信仰"；还对应着莫文和迈纳所界定的"文化三维度"：物质环境、制度/社会环境和文化价值。只是"文化价值"这个词组中的"文化"是狭义的"文化"，主要指价值观。

在现代汉语中，"文化"一词大致有两种用法：一种是广义的用法，也就是人类学家和历史学家的用法，指人类超越非人动物而创造的一切人化物，广义的"文化"与"文明"同义。另一种是狭义的用法，指文学、艺术、哲学、宗教等精神活动或精神成果。

第四节 文明与自然之间的张力

人在超越了非人动物而有了符号化的想象力和智能以后，就注定要用技术制造各种人工物，从而改造自然物和自然环境以满足自己不同于非人动物之本能需要的文化性需要。人为了满足其超越于动物本能需要的欲望而用日益复杂的工具和技术改造自然物和自然环境即人为，未被人类染指的万物即自然。如庄子所言："牛马四足，是谓天；落马首，穿牛鼻，是谓人。"① 人为与自然之间的矛盾也就是文明与自然之间的张力。自然之运化遵循天道，文明之发展顺乎人道。"无为而尊者，天道也；有为而累者，人道也。"② 人道应该合乎天道，但无论是从历史上看还是从现实而言，人道常常背离天道。

从生态学的角度看，靠采集和狩猎为生的原始人所采取的"是最为成功、最具灵活性，也是对自然生态系统损害最小的生存方式。"③ 但他们也并非不破坏生态健康。著名美国生物学家威尔逊（Edward

① 《庄子·外篇·秋水第十七》。
② 《庄子·外篇·在宥第十一》。
③ ［英］克莱夫·庞廷：《绿色世界史：环境与伟大文明的衰落》，王毅、张学广译，上海人民出版社 2002 年版，第 21 页。

O. Wilson）说："来到北美地区的早期欧洲探险家发现，此地曾经非常富饶的大型动物群已经被古印第安人的弓箭和陷阱杀戮得所剩无几。这些消失的物种包括猛犸象、柱牙象、剑齿虎、巨型冰原狼、巨大的冲天鸟、体型魁梧的河狸和地栖树獭。"① 从文明的角度看，原始人尚未脱离野蛮，许多历史学家（如汤因比）认为原始社会不算是文明，尽管今天也有许多人称原始社会为原始文明。对自然生态系统损害最小已意味着有损害。"当土著人第一次涉足某个生态系统时，他们往往会猎杀大型动物直至其绝种，并经常焚烧和砍伐大片森林。"② 可见，人为与自然之间的张力自人类诞生之日始就存在了。这种张力随着人类文明历史的演变而积攒，随着技术和文化的发展而日益增大。在漫长的原始社会，张力积攒、增加得最慢。

从文明史的角度看，农业文明的出现是人类文明史上的一次巨大进步，但从生态学的角度看，农业文明又显著增大了人为与自然之间的张力。我们常常自豪地说中华古代文明（典型的农业文明）是具有很强的可持续性的。但一部中华文明史必然也是人类改造自然环境的历史。著名汉学家伊懋可（Mark Elvin）说："中国人对自然的态度是自相矛盾的。一方面，他们认为自然不是某种超然存在的意向或反映，而是超然之力本身的一部分。智者要法自然，并认识到人无法再造自然。另一方面，他们驯化、改造和利用自然的程度，实际上在前现代世界几乎无出其右者。"③ 伊懋可所说的矛盾无非指中国儒道释三家的"天人合一"观念与农业文明实践之间的矛盾。严格遵循"天人合一"观念，人类就该"自然无为"。如果把"无为"理解为不用技术去改造自然事物和自然环境，不"驯化、改造和利用"任何自然物，那么根本就不可能有中华文明。强盛的农业文明必然都会造成一

---

① ［美］爱德华·威尔逊：《半个地球：人类家园的生存之战》，魏薇译，浙江人民出版社 2017 年版，第 91 页。

② ［美］史蒂芬·平克：《当下的启蒙》，侯新智等译，浙江人民出版社 2019 年版，第 131 页。

③ ［英］伊懋可：《大象的退却：一部中国环境史》，梅雪芹等译，江苏人民出版社 2014 年版，第 336 页。

定的生态破坏，古巴比伦文明、古埃及文明、古希腊文明、古罗马文明等，概莫能外。但所有的农业文明都没有也不可能造成整个地球生物圈的彻底毁灭。

发源于欧洲的现代工业文明才把文明与自然之间的张力推到了极限——全球化工业文明的发展大有彻底毁灭地球生物圈之势。现代工业文明的意识形态——现代性——在自然观上没有伊懋可所指出的中国古人的那种矛盾。现代性直截了当地支持人类征服自然，认为文明就意味着对自然的超越，例如，在道德上超越"丛林法则"，在技术上不断追求征服力的提高——由步枪到大炮、坦克，再到原子弹、氢弹；由能建三门峡电站，到能建三峡电站，再到能实施"红旗河"工程（当然迄今仅是少数人的计划）；由能造火车、汽车，到能造飞机，再到能造航天飞机和空间站……现代性的进步主义宣称，科技进步能确保人类创造一个人间天堂。

只有在工业文明的鼎盛期我们才能清楚地发现文明与自然之间张力的极限。多数人在追求自己极喜欢的东西时都是不达极限绝不罢休，"不撞南墙不回头""不到黄河心不死"，此之谓也。人类作为一个类，即人类集体，亦如是。人是文化动物。源自动物性的本能一经文化放大便可能趋于无限。例如，非人动物吃饱就满足了，但人不能满足于吃饱，还食不厌精；非人动物有个巢穴就满足了，但人追求别墅、宫殿……人因为文化而追求无限。人之源自动物本能的物质需要经文化放大就成了无止境的物质贪婪。中国古代强调天人合一、反对奢靡的意识形态没有能够严格约束住人（主要是统治阶级）的物质贪婪，主张征服自然、公然拥戴物质主义的现代性则极度刺激了人的物质贪婪。如英国伦理学家霍恩特等人（Geoffrey Hunt et al.）所言："贪婪已不再仅是偶然的、个人的邪恶，而成了现代不可持续经济的基本价值。"① 现代科技又总在允诺，科技进步能确保人类所有欲望都

---

① Geoffrey Hunt and Michael Mehta, *Nanotechnology*: *Risk*, *Ethics and Law*, Earthscan Publications Ltd. , 2008, p. 190.

得到满足，不必担心各种资源的枯竭，科技创新能确保人类不断发现替代性资源。于是，现代人大量开发、大量生产、大量消费、大量排放，工业文明在短短的 300 多年时间内，就把文明与自然之间的张力推到了极限。这是人类文明"撞到南墙"了。中国古代圣人虽提出了"天人合一"观念，但无法确保人们遏制物质贪欲而真正谋求文明与自然之间的平衡。在工业文明把物质丰富推到极限的同时，生态学和环境科学明确指出了地球生物圈的承载极限，并指出人类物质生产和消费的增长已趋近极限。人类必须彻底缓解文明与自然之间的张力。

第二章　农业文明的得失

许多学者认为，城市、农业和文字的出现才标志着文明的诞生。若以此为标准，则原始社会仍不算文明。但是，"文明"又和广义的"文化"同义，而人类学家往往认为，文化（广义）与人类同时诞生，就此而言，也可以说原始文化就是原始文明。人类生态学家认为，现代人类的身体和心理能力以及在生态系统中的地位早在几百万年前作为狩猎者和采集者时就已经确立了。人类生活在有多种不同动植物的自然生态系统之中，这些动植物只有一部分可被人类食用。人类用狩猎和采集技术只能获取生态系统总生物产量中的很小一部分用于自己的消费。生态系统对人类的承载量与对其他动物的承载量相近，人类数量也不大于其他动物的数量。人类消费量大约只占其生活所在的生态系统之生物产量的 0.1%。农业革命（the Agricultural Revolution）改变了这一切，它使人类能够为食物生产而创造他们自己的小型生态系统。①

第一节　农业文明概述

人类从采集走向农业的转变，始于前 9500—前 8500 年，发源于

---

① Gerald G Marten, *Human Ecology: Basic Concepts for Sustainable Development*, Earthscan, London, 2001, p. 27.

土耳其东南部、伊朗西部和地中海东部的丘陵地带。① 农业的出现被认为是人类历史上的一场革命。

赫拉利对农业革命进行了有趣的评价：

> 学者曾宣称农业革命是人类的大跃进，是由人类脑力所推动的进步故事。他们说演化让人越来越聪明，解开了大自然的秘密，于是能够驯化绵羊、种植小麦。等到这件事发生，人类就开开心心地放弃了狩猎采集的艰苦、危险、简陋，安定下来，享受农民愉快而饱足的生活。
>
> 这个故事只是幻想。并没有任何证据显示人类越来越聪明。早在农业革命之前，采集者就已经对大自然的秘密了然于胸，毕竟为了活命，他们不得不非常了解自己所猎杀的动物、所采集的食物。农业革命所带来的非但不是轻松生活的新时代，反而让农民过着比采集者更辛苦、更不满足的生活。狩猎采集者的生活其实更为丰富多变，也比较少会碰上饥饿和疾病的威胁。确实，农业革命让人类的食物总量增加，但量的增加并不代表吃得更好、过得更悠闲，反而只是造成人口爆炸，而且产生一群养尊处优、娇生惯养的精英分子。普遍来说，农民的工作要比采集者更辛苦，而且到头来的饮食还要更糟。农业革命可说是史上最大的一桩骗局。②

赫拉利的历史观似乎是反进步主义的，即不认为人类历史是线性地进步的，由原始社会进入农业文明并不意味着进步。他说：人类原本就是一种杂食的猿类，吃的是各式各样的食物。在农业革命之前，谷物不过是人类饮食的一小部分罢了。而且，以谷物为主的食物不仅矿物质和维生素含量不足、难以消化，还对牙齿和牙龈大大有害。就

---

① ［以色列］尤瓦尔·赫拉利：《人类简史：从动物到上帝》，林俊宏译，中信出版社2014年版，第77页。

② ［以色列］尤瓦尔·赫拉利：《人类简史：从动物到上帝》，林俊宏译，第79页。

民生经济而言，小麦也并未带来经济安全。比起狩猎采集者，农民的生活其实比较没有保障。采集者有几十种不同的食物能够维生，就算没有存粮，遇到荒年也不用担心饿死。即使某物种数量减少，只要其他物种多采一点、多猎一些，就能补足所需的量。然而，一直到最近，农业社会绝大多数饮食靠的还是寥寥无几的少数几种农业作物，很多地区甚至只有一种主食，例如小麦、马铃薯或稻米。所以，如果缺水、来了蝗灾抑或是暴发真菌感染，贫民死亡人数甚至有可能达到百万人。再就人类暴力而言，小麦也没办法提供人身安全。农业时代早期的农民，性格并不见得比过去的采集者温和，甚至还可能更暴力。毕竟现在他们的个人财产变多，而且需要有土地才能耕作。如果被附近的人抢了土地，就可能从温饱的天堂掉进饥饿的地狱，所以在土地这件事上几乎没有妥协的余地。过去，如果采集者的部落遇到比较强的对手，只要撤退搬家就能解决。虽然说有些困难和危险，但至少是个可行的选项。但如果是农民遇到了强敌，撤退就代表着放弃田地、房屋和存粮。很多时候这几乎就注定了饿死一途。因此，农民常常只能死守田地，双方拼个你死我活。[①]

赫拉利的看法当然只代表一家之言。他对狩猎、采集社会的描述过于田园诗化。像恐龙那样的物种以完全自然的方式生存也没有能够免于灭绝的命运，人类是文化动物，使用越来越复杂的人化物（包括工具、技术）以谋求生存与发展是必然趋势。虽说生态系统对狩猎采集社会的人类的承载量与对其他动物的承载量相近，人类数量也不大于其他动物的数量，但狩猎采集社会毕竟已处于文化发展之中，从而超越了自然进化。原始人已创造了原始文化，他们固然可以长久保持原始文化，但毕竟有发展的可能，从而有进入农业文明的可能。迄今为止，地球上仍有保持着原始文化的族群，但绝大多数人类早已告别了原始文化。

---

① ［以色列］尤瓦尔·赫拉利：《人类简史：从动物到上帝》，林俊宏译，中信出版社2014年版，第81页。

马克思主义认为，原始社会是无阶级、无剥削、无压迫的社会，是生产资料公有的社会，但在那样的社会，物质生产力水平极低，在人口增长时，就有挨饿的可能。在进入农业文明后，出现了阶级，用赫拉利的话说，即产生了"一群养尊处优、娇生惯养的精英分子"，而"农民的工作要比采集者更辛苦，而且到头来的饮食还要更糟"，用杜甫的诗描述，即"朱门酒肉臭，路有冻死骨"。但也正因为如此，社会分工趋于细化。于是，文化进步比原始社会大大加速。如赫拉利自己所说的，农民的辛勤劳动"养活了政治、战争、艺术和哲学，建起了宫殿、堡垒、纪念碑和庙宇"，农民生产出来的多余食粮"养活了一小撮的精英分子：国王、官员、战士、牧师、艺术家和思想家，但历史写的几乎全是这些人的故事。历史只告诉了我们极少数的人在做些什么，而其他绝大多数人的生活就是不停地挑水耕田"①。马克思主义把这种由公有制的无阶级社会到私有制的阶级社会的转变看作一种历史的进步。在马克思主义者看来，经由阶级社会的发展，人类最终会走向更高级的无阶级社会。

赫拉利说：有些人认为农业革命让人类迈向繁荣和进步，也有人认为进入农业文明终将导致人类的灭亡。对后者来说，农业革命是个转折点，让智人抛下了与自然紧紧相连的共生关系，大步走向贪婪，自外于这个世界。② 这里的"后者"应该是生态主义者。从生态学的角度看，农业文明的发展没有狩猎、采集者的生活那么贴合自然，那么符合生态学规律，但如果不走向农业文明，人类就不可能创造出灿烂辉煌的文化。赫拉利所说的"大步走向贪婪"当然是相对于狩猎采集者而言的。我们可以说，狩猎采集者不贪婪，他们使用的技术极其简单，他们还没有彻底超越非人动物，所以仍较为自然地生活在自然生态系统之中。

以下我们将以中华古代农业文明为例，看看人类"大步走向贪

① ［以色列］尤瓦尔·赫拉利：《人类简史：从动物到上帝》，林俊宏译，中信出版社2014年版，第100页。
② ［以色列］尤瓦尔·赫拉利：《人类简史：从动物到上帝》，林俊宏译，第97页。

婪"以后，是如何挣扎于"人为"与"自然"、"贪婪"与"节俭"之间的。

第二节 中华古代农业文明

中国是一个历史悠久的文明古国。在"第一次鸦片战争"（1840年）之前，中国人一直有极强的文化自信——以文明中心自居，而称四邻异族为蛮夷戎狄（有待于教化）。自三代至汉唐，中国既有最强的"硬实力"，又有让四夷宾服的"软实力"。所谓"硬实力"就是军事实力和物质生产力，所谓"软实力"就是意识形态和文化（狭义）。汉民族构成中华民族人口的绝大多数，汉族文化自然是最有影响力的文化。宋代以后，汉族或许因为其精英过于耽溺于文化和技术而疏于武备，故两度被北方少数民族征服。但汉族的文化没有被征服，汉族的技术也没有被超越。后来，统治者（蒙古人和满人）的文化也融入汉文化之中而逐渐形成了元明清以及之后的中华文化。

商周以后，中华文明已达很高水平。中华文明的一个突出特征就在于她一方面孕育出灿烂的文化（哲学、文学、艺术）和精巧的农桑、手工、医疗技术，另一方面保持了绵绵不断的可持续性。这一来与地球上尚未绝迹的原始文明形成对比，二来与源自欧洲的现代工业文明形成鲜明的对比。原始文明肯定不会引起严重的生态破坏，但其文化水平很低。现代工业文明在技术和产业方面无疑达到了无与伦比的水平，但它导致了全球性的环境污染、生态破坏和气候变化，科学和事实都在证明且将继续证明它是不可持续的。中华古代文明的技术、产业和文化与同时代的其他文明（包括古希腊、古埃及、古巴比伦、古印度等）相比毫不逊色，她同时较好地保护了中华大地的美丽河山，表现了较好的生态可持续性。自20世纪90年代以来，国人深受日益严重的环境污染之苦，如今，连清洁空气和清洁水都成了稀缺之物。古代中国也有生态破坏，但那不过是过度开荒、单一种植和砍伐森林所导致的破坏，与近40多年来迅速工业化所造成的生态破坏有着天壤之别。古代中国绝大部分河流、湖泊、池塘、小溪的水都是可饮用的，清洁空气更是天赐之物，人人（无论是皇帝还是乞丐）都可以自由享用。

我们可把中华古代文明的主要成就总结如下。

一　农桑技术

据中国古代农书记载，神农氏最早发明了农业技术。《周书》曰："神农之时，天雨粟，神农遂耕而种之。"《白虎通》云："古之人民，皆食禽兽肉。至于神农……因天之时，分地之利，制耒耜，教民农作，神而化之，使民宜之，故谓之'神农'。"《典语》云："神农尝草、别谷，烝民粒食。"① 由渔猎而进入农耕是中华文明的一次显著进步。

渐趋文明的人仅吃饱肚子是不满足的，还需要穿衣服。史书记载，神农氏衰落后，诸侯纷争，战乱频仍，神农氏无法平息。轩辕氏（即黄帝）操练军队，习用干戈，征讨叛乱者，树立了极高威望，"垂衣裳而天下治"。据此，在中国历史上是黄帝第一次让人们穿上衣服而更显文明，这得益于黄帝元妃西陵氏的发明。《淮南王蚕经》云："西陵氏劝蚕稼，亲蚕始此。"② 即西陵氏发明了养蚕制丝的技术，然后黄帝才能"垂衣裳"而治天下。

中国的农业技术从原始社会的刀耕火种，到明清时代的精耕细作，经历了近万年时间，取得了辉煌的成就。（1）驯化了大量的野生动植物，培育了数以万计的优良品种，从而使我国成了世界上栽培植物的重要发源地和作物资源最富有的国家。据外国学者研究，目前世界上的栽培植物大约有 1200 种，其中约 200 种直接发源于中国。（2）开辟了大量的肥源，创造了一系列的轮作复种方法，使我国的土地利用率达到了世界上最高的水平。（3）创造了一整套精耕细作的农艺技术，使我国的粮食产量，达到了古代世界的最高单产水平。

---

① 转引自（元）王祯撰，缪启愉、缪桂龙译注《东鲁王氏农书译注》，上海古籍出版社2008 年版，第 1 页。

② 转引自（元）王祯撰，缪启愉、缪桂龙译注《东鲁王氏农书译注》，第 6 页。

（4）总结了大量农业生产经验，使我国成为世界上拥有农业典籍最丰富的国家。[①]

国外著名科学家对中国古代农业科技成就给予了很高的评价。提出生物进化论的英国生物学家达尔文承认，中国古代关于育种的典籍已清楚地记载了选择原理，而选择原理是达尔文进化论的核心原理。德国著名化学家李比希说，中国人以经验和观察为指导，"长期保持着土壤肥力，借以适应人口的增长而不断提高其产量，创造了无与伦比的农业耕作方法"[②]。

曾任美国农业部土壤局局长且有"美国土壤物理学之父"美称的富兰克林·H.金（F. H. King）曾于1909年游历了中国、日本和朝鲜，考察了东亚三国古老的农耕体系，并于1911年出版了《四千年农夫：中国、朝鲜和日本的永续农业》一书。在该书中，金写道："中国、朝鲜和日本农民实行的伟大的农业措施之一就是利用人类的粪便，将其用于保持土壤肥力以及提高作物产量。""在西方现代农业生产中使用矿物肥料就如同在工业生产中使用煤一样广泛。"于是，美国农场的土地在不到100年的时间里就耗尽了地力。金意识到，西方人"必须深刻了解和认识东方人自古以来一直延续的施肥方法"[③]。金说，"中国、朝鲜和日本在很早的时候就有了发展永久性农业的意识""他们广泛且持续地利用植物养料，为了维系土壤中的腐殖质、保持土壤的肥力还实行轮作。以近乎宗教般的虔诚往田里施用能利用的一切废物，以弥补因作物的收获而流失的植物养料。以上种种做法无一不证明这些国家掌握了农业发展的基本原则和要领，而这些正是西方国家要认真思索与反省的。"[④] 英国著名农学家艾尔伯特·霍华德

---

① 闵宗殿、董恺忱、陈文华编著：《中国农业技术发展简史》，农业出版社1983年版，第121—123页。

② 详见闵宗殿、董恺忱、陈文华编著《中国农业技术发展简史》，第123—124页。

③ ［美］富兰克林·H.金：《四千年农夫：中国、朝鲜和日本的永续农业》，程存旺、石嫣译，东方出版社2016年版，第162页。

④ ［美］富兰克林·H.金：《四千年农夫：中国、朝鲜和日本的永续农业》，程存旺、石嫣译，第237页。

（Albert Howard）同样对东方的农业给予了高度的赞扬。他说："东方的农业实践已通过了最高水平的考试，他们的农业系统如同原始森林、草原和海洋一样近乎是永久性的。比如中国的小农系统仍保持着稳定的产出，经过4000年管理后肥力仍无损失。"①

李比希、金和霍华德的评价特别值得重视。"国以民为本，民以食为天"，这对所有的前现代社会都是适用的。高级文明都必须经由农业文明而发展起来。一个民族养得活众多人口才可能创造高水平的文明。我国从明朝开始，人口大幅增长。明洪武十四年（1381年）我国人口为5987万人，到清道光十四年（1834年）增至40100万人，在453年中人口增长了5.7倍。这一时期我国的耕地面积只增长了1.15倍。② 耕地增长远赶不上人口增长，那么养活不断增长的人口，就只能靠农业技术的不断提高。至清道光年间，中国人口已逾4亿人。能养活4亿多人口的农业，其技术水平自然可称得上李比希所夸赞的"无与伦比"。

与现代农业技术比较，中国古代农业技术是典型的生态技术和绿色技术。它主要利用太阳能去生产人所需要的粮食和衣物，人力只起帮助农作物生长的作用，此即儒家所说的"赞天地之化育"。它与使用化肥、农药、除草剂以及各种机器的现代农业相比，产量和效率都显得很低，但它有一个今天看来无比重要的优点——清洁而可持续。它还让人畜的粪便作为肥料返回田地，从而循环利用资源。中华文明能绵延几千年而无中断，得益于这种清洁而可持续的农桑技术。

二 中医

上文已说，到清道光十四年，中国人口已逾4亿人。一个族群没有高超的医学和医疗技术是不可能有如此多的人口的。

据传，中医起源于距今5000年前的伏羲、神农、黄帝时期，伏

---

① ［英］艾尔伯特·霍华德：《农业圣典》，李季主译，中国农业大学出版社2013年版，第8—9页。

② 详见闵宗殿、董恺忱、陈文华编著《中国农业技术发展简史》，农业出版社1983年版，第93—94页。

羲、神农和黄帝是创造中华文明的先驱，也是中医的创造者。伏羲氏代表砭石、针灸的起源，神农氏代表药物知识的产生，轩辕氏是养生和医疗知识的创始者。

夏、商、周是中国历史上有文物和文献可考的三个朝代。当时的医学与巫术关系密切，医学知识和技术一般掌握在巫师手中。商代初期（约前1600年），伊尹发明了组方用药的汤液知识，是这一时期医学进步的重要标志。春秋战国时期，百家争鸣，最有影响的有儒家、道家、法家、墨家、阴阳家、农家、兵家等。这时，天人相应、元气、阴阳、五行等思想趋于完备，人们对生命和疾病的认知亦趋于成熟。老子和庄子以"自然""无为"为核心的理念为中医养生思想的成熟提供了理论依据。春秋时的秦越人精通脉法。在这一时期，中医逐渐脱离巫术，开始走上理论化、系统化的道路。两汉时期，中国已出现了大量的医学典籍。成书于东汉的《神农本草经》记载了365种药物，并将药物分为养命、养性和治病的上、中、下三品，标志着本草学的成熟。东汉时的张仲景总结医经、经方的内容，结合临床，编撰了《伤寒杂病论》，标志着中医辨证论治思想与方法的建立。至此，中医已形成了完备的医学体系。[1] 此后，中医又不断得到历代医家的增益，如魏晋时期出现了《脉经》和《针灸甲乙经》，隋代巢元方编撰了《诸病源候论》，明代李时珍编撰了《本草纲目》。[2]

中医认为，人生于天地之间，其生命活动与自然界息息相通，人体的健康、协调以及疾病与自然密切相关；同时，人体自身也是一个小的天地，人体各部分是一个统一协调的整体；"天人合一"和"人与天地相参"构成中医的理论基础。中医用"藏象"概念去理解生命活动的规律，其内容主要包括五脏、六腑、奇恒之腑、经络、腧穴、精、气、津、液、血、脉等。中医用阴阳对立统一的观点去解释生命活动的协调平衡，提出了"阴平阳秘，精神乃治"的健康观念，

---

[1] 王凤兰主编：《中国医道》，古吴轩出版社2009年版，第3—6页。
[2] 王凤兰主编：《中国医道》，第6—10页。

并提倡"养"重于"治"的保健观念。中医蕴涵着东方人的智慧，有别于其他传统医学，是人类认识生命与疾病的独特慧眼。[①]

如今，西医在全球绝大部分地区无疑都处于主导地位。这只是19世纪以后才逐渐形成的事实。西方学者也承认，"1640年前后的欧洲医学并不优越于中国"[②]。如果你把简单的二值逻辑绝对化，认为真理只有一条，科学只有一种，而西医是唯一科学的医学理论，那么中医乃至一切不能被纳入西医体系的医学理论都必须被扔进历史的垃圾堆。但这种独断的观点正遭到有理有据的质疑。我们有理由认为，科学不是唯一的，有多种不同的科学。这样一来，中医虽暂不能与西医抗衡，但仍可在多种医学中占有一席之地，它在将来甚至可能被发扬光大。伊博恩是英国伦敦会1918年派往中国协和医学院的医学传教士，1923年获耶鲁大学药理学博士。1932年以后一直在上海雷士德研究所工作。伊氏长期研究中国药物，曾和中国植物学家刘汝强合作出版《本草新注》，并获得了巨大成功。伊氏虽然认为在1880种中医医疗方法中，为现代科学所认同的有效方法只有60种，但他认为这并不意味着其他中医疗法是无用的，"只是它们的价值尚未被发现"。事实上，中医的针灸疗法已被许多美国人所接受。在20世纪70年代，美国已有9个州承认针灸合法。一年制针灸文凭课程在美国各地开花。1980年，以前反对针灸者也开始承认针灸的好处。1980年全国性的针灸和东方医学学院联合委员会成立；1982年针灸认证全国委员会成立。这些委员会的成立提高了针灸课程的标准，针灸课程先是升级为两年制课程计划，到1990年又有了3年制、4年制的硕士计划。[③]

值得一提的是，2015年诺贝尔生理学或医学奖获得者屠呦呦发现青蒿素就曾受到中医药学的启发。

相对于西医，中医确有其短处，但亦有其长处。分析精度不够是

---

① 王凤兰主编：《中国医道》，古吴轩出版社2009年版，第1—3页。

② ［美］席文：《科学史方法论讲演录》，任安波译，北京大学出版社2011年版，第64页。

③ 陶飞亚：《西方人怎么看待中医的启示》，《中医药文化》2015年第2期。

其短处，中医难以指出各种方剂的有效成分是什么，而西医力求精确说明各种西药的有效成分，能写出药品有效成分的分子式。中医的高明之处在于其整体论的辨证论治方法，它不像西医那样"头痛医头、脚痛医脚"。中医不把人体看作独立于天地的"机器"，也不把人体的各种脏器看作彼此独立的"机器零件"，它既重视人体对自然环境的微妙依赖，又重视人体五脏六腑、奇经八脉之间的复杂联系。治疗某些疾病（疑难杂症），中医比西医的方法更有效。中医的养生理念和方法也是极高明的。中医和西医可以长期共存，取长补短，互相借鉴，共同发展。

三　文学艺术

古代中华文明的文学艺术水平是举世公认的。

中国文学长河以诗歌为主流。中国诗歌源远流长，从《诗经》算起就已有三千多年历史了。从那时以来，中国出现了众多优秀诗人和优秀作品，诗歌的优良传统一直没有中断过。唐诗和宋词是中国诗歌史上的两个高峰。那时的诗坛和词坛，恰如"众星罗秋旻"，给人以美不胜收之感。清代康熙年间编纂的《全唐诗》，搜集了2200多位诗人的48000多首诗。今人唐圭璋先生所编的《全宋词》录入词人1330余家，词作19900多首。这并不是唐诗和宋词的全部，但从不完全的统计中已经可以想见唐宋两代诗词繁荣的盛况。所以，中国人常以唐诗和宋词为自己的骄傲。[①]

诗是文明程度的重要标志。孔子说："不学诗，无以言。"又说："兴于诗。立于礼。成于乐。"有了诗，我们的祖先就开始文雅地说话了，就能以优美的方式抒发各种感情了。

中国古代的文学艺术主要包括诗、文、字、画、雕刻、建筑等。钱穆先生说，到了唐代，诗、文、字、画都不再仅为上流社会所独享，而成了平民社会和日常人生的文学和艺术，且都已达到登峰造极

---

① 袁行霈：《中国文学概论》，高等教育出版社1990年版，第11页。

的水平。诗人如杜甫，文人如韩愈，书家如颜真卿，画家如吴道玄，全是后世文学艺术界公认为超前绝后、不可复及的楷模。①

我们恐怕很难找到真心赞美中国古代文学的欧美学者，因为很难找到像熟悉自己的母语一样熟悉汉语的欧美学者，而文学与语言的关系太密切了，不懂一个民族的语言就很难欣赏该民族的文学。中国古代诗歌尤其与汉语不可分离。中国粗通文墨的人就能欣赏柳宗元那首写雪景的五言绝句：

> 千山鸟飞绝，万径人踪灭。
> 孤舟蓑笠翁，独钓寒江雪。

寥寥 20 个字就勾勒了一幅有人有物、有山有川的雪景，不懂汉语的人不可能体味这首诗的传神之妙，由汉语所表达出来的诗意的美，一经翻译就会消失。

但我们不难找到真心赞美中国古代艺术精神和绘画艺术的欧美学者。劳伦斯·比尼恩（Laurence Binyon，1869—1943）就是其中的一位。比尼恩是英国诗人，曾任大英博物馆东方绘画馆馆长。他说，中国古代艺术是中国人所独有的艺术，它深受老子思想的影响。中国出现风景画艺术比欧洲早得多。之所以如此，并非因为中国人以农业为其生活基础，而是因为中国人所特有的宇宙观念：大自然以及大自然中的万物并不是被设想为与人生无关的，而是被看作生机勃勃的整体，"人的精神就流贯其中"②。

西方画家善用色彩，油画就是用颜料堆出来的，而中国古代画家仅用墨的浓淡并巧妙地利用空白去表现自然的美。比尼恩说："谁也不会责备中国人缺乏色彩感；他们绘画上的这种节制肯定是经过深思熟虑的。这是对于过分重视事物的地方色彩和表层外观所持的一种天

---

① 钱穆：《中国文化史导论》，商务印书馆 1994 年版，第 172 页。

② ［英］L. 比尼恩：《亚洲艺术中人的精神》，孙乃修译，辽宁人民出版社 1988 年版，第 53 页。

生的厌恶态度。"①

以波士顿博物馆藏的《捣练图》为例，在这幅画里，空白之处也仍然和画中的有形之物一样美。这幅画的作者显然熟谙老子的思想："埏埴以为器，当其无，有器之用。凿户牖以为室，当其无，有室之用。故有之以为利，无之以为用。"对于中国艺术家来讲，太空不是一堵阻挡人类探究的墙，而是自由精神的栖身之所。"在那里，自由精神随着永恒精神之流一起流动：宇宙是一个自由自在的整体。这就是中国风景画艺术的灵感。也是中国人所独有的运用绘画构图中空白处的秘密所在。"②

钱穆先生认为，中国传统文化是要求人生艺术化的。"政治、社会种种制度，只不过和平人生做成一个共同的大间架。文学、艺术种种创造，才是和平人生个别而深一层的流露。"③ 而比尼恩说："中国人总是喜欢从审美的观点来看事物，但是他却把这种对美的崇拜推向了为西方闻所未闻的登峰造极的程度。"④

中国人在养生、医疗方面深受"天人合一"观念的影响，在文学艺术方面同样如此。所谓天人合一，首先是认为人就在天地之间，人在天地之间，如鱼在水中，而不像现代科学家总把宇宙当作一个对象（object），好像自己可以闪身于对象之外（与对象拉开距离）去观察研究对象；其次，认为人与天地间的万物（包括一切非人事物）同根同源、息息相通，而不像现代人那样，认为人根本不同于一切非人事物，例如，人有理性和意识，而一切非人事物皆没有理性和意识，人有主体性，而一切非人事物都只不过是物理实在（分子、原子等）的构件而已；最后，认为人做一切事情都必须服从天命、顺乎天理，即遵循自然规律，而不像现代人那样力图征服自然。比尼恩在评论中国

① ［英］L. 比尼恩：《亚洲艺术中人的精神》，孙乃修译，辽宁人民出版社1988年版，第53页。
② ［英］L. 比尼恩：《亚洲艺术中人的精神》，孙乃修译，第49—51页。
③ 钱穆：《中国文化史导论》，商务印书馆1994年版，第165页。
④ ［英］L. 比尼恩：《亚洲艺术中人的精神》，孙乃修译，第56页。

画时已注意到这一点，虽然他没有直接提到中国的"天人合一"观念。他说，在中国画中，花草等自然物"不是被当作人类生活中讨人喜欢的附属品，而是被看成有生命之物，它们具有与人类同等的尊严"①。比尼恩赞叹中国古代艺术家"有着绝妙的观察力"，他们不是仅仅从外部进行观察，而是与他们所构思的客观物合而为一了。有一幅中国画（藏于日本），画的是一只白鹭立于落满雪的树枝上。看起来这只鸟是孤独的，但是在心灵中它给人的感觉并不孤独，它既与我们（人）巧妙地联系在一起，又与它周围的世界巧妙地联系在一起。这幅画的作者"把人心灵中的东西——不仅仅是他有意识的目的而且是那给他的生命观念涂以色彩的难以捕捉的激动之情——转变成自己手中的一种创造物，这是艺术的奇迹。"②

比尼恩指出了西方浪漫主义与中国古代浪漫主义的区别。他说：西方艺术和诗歌中的浪漫主义，在于表现出对现存常规的一种反叛精神，表现出对于狂野的、奇迹般的甚至是变态的事物的一种向往。中国的诗人们和艺术家们也反叛现存的常规，因为他们常常是不得已才入仕的；但是假如他们渴望与山泉为伍，那是因为他们坚信在这样一种亲密关系中，才能发现人生的真谛。因此，他们的绘画作品绝大部分是宁静的、欢快的。这些作品没有任何不真实的地方，他们所创造的都是实实在在的世界。③

比尼恩说：中国古代风景画表现的不仅仅是视觉印象和肉体上的触动。为了处理好色调之间的关系，为了使线条获得生命，艺术家的意识已融入他的构图之中。他注入作品中的东西又从作品中流出来，并且进入我们的心灵，而且让我们认识到某种不能单单称之为知识的东西，或是单单称之为感官的东西，抑或是感情的东西；自由而无所顾忌地流溢到宇宙中的乃是整个精神。最妙的风景就是那些可以任人

---

① ［英］L. 比尼恩：《亚洲艺术中人的精神》，孙乃修译，辽宁人民出版社1988年版，第57页。

② ［英］L. 比尼恩：《亚洲艺术中人的精神》，孙乃修译，第57页。

③ ［英］L. 比尼恩：《亚洲艺术中人的精神》，孙乃修译，第62页。

畅游、任人栖身的所在。[①]

以上所述的比尼恩对中国艺术的由衷赞赏，皆引自他的《亚洲艺术中人的精神》一书，该书是他在哈佛大学任教期间的演讲录。

如果说中国古代艺术深受老庄思想和"天人合一"观念的影响，那么西方艺术则深受柏拉图理念论的影响。

在柏拉图看来，理念是存在于不同于经验世界或自然界的另一个世界中的抽象实体，它们绝对完美且永恒不变，它们才是构成万物的本质。按照柏拉图的理念论，经验世界或自然界中的一切皆处于流动和变化之中，从而是不真实、不完美的。如果说经验世界或自然界中也有美丽的人、美丽的花朵等美丽的事物，那么它们也只是分有（share）了理念世界中的美（形式）的部分要素而已，与绝对的、形式的、理念的美相比，美丽的事物总是不完美的。理念的美才是美的本质。西方艺术就贯穿着对美的理念或本质的追求和模仿。正因为如此，西方艺术追求逼真或形似[②]，对逼真的追求决定了对裸体的极端重视。在西方人看来，"裸体便是'事物本身'，它自我存在，它即是本质"[③]。他们认为："裸体有助于发展人的观念，界定人的本质：将人**缩减**成同样的有机构造，将他归入同样的肉与形态之共同体。裸体将人推出于世界之外，将其孤立，同时又描述出人的共同特征，从而达到确定其类别的效果。"[④] "裸体，衬托出'单纯的人'，将其独立于所有脉络，它画出人的本质，人**之所唯一是**的饱满状态。"[⑤] 如前所述，中国古人绝不会设想人能够孤立于世界之外，相反，他们认为人在天地间如鱼在水中。与西方艺术追求本质相反，"中国的画论强调

---

① ［英］L. 比尼恩：《亚洲艺术中人的精神》，孙乃修译，辽宁人民出版社1988年版，第67页。

② 当然，在摄影技术日益发达且普及的情况下，现代西方绘画艺术已放弃了对逼真的追求。

③ ［法］弗朗索瓦·于连：《本质或裸体》，林志明、张婉真译，百花文艺出版社2007年版，第51页。

④ ［法］弗朗索瓦·于连：《本质或裸体》，林志明、张婉真译，第66页。

⑤ ［法］弗朗索瓦·于连：《本质或裸体》，林志明、张婉真译，第67页。

（穿衣）人物应当与风景'呼应'，并与其相契合。风景也向人类呼应着。它们应当'全要与山水有顾盼'：'人似看山，山亦似俯而看人。'又如'琴须听月，月亦似静而听琴。'因此，画人物就是在画他与世界的和谐"①。"中国人对形态学的成分如器官、肌肉、肌腱、韧带等的指认或特征的兴趣远不如对'内'与'外'之间的交流品质乃至维系人体本身的生气感兴趣。"② 正因为如此，中国画家在创作时但求传神（神似）而不求形似（逼真）。中国古代艺术家对"'内'与'外'之间的交流"的重视或可概括为："外师造化，中得心源"③。

法国思想家弗朗索瓦·于连承认，因为希腊思想建立在形式逻辑的矛盾原则④之上并有对清晰性的执着追求，便忽视了对模糊与转变的思考。而中国人的思想不是这样的，所以中国艺术家"独好竹与石、云与雾的绘画，而非裸体"。苏东坡的《枯木奇石图》展示出石头的"内在一致性"，在面对反向伸展的树干时，石头借由自身的发展，带出了岩石的生气，因此也参与了万物的生命。倪瓒的《梧竹秀石图》显得模糊、虚幻、不明，整个气韵集中，而不受形式的局限（墨点在这方面有其贡献），而其"形式"并未完全个人化，亦非不一致，却包含着一切，或者说，什么也不拒斥。⑤ 可见，人并非在任何情况下都必须追求意识或思维的清晰性。如果说人的本质要求是"诗意地栖居在大地上"（参见荷尔德林和海德格尔），或如钱穆先生所说人的终极目标应是人生的艺术化，那么艺术中的模糊、虚幻恰是人生所必不可少的。

在中国古代思想中没有主体与客体的截然二分，这与西方思想的主客二分形成鲜明对照。于连说："中国所有的艺术都试图超越主体

---

① ［法］弗朗索瓦·于连：《本质或裸体》，林志明、张婉真译，百花文艺出版社 2007 年版，第 67 页。

② ［法］弗朗索瓦·于连：《本质或裸体》，林志明、张婉真译，第 69 页。

③ （唐）张彦远：《历代名画记》，浙江人民美术出版社 2011 年版，第 161 页。

④ 其实应称之为"不矛盾原则"，该原则禁止说话和思维出现矛盾，视矛盾为错误。

⑤ ［法］弗朗索瓦·于连：《本质或裸体》，林志明、张婉真译，第 90 页。

与客体的区别，并且认为这样的区别是贫乏的。山水中'景'与'情'无法区别，两者互为依存，彼此彰显。……此一'不加区别'并不是一种（明晰的或理性的）缺乏，而是一种丰富性和一种结果。"拿倪瓒的《梧竹秀石图》来看，"它并不是像知觉的外在对象一样的姿态，而是在其形态的模糊之中，悬在形变之'有'与'无'之间。它自在于所有物化的形塑之外，消去所有客观性的观念：它并不驳斥客观性，只是忽视。"①

于连这样对比了西方绘画和中国绘画：

> 裸体，透过姿态的摆定，在形态中掌握住造型，以呼应一种客观的知觉……以具有临在感的方式出现。甚至它造成某种侵入：它侵入空间并使空间围绕它而展开，因它而饱和，它在周遭描画出虚空；其余的"事物"——椅子、桌巾、地毯——都只成为背景或"衬托"，退让或屈服。……然而，中国艺术中的人物完整且含蓄。在孕育的过程中，不会绝对地表现任何部分，所谓的真实是一种充满可能性且不排除任何事物的状态。在形态的成形之间具有容许调整的一种模糊，而不是（知觉的）确定。它的不明确正是一种资源；它所沉浸其中的虚之空间，透过勾勒的笔触，蕴含着内在的能力。②

于连所说的中国绘画中的"容许调整的一种模糊"不仅存在于中国绘画之中，也存在于各种思维领域。它有时表现为长处，有时表现为短处。例如，在中医中，这种"容许调整的一种模糊"体现为中药方剂的有效成分的模糊，以及大夫针对不同病人乃至同一病人在不同时间和环境中药方的调整，即哪怕是治同一类型的病，大夫也会因人而异、因时而异、因地而异地开药方。中医的这种模糊蕴含着一种谦逊——承

---

① ［法］弗朗索瓦·于连：《本质或裸体》，林志明、张婉真译，百花文艺出版社 2007 年版，第 95 页。

② ［法］弗朗索瓦·于连：《本质或裸体》，林志明、张婉真译，第 96 页。

认对病因和疗法的判断不是绝对清晰、确定的。这与现代医学截然不同。现代医学以为用分析的方法对各种疾病的诊断是清晰的、确定的、排他的，它所给出的治疗方法也是清晰的、确定的，它能清晰、确定地指出特定药品治疗特定疾病的有效成分，且写出有效成分的分子式。它在各种具体案例中验证了自己的有效性。它通常有这样的独断：如果这种疗法无效，则其他疗法必然无效。它缺乏中医那种对于事物转化的无限多样性的体认。其实，西医的诊断和治疗也不可能绝对准确，但它以科学的清晰性和确定性掩饰了它的绝对无法驱除的不确定性。

特别值得指出的是，中国古代艺术精神中的拒斥主客二分、包容一切可能性、以模糊为艺术表现方法的天人合一的思想，对于我们今天反思现代文明的根本弊端和错误具有重要的启示。我们今天所感受到的种种环境污染和生态破坏之痛恰与目前仍处于主流地位的主客二分的现代性思想密切相关。如果说，西方艺术家在绘画中表现了人对非人事物的"入侵"和宰制，那么在政治、经济、军事、科技等领域，西方人则表现了对非西方文明的入侵和宰制，以及以全球资本主义方式实施的对地球生物圈的盘剥和榨取。放弃欧洲中心论，阐扬中国古代艺术精神，欣赏中国古代艺术所表现的美，对于纠正现代性的错误具有十分重要的意义。

四　哲学

一个民族仅当有很高思想水平时，才能创造出超越原始文明的高级文明。如果一个民族的信仰还只停留于神话和原始宗教形态上，那么该民族一定还处于原始文明阶段，其社会组织形式和技术也必定比较简单。哲学是对思想的思想，即对业已形成的信念的思考，我们也常称这种思考为反思。例如，当很多人已相信"人生病就因为精灵附体"或"万物都是神创造的"时，如果有一个人对这种信念提出质疑并进行系统的思考和表述，那么他就已经在进行哲学思考了。一个民族有了哲学便标志着该民族理性的成熟，就意味着有人不再一味相信多数人或最有权威的人或祖先所相信的东西，而开始独立思考，并对某些已有或流行的信念进行批判和纠正。

中国在春秋战国时期便有了哲学。著名德国哲学家雅思贝尔斯（Karl Jaspers）说：

> 如果历史有一个轴心，那么，我们就必须在世俗的历史中经验地找到它，把它当作对包括基督徒在内的所有人都重要的一系列具有重要意义的情境。它必须蕴含包括西方人、亚洲人乃至所有人的信仰，却并不是只支持某种特殊的信仰，故能为所有人提供一个共同的历史框架。出现于公元前 800 年至 200 年的精神历程似乎就构成这样一个轴心。就从那时起和我们一脉相承的人形成了。让我们把这个时期命名为"轴心时代"（axial age）。在这个时代非凡事件如雨后春笋。在中国出现了孔子和老子，中国哲学的所有学派都涌现出来了，这也是墨子、庄子以及其他各家的时代。在印度这是奥义书和佛陀的时代，就像在中国一样，包括怀疑论、唯物论、诡辩论和虚无论在内的所有哲学流派都得到了发展。在伊朗拜火教创始人提出了挑战性的善恶对立宇宙过程论。在巴勒斯坦出现了许多先知，如以利亚（Elijah）、以赛亚（Isaiah）、耶利米（Jeremiah）、后以赛亚（Deutero-lsaiah）。希腊产生了荷马，哲学家巴门尼德、赫拉克利特、柏拉图，悲剧诗人，修昔底德，以及阿基米德。在中国、印度和西方，所有伴随着这些名字的重要发展都彼此独立却几乎同时出现在这几个世纪。[1]

但是，自 19 世纪以来，一直不乏中外学者否认中国古代有哲学。这些人之所以否认中国古代有哲学，主要是因为他们抱持欧洲中心论的信念，我们不妨称他们为欧洲中心论者。欧洲中心论者认为，发源于古希腊的欧洲文明才是人类文明的典范，由欧洲历史所揭示出来的

---

[1]　Karl Jaspers. Way to Wisdom: An Introduction to Philosophy. Translated by Ralph Manheim, New Haven and London: Yale University Press, 1954, pp. 99 – 100.

"文明发展规律"是人类文明发展的普遍规律，欧洲人创造的哲学才是真正的哲学，欧洲人创造的宗教才是真正的宗教，欧洲人创造的科学才是真正的科学……中国古代思想家所表达的思想及其表达方式都根本不同于欧洲哲学，所以中国古代没有哲学。

著名当代法国哲学史家皮埃尔·阿多（Pierre Hadot, 1922—2010）对哲学的界定特别有助于我们驳斥欧洲中心论者的观点。阿多坚决反对把哲学归结为纯粹的话语和论证，而认为哲学是一种生活方式，是一种与论辩思考紧密相连的生活方式。[①] 换言之，流于空言的论证和言说不是哲学，不断反思且力求知行合一的生活方式才是哲学。据此，则孔子、孟子、荀子、老子、庄子等都是当之无愧的哲学家。因此，中国古代无哲学之论不攻自破。虽然古汉语中无"哲学"一词，但中国历史上不乏不断反思且力求知行合一的思想家。

今天，许多思想家认为，"天人合一"观念是中国古代思想家对人类的最重要的贡献。

1990 年，钱穆先生说：

> 中国文化中，"天人合一"观，虽是我早年已屡次讲到，惟到最近始彻悟此一观念实是整个中国传统文化思想之归宿处。去年九月，我赴港参加新亚书院创校四十周年庆典，因行动不便，在港数日，常留旅社中，因有所感而思及此。数日中，专一玩味此一观念，而有彻悟，心中快慰，难以言述。我深信中国文化对世界人类未来求生存之贡献，主要亦即在此。[②]

季羡林先生同意钱先生对"天人合一"论之重要性的评价，即认为"天人合一"论含义深远，是中国文化对人类的重要贡献。但季先生对"天""人"的理解与钱先生的理解有所不同。钱先生把"天"

---

① ［法］皮埃尔·阿多：《古代哲学的智慧》，张宪译，上海译文出版社 2012 年版，第 4页。

② 钱穆：《中国文化对人类未来可有的贡献》，《联合报》1990 年 9 月 26 日。

理解为"天命",把"人"理解为"人生",而季先生认为,天就是大自然,人就是人类。其实,这两位先生对"天"和"人"的理解是互补的。钱先生的解释侧重于人生观,而季先生的解释侧重于自然观。人生观与自然观是有内在关联的。在一个严整的思想体系中理解人生与自然,认定人生与自然是内在相关的而不像现代西方哲学那样把人生与自然分为两截,恰是"天人合一"论的特点。

季先生特别针对现代西方文明的危机阐述了"天人合一"观念对于未来人类文明的重要性,提出了有争议的"河东河西说"。

季先生认为:东方文化(包括印度文化)讲"天人合一",曾主导过世界,此即"三十年河东"。近 300 年来,西方文化主导世界,此即"三十年河西"。未来世界文化吸纳东方文化的"天人合一"论,发展出一种更高的文化,于是,又是"三十年河东"①。

季先生认为,东西方人对人与自然之关系的理解截然不同。"西方的指导思想是征服自然;东方的主导思想,由于其基础是综合的模式,主张与自然万物浑然一体。"②西方征服自然的文明在近 300 年的时间内取得了巨大成就,但如今已陷入深重的危机中。季先生说:

> 从全世界范围来看,在西方文化主宰下,生态平衡遭到破坏,酸雨到处横行,淡水资源匮乏,大气受到污染,臭氧层遭到破坏,海、洋、湖、河、江遭到污染,一些生物灭种,新的疾病冒出等等,威胁着人类的未来发展,甚至人类的生存。这些灾害如果不能克制,则用不到一百年,人类势将无法生存下去。这些弊害目前已经清清楚楚地摆在我们眼前,哪一个人敢说这是危言耸听呢?③

依季先生之见,人类摆脱生存危机的出路是:以东方文化的综合

---

① 季羡林:《三十年河东三十年河西》,当代中国出版社 2006 年版,第 11 页。
② 季羡林:《三十年河东三十年河西》,第 55 页。
③ 季羡林:《三十年河东三十年河西》,第 56 页。

思维模式济西方的分析思维模式之穷。人们首先要学习东方人的哲学思维，"其中最主要的就是'天人合一'的思想，同大自然交朋友，彻底改恶向善，彻底改弦更张。只有这样，人类才能继续幸福地生存下去。"①

一些人对钱先生和季先生的观点深恶痛绝且大加挞伐，但我认为这两位先生的观点代表着老一辈国学家的深刻洞见，值得深入阐发。人类不能继续奉西方主客二分、征服自然的观念为圭臬，确实应该"彻底改弦更张"，否则只会在全球性生态危机中越陷越深。

正因为中国哲学强调天人合一，所以它在对万物进行区分的同时，不忘各种事物之间的内在联系，而从来不把任何东西从其与其他事物的联系中孤立起来。这在思维方法上也有典型的体现：中国思想家重视综合，而相对轻视分析。与现代科学和西方哲学比较起来，则中国古代思想是综合性有余而分析性不足。

现代科学的分析方法是这样的：（1）认识一个事物就是认识它的构成成分（部分），直至认识到无法辨认其更小的构成部分，例如，如今对生物机体的认识已达到分子水平；（2）在表述上诉诸抽象的数学，例如，物理学用高深的数学语言表述各种定律，经济学也尽力模仿物理学；（3）科学研究往往设定其研究对象是不变的；（4）科学家在科学研究中总是设定自己与被研究对象之间的关系是主体与客体之间的关系，即科学家是主体，而被研究的东西是客体，主体与客体之间没有也不能有情感关系，主体可闪身于客体之外而探测、研究客体（这一点在量子力学中已受到质疑）。

中国古代哲人从根本上拒斥这种分析方法，他们不认为一个事物的本质就是由其部分决定的，而认为事物都是处于各种复杂关系中的过程；他们认为事物总处于变化、生长之中，且不认为人与非人事物毫无亲缘关系。正因为中国古代思想分析性不足，故难以发展出现代科技（源自欧洲）。这在许多人看来，是中国思想落后的象征。但我

---

① 季羡林：《三十年河东三十年河西》，当代中国出版社 2006 年版，第 57 页。

们若仔细分析现代科技的得失，就不会认为这只是一个缺点而毫无积极意义。分析性的科技确实使人类的军事力量和物质生产力倍增，但它也导致了空前的危机和危险。显然，没有现代科技就没有现代工业，没有现代工业就没有如今人类正面临的全球性环境污染、生态破坏和气候变化；没有现代科技，也不会有核武器、生化武器等。战争武器杀伤力和物质生产力的迅速提高是绝对的优点吗？这种提高对全人类都有益吗？全人类都需要武器杀伤力和物质生产力的不断提高吗？这种提高对哪些人有益又对哪些人无益？这些问题值得我们认真思考。季羡林先生说得没错，"东方文化的综合思维模式"可以济"西方的分析思维模式"之穷。

中国哲学讲求知行合一，这与当代学院派哲学形成鲜明对照。在现代工业文明中，学院派哲学的地位已十分卑微。真正能影响现实的是自然科学、工程技术、经济学、法学、政治学、社会学、心理学等。现代学术体制还给哲学留了一点点空间，让某些大学设置哲学系或哲学学院。但哲学早已不再是阿多所说的哲人的生活方式，而成了形形色色的哲学教授们的纯粹说辞。他们研究、讲授的是一套，实际践行的是另一套，他们有意识地在自己研究的哲学和自己的人生哲学之间做出区分、拉开距离。一部分研究纯粹哲学的教授一味皓首穷经、寻章摘句，且洋洋得意地宣称，哲学就是文本研究，以为不关心社会和现实生活恰是保持哲学之纯粹性的条件。他们往往只能在极为狭小的圈子内互相吹捧。因为体制还留给他们一点点空间，所以他们也能参与各种奖项的角逐。中国古代哲学不是这样的哲学，中国古代哲人也根本不同于这样的哲学教授。他们上下求索，同时以自己体认的真理为人生指南。孔子一语道尽了中国哲人知行合一的生活方式："君子无终食之间违仁，造次必于是，颠沛必于是。""仁"是孔子所求索的最高人生指南，所以在其人生历程中，无论境遇如何（或凶或险，或苦或难，或富或贵），未敢有一刻违仁。中国古代哲人求索圣人之道。周敦颐说："圣人之道，入乎耳，存乎心，蕴之为德行，行之为事业。彼以文辞而已者，陋矣！"这段话强调的就是知行合一，鄙弃的恰是今日学院派哲学（以文辞而已）这样的学说。

情理交融是中国哲学的又一个特征，这一特征亦与西方哲学形成鲜明对照。我们说哲学是"思想的思想"，是对已有信念的反思，这便意味着哲学是讲理的学问，换言之，哲学必须运用理性。"理性"（reason）是西方哲学十分重要的概念之一。西方哲学家倾向于把理性界定为人的逻辑思维能力，抑或是纯粹形式或理念，想把理性与人的情感、情绪等主观状态完全剥离，从而剥离出所谓的纯粹理性。"理性"也指规律。西方哲学深受柏拉图的影响，总认为理性或规律是纯形式的、普遍的、永恒不变的。现代科学以运用数学语言为荣即源于此。康德学派甚至要把道德规范也归结为一个纯形式的、普遍的、永恒不变的"绝对命令"。

中国哲学不是这样的。中国哲人讲的理，始终是情理交融的理，既寓情于理，又寓理于情。中国人评价一个人做的事情合适，会说他做得合情合理，而不仅仅说合理。

"仁"是儒家思想的最高范畴，也是核心范畴。孔子说："仁者爱人"。可见，"仁"不是一个纯形式的理念，而是蕴含着"爱"这种情感的。但"仁"又不仅是一种情感，它也是人世间的最高律则，是最重要的公理。

宋明理学家谈"理"最多，而且宋明理学已吸取了道家和佛学的思想精华，已高度体系化，可代表中国古代哲学的高峰。朱熹常被称为理学的集大成者。朱熹解释《中庸》第一章的一段话可直接说明理学中的"理"是蕴含情感的。《中庸》有言："喜怒哀乐之未发，谓之中；发而皆中节，谓之和。中也者，天下之大本也；和也者，天下之达道也。"这段话把"中"与"和"提升到了"天下之大本"和"天下之达道"的高度，可见其重要性已无以复加。朱熹在解释这段话时说："喜、怒、哀、乐，情也。其未发，则性也，无所偏倚，故谓之中。发皆中节，情之正也，无所乖戾，故谓之和。大本者，天命之性，天下之理皆由此出，道之体也。达道者，循性之谓，天下古今之所共由，道之用也。此言性情之德，以明道不可离之意。"天下之理皆出自天命之性，而天命之性就是喜、怒、哀、乐之未发，就是中。值得注意的是，喜、怒、哀、乐之未发不是纯形式的理性状态，而是情感无所偏倚的理性状态。

《中庸》是先秦儒家经典中最有哲学深度的文献。《中庸》所阐释的"诚"或可与西方哲学的"真"对举。但"诚"是一个情理交融的概念，而绝大多数西方哲学家把"真"界定为一个逻辑范畴。"诚者，天之道也，诚之者，人之道也。"可见，"诚"既代表天道的客观性，又代表人的主体性。

儒家强调"道不远人"，这也是极高明的。闻道乃哲人的终极关怀。孔子说："朝闻道，夕死可矣。"但中国哲人追求的道，既不是服务于野心的玄奥古怪的魔法，也不是什么"为真理而真理"（抑或"为理论而理论""为科学而科学"）的玄思，而是不离人伦日用的"人路"（孟子）。这也与西方哲学形成鲜明对照。西方哲学自古希腊始，就力图把握所谓"存在本身"或永恒不变的"本质"，至欧洲中世纪，这种追求表现为膜拜上帝的谦卑，但在这种谦卑中已潜伏着极不安分的野心——觊觎上帝的全智全能。到了现代，"上帝死了"，人就以为自己是上帝了。于是，现代人试图无限逼近对宇宙奥秘的完全把握，以便随心所欲地征服自然、控制环境、制造物品、创造财富。[1] 以天人合一为终极关怀的中国哲人根本不会想征服自然，他们最豪迈的表达或许是"为天地立心"，但这种豪迈与征服自然和妄称上帝的狂妄不可同日而语。现代科学因为重实验观察而显得"脚踏实地"，但由于它服务于人们日益膨胀的野心，因此早已远离安于本分的人们的伦常日用，或说早已偏离了"人路"：它试图冲出地球、太阳系而走向宇宙，它试图开发月球和火星上的资源，它试图制造出比人类聪明万亿万亿倍的智能机器，它试图让人长生不老，它试图在母体之外培育人类胎儿……在一个坚信"道不远人"的思想传统中滋生不出这些不安分的狂想。或有人会说，正是这样的狂想推动着人类文明的

---

[1] ［美］S. 温伯格：《终极理论之梦》，李泳译，湖南科技出版社 2003 年版，第 194 页。

不断进步。但若有对人类理性之有限性的健全体认，你就会意识到，此类狂想和尝试也可能是人类的"自作孽"。古人云："天作孽，犹可违；自作孽，不可活。"

中国哲学最重要的特征莫过于由天人合一观念所蕴含的价值导向：内向超越。

超越是人的能动性的体现，指改变现状而追求理想生活的努力。人总想改变现状而追求更好、更美、更幸福的生活。这一特征在各行各业的精英人物身上体现得最为典型，而在普通人身上体现得不太明显。超越便是创新，各行各业的精英总有不可遏止的创新冲动，他们不能安于现状。文明的进步就是精英引领下的人类超越的结果。赫拉利对少数精英剥削、奴役众多劳动者深感愤愤不平，但是，如果没有精英们的超越性创新，就不可能有文明的进步。当然，超越有时也表现为战胜困难、走出危机的努力。

如前所述，人类有两条追求更好、更美、更幸福的生活的途径，亦即有两条改变现状、追求理想的途径：一是内向超越，一是外向超越。

内向超越的基本方式就是修身。《大学》有言："自天子以至于庶人，壹是皆以修身为本。"老庄一派十分轻视物质财富和身外之物，更加重视内向超越。庄子说："轩冕在身，非性命也，物之傥来，寄者也。"成玄英疏曰："轩冕荣华，身外之物，物之傥来，非我性命，暂寄而已，岂可长久也。"① 庄子认为："丧己于物，失性于俗者，谓之倒置之民。"郭象注曰："营外亏内，甚倒置也。"向云："以外易内，可谓倒置。"② 中国古代社会主流意识形态的基本价值导向一直是这样的：对内向超越的重视和激励甚于对外向超越的重视和激励。这与现代社会构成鲜明对比，或说中华古代文明与现代工业文明形成鲜明对比。现代主流意识形态和经济、政治制度不再激励人们内向超越，却一味激励人们外向超越。如今，主流意识形态和政治、经济制

① 刘文典：《庄子补正》，赵锋、诸伟奇点校，中华书局2015年版，第451页。
② 刘文典：《庄子补正》，赵锋、诸伟奇点校，第452页。

度特别激励人们科技创新、管理创新、制度创新、营销创新、广告创新，这些创新都是外向超越的表现。现代经济学所提供的制度创新和管理创新的基本方法就是：用制度激励人们以追求私利的方式为公益做贡献。如下案例或许是最生动的一个：

> 在 18、19 世纪，英国把一船又一船的罪犯运到澳洲，但往往多达 30% 的罪犯死在途中。怎么办？让船长们发慈悲，改善罪犯们旅途中的生活、医疗条件？人性的慈善不可能在船长们的血管里流淌不息。一些船长甚至把给罪犯吃的粮食囤积起来，让罪犯们饿死，到澳洲后把粮食卖掉。强迫船长们做合乎人性的事情，通过立法制定最低食物标准和医疗标准？那就必须派官员监督船长们执行法律规定的标准，这样不仅成本大为提高，而且无法确保派出的官员不与船长们同流合污。起初政府是在英国上船时按罪犯人头向私有船船主付费的，所付费用足以保障每个罪犯的食物供给与医疗条件。商业精英或经济学家给出的办法是，改在英国上船时按人头付费为到澳洲时按人头付费。无须派人监督，船长们就有动力去寻找新的更好、更便宜的养活罪犯的方法了。①

这个案例能清楚地说明现代制度创新和管理创新的基本思路：视自私和贪欲为行动（包括创新）的动力，以制度激励人们以谋私为动机而为公益做贡献。

我们不妨称现代主流意识形态为现代性（modernity）。在现代性的影响之下，人们认为，改变人性的自私是不可能的②，所以，自我改善是有不可逾越的极限的。人们认为，改善人类生活的根本途径就是提高科技水平，发展经济，改变环境，改造世界，例如，建越来越

① ［美］罗塞尔·罗伯茨：《看不见的心———部经济学罗曼史》，张勇、李琼芳译，中信出版社 2002 年版，第 245—246 页。

② 在高新科技飞速发展的今天，许多人却热衷于用技术手段改变人性，如做变性手术，改变人类基因，增强人类智能，甚至追求永生不朽，等等。

多的工厂（包括电厂），修越来越多的铁路、公路，建越来越多、越来越大的城市，造越来越精良的机器——由机械化到自动化，再到智能化……而且这一方向的改善，即外向超越，是没有极限的。

现代性也使人们在个人生活领域重视外向超越远甚于内向超越。就当代中国人而言，已很少有人仍然认为立身处世应以修身为本了。多数人认为，挣钱才是最重要的事情。前些年流行的一个段子或可说明这一点。这个段子说：男人等于吃加睡加赚钱，猪等于吃加睡，故不会赚钱的男人等于猪。女人等于吃加睡加花钱，猪等于吃加睡，故不会花钱的女人等于猪。这个段子代表着当代人对人性的理解，即人就是能赚钱花钱的动物，能赚钱花钱就是人的本质。正因为人们如此理解人性，赚钱多少就成了人生成就的根本标志。所以，有个教授在训诫自己的学生时说：40 岁之前若还没有赚到 1000 万就别来见我！

中国哲学的价值导向与现代性相反。它要求人们以修身为本，对领导阶级——君子——的要求尤其是这样。君子的最高追求是闻道，是达到天人合一境界（即圣人境界），这不是经过三年五年的修身即可达到的境界，而是终身努力也未必能达到的境界。事实上，中国历史上达到天人合一境界的人是很少的，但君子不可放弃对这种超越境界的追求。有此追求，才算是"立乎其大"（孟子语）。有此追求，虽则不能成圣，仍不失为君子。或说，追求圣人境界的人，才可能成为君子，如果你连对圣人境界的向往都没有，则非但不可能成圣，连君子人格也难成就。《中庸》的一段话可说明何谓君子人格：

> 君子素其位而行，不愿乎其外。素富贵，行乎富贵；素贫贱，行乎贫贱；素夷狄，行乎夷狄；素患难，行乎患难。君子无处而不自得焉。在上位，不陵下；在下位，不援上；正己而不求于人，则无怨。上不怨天，下不尤人。故君子居易以俟命，小人行险以徼幸。子曰，射有似乎君子。失诸正鹄，反求诸其身。

君子无论处于何种境地，都安天乐命，不怨天尤人。一个社会君子多于小人，则自然和谐。一个人成为君子就有了不忧不怨的健康人格，自然会有幸福人生。

中国哲人深信：内向超越是没有极限的，是向无限开放的。这一信念与西方现代性关于人性的预设相反。"天命之谓性，率性之为道"，但天命之性不是一成不变的本质，而是永不泯灭的成仁成圣的潜在性或可能性。由可能性到现实性的转化只能通过"日新又日新"的修身。一个天资极高的人死而后已地修身也未必能成圣。后人称孔子为圣人，但他本人从未声称自己已成圣。

如第一章所述，人是追求无限的有限存在者。追求无限就是追求人生意义。人是悬挂在自己编织的意义之网上的文化动物。每个人都希望自己活得有意义。人们对财富、权力、地位、荣誉、知识、知名度等的追求，归根结底都是对人生意义的追求，对幸福生活或好生活的追求也就是对有意义生活的追求。政治哲学家们说，人人都需要获得他人的承认或认同，对承认或认同的追求同样从属于对人生意义的追求。对人生意义的追求就是对无限的追求。有此种追求乃是人不同于非人动物的根本特征，文化使人对种种价值或善（good）的追求趋于无限，使人总有其不知足之处。非人动物即使储存食物，也不会贪得无厌地储存。而作为文化动物的人对其认定的最高价值的追求却是永不止息、永不知足、死而后已的。道教徒对长生不老的追求，佛教徒对佛的追求，基督徒对天国的追求，政治家对权力的追求，商人对财富的追求，科学家对科学知识的追求，都既是对人生意义的追求，也是对无限的追求。

人总有其不知足的方面，一个人若对什么都知足，则无异于猪。人之不知足恰源自人对意义或无限的追求。老子似乎最主张知足，他告诫人们："知足者富""知足不辱""祸莫大于不知足；咎莫大于欲得。故知足之足，长足矣"。但这绝不意味着老子主张过绝对无欲无求的生活。老子多次讲到圣人，圣人显然是有极高境界和智慧的人。人不经过锲而不舍地努力就不可能成为圣人。当然，老子心目中的圣人不同于儒家的圣人。"圣人处无为之事，行不言之教。""为学日

益，为道日损。损之又损，以至于无为。无为而无不为。"你必须先
成为饱学之士，才有可损之处，然后才谈得上"为道日损"，继而
"损之又损，以至于无为"。当达到"无为而无不为"的境界时，你
就是圣人了，你与天合一了，因为天是无为而无不为的。可见，"为
学日益"是"为道日损"的前提，也是成圣的前提。一辈子不学无
术的人不可能达到"无为而无不为"的境界。成为儒家的圣人需要死
而后已的修身，成为道家的圣人同样需要死而后已的修身（道教徒说
修道）。所以，人总有其不知足的方面，即总怀有对无限的追求。

一个人以何种方式追求无限，追求何种无限，在何种追求方面知
足，在何种追求方面不知足，决定着他是明智的还是愚蠢的。人对物
质财富的刚性需要显然是有限的，一个人只能吃那么多东西，只能穿
那么多衣服，只能住那么大的空间（房子）…… 一个人若无限贪求
物质财富，则不可能重视德行、境界和智慧，所以，他必然是愚蠢
的。反之，一个人若在追求物质财富时知足，在追求德行、境界和智
慧时不知足，则必然是明智的。换言之，一个人若外向超越甚于内向
超越，则必是愚蠢的，反之必是明智的。

一种文明激励人们以何种方式追求无限，激励人们在何种追求方
面知足，在何种追求方面不知足，决定着这种文明是否可大可久。中
华文明影响了整个东南亚，足见其可大；中华文明绵延 5000 年而未
曾中断，而古时与中华文明比肩的古埃及文明和古巴比伦文明都消失
了，足见其可久。中华文明之所以可大可久，主要就是因为其内在超
越的价值导向。它激励人们，特别是激励精英们，以内向超越为本，
永不止息、死而后已地追求人格完善，力求成贤成圣。"中国人始终
不肯向富强路上作漫无目的而又无所底止的追求"①，就因为中国人对
内向超越的重视远甚于对外向超越的重视。中华文明之所以可大可
久，得益于她所孕育的哲学的价值导向。

许多人认为，中国明清时已有资本主义的萌芽，即使不发生"鸦

---

① 钱穆：《中国文化史导论》，商务印书馆 1994 年版，第 163 页。

片战争",没有西方列强的威逼,中国迟早也会发展出资本主义。然而,这只是欧洲中心论者的臆断。按照中国传统文化的"逻辑"是很难发展出现代资本主义的。因为内向超越的价值导向把发展资本主义所必需的现代科技斥为末作,而修齐治平的学问才是正宗。于是中国最聪明的人不会把精力用于科技发明,或者说科技发明不能吸引众多精英。也正因为如此,中国古代的科技发明始终受制于道德和政治,而不像现代社会,科技发明成了社会进步的主动力,科技精英主导了社会。

源自欧洲的现代工业文明与中华古代文明正好相反,它几乎不激励人们的内向超越,而是以种种竞争机制激励人们的外向超越。它之可大确实已达极致,如今正在全球蔓延。但是否可久则大可质疑。事实上,如今已有越来越多的有识之士明确指出了此种文明的不可持续性,对此本书第三章第二节将有详细论述。

五 "崇本抑末"的农业经济

中华古代文明的政治和文化以道德为本,其经济则以农业为本,以工商为末。钱穆先生说:"西方常常运用国家力量来保护和推进其国外商业。中国则常常以政府法令裁制国内商业势力之过分旺盛,使其不能远驾于农、工之上。"[①] 值得注意的是,中国古代的工完全不同于现代的工,那时的工只是工匠们从事的手工业,而不像现代的工通常指资本雄厚的大工业。实际上,古代统治者常常更重视劝农,对工的重视则稍次。以农桑为本,以工商为末,激励耕织,平抑工商,便是中国长期奉行的"崇本抑末"的经济战略。

战国时秦国的商鞅最早提出并实施了"崇本抑末"的政策。他说:"末事不禁,则技巧之人利,而游食者众",并明确指出:"能事本而禁末者,富。"韩非对"崇本抑末"思想做了系统阐述,在《五蠹》篇中称"工商之民"是无益于耕战而有害于社会的"五蠹"之

---

① 钱穆:《中国文化史导论》,商务印书馆1994年版,第16页。

一。明确提出要"使商工游食之民少而名卑，以趣本务而外末作"，即主张减少工商从业者的人数，且降低他们的社会地位。

西汉时期在"抑商"方面有了更实质性的举措，持续时间也较长。汉高祖刘邦即位伊始，即下贱商令，规定："贾人不得衣丝乘车"，本人及子孙"不得仕宦为吏"，而且还颁布了"轻田税"令，使"重农抑商"在实践层面有了较大的发展。中经惠、文、景诸朝，直到武帝时，还任用桑弘羊等人理财，在商业政策上推行盐铁专卖、均输、平准等，打击富商大贾对经济的垄断和市场的操纵。

隋和唐初，统治者又曾重提汉初贱商之令，禁止工商业者入仕为官。如唐太宗初定官品时曾说："设此官员，以待贤士。工商杂色之流，假令术逾侪类，正为厚给财物，必不可超授官秩，与朝贤君子，比肩而立，同坐而食。"高宗时还仿刘邦之法，对工商业者的车骑、服饰等做了规定，"禁工商不得乘马"，只准穿白衣，不准著黄，等等。①

宋元两朝对商业的政策较为宽松。但仍不乏士人力主崇本抑末。例如，范仲淹就认为："'德惟善政，政在养民'……善政之要，惟在养民；养民之政，必先务农。……天下之化，起于农亩。"② 欧阳修也强调："……农者，天下之本也，而王政所由起也，古之为国者未尝敢忽。"③ 范仲淹曾指责"工之奇器，败先王之度，商之奇货，乱国家之禁，中外因之侈僭，上下得以骄华"，主张"大变浇漓，申严制度，使珠玉寡用，谷帛为宝""抑工商之侈""劝稼穑之勤"④。元代的王祯则明确指出士、农、工、商"皆天之所设以相资焉者""士以明其仁义，农以赡其衣食，工以制其器用，商以通其货贿"，四民各司其职，各得其所，则天下太平。

① 丁孝智：《中国封建社会抑商政策考辨》，《社会科学战线》1997年第1期。
② 《范文正公政府奏议上》四部丛刊景明翻元刊本，第6页。
③ 《欧阳文忠公集》外集卷第九，四部丛刊景元本，第371页。
④ 《范文正公文集》四部丛刊景明翻元刊本，第73页。

　　然其教之者，莫先于士；养之者，莫重于农。士之本在学，农之本在耕。是故士为上，农次之，工商为下：本末轻重，昭然可见。

　　夫天下之务本莫如士，其次莫如农。农者，被蒲茅，饭粗粝，居蓬蘽，逐牛豕，戴星而出，带月而归，父耕而子饁，兄作而弟随；公则奉租税，给征役，私则养父母，育妻子，其余则结亲姻，交邻里：有淳朴之风者，莫农若也。至于工逞技巧，商操盈余，转徙无常，其于终养之义，友于之情，必有所不逮，虽世所不可缺，而圣人不以加于农也。是以古者崇本抑末。[①]

　　在明代开国前夕的 1366 年 4 月朱元璋即表示："今日之计，当定赋以节用，则民力不困；崇本而祛末，则国计可以恒舒。"给即将开国的朱明王朝定下了政策基调。洪武十八年（1385 年）九月，朱元璋对为什么实行这一政策做了进一步的解释："人皆言农桑衣食之本，然弃本逐末，鲜有救其弊者。先王之世，野无不耕之民，室无不蚕之女，水旱无虞，饥寒不至。自什一之途开，奇巧之技作，而后农桑之业废。一农执末而百家待食，一女事织而百夫待之，欲人无贫，得乎？朕思足食在于禁末作。"朱元璋把商业视为农业发展的严重障碍和导致国家财政紧张的重要原因，明确宣布要"崇本抑末"，并在开国后逐步落实在具体政策和措施上，在全国范围内实施。洪武十四年（1381 年）朱元璋下令："农民之家许穿绸纱绢布，商贾之家只许穿绢布。如农民之家，但有一人为商贾者，亦不许穿绸纱。"[②]

　　中国历朝历代对"崇本抑末"基本策略的实施虽然有强有弱，但"崇本抑末"无疑是民国前中华文明的基本经济策略。从现代性的视角看，正因为中国长期坚持这一策略，科技和工业才得不到发展，才失去

---

　　① （元）王祯撰，缪启愉、缪桂龙译注：《东鲁王氏农书译注》，上海古籍出版社 2008 年版，第 23—24 页。

　　② 于少海：《明代重农抑商政策的演变》，《东华理工学院学报》（社会科学版）2004 年第 1 期。

了快速发展的好机会，于是才有 19 世纪的被动挨打。但从谋求和平与可持续性的角度看，"崇本抑末"则是英明正确的。以农为本则安土重迁，爱好和平。中华古代文明就是这样的。当然不是说古代中国人不打仗，但与游牧民族和欧洲诸民族相比，中华民族更热爱和平，至少不好战。另外，"崇本抑末"是抑制奢侈的根本策略，正因为中国长期"崇本抑末"，故中国社会的物质奢侈才一直限于上层豪门，而不可能出现今天这样全民攀比的"大量生产、大量消费、大量排放"。几千年的中国农业文明，确实存在"朱门酒肉臭，路有冻死骨"的不公，但她绝对不会导致今天这般严重的环境污染和生态破坏。

六　文治政府和思想精英的领导

　　一个社会由何种精英领导永远是一个重要的政治问题。现代平等主义试图取消或淡化精英与大众之间的区别，但它掩盖了一个重要的事实：大众永远都需要精英的引领，现代社会事实上是由商业精英①和科技精英引领的社会。

　　现代平等主义告诉我们，人人都具有天赋理性，人人都有为自己做主的自主性，如果你总需要其他人为你做主，那只意味着你没有勇气公开地运用你自己先天拥有的理性。所以启蒙的口号就是：要有勇气公开地运用你的理性！经过启蒙，则人人都是自主的，没有谁再像中国古代的老百姓（小人）那样需要"大人"为他做主了。在一个成熟的现代社会，由何种人当领导已不重要，建立和完善一套合理、中立的政治、经济制度才是最重要的。市场经济和民主法治正是这样的制度。有了真正的市场经济和民主法治，就有了中国古代圣贤一直热望的万世太平。在一个成熟的市场经济和民主法治的社会中，不再有统治者与被统治者之分，当更无从谈二者之间的对立。因为每个人都通过代议制民主而在立法过程中表达了自己的意志，所以服从法律

---

　　① 本书所说的"商业精英"是广义的，指所有那些极善于赚钱的人，不仅包括纯粹从事流通领域之商业活动的精英，也包括经营制造业的企业家，还包括当今中国在官场上有地位且为其经商的亲朋好友出谋划策的人。

归根结底就是服从自己的意志。

其实，这种平等只是一种永远值得追求的理想。这种理想在现实中并没有完全得到实现。在现代社会，事实上是商业精英和科技精英领导着大众。首先，国家和政府的大政方针是由商业精英和科技精英制定的，很多市民根本没有表达过对大政方针的看法。其次，大公司或其他大型组织的章程是由商业精英和科技精英制定的，大公司或大型组织的管理也是通过科层化的管理制度实施的，即商业精英和科技精英高居于组织的上层，普通人只是服从领导听指挥而已。最后，连生活时尚也是由商业精英和科技精英引领的，例如，他们不断推出汽车、iPad、手机、电脑等产品的各种升级版，用铺天盖地的广告劝诱人们不断更换这些产品，甚至连服饰时尚也是被商业精英所操纵的。

如果说在古代中国，存在出身和政治地位上的等级，例如皇族、王侯与百姓之间的巨大差别，那么现代社会仍存在财富占有方面的巨大差别，例如，亿万富翁与普通人之间的巨大差别。就中国而言，由古代中国到现代中国的转变，在政治上就是由思想精英的领导逐渐过渡到由商业精英和科技精英的领导。这种转变带来了一些政治、经济上的改善，但也导致了极为深重的危机。

现代平等主义包含着十分严重的错误：它把人的自主性当作一种天赋的本性，而不是把自主性看作由潜在到实现的过程，且看作可不同程度实现的过程。人显然不是生来就具有自主性的，一个婴儿显然没有什么自主性。一个人是在成长、学习、生活过程中不断形成其自主性的，且不同个人在自己一生中所最终达到的自主性程度是不同的。我们可以把自主性大致划分为三个层次：（1）平常生活的自主性；（2）政治自主性；（3）思想自主性。

大多数人都能在自己的成长、学习、工作、生活的过程中达到平常生活的自主性，如知道自己需要什么日常生活用品，能自主地求职、择偶，能规划自己的家庭生活，其基本能力是经济学家所预设的人的理性：追求自我利益最大化，在通常的交易情境中，自然地用最少付出获取最大收益。

现代平等主义者最为看重的自主性是政治自主性，即康德所说的公开地运用自己的理性的勇气。这种自主性体现为对公共事务和政治的关心和责任心。中国正处于从传统政治向现代民主法治转型的历史进程中。在这一历史时期，人的政治自主性就体现为对中国政治制度改革的关心和思考，以及对马克思主义与自由主义之异同的清晰把握。

思想自主性则是最高水平的自主性，体现为对已有意识形态和宗教的独立反思。在信仰和思想上盲从的人们是不具有这种自主性的。人类中从来都只有极少数人才具有这样的自主性，这极少数人就是历史上和生活中的所有思想家。他们中杰出的代表有中国的孔子、孟子、老子、庄子、董仲舒、韩愈、周敦颐、程颢、程颐、朱熹、陆象山、王阳明等，欧洲的赫拉克利特、巴门尼德、苏格拉底、柏拉图、亚里士多德、托马斯·阿奎那、霍布斯、笛卡尔、卢梭、康德、亚当·斯密、马克思、叔本华、尼采、大卫·梭罗等。任何一种宗教或意识形态的创始人都是具有思想自主性的人，但简单地信仰任何一种宗教和意识形态的人都不是具有思想自主性的人。一个人虽不是任何一种宗教或意识形态的创始人，但通晓各种典籍并对主流意识形态或宗教有独立思考，他便具有了思想自主性。简言之，有思想自主性者有"独立之精神，自由之思想"（陈寅恪语）。有思想自主性的人才是最有智慧的人，才是对宇宙、人生有最深刻的理解和最深远的洞见的人。

就今日中国来看，所有的身心健康的成年人都具有平常生活的自主性，但只有一部分成年人具有政治自主性。相当多的人是随大流的。当毛主席号召他们天天讲阶级斗争时，他们便天天讲阶级斗争；当邓小平号召他们发财致富时，他们便去发财致富；当传销风行时他们就去传销；当炒股风行时他们便去炒股。他们并不十分关心中国该走什么道路，采取什么制度，他们只是跟着潮流走。

今日中国的自由民主派无疑具有政治自主性，他们在以不同的方式和力度表达自己的政治倾向。但他们中的大多数并没有思想自主性。他们不过因为受西方现代性的影响至深而十分服膺西方现代性，却不能跳出现代性的窠臼而对现代性有所反省。他们在政治上不盲从，但在思想上仍是盲从的。

人人都达到思想自主性是不可能的，人人都达到政治自主性也是不可能的。就此而言，大众与精英之间的差别永远都不会消失。

就各行各业来看，也存在普通人与精英之间的差别。例如，马云是今日商界的精英，而大部分商人只是业绩平常的商人；袁隆平是水稻研究方面的精英，而其他研究水稻的人们是平常的研究者；乔丹是篮球运动员中的精英，而许多篮球运动员只是普通的运动员……各行各业都是精英在引领潮流。

由哪一种精英领导社会，即由哪一种精英做政治领导人，是个至关重要的事情。因为引领社会或担任政治领导人，与引领一个行业根本不同，政治影响每一个行业，影响全社会。担任政治领导人需要政治智慧，而不仅需要各种专门知识。今日引领社会潮流的商业精英和技术精英善于赚钱，善于发展经济，善于科技创新，但他们往往没有政治智慧。正因为如此，现代社会经济快速增长，科技快速进步，美其名曰发展。但生态健康和自然环境遭到空前的破坏和污染，这样的发展是不可持续的。对比5000年的中国古代文明，我们就能发现中国古代文明之所以可持续，与思想精英的领导休戚相关，而现代工业文明不可持续，与商业精英和科技精英的领导休戚相关。当代西方学者中已有少数人对此有较详细的论述。[①]

古代物质生产力不发达，文化教育得不到普及，多数人不识字，普通劳动者没有文化。但社会各级官员是有文化的人，有文化的人领导没有文化的人是很自然的。在远古时，部落领导人都集各种精英的才华于一身，如黄帝、炎帝、尧、舜、禹等。孟子说："舜明于庶物，察于人伦"，可见舜是他所处时代的绝顶精英。

据钱穆先生看，由春秋到战国，古代政府全由贵族组织。那时的

---

① 可参见 David Edward Tabachnick, *The Great Reversal: How We Let Technology Take Control of the Planet*, University of Toronto University, 2013, pp. 3–4.

贵族自是有文化的人，在贵族中选出的政府官员，当属于思想精英。到战国晚期，始有游士参与政府，这是平民学者参政的先声。秦始皇统一天下，废封建①，立郡县，当时有人说他，"陛下有海内，而子弟为匹夫"，这便打破了贵族统治的积习。汉初的政府几乎是个军人政府，到汉武帝时，封建势力再次受到削弱，较为彻底地恢复了秦代郡县一统的局面。继此之后的又一大转变，便是平民学者公孙弘纯粹因学者资格而拜相，因拜相而封侯，打破汉初旧制。从此以后，军人政府渐变成士人政府。这是中国政治制度上的一次伟大变革。钱穆先生称中国古代的治理天下的政府为"世界政府"，这当然不是今天世界主义者们所期待的那种治理全球的世界政府。钱穆先生认为，理想的世界政府决不是周代的贵族政府，也不是汉初的军人政府，而应该是由在平民中有知识有修养的贤人——士人——组织与领导的政府。②

汉武帝建立五经博士制度，规定五经博士教授弟子的新职，这便是中国历史上有正式国立大学校的开始。博士弟子最快的只一年便可毕业，毕业后国家为其指定出身。考试列甲等的，多数可充当皇帝的侍卫郎官。乙等以下的学生，主要依籍贯派充各地方政府的属吏。有了这样的制度，从前由皇室宗亲与军人贵族合组的政府，便逐渐变成由国家大学校教育及国家法定考选的人才来充任。因此我们可以说，到汉武帝时代，中国历史上出现了"文治政府"。这是中国人传统观念中的"理想政府"的实现，是中国文化史上的一大成功。由贵族政府和军人政府向文治政府的转变是中国历史上具有深远文化意义的转变，经过这样的转变，中国社会更强化了思想精英的领导地位。由秦始皇到汉武帝，中国政府的演变就大体上呈现为由贵族政府向士人政府演变的趋势。此后的政府便全依此种意义与规模而演进。③

有西方哲学家说，中国古代只有一个人——皇帝——是自由的，其他人都是奴隶。此说形容中国古代皇权的独专。说者实则不懂中国

---

① 值得注意的是中国古代的封建制完全不同于欧洲古代的封建制。
② 钱穆：《中国文化史导论》，商务印书馆1994年版，第100页。
③ 钱穆：《中国文化史导论》，第102—104页。

文化和历史。没有任何一个人凭一人之力即可治理天下。历代皇帝都离不开以丞相为首的文官队伍。据钱穆先生看，皇帝为政府最高领袖，象征着国家的统一，而非某家某族的一个代表。如此则王统已与古代（指秦以前）贵族观念分离，而只是政治上的一种需要。皇帝不经选举，只有世袭。但世袭未必皆贤，于是政治实权交于丞相。丞相才是政府的实际领袖与实际负责人。丞相不世袭，可以选贤任能。秦汉时代政府里的实际政务官，皆归丞相统率，而皇帝属下则仅有侍奉官。秦、汉初年，皇帝私人秘书——尚书郎——只有四人，可见政事并不直属皇帝，而丞相下面的曹掾，所分项目则超过十几个门类。丞相的秘书处，其规模之大，较之皇帝的私人秘书室，不知要超过多少倍。由此可知，政府大权与实际责任，全在丞相而不在皇帝。①

　　要说明中国古代社会是由思想精英领导的社会不能不提及中国古代的科举制度。历史学家基本公认中国科举制度始于隋朝，直至清末才被废止。科举制是通过文化考试选拔素质较高者任官职的制度，它把文化知识水平作为选择行政官员的必要条件。儒家经学为科举考试的主要内容。汉代以经术取士，到南北朝时期孝廉科侧重考经学知识，秀才科侧重考文章辞华。在唐宋两朝科举取士中有过经术与文学之争，唐代进士科主文学，明经科主经术，二者地位的轻重经历过一个升沉变易的演变过程，由于社会上看重进士科，经学相对被冷落。北宋学者或主张取士当先经术后辞采，或主张以诗赋为首要考试内容，争论平衡的结果，是将进士科一分为二，并立"经义进士"与"诗赋进士"。但从王安石改革科举考试经义之后，特别是明清科举考八股制义之后，儒家经学在科举考试内容中就占了主导地位。② 今人对中国古代的科举制度褒贬不一，但科举取士是确保中国社会由思想

---

　　① 钱穆：《中国文化史导论》，第105页。钱穆先生夸大了丞相的权能，纵观中国古代史，能干皇帝的权力远远凌驾于丞相之上，仅当皇族式微帝逐渐成为傀儡时，丞相的权力才高于皇帝，如汉室衰微时曹操的权力高于汉献帝。家天下始终是中国政治的一个特征，中国历史上的政治、军事斗争，在很大程度上是家族之间的斗争，尽管秦汉以后，皇族的权力被削弱。
　　② 刘海峰：《中国科举文化》，辽宁教育出版社2010年版，第323—325页。

精英领导的制度保障。

七 "以修身为本"

对比中华文化与欧洲文化，人们常说，二者的根本区别之一是，中华文化以伦理、道德为本，而欧洲文化以宗教为本（其实现代欧美是以科技和工商为本）。中国自秦汉始逐渐形成文治政府，自隋朝以后，以科举取士，这便确立了思想精英的领导地位。对中国思想精英影响最大的思想传统（学统）莫过于儒学。儒学经典《大学》有言：

> 古之欲明明德于天下者，先治其国；欲治其国者，先齐其家；欲齐其家者，先修其身；欲修其身者，先正其心；欲正其心者，先诚其意；欲诚其意者，先致其知；致知在格物。物格而后知至，知至而后意诚，意诚而后心正，心正而后身修，身修而后家齐，家齐而后国治，国治而后天下平。自天子以至于庶人，壹是皆以修身为本。

以修身为本也便是以道德为本。从天子到百姓，每个人都应该着力培养自己的德行，尽可能做一个好人。成为一个有德行的人是立身处世的根本，而从事各种职业所必需的技术则是次要的。正因为如此，中国古代人的智能求索就主要体现为以伦理学和政治哲学为正宗的思想求索，而今人极为看重的科学、技术和工程则统统被归入末学。

西方著名传教士利玛窦曾这样评论中国的学术：

> 在这里每个人都很清楚，凡有希望在哲学领域成名的，没有人会愿意费劲去钻研数学或医学。结果是几乎没有人献身于研究数学或医学，除非由于家务或才力平庸的阻挠而不能致力于那些被认为是更高级的研究。研究数学和医学并不受人尊敬，因为它们不像哲学研究那样受到荣誉的鼓励，学生们希望着随之而来的

荣誉和报酬而被吸引。这一点从人们对学习道德哲学深感兴趣，就可以容易看到。在这一领域被提升到更高学位的人，都很自豪他实际上已达到了中国人幸福的顶峰。①

说中国人不重视医学是不对的。事实上，今天西方历史学家已承认，在 17 世纪中叶之前，欧洲医学并不比中国医学先进。我们甚至可以更进一步声称，此前欧洲科技也不比中国科技先进。后来欧洲的科技（包括医学）迅速进步了，主要是因为经过启蒙运动，资本主义在欧洲迅速发展起来。资本主义视科技进步和经济增长为最重要的事情，视道德为次要的事情，或视科技进步和经济增长为无限可持续的事情，而视道德改善为有限度的事情。但中国的思想精英一直抵制这种思想，也正因为如此，所以，中国人的道德一直有力地制约着经济和科技，而不是像今天这样，由科技和经济决定着道德。对比现代欧美文明，这种由道德有力地制约着经济和科技的文明不能发展形成强大的军事力量，不能快速地积聚物质财富，也不能快速地积累客观知识，但有较好的可持续性。

今天人们通常认为，科技和经济标志着人类文明的物质性力量，或构成文明的物质基础，道德、宗教等是建立在物质基础之上的上层建筑，是由物质基础决定的。殊不知，科技和经济绝不只是物质性力量，绝不只表现为物质形态，它们也是文化（人化物）的一部分，也携带着精神，或构成广义的文化符号，从而产生巨大的精神激励作用。在中国古代文明中，道德制约着科技和经济，实际上是一种精神力量在领导另一种精神力量。从社会的角度看，就是思想精英领导着工匠和商贾中的精英，即思想精英领导着技术精英和商业精英。再看看今日社会，我们之所以认为科技和经济决定着道德，科技进步、经济增长远比道德重要，就是因为随着科技创新而问世的新产品——如

① ［意］利玛窦、［法］金尼阁：《利玛窦中国札记》（上册），何高济、王遵仲、李申译，何兆武校，中华书局 1983 年版，第 34 页。

最新款式的 iPad、最新款式的电脑、最新款式的手机、最新款式的汽车等——无时不辐射着文化意义或精神力量，这些产品伴随着商业广告和各种时新影视剧，诠释着让人羡慕的好生活。这些产品所辐射的精神就是当代科技精英和商业精英的精神。这种精神实际上就是科技万能论和物质主义。

科技万能论者告诉人们，人类在发展过程中所遇到的任何难题都可以通过进一步的科技创新而得到解决。环境污染、生态破坏、物种灭绝、气候变化等，都只是人类在发展过程中所遭遇的暂时困难，都可以通过进一步的发展，即进一步的科技创新和经济增长而得到解决。物质主义者告诉人们，人生的意义、价值和幸福就在于创造财富、占有财富、消费财富。在科技万能论和物质主义的指引和激励之下，人们沉溺于"大量生产、大量消费、大量排放"而不可自拔。但"大量生产、大量消费、大量排放"的文明是不可持续的。

中华古代文明之所以可持续，就是因为其道德有力地约束着科技和经济，阻止了科技与经济的背道妄行。中国汉代已有今日广为使用的温室栽培和种植技术，而且已使用过，但善于"为民兴利"的信臣认为，如此种植出来的东西是"有伤于人"的"不时之物"，属"非法食物"，于是奏请禁止使用此项技术，并获准许，从而"省费岁数千万"（师古曰："素所费者，今皆省也。"）。①

纪晓岚《阅微草堂笔记》中有如下一段记述：

> 戴遂堂先生，讳亨，姚安公癸巳同年也。罢齐河令归，尝馆余家。言其先德本浙江人，心思巧密，好与西洋人争胜，在钦天监与南怀仁忤——怀仁西洋人，官钦天监正，遂徙铁岭，故先生为铁岭人。言少时见先人造一鸟铳，形若琵琶，凡火药铅丸皆贮于铳脊，以机轮开闭，其机有二，相衔如牝牡，扳一机则火药铅丸自落

---

① 《汉书·循吏传第五十九》记载："太官园种冬生葱韭菜茹，覆以屋庑，昼夜然蕴火，待温气乃生。信臣以为此皆不时之物，有伤于人，不宜以奉供养，及它非法食物，悉奏罢，省费岁数千万。"《汉书》十一，中华书局1962年版，第3642—3643页。

筒中，第二机随之并动，石激火出而铳发矣。计二十八发，火药铅丸乃尽，始需重贮，拟献于军营，夜梦一人诃责曰：上帝好生，汝如献此器，使流布人间，汝子孙无噍类矣。乃惧而不献。

现代最早造原子弹者可曾敬畏上天的好生之德？[1] 如今仍不遗余力地制造尖端武器的人们可曾敬畏上天的好生之德？

现代工业文明之所以不可持续，就是因为科技与经济由于失去了道德的约束而恶性膨胀。在科技精英和商业精英的领导之下，人们一味追求进步和发展，而进步与发展的方向已失去道德的指引。人们不再认为贪欲是必须遏制的冲动，而认为贪欲恰是进步与发展的动力。中国在"大跃进"期间曾有个口号：人有多大胆，地有多大产！今天，多数人认为，商业和军事有多大需求，科技创新就能满足其多大需求。于是，人类一边无休止地"大量生产、大量消费、大量排放"，一边无休止地进行军备竞赛。失去道德导航的科技进步和经济增长极有可能把人类文明推向毁灭的深渊。

中华文明可大可久与其"以修身为本"内在相关。现代工业文明不再激励人们修身，而一味激励进行征服自然、创造财富的竞争，国家之间的战争源于斯，全球性生态危机源于斯。

赫拉利说："农业革命是个转折点，让智人抛下了与自然紧紧相连的共生关系，大步走向贪婪，自外于这个世界。"这句话预设，当智人以狩猎采集的方式生活时，他们是处于与自然紧密相连的共生关系之中的，他们既非外在于自然世界，更非凌驾于自然之上。经过农业革命，智人才真正脱离野蛮而迈入文明。也正因为如此，人为与自然之间的张力骤然增大。但是，与后来的工业文明相比，农业文明仍有许多阻止张力增大的措施。古代中华文明就蕴含着丰富的生态智

---

[1] 爱因斯坦、奥本海默等人在原子弹被使用以后曾后悔当初支持制造原子弹，但他们只代表现代人（包括现代中国人）中的极少数。

慧，值得我们去深入发掘。①

第三节　中华古代农业文明的启示

　　如果人类能全心全意地按照老子和庄子的教导去做，那么就能永远安享赫拉利所赞美的狩猎采集社会与自然和谐共生的丰裕与安逸。老子主张自然无为，认为"绝圣弃智，民利百倍；绝仁弃义，民复孝慈；绝巧弃利，盗贼无有""民多利器，国家滋昏；人多技巧，奇物滋起"。老子理想的社会是："小国寡民。使有什伯之器而不用；使民重死而不远徙。虽有舟舆，无所乘之，虽有甲兵，无所陈之。使民复结绳而用之。甘其食，美其服，安其居，乐其俗。邻国相望，鸡犬之声相闻，民至老死，不相往来。"这与赫拉利所赞美的原始社会相似，不同的是，人类史上的原始社会实际上没有什么先进技术，而老子理想的社会是，即便有先进技术，人们也故意不使用。但是老子这一想法的乌托邦色彩太浓了。事实上，人很难抑制自己不做自己能做的机巧之事。只有极少数人能做到"有什伯之器而不用"，既有"什伯之器"，多数人为图便利安逸就没有不用之理，甚至必然有人用之无所不至其极。

　　用基督教的叙事方式说，如果人类永远谨遵上帝的命令，不吃那"分别善恶的树"（亦称"知识之树"）上的果子，就可以永远生活在舒适而丰饶的伊甸园里。然而，人类偏偏未能抗拒知识的诱惑而吃了知识之果。于是被上帝逐出伊甸园，且受到上帝的诅咒："你必终身劳苦，才能从地里得到吃的。地必给你长出荆棘和蒺藜来，你也要吃田间的菜蔬。你必汗流满面才得糊口，直到你归了土。"② 赫拉利是一位犹太人，他对原始社会的赞美和对农业革命后农民之艰苦辛劳的描述或许受圣经叙事的影响。

---

　　① 这一部分关于中华古代文明的论述引自卢风著《生态文明与美丽中国》，北京师范大学出版社 2019 年版，第 5—62 页。

　　② 《圣经》，中国基督教协会印，1988 年，第 3—4 页。

　　老庄和《圣经》的作者都提示我们：知识（抑或智巧）乃是文明发展的关键，而赫拉利在叙述农业革命时所提及的贪婪则是文明进步的动力。由此也可见，福泽谕吉把文明简括为智德的进步也是极为精当的。在农业革命之前，人类没有奇技淫巧，且安于自己在自然中所处的与其他动物几乎相同的地位，即远离贪婪，从而与自然和谐共生。经过农业革命，人类既然已进入文明，就只能在进步或发展的道路上不断前行。妄图让所有人都像庄子所讲的那个明知有省力的机械也不用而宁肯"凿隧而入井抱瓮而出灌"[①] 的老人是不可能的，实际上，多数人做不到"有什伯之器而不用"。进步或发展是文明的根本特征，文明不可能不发展。

　　如第一章所言，我们可把在欲望驱使之下使用智巧以追求理想生活的努力称作超越，众多人的超越努力就是文明发展的根本动因。理想生活也就是好生活或幸福生活。人仅当有了善恶的区分时，才会产生"好生活"的概念，从而才会有理想。《圣经》作者显然认为，对于人来讲，最重要、最关键的知识或分别就是关于善与恶的知识或分别。老子则说："天下皆知美之为美，斯恶已。皆知善之为善，斯不善已。"《圣经》作者和老子都把人之能分辨善恶当作堕落的开始，但这恰是文明发展的前提。有了关于善恶的分别，才会有超越的思想和行动，从而才有文明发展的可能。个人可以有不同的超越方向，文明也可以有不同的发展方向。并非所有的超越都是违背天道或自然规律的，也并非所有的发展方向都是破坏自然生态的。中华古代文明的发展对今人既提供了许多教训，也提供了许多启示。

　　人有了符号化的想象力和智能以后就必然会有善恶的分别，从而就必然要追求理想，从而必然要促进人化物的增长或改进，更重要的是必然也会产生自我完善（指个人人格的完善）的需要。人化物的增长或改进既可以显示为物质财富的增长，也可以体现为非物质形态的知识进步与信息量增长。如今信息技术的发展正在扩展着非物质经济

─────────────

　　① 《庄子·外篇·天地第十二》。

增长的空间。中华古代文明则向我们指出了一种最为重要的超越方向：内向超越。

人类自进入文明之后，不同族群或国家之间的战争以及不同阶级、阶层、集团之间的斗争一直是人间苦难的根源。如果一个社会中的多数人对内向超越的重视甚于对外向超越的重视，则这个社会必然很少纷争，十分和谐。事实上，人与人之间所争的不过是权力、财富、名誉等，一言以蔽之，是身外之物。重视内向超越的人轻视身外之物，故不大愿意参与争夺身外之物的纷争。如果天下所有国家的人都是这样的，则战争会逐渐稀少乃至趋于消失。如果我们不像现代人那样把经济增长，甚至物质财富增长，当作文明发展的唯一指标，那么就可以把一个内斗不断的社会向和谐社会的转变看作文明的发展，把一个战争频仍的世界向和平世界的转变看作文明的发展。

内向超越是中华古代文明对现代人的第一重要启示。在古代中国，尽管儒道释三家都力主内向超越，但事实上无法让所有人都真正做到以修身为本，且不重难得之货。工商精英不免更重视外向超越，统治阶级中的多数人也不免更重视外向超越。那时，人为与自然之间的张力还远没有达到极限。在人为与自然之间的张力已达极限的今天，唯当重视内向超越的人远比古代中国多且能产生重要的社会影响时，才有望有效地节能减排、保护环境、恢复生态健康。

在迅速工业化的过程中，我们目睹了许多野生动植物的消失，其中包括我们祖祖辈辈非常喜爱的美味。我们食品的数量大大增加了，人均食品消费量也比40年前多得多了，但绝大多数食品是使用化肥、农药、瘦肉精、激素等生产出来的。在这样的情况下，人们更喜欢绿色食品，或有机食品。即一般来说，人们居家生活更喜欢各种绿色产品。

绿色是植物的本色。植物是地球生物圈的生产者，动物（包括人类）和微生物的生存和繁荣都离不开作为生产者的植物。所以，我们可以把植物的本色——绿色——当作生命的底色。简言之，绿色是生命的底色。崇尚绿色就是崇尚生命。如今人们若说某事某物是绿色的，即指某事某物是亲环境的，即有利于维护地球生物圈的健康的。

与工业社会相比，中国古代几乎所有产品都是绿色产品，因为那时的技术是绿色技术。农业文明之所以比工业文明可持续，也是因为它的技术是绿色技术。如上一节所述，古代农业技术主要是使用太阳能的技术，那是远比我们今天正努力发明的绿色技术更加绿色的技术。如果我们希望人类文明持续发展，就必须重新回到绿色技术。

使用绿色技术，这是古代中华文明对现代人第二重要的启示。虽然中华农业文明已不像原始社会那样与大自然浑然一体，但她使用的技术对自然生态系统伤害较少。如前所述，文明必然是发展的。农业文明的技术是绿色技术，于是农业文明的发展是绿色发展。绿色发展是不过分牺牲非人生命（主要指非人动植物）的发展，是不过分破坏生态健康的发展。

当然，古代农业技术十分简单，靠广大劳动者终岁劳苦，一边供养统治阶级过着不同等级的奢华生活，一边勉强糊口。农业文明的技术是低水平的绿色技术，我们可把农业文明的发展称作低技术的绿色发展。

第三章　工业文明的得失

　　历史学家认为农业革命将人类带入了文明。如果我们认为广义的文化与广义的文明同义，则必须承认，原始社会也是一种文明。这样，我们就该认为农业革命将人类由原始文明带入了高级文明。换言之，农业文明的诞生才标志着人类进入了高级文明。原始社会只有巫师而没有哲学家。一个社会只有产生了哲学才标志着精神文明的成熟。轴心时期的大思想家们为人类文明发展指出了基本正确的方向。被现代性所着力张扬的人道主义实际上已蕴含在轴心时期的思想之中，孔子的"仁"就是人道主义的核心。更重要的是蕴含在孔子、老子、庄子、佛陀等人思想中的内向超越的终极关怀，不仅是指导个人生活的最重要的指南，也是文明发展的根本指南。所以说农业文明的出现代表着高级文明的问世毫不为过。迄今为止，工业文明在精神和道德方面并没有超越农业文明，它只是在物质生产、科学技术和政治方面远远超越了农业文明，而且政治的进步也主要体现于 20 世纪下半叶以来所取得的成就。农业文明的根本问题或许就是社会不平等问题，在农业社会里，统治阶级对劳动人民进行了过度的压迫和剥削。农业文明的技术水平比原始社会的高多了，但仍需要大多数人口的克勤克俭才能供养赫拉利所说的"养尊处优、娇生惯养的精英分子"。欧洲从 15 世纪开始发生了一系列的变革，到了 18 世纪，工业文明崭露头角。赫拉利说，经过农业革命，人类"大步走向贪婪"。但从中华古代文明来看，无论是主流意识形态还是礼法制度，都不会激励人的贪婪。工业文明的主流意识形态和法律制度才公开地把人之贪婪辩护为进步的源泉或发展的动力。工业文明有得有失。迄今为止，拥护工业文明的人仍居多数，且大多占据主导地位，故列举工业文明伟大成就的文献随处可见，我们在这里仅略加阐述，本章重点则在分析工业文明的弊端和深重危机。

第一节　工业文明的伟大成就

工业文明最炫目的成就无疑是科技进步及其所带来的物质生产力大发展的成果。工业文明的社会制度既可以是资本主义，也可以是社会主义。20 世纪 80 年代末，苏联解体，东欧剧变，"冷战"时与资本主义世界对立的社会主义阵营不复存在。纵观工业文明的发展史，我们不得不承认，资本主义是工业文明的主导性社会制度。1848 年，马克思、恩格斯在《共产党宣言》中说："资产阶级在它不到一百年的阶级统治中所创造的生产力，比过去一切世代创造的全部生产力还要多，还要大。"如今，虽然有越来越多的有识之士在反思工业文明的危机（仅指变化趋势，非指此类人已比拥戴工业文明的人多），但工业文明如日中天。"人类创造技术的节奏正在加速，技术的力量也正以指数的速度在增长。指数级的增长是具有迷惑性的，它始于极微小的增长，随后又以不可思议的速度爆炸式地增长"①

自 18 世纪工业革命开始，现代技术的发展趋势大致呈现为：由机械化到自动化，又由自动化到智能化。这一发展趋势似乎与现代化的政治诉求密切相关。现代化的基本政治诉求是追求人与人之间的平等，对平等的追求也涵盖了对个人权利和自由的珍惜和捍卫。农业文明的阶级差别太大了，太不公平了。中国古代有许多描述这种不公的诗歌或民谣。如《诗经》中的"伐檀"；杜甫的诗句：朱门酒肉臭，路有冻死骨；白居易的《卖炭翁》；民谣：种田的，吃米糠；卖盐的，喝淡汤……赤日炎炎似火烧，野田禾稻半枯焦。农夫心内如汤煮，公

---

① ［美］Ray Kurzweil：《奇点临近》，李庆诚等译，机械工业出版社 2017 年版，第 1 页。

子王孙把扇摇 …… 欧洲启蒙运动以后，民主政治逐渐成长，力图消除农业社会的不公。资本主义是高扬自由、平等、博爱的旗帜发展起来的，其消除农业社会（抑或封建社会）之不公的方式是，大力促进科技创新，把劳动者从繁重艰苦的体力劳动中解放出来。这在马克思、恩格斯生活的 19 世纪仍远远没有实现，但在 20 世纪第二次世界大战结束以后直至今天，已有了较好的实现。如今，农民不必"面朝黄土背朝天"地挥汗如雨了，也不必吃糠咽菜了。在现代农业技术相对落后的中国，农民们也正享受着机械化和许多新技术所带来的舒适，例如，以前种水稻的农民必须付出艰辛的劳作去除草（薅秧），如今有除草剂了，不必除草薅秧了，这便大大减轻了农民的劳动负担。把农业纳入工业体系，用先进技术代替传统技术和工艺，有效地消除了农业社会劳动者的大量辛劳，这至少是"二战"以后工业文明发展的一个侧面。随着自动化的发展和智能化时代的到来，这方面的成果会愈加突出。如今，机器人已开始"抢"人的工作。已有人预测，将来一切脏活、累活、烦人的活都将由机器人代劳，留给人做的事情就是休闲。电商刘强东则声称：人工智能技术将把人类带进共产主义的美好明天。

用技术减轻人之劳动的艰辛似乎符合人的天性，而并非仅为现代政治所驱使。绝大多数人都喜欢利用技术以减轻劳累，只有老庄一派才对技术进步所带来的危险保持高度警惕。孟子说："口之于味也，目之于色也，耳之于声也，鼻之于臭也，四肢之于安佚也，性也"，即四肢贪图安逸是人之本性。今天，极少人有车不坐而步行，有洗衣机不用而手洗衣服…… 肯定没有几个农民拒绝使用除草剂而坚持去薅秧。中国儒家强调做任何事情都必须适度。那么用技术追求人的安逸该不该适度？老子和庄子早已警告人们，这种追求必须适可而止。庄子讲过如下的故事：

> 子贡南游于楚，反于晋，过汉阴，见一丈人方将为圃畦，凿隧而入井，抱瓮而出灌，搰搰然用力甚多而见功寡。子贡曰：

"有械于此，一日浸百畦，用力甚寡而见功多，夫子不欲乎？"为圃者仰而视之曰："奈何？"曰："凿木为机，后重前轻，挈水若抽，数如泆汤，其名为槔。"为圃者忿然作色而笑曰："吾闻之吾师，有机械者必有机事，有机事者必有机心。机心存于胸中则纯白不备。纯白不备则神生不定，神生不定者，道之所不载也。吾非不知，羞而不为也。"子贡瞒然惭，俯而不对。

这个故事寓意很深。使用精巧的机械，就是做投机取巧的事，常做投机取巧的事，就会养成投机取巧的习惯（有机心），养成这样的习惯，本性就不纯洁，就会贪得无厌，背道而行，失去安宁。这里有关于人性与道的预设：适度劳动（既包括体力劳动也包括脑力劳动）乃至适度劳累是人的本分，人之本分也在于循道而行，即遵循着道而生活。在为圃者看来，用瓮（一种技术）是适度的，用槔就过分了。

今天我们可把"道"理解为自然规律。康德已正确地表明：人类永远都无法把握"自在之物"，换言之，人类所理解、认识的自然规律永远是人类意识中的规律，只是用人类语言表述的规律，而不是自然规律本身。这绝不意味着人类该放弃对客观性的追求。人类世世代代探寻和总结的知识，虽然永远带有主观性，但凡一再经过实践检验的知识总是具有一定客观性的。工业文明所取得的物质财富的巨大成就，就得益于自然科学的客观性和不断进步。但可否沿着工业文明技术进步的路线而完全免除人类的劳动，则是值得深入思考的问题。

如前所述，在老子和庄子看来，劳动甚至劳累是人之本分。庄子讲的故事中的"为圃者"安于本分而乐于"凿隧而入井，抱瓮而出灌"。犹太教和基督教的《圣经》也认为，上帝罚人类："必终身劳苦，才能从地里得到吃的"。上帝的命令规定着人类的本分。总之，前现代意识形态认为，劳动是人类的本分。现代人在科技进步的鼓励之下，越来越不安本分。希望不再劳动而终生玩乐就是种种不安分的一种。

巴里·康芒纳曾概括了生态学的四个法则，其中最后一个法则就是：没有免费的午餐。这句话据说就是经济学的浓缩，其意思是每一次获得都必须付出代价。① 从经济学上看，个人每获得一件商品或一项服务都必须付钱，没有免费的东西。天上不会掉馅饼。有得必有失。从社会的角度看也是如此，你的亲戚、朋友帮了你，你在适当的时候也应该帮你的亲戚、朋友。现代科技让我们获得了许多便利和舒适，如汽车给了我们出行的便利和舒适，从经济学角度看，我们付出的代价不过就是买车买汽油的钱，但从生态学的角度看，我们还付出了环境污染和气候变化的代价，因为众多车烧掉的汽油造成了环境污染，燃油造成的温室气体排放正引起气候变化。当代农民使用除草剂而大大减轻了劳累，从经济学的角度看，他们付出的代价不过就是买除草剂所花的钱，但从生态学角度看就很复杂：会不会导致农田生态系统的恶化？会不会影响土壤的肥力？如今，在高新科技，特别是人工智能技术迅猛发展的背景下，许多人设想人类将来不需要从事任何脏、累、烦人的劳动了。如果这一"理想"实现了，就是人类史无前例的、最伟大的获得。人类要不要为此付出代价？如果必须付出代价，那么将是何种代价？

人们希望将烦人的体力劳动和脑力劳动全部交给智能机器，人类只管享受闲暇。可是，机器如果和人一样聪明，甚至比人更聪明②，它们为什么甘于做人类的工具？早在 2005 年，雨果·德·加里斯（Hugo de Garis）就曾预言，到 21 世纪下半叶，机器智能将"比人类大脑智慧不止 2 倍或者 10 倍"，而将是比人类大脑聪明"万亿个万亿倍"，它"也就是真正神一样的东西"③。库兹韦尔也预言："到 21 世纪末，人机智能将比人类智能强大无数倍"④。库兹韦尔所说的"人

① Barry Commoner, *The Closing Circle*: *Nature*, *Man*, *and Technology*, New York, Alfred A. Knopf, 1972, pp. 45 – 46.

② 当然，关于智能机器是否可能比人更聪明，是个很有争议的问题。如果人类意识和智能可以归结为计算，那么机器智能超过人类智能就是迟早的事情；如果直觉、顿悟等创新性思维不可以数字化，那么机器智能就不可能超过人类。

③ ［美］雨果·德·加里斯：《智能简史》，胡静译，清华大学出版社 2007 年版，第 2 页。

④ ［美］Ray Kurzweil：《奇点临近》，李庆诚等译，机械工业出版社 2017 年版，第 15 页。

机"就是人与机器结合而形成的智能体。21 世纪的高科技使人类前景变得极为不确定。人类可能会像雨果·德·加里斯说的那样被智能机器所灭绝[1]；也可能会沦为智能机器的宠物；也有可能会像库兹韦尔所说的，"未来出现的智能将继续代表人类文明——人机文明"[2]。被自己制造的智能机器所灭绝，或沦为自己制造的智能机器的宠物，可能就是人类过分追求便利和安逸而力图摆脱一切劳累的代价。

所以，我们在肯定工业文明之科技进步的成就时，也不可忘了现代科技所带来的消极甚至可怕的后果。

从政治和社会方面看，工业文明最重要的成果是民主法治和公民社会。

鲁迅在《狂人日记》中借狂人之口说：

> 我翻开历史一查，这历史没有年代，歪歪斜斜的每页上都写着"仁义道德"几个字。我横竖睡不着，仔细看了半夜，才从字缝里看出字来，满本都写着两个字是"吃人"！

古代社会的阶级斗争是非常残酷的。如上文所述，统治阶级对劳动人民的剥削、压迫也是非常残酷的。著名英国历史学家艾伦·麦克法兰（Alan Macfarlane）说：

> 几乎一切农民文明都有横征暴敛的赋税。统治者对任何东西都课税——只要他们觉得人民庶几可以承受。因此财富一旦被统治者侦缉出来，即刻危在旦夕。赋税和强摊硬派的纳贡是普遍现象。关于农民文明严酷而专断的税制，已有大量的文献予以论证。[3]

---

① ［美］雨果·德·加里斯：《智能简史》，胡静译，清华大学出版社 2007 年版，第 11 页。

② ［美］Ray Kurzweil：《奇点临近》，李庆诚等译，第 15 页。

③ ［英］艾伦·麦克法兰：《现代世界的诞生》，管可秾译，上海人民出版社 2013 年版，第 191—192 页。

麦克法兰所说的"农民文明"无疑就是前现代的农业文明。迄今为止，我们能发现的可有效遏制农业文明之不公的社会制度就是民主与法治。

从中国古代史来看，一个王朝在刚兴起时，统治者往往不仅励精图治，而且与民休息，但统治日久，则腐败渐生，直至横征暴敛，酷烈残暴，迫使被统治者揭竿而起，间或盗贼蜂起，天下大乱。

哈佛大学教授史蒂芬·平克（Steven Pinker）说：自从大约5000年前第一个国家政府诞生以来，人类就一直试图在无政府主义暴力和专政暴力之间谋求平衡。如果没有政府或者强大的邻国，部落制的居民将陷入相互掠夺和争端的无尽循环里，这种社会的人口死亡率远远高于现代社会，哪怕与现代社会最纷繁动乱的年代相比也是如此。早期国家政府也会抚慰它统治下的人民、管控内讧和暴力行为，但是它同时带来了专政的恐慌，包括实行奴隶制、一夫多妻制、活人祭祀仪式、即刻处决，以及对政见不一或者行为怪异者的折磨和断肢刑法。专制统治之所以能在人类历史上历久弥新，并不完全是因为人人都觊觎专制君主的位置，还因为从人民的角度而言，去专制化的社会将变得更糟糕。① 那么，人类只能在专制暴力和无政府暴乱之间做选择吗？非也！在工业文明后期（第二次世界大战以后）渐趋成熟的民主法治为人类展示了一种可避免专制暴力和无政府暴乱的选择。

在康德等启蒙思想家看来，经过启蒙，人们将有勇气"摆脱自己加诸自己的不成熟状态"，公开地运用自己的理性，从而不会再像中国古代那样，有小人和大人的区分，而且小人无法为自己做主，常常需要大人为之做主。经过启蒙，人人都可以为自己做主，即人人都有自主性（autonomy）。换言之，统治阶级和被统治阶级之间的界限将

---

① ［美］史蒂芬·平克：《当下的启蒙》，侯新智等译，浙江人民出版社 2019 年版，第215 页。该书翻译有误，第 14 章开头说："自从大约 500 年前第一个国家政府诞生以来"，英文版是"Since the first governments appeared around five thousand years ago,"应译为"自从大约 5000 年前第一个国家政府诞生以来"。

趋于消失，人民将逐渐学会自己管理自己。

尼尔·弗格森说："关于人民应如何管理自己的思想，有些人错误地将这种理念称为'民主'，并据此认定，只要是举行了选举就算是选择了这种理念。事实上，民主是建筑大厦的拱顶石，而大厦的根基则是法治——准确地说，便是通过代议制立宪政府确保个人自由神圣不可侵犯，保护私有财产的安全。"①换言之，既可避免专制暴力又可避免无政府暴乱的制度"大厦"是具有整体性的，应该被完整地称作民主法治。

民主的精义在于公民能参与牵涉自己利益的公共政策、法律、法规，或概括地说一切规章制度的制定。直接参与仅当社群人口少时才有可能。在人口众多的国家，公民只能通过代议制间接参与各种规章制度的制定。正因为如此，公民行使民主权利往往要诉诸选举，例如，在我国体现为选举乡镇、社区人大代表，在西方体现为选举议会议员。

现代法治的精义则在于保障平等或公平，避免人治社会经常出现的统治阶级对被统治阶级的任意剥削和压迫。在重德治而律法粗疏的古代中国，人治特色比较突出。在这样的社会里，老百姓的权益得不到法律制度的有效保护，而皇帝、皇族乃至官僚、豪族的权力得不到法律制度的强有力的约束。天下适逢圣君则太平，适逢昏君暴君则生灵涂炭。一个地方幸遇清官则百姓安宁，遭遇贪官则百姓遭殃。百姓权益过分受统治者人格和德行的影响。赋税怎么定，主要取决于皇帝和高级官员的意志。一个案件怎么判，在很大程度上取决于官员（大人）怎么说。行政、司法的主观性、随意性比较大。法治可以遏制这种主观性和随意性。用民主的方式制定各种法律、法规，人人依法办事，在法律面前人人平等，这样就可以有效地遏制农业文明的不公。

民主与法治是互相依赖的。没有民主就不可能产生公平的法律、

---

① ［英］尼尔·弗格森：《文明》，曾贤明、唐颖华译，中信出版社 2012 年版，第 84 页。

法规。只有让各阶级、各阶层、各行业、各地方、各性别等的人都有代表参与立法，才可能制定出公平的法律。没有法治也不可能有民主，即没有法律赋予每个人的平等权利，就不可能有什么民主。没有法治维系的基本社会秩序，"民主"的争吵可能导致暴乱，中国"文化大革命"时的动乱就与"砸烂公检法"有关。

西方民主政治可追溯到古希腊，法治可追溯到古罗马，但古代的民主法治与现代民主法治有着根本的区别：古代一直有很多人被排除在政治生活之外，例如，奴隶和女性没有政治权利，奴隶甚至不被认为是有人格的人，而只被视为财产和工具，而现代的民主法治正逐渐赋予所有人以平等的权利。

当然，民主法治和仁义道德一样永远是一种理念，是永远需要人类付出努力才能实现的理想。尽管第二次世界大战以后，民主法治在发达国家日趋成熟，但绝不意味着在民主法治国家就完全没有违背民主法治原则的事情发生。但无论如何，民主法治都是工业文明对人类文明的一项伟大贡献。

在讲工业文明的成就时，我们不能不提一下"全球化"。全球化是工业文明发展的成果，没有现代工业文明提供的通信和交通技术，就不可能有什么全球化。民主法治若不能进一步走向成熟，则全球化可能对文化多样性造成严重威胁。如果民主法治能日益成熟，那么全球化能让世界各界精英的创新成果为全人类所共享。当然，全球化也让全人类能够意识到：全人类都同在一条船上。在前现代，人们对生存危机的感受往往是个人的、家族的、民族的，抑或是一个王朝或帝国的，在全球化时代，人类第一次可以感受到全人类的生存危机。

第二节　工业文明的深重危机

自 20 世纪下半叶以来，工业文明的深重危机有多方面的表现。以下分别述之。

一 财富分配的不公

在马克思主义者看来，工业文明的资本主义对农业文明之不公的消除是极不彻底的，实际上，资本主义只给人以形式的自由和平等，而没有给人以真正的自由和平等。以上我们曾说，工业文明的突出成就之一是促进了科技的快速进步，而快速科技进步带来了物质财富的充分涌流。这特别表现为发达国家1945—1975年的"30年黄金时期"。那时的西方经济学家认为，经济持续增长能让每一个人受益。美国著名经济学家库兹涅茨认为，这需要有足够的耐心，而且过不了多久增长将使每一个人受益。当时的理论可以浓缩为这样一句话："经济增长的大潮会使所有船只扬帆远航。"①

然而，资本主义财富的充分涌流并没有让人们感到生活幸福。早在20世纪70年代，美国经济学家伊斯特林（R. Easterlin）就发现了一种现象：当一些国家在物质上变得更加富裕，人民也变得更加健康时，其平均的幸福感水平并不会提高。他的这个研究发现被称为"伊斯特林悖论"②。

积极心理学对当代幸福经济学有诸多启示。其中之一是，人们的幸福感与社会比较密切相关。英国著名经济学家理查·莱亚德（Richard Layard）注意到：

> 在工作上我会与同事比较薪水，只要我有机会知道的话。如果他们加薪幅度高过通货膨胀率，而我只有通货膨胀率的水平时，我就会生气。这个明显的心态并不包含在标准经济学的范畴，经济学只谈到，如果一个人的收入提高，而其他人的薪水都没有降低，那么一切就鸟语花香，因为没有人受苦。老天，我受

---

① ［法］托马斯·皮凯蒂：《21世纪资本论》，巴曙松等译，中信出版社2014年版，第12页。
② ［美］卡萝尔·格雷厄姆：《这个世界幸福吗》，施俊琦译，机械工业出版社2012年版，第18页。

的苦可多了。

因为收入并不只是买东西的工具，我们还会拿自己的收入跟其他人比较，把它当作衡量自我价值的方式，而且（如果不小心的话）还会把它当作自评的方式。我们可能跟同事比较收入，也会和其他行业的人比较，就算我们不知道他们确切的收入，也看得出来他们如何过活。很明显的，我们关心自己的收入与他人收入的关联，也极在意收入的等级。①

所以，财富分配是否公平直接关乎人们的幸福感。没有吸收积极心理学成果的西方经济学认为：对于固有的一群人和可分配的资源，如果从一种分配状态到另一种状态的变化，没有使任何人境况变坏，却至少使得一个人变得更好，那么这就是资源分配的一种理想状态，即帕累托最优（Pareto optimality），也称为帕累托效率（Pareto efficiency）。莱亚德以上论述就是针对这一原则的。

幸福经济学家也发现，"无论在哪一个社会，富人的幸福指数远高于穷人。"② 如果社会贫富分化严重，则严重影响多数人的幸福感。但是，贫富悬殊的根本影响不在人们的幸福感，而在于社会不公。资本主义高扬自由、平等、公平的旗帜，但贫富悬殊恰恰是严重不公平的明显标志。

法国著名经济学家皮凯蒂（Thomas Piketty）在其《21世纪资本论》中，用近三个世纪、20多个国家的历史资料和对比数据，对财富分配问题进行了研究。③ 据皮凯蒂研究，《福布斯》杂志于1987年开始发布全球财富榜，这是全世界历史最为悠久和最系统的全球财富排行。每一年，该杂志的编辑人员都会通过各种渠道收集整理信息，

① ［英］理查·莱亚德：《不幸福的经济学》，陈佳玲译，中国青年出版社2009年版，第46页。
② ［英］理查·莱亚德：《不幸福的经济学》，陈佳玲译，第34页。
③ ［法］托马斯·皮凯蒂：《21世纪资本论》，巴曙松等译，中信出版社2014年版，第1页。

然后将全球范围内资产在 10 亿美元以上的富豪找出来并对其进行排名。根据《福布斯》的报道，1987 年，资产超过 10 亿美元的富豪全球只有 140 人，但如今这个数字变为 1400 人（2013 年数据），即是之前的 10 倍。如果将这些数字与全球人口和全部私人财富比照，那么就可得出如下结论：从全球范围来看，1987 年每 1 亿人当中只有 5 名富豪的资产达到 10 亿美元，但在 2013 年，每 1 亿人中就有 30 名。1987 年，这些亿万富豪的资产占全球私人财富总额的 0.4%，但在 2013 年该比例达到了 1.3%。①

皮凯蒂说："自 2010 年以来全球财富不公平程度似乎与欧洲在 1900—1910 年的财富差距相似。最富的 0.1% 人群大约拥有全球财富总额的 20%，最富的 1% 拥有约 50%，而最富的 10% 则拥有总额的 80%—90%。在全球财富分布图上处于下半段的一半人口所拥有的财富额绝对在全球财富总额的 5% 以下。"② 皮凯蒂还指出："《福布斯》排行榜上令人惊奇的现象之一就是，无论财富来源于继承还是创业，一旦财富超过了某个规模门槛，那么就会以极高的速度增长，而不论财富的拥有者是否还在继续工作。"③ 一旦财富形成，那么资本就会按自身规律增长，而且只要规模足够大，那么财富可能会连续高速增长数十年。一旦财富达到了一定的规模门槛，资产组合管理和风险调控机制就可形成规模效应优势，同时资本所产生的全部回报几乎都能用于再投资。拥有这样数量财富的个人每年只要拿出总财富中几乎可忽略不计的部分，也足以让自己过上极为奢华的生活，因此他的全部收入几乎都可用来再投资。④

皮凯蒂认为，这种贫富分化的趋势不可能像库兹涅茨所说的那样，到达一定程度以后会自然趋缓，必须"通过民主手段控制财富爆

---

① ［法］托马斯·皮凯蒂：《21 世纪资本论》，巴曙松等译，中信出版社 2014 年版，第 446 页。
② ［法］托马斯·皮凯蒂：《21 世纪资本论》，巴曙松等译，第 451 页。
③ ［法］托马斯·皮凯蒂：《21 世纪资本论》，巴曙松等译，第 453 页。
④ ［法］托马斯·皮凯蒂：《21 世纪资本论》，巴曙松等译，第 454 页。

炸性自我膨胀""在全球范围对大额财富每年征收累进财富税"。只有这样，才既可"继续保持社会上的创业活力和国际经济开放程度"，又可抑制贫富分化。①

如今看来，财富分配的不公不仅会引起社会动荡，而且对改变生活方式和环境保护极为不利。为保护环境，人类必须改变"大量消费、大量排放"的生活方式。富豪及其亲属的生活和消费通常既让人眼红又让人羡慕，他们往往引领消费时尚和生活潮流。但由于他们财富过多，故通常难以接受我们今天倡导的绿色生活方式。所以，为了提倡绿色消费，不仅要像皮凯蒂所说的那样"征收累进财富税"，还应该征收豪华物质消费税和额外排放税。

二　科技与道德失衡

如前所述，福泽谕吉把文明简括为智德的进步。智就体现为工程技术，主要指人类制造各种工具和利用工具改造自然物、制造物质形态的人化物的能力，与自然科学也密切相关。德就体现为道德、礼仪、宗教信仰和人文成就，既可以体现为不同个人之不同水平的个人道德，又可以体现为社会大多数成员所共同遵守的公共道德。智和德的区分是理念上的区分，在历史上和现实中二者始终相互作用、相互渗透。《易经·系辞》云："一阴一阳之谓道，继之者善也，成之者性也。仁者见之谓之仁，知者见之谓之知，百姓日用而不知。""仁"是儒家的核心道德范畴，就代表着德，古汉语"知"通"智"。由《易经》的这段话，可见中国古代圣哲认为智德同源，智德乃一体之两面。这"一体"既可理解为"道"，也可理解为作为终极实在的"自然"。

智和德这两方面彼此协调，文明发展才平衡、健康。在21世纪的今天，我们衡量文明之智德两方面的平衡，仅考虑文明内部结构的平衡已不够，还必须考虑文明与自然之间的张力。人类自进入文明以

① ［法］托马斯·皮凯蒂：《21世纪资本论》，巴曙松等译，中信出版社2014年版，第458页。

后，阶级斗争、民族或国家之间的战争一方面是历史进步的"兴奋剂"，另一方面是间歇式极度社会危机乃至文明危机的标志。在激烈的阶级斗争和残酷的战争中，底层劳动人民总是备受痛苦、备遭摧残、备受蹂躏。于是，自古以来，最让历代圣贤忧心的问题都是社会内部的和谐问题。于是，德主要关乎社会内部成员间关系的协调，或关乎不同民族、不同国家之间关系的协调，而智则主要关乎技术进步和统治术的改进。经过工业革命，时至今天我们将能发现，智德的失衡不仅不利于人类社会内部的和谐，而且会急剧加大文明与自然之间的张力，从而把人类文明推向毁灭的深渊。

我们在阐述中华古代文明的特征时说，中国古代是思想精英引领社会，而且中国古代思想精英长期认为，修己治人的道德哲学和政治哲学是最重要的学问，而工程技术是次要的东西。道家则干脆轻视技术，认为人类最好即使有精巧器械也束之高阁。在中国古代社会，思想精英引领社会，从而引领其他行业的精英（包括工匠中的精英）。在这样的社会里，德强有力地制约着智，于是文明可保持平稳健康发展。

一位中国科学工作者在《自然》杂志上发表文章，指责中国传统文化基因阻碍了中国科技的发展，他说：

> 有两种文化基因在中国知识分子中传承了 2000 多年。第一种就是儒家思想，主张知识分子应该成为忠诚的管理者。第二种就是庄子的著述，庄子说社会和谐源自家庭的彼此隔离，这样可避免交换和冲突，且可规避技术以免陷入贪婪。这两种文化在中国社会都鼓励小规模而自足的生产实践，而抑制好奇心、商业化和技术。它们导致了中国社会数千年的科学空白。至今仍阻碍着科技的进步。[①]

---

① Peng Gong, "Cultural History Holds back Chinese Research," *Nature*, 26 January 2012, Vol. 481, p. 411.

这一说法大致正确。事实上,即使有儒家和道家思想对科技发展的制约,也没有彻底窒息中国古代的科技进步。说中国数千年在科学上是空白,显然是以发源于欧洲的现代科学为唯一的科学范式,而把中国古代的天文学、地理学、农学、医学等统统排除在科学之外。这种欧洲中心论的科学观已大可质疑。仅就对人类福祉最重要的医学而言,连西方学者都承认,在"1640 年前后的欧洲医学并不优越于中国"①。深受儒家和道家思想浸润的中国文化确实难以产生现代科技。如果我们认为智德平衡才能确保文明的健康发展,那么就不难发现,恰因为儒道思想制约着中国古代科技的平稳发展,才确保了中华文明的可持续性。进入农业文明以后,统治阶级奢侈生活的需要、战争的需要、人口增长对粮食的需要,都会自然地促进科技进步,工匠中的精英也必然会为科技进步而殚精竭虑。恰是儒道思想以及东汉以后传入中国的佛教思想的影响制约着科技进步,才使中国古代科技不至以征服自然为鹄的。

在 20 世纪初,中国知识分子有个共识:中国之落后在于它没有科学。"中国产生它的哲学,约与雅典文化的高峰同时,或稍早一些。为什么它没有在现代欧洲开端的同时产生科学,甚或更早一些?"② 这一问题后来被称为"李约瑟问题"。20 世纪 30 年代,冯友兰先生就系统地回答了这一问题。简单的回答是:"中国没有科学,是因为按照它自己的价值标准它毫不需要。"③ 要进一步回答,就需要弄清楚中国人的价值标准了。冯先生说:

> 中国人似乎是富于理性的快乐主义者,与欧洲人不同,不同之处在于,他们舍力量而取享受。正因为中国的理想是取享受而舍力量,所以中国不需要科学,即使依培根所说,科学出力量。……中国哲学家不需要科学的确实性,因为他们希望知道的

---

① [美] 席文:《科学史方法论讲演录》,任安波译,北京大学出版社 2011 年版,第 64 页。

② 冯友兰:《中国哲学小史》,中国人民大学出版社 2005 年版,第 82 页。

③ 冯友兰:《中国哲学小史》,第 82 页。

只是他们自己；同样地，他们不需要科学的力量，因为他们希望征服的只是他们自己。在他们看来，智慧的内容不是理智的知识，智慧的功能不是增加物质财富。在道家看来，物质财富只能带来人心的混乱。在儒家看来，它虽然不像道家说得那么坏，可是也绝不是人类幸福中最本质的东西。那么，科学还有什么用呢？①

冯先生认为，中国也并非没有主张征服自然而大力发展科技的思想，墨子和荀子的思想就属于此类，只是墨子和荀子的思想都未成为中国文化的主流。冯先生说：

> 如果中国人遵循墨子的善即有用的思想，或是遵循荀子的制天而不颂天的思想，那很可能早就产生了科学。这当然只是猜测。但是这个猜测有事实为证，那就是我们在《墨子》、《荀子》中的确看到了科学的萌芽。中国思想中这条"人为"路线，不幸被它的对手战胜了，也或许是一件幸事。如果善的观念并不包括理智的确实性和征服外界的力量，科学有什么用呢？②

当冯先生说中国人不需要科学时，是简单地把科学等同于征服自然的科学了。其实，并非只有一种科学，并非只有征服自然的现代科学才是科学，中国古代哲学也有科学的维度，因为它也努力理解自然。当代复杂性科学也正呈现出不同于现代科学的面貌。

其实，思想精英引领社会（主要体现为对其他精英，如工匠中的精英的领导）也并非只是中国古代社会的特征。欧洲古代文明同样如此。加拿大学者塔巴西尼克（David Edward Tabachnick）在其《严重的颠倒：我们是如何让技术控制地球的》一书中，叙述了西方文明如

① 冯友兰：《中国哲学小史》，中国人民大学出版社 2005 年版，第104—105 页。
② 冯友兰：《中国哲学小史》，第105 页。

何由思想精英领导社会转变为由技术精英领导社会，在这一历史过程中，技术如何取代实践智慧而统治了一切。

该书标题所说的"严重的颠倒"指从由实践智慧领导的社会转向由技术控制一切的社会的转变。社会由实践智慧领导即指由思想精英领导，而由技术控制一切实际上就是科技精英处于主导地位。

塔巴西尼克假想了这么两个城市：一个由立法者领导，一个由工匠领导。

在很久很久以前，两个城市的人们安宁地生活在同一个共同体中，直至有一天一种根本的分歧把他们分开了。那个古老、统一的城市由一批立法者领导，他们优先重视家庭、教育和公共的善（common good）。他们从祖先的智慧和自己的实践经验中获知，这样的优先重视能带来幸福生活。在同一个城市中也有一大群手艺精良的匠人，他们的任务是为市民们建造学校和纪念碑，修筑道路，建造码头。匠人们提出，如果在公共服务方面投入少一些，而在制造物品方面投入多一些，以便发展和贸易，城市会更加富足繁荣。但立法者提醒匠人们，他们制造的物品是用以支持城市的，而城市的存在并不仅仅为了支持他们制造物品。匠人们厌倦了传统的好生活观念，受够了立法者们的顽固，就带上自己的工具，过了一条河，开始建造他们自己的城市。

在相当长一段时间内两个城市以各自的方式繁荣于同一条河的两边。第一个城市保持着自己谦逊的规模和经济，但其出色的教育系统吸引了人们。其市民们很幸福，人人都认为这是个宜居的好地方。但他们渐渐面临河对岸的邻居们带来的严重危机。在那些匠人观点的指引下，第二个城市成了技术创新的中心，变得越来越大，经济迅速增长，就业水平很高。他们不投资公共服务，市民们通过其技术和产业而变得无比富有。为满足经济增长和人口增长的要求，第二个城市的领导用其专业知识改变了河道，以支持其农业和制造业，河水则被废弃物所污染。不幸的是，这祸害了第一个城市的人们的生活。越来越多的年轻人觉得第一个城市的前景黯淡，于是就离开了第一个城市到了河对岸的第二个城市。于是，第一个城市的学校有一半是空的了，人们还苦于环境的恶化。至此，立法者们不得不决定，是否接受第二个城市提供的机会，加入第二个城市，它正处于势不可挡的发展过程中。对他们来讲，这并不仅仅是在两个城市之间的选择，也是在两种生活方式之间的选择。

在真实世界中，人们希望这两个城市并存、融合：一边是传统、家庭、教育、幸福以及稳定性，这些都受到被广泛接受的公共善标准的支持，一边是创新、持续增长和财富。可是，今天多数人都被迫在两边做出优先选择。人们面对无法逃避的现代技术社会的压制性要求，往往觉得根本没有选择。就像在上述假想的两个城市中，西方文明已经历了严重的颠倒（a Great Reversal）。说这种颠倒是严重的，因为它远不是人们在一时一地所经历的孤立事件，而是经历了从西方文明的源头直至今天的历史演变。说它是一种颠倒，因为西方人从根本上改变了他们的优先选择，把技术动力置于关于什么是好生活的判断之上。根本颠倒的主要后果就是，人们的思想和行动变得狭隘了，被限制在技术社会的框架内，使人们无法摆脱技术社会的强权要求，以根据新的思想去思考和行动。①

塔巴西尼克对现代西方文明的反思深受亚里士多德的影响。亚里士多德知道，人类社会由两种主要的支配性原则、统治性卓越（virtues）或"指导性能力"所决定，我们就通过这两种原则、卓越或"指导性能力"理解世界以及我们在世界之中的地位。一方面，技术知识或技术（techne）让我们为共同体（希腊人叫城邦）建设物质设施，制造各种工具以及日常生活用品。通过技术的透镜，我们把世界看成是可加工、组合成对人类有用的东西。树变成了原木，岩石变成了建筑用的石块，动物变成了食物和做衣服的材料。另一方面，好的判断力或实践智慧（phronesis）让我们一代又一代地传承和改变城邦

---

① David Edward Tabachnick, *The Great Reversal*: *How We Let Technology Take Control of the Planet*, University of Toronto University, 2013, pp. 3 –4.

的精神气质（ethos）和文化品格。通过实践智慧的透镜，我们发现特定传统、风俗、习惯以及共同体的法律被用于日常决定的方式，同时也考虑当下人类情境的独特和变化。亚里士多德不是把伦理和政治看作技术思考的结果，而是把伦理和政治奠定于人类不断变化的判断之上。因为实践智慧接受多样的、不可预测的人类实践，就必然没有技术知识成果常有的那种确定性，于是把城邦的未来走向置于模糊之中。

亚里士多德分析过这两种看待世界的方式争夺最高权力的张力和斗争。假如技术成为决定城邦事业和品格的最高指导能力，那么社会生活将以可预测的、可靠的方式得以产生，就像匠人们生产其制品一样。排除了运气和未知的作用，以技术管理城邦将带来安全保障，它排除了与实践智慧相连的不确定性。但亚里士多德警告说，这会使人类也仅被当作物质材料，即要求他们可预测、可靠且有用。就因为担心这一点，亚里士多德决定，实践智慧而非技术应该是城邦的最高指导性能力。实践智慧虽然不能提供有保障的结果，但它管理的城邦会给人类留下其独特性繁荣所需的宏大空间。在这样的城市，市民们将决定其物品的特性，而不是由匠人们决定市民们的品格。① 用庄子的话说即"物物而不物于物"。

亚里士多德所分析的实践智慧与技术性思维之间的张力，也对应着文明之德与智之间的张力，以及文化与经济之间的张力。我们今天认为经济是最重要的，便自然认为技术性思维是最重要的，它成了全面指导社会"发展"的思维方式，德成了智的附庸和陪衬。

塔巴西尼克认为，从由实践智慧或"好的判断力"指导社会到由技术性思维指导社会的历史转变，就是西方文明的严重的颠倒。好的判断力屈从于技术知识的统治，是西方一系列历史选择的结果。奥古斯丁由于对尘世不信任就排斥了好的判断力，这便让他把日常生活决

---

① David Edward Tabachnick, *The Great Reversal: How We Let Technology Take Control of the Planet*, University of Toronto University, 2013, pp. 4–5.

定与德行和好生活的发展割裂开来。"肉体明智"与"精神明智"之区分的引入，使得与身体相连的低等的善和与精神满足相关的高等的善之有机联系断裂了。阿奎那用自然法概念把人们的注意力转向日常生活，自然法预设，应该根据隐藏于人性中的神圣计划去重构社会。阿奎那像奥古斯丁一样不信任低等的善，他论证说，上帝已赋予人类一种自然能力：synderesis，一种直觉地理解人类行动之普遍原则的能力，或认知这种神圣计划的能力，有了这种知识，就可根据这种知识去改造人类的制度。这种"由上而下"的方法在马基雅维利那儿得到了响应，马基雅维利认为，自然的一切都只是物质，我们可选择任何形式加于其上。马基雅维利摆脱了神圣界限的节制，而转向消除偶然和命运的任务，认为把人类目的强加于世界的极限就是技术知识的缺乏，而技术性知识只是"知道如何"（know-how）的知识。随后，霍布斯就论证说，甚至技术的限制也会随时间的延续和工业的发展而得以克服，直至实现对自然界和人类本性的完全控制。实现这一目标的残留障碍就是可错的判断力（即前述的"好的判断力"）仍在顽固地管辖着社会和政治制度。接下来，启蒙思想家们则尽力清除判断力的影响，而一劳永逸地用实验性知识（即技术知识）去建构社会和政治制度，授权人类为走向真正的幸福和永久和平而榨取自然。这种努力包括发展社会科学，首先再造人类社会，接着再造人类身体和心智，以摆脱任何弱点、低能和可错性。到了 20 世纪，技术已渗透人类生活和社会的一切方面，既带来了巨大的利益，也带来了可怕的毁灭。①

　　由塔巴西尼克的叙述，我们可发现西方的技术性思维到启蒙的独断理性主义而达到了顶峰，并进而取得了完全的统治地位。至此，我们发现，技术性思维指导的文明，不仅有把人当作物质对象的倾向，而且它并没有亚里士多德所讲的那种预测的准确性和确定性。它能保证特定工程，如建个工厂、大坝、航天飞机等建设的准确性和确定性（也不是

---

① David Edward Tabachnick, *The Great Reversal: How We Let Technology Take Control of the Planet*, University of Toronto University, 2013, pp. 113 – 114.

绝对的或百分之百的），但它永远也消除不了各种工程建成而投入使用
的后果的不确定性。正因为如此，它一边成功地指导人们制造越来越
多、越来越精良的机器，一边置人类文明于核战争的危险、生态危机以
及人性毁灭的危机之中。独断理性主义认为，人类凭其科学和技术将越
来越完全地掌握自己的命运，从而变得越来越自主，即在科学词汇中，
可以删去"命运""天命"一类的语词，因为不存在什么超越于人类理
性之上的力量，科技理性就是绝对至上的力量，一切尽在科技理性的掌
控之中。美国哲学家约翰·D. 卡普托（John D. Caputo）称这种思想为
绝对主义，并说"绝对主义把我们跟上帝弄混了"①。以为凭借科技，
人类便可以成为上帝，这就是技术性思维的僭妄。

欧洲文明经"严重的颠倒"之后，智德严重失衡。我们都知道，
小孩子不能拿枪，因为他没有正确地使用枪的能力。如今人类作为一个
类已拥有毁灭生物圈的巨大力量，但却没有正确使用其巨大力量的道德
和智慧。继续沿着工业文明征服自然的道路走下去，人类只会在生态危
机中越陷越深。不提升人类的道德水平和政治智慧，人类就摆脱不了战
争的危险，而运用现代高科技的战争会把人类全体乃至地球生物圈都推
向毁灭的深渊，用基因技术、人工智能技术增强人类的努力也可能把人
类推向毁灭的深渊。这些都是文明之智德失衡的可能后果。

塔巴西尼克假想的"两个城市的故事"很容易让我们想到中华文
明和欧洲文明的历史。中华民族在自己的土地上按自己的习俗、理
念，用自己的技术，"保持着自己谦逊的规模和经济"，传承 5000 多
年，创造了灿烂的文化，其重要的条件之一就是：思想精英居于领导
地位，实践智慧支配技术知识。欧洲经过"工业革命"之后迅速强大
起来。欧美人以坚船利炮迫使中国人向他们学习，以技术知识统领一
切。经过最近 100 多年的现代化努力，如今技术知识已彻底压倒了实
践智慧。中国获得了经济迅速增长的实效，却既败坏了人心，又污染
了环境。从中国古代的实践智慧支配技术知识到 20 世纪"新文化运

---

① ［美］约翰·D. 卡普托：《真理》，贝小戎译，上海文艺出版社 2016 年版，第 9 页。

动"以来的技术知识压倒一切是中华文明的"严重的颠倒"。如果我们不能恢复中华文明的伟大传统——实践智慧支配技术知识，即把"严重的颠倒"再颠倒过来，就非但无法实现中华民族的伟大复兴，而且有可能陷入万劫不复的灾难中。

三 核战争的危险

历史上不乏歌颂战争的思想家。战争"拓宽了人们的思路，锤炼了他们的个性"，政治思想家、历史学家托克维尔曾如是写道。战争是"生活的本质"，法国作家左拉曾这么说。战争"是所有艺术创作的基础……并且是人至高品德和才华的体现"，作家、艺术批评家约翰·拉斯金写道。① 但是，多数人明白，战争是一种人间灾难。在战争中能涌现出英雄，但英雄涌现的代价是许多人生命的死亡，"一将成名万骨枯"，此之谓也。老子说："夫兵者，不祥之器，物或恶之，故有道者不处。"② 古希腊有格言："战争之为害，就在于它制造的坏人比它所消除的坏人更多。"③

欧洲启蒙运动以后，人们出于对商业、民主和理性的信心而相信康德的话：

> 大自然采用了两种手段使得各个民族隔离开来不至于混合，即语言的不同与宗教的不同；它们确实导致了互相敌视的倾向和战争的借口，但是随着文化的增长和人类逐步接近于更大的原则一致性，却也会引向一种对和平的谅解，它不像那种专制主义（在自由的坟场上）那样是通过削弱所有的力量，而是通过它们在最生气蓬勃的竞争的平衡之中产生出来并且得到保障的。④

---

① ［美］史蒂芬·平克：《当下的启蒙》，侯新智等译，浙江人民出版社 2019 年版，第 177 页。
② 《道德经》第三十一章。
③ ［德］康德：《历史理性批判文集》，何兆武译，商务印书馆 1991 年版，第 124 页。
④ ［德］康德：《历史理性批判文集》，何兆武译，第 127 页。

欧洲启蒙运动以后，商业和科技迅速发展，而民主法治也已成为政治努力的主要目标。在康德看来，"大自然也通过相互的自利"而把不同民族"结合在一起"。国际商业贸易就是大自然启示于人类的互利活动。"与战争无法共处的商业精神……迟早会支配每一个民族的。"① 所以，随着商业、科技和民主法治的进步，战争会越来越少，人类将最终走向永久和平。

平克在其2018年出版的《当下的启蒙》一书中试图用数据证明：在过去的450年时间里，由大国发动的战争的持续时间变得越来越短，发动的频率也越来越低。但是，由于这些国家的军队智囊越来越优秀，部队训练越来越有素，武器装备越来越先进，战争所造成的实际伤亡反而变得更惨重，换句话说，世界级的战争变得更短但是破坏力更惊人。只有在第二次世界大战的硝烟散去之后，战争的三项指标——频率、时长和破坏力才出现了下降，世界由此进入了被称为"长期和平"的历史阶段。②

平克也承认，光是数据库里的数字并不能很直观地用于评估潜在的战争风险，况且历史资料在预测战争发生率方面仍显得异常紧缺。平克说：对于战争的减少，我们发现它的内涵不仅仅局限于战争数量以及战争伤亡人数的减少上，它还体现在许多国家战争储备资源的缩减方面。征兵的力度、军队的规模和全球军费支出占GDP的百分比都在最近的数十年内呈下降趋势。最重要的是，男人们（还有女人们）对战争的态度与以往完全不同了。正如联合国教科文组织的座右铭所言："战争起源于人之思想。"③ 平克的意思是有越来越多的人反对战争。平克也完全赞同启蒙思想家对"温和的商业的推崇"，认为"国际贸易的甜头会让苦涩的战争黯然失色"④。

---

① ［德］康德：《历史理性批判文集》，何兆武译，商务印书馆1991年版，第127页。
② ［美］史蒂芬·平克：《当下的启蒙》，侯新智等译，浙江人民出版社2019年版，第168页。
③ ［美］史蒂芬·平克：《当下的启蒙》，侯新智等译，第173页。
④ ［美］史蒂芬·平克：《当下的启蒙》，侯新智等译，第174页。

我们理当承认"温和的商业"和民主法治在减少战争方面具有重要的作用。但也不可忘了从殖民主义时代直至今天，军事力量一直都是"温和的商业"背后的靠山。

大英帝国无疑是工业文明的开路先锋。艾伦·麦克法兰说：

> 英格兰是史上好战文明的组成部分。欧洲的战乱频仍与日本或中国的持久和平对比鲜明。在达尔文式物竞天择、适者生存的压力作用下，反复爆发的争斗导致了技术和科学的迅速进化，枪炮、舰船、航海与物理和化学知识一起突飞猛进。14世纪英格兰的中世纪原始船舶尚不可能与一支中国舰队相比拟，19世纪英格兰的战舰却在鸦片战争中打垮了中国人，其中的发展不可以道里计。[1]

到了19世纪，英国的商贸已遍及全球。"这种贸易的基础，是一种以军事力量和军事组织为支撑的国力。"[2] "战争、贸易和帝国是一个互相交织的包裹，这三个成分相辅相成。"[3] 大英帝国"首先娩育了美国，而美国在20世纪后半叶从事它自己的帝国征服时，又照搬了英国的许多基本行为模式。此外，大英帝国也深远地影响了世界其他地区，特别是亚太地区和非洲部分地区。"[4] 今日之美国，仍以最强大的军事力量支持其国际政坛的话语权，进而确保其国际贸易中的超额利润。可见，在工业文明中，"温和的商业"之温和是表面的。

实际上，只有恪守道德的商业才是温和的，失去道德制约的商业必然趋于贪婪，而贪婪最容易导致暴力和战争。几乎所有的古代意识形态或宗教都谴责人的贪婪，资本主义却把贪婪当作发展的动力。亚

---

① ［英］艾伦·麦克法兰：《现代世界的诞生》，管可秾译，上海人民出版社2013年版，第24页。

② ［英］艾伦·麦克法兰：《现代世界的诞生》，管可秾译，第27页。

③ ［英］艾伦·麦克法兰：《现代世界的诞生》，管可秾译，第32页。

④ ［英］艾伦·麦克法兰：《现代世界的诞生》，管可秾译，第33页。

当·斯密的传人、美国经济学家詹姆斯·L. 多蒂（James L. Doti）说："'贪婪'一词如此声名狼藉可谓不幸。但是，若没有贪欲，我们又怎么可能拥有室内的水管装置、带钟的收录机，甚至南加州的淡水呢？"① 今天的经济学家会说：若没有贪欲，我们又怎么可能拥有平板电脑和苹果手机呢？是的，若没有贪欲，我们怎么可能拥有原子弹、氢弹等大规模杀伤性武器呢？

欧洲文明经过文艺复兴、宗教改革和启蒙运动而走向工业文明并进而向全球扩展，这确实标志着人类文明的巨大进步，但工业文明没有展示出永久和平的前景，平克也承认他所搜集到的数据不足以表明未来没有爆发战争的风险。可怕的是，一旦使用核武器等大规模杀伤性武器，则不仅人类会被毁灭，连地球生物圈也会被毁灭。

核武器时代开始于 1945 年 8 月，以在日本的广岛和长崎爆炸了两颗原子弹为标志。到 21 世纪初为止，绝大多数人都出生在核武器时代。因为核武器再也没有被使用过，于是多数人相信我们"已学会和核武器共存"，没有必要为之担心。② "冷战"结束以后，这种信念更加具有影响力了，因为长期以来，宗教和意识形态的分歧是战争的重要根源之一，而"冷战"正是资本主义和社会主义这两种意识形态之间的对立。在弗朗西斯·福山看来，"冷战"结束就意味着"历史的终结"，即意识形态根本对立的历史的终结。我们至少可以承认，"冷战"结束以后，意识形态之间的对立远没有以前那么尖锐了。那么，我们是否真的可以高枕无忧了？现实远没有这么简单！

海因德（Robert Hinde）与罗特布拉特（Joseph Rotblat）关于核战争之危险的如下论述值得关注：

---

① 詹姆斯·L. 多蒂、德威特·R. 李：《市场经济——大师们的思考》，林季红等译，江苏人民出版社 2000 年版，第 13 页。

② Robert Hinde and Joseph Rotblat, *War No More: Eliminating Conflict in the Nuclear Age*, Pluto Press, London, Sterling, Virginia, 2003, p. 14.

一般认为第三次世界大战恰恰因为核弹头的存在而受阻。核弹头就在军火库里堆着，用不着担忧。但这一信念是虚幻的。军火库里的核武器虽然未被在战争中使用过，但在各种核试验中爆炸过。早先大部分核试验是在大气中进行的，这些实验的辐射物会降落，扩散于全球，从而使人处于不同剂量的辐射之中。据估计，528 次（截至 2003 年美国核试验次数）核试验会导致300000 人的死亡，大多死于癌症。苏联核试验导致的伤亡人数可能更多。

真正的威胁还是源自核武器本身的存在。成千上万的核武器存放在军火库里，设定只为威慑，以阻止假想的敌人向我们发起攻击，但这种武器迟早会被故意或非故意地使用。已有此种历史先例：第二次世界大战期间盟国开始研制原子弹的特别理由是制止希特勒使用原子弹，但造出核武器以后立即就用于对付日本人。有好几次我们差一点故意再次使用。艾森豪威尔曾考虑在朝鲜战争中（1952—1953）使用，后来没有几年又曾在台湾危机中考虑使用。中国发展自己的核武器以应对它自己认定的美国核讹诈。最著名的事件或许是 1962 年 10 月的古巴导弹危机（the Cu-ban Missile Crisis），这场危机可谓千钧一发，差一点我们就陷入一场核毁灭。也曾出现几次虚假警报：有一次一群大雁被错当成核导弹，触发了警报，幸好没有出现严重后果。

2002 年 5 月印度—巴基斯坦因克什米尔争端而出现的危机是又一次核威胁的生动提醒，我们受到官方警告，常规战争会升级为核战争。这场危机只是暂时解决了，只要双方就克什米尔的冲突仍继续，核危险就依然存在。

更有甚者，自"9·11"事件以来，我们被告知基地式恐怖组织可能拥有威胁西方世界的核装置。这种威胁将一直存在，只要核武器存在，或适于制造核武器的材料储存于许多地方，而这些地方又并非总能得到足够的保护。

最要紧的是，自 G. W. 布什政府颁布新法令以后，战争中使用核武器的威胁急剧上升了。根据这些法令，核武器成了军事战略的常规部分，在发生冲突时可以像任何其他烈性炸药一样使用，更有甚者可以先发制人地使用核武器。①

美国特朗普政府采取了更为激进的核武器政策。2018 年初，美国政府发布的 2018 年《核态势评估》（NPR）报告明确指出，美国会用核武器回应"非核战略攻击"，同时还提出要发展新型小威力核武器以更加灵活地应对未来可能出现的威胁。毫无疑问，概念模糊不清的所谓"非核战略攻击"会为美国滥用核武器打开方便之门，发展新型小威力核武器则会进一步增加核武器的"可用性"。美国新的核政策被国际社会广泛解读为放宽了核武器使用的条件，降低了核武器使用的门槛。2018 年 10 月 20 日，美国时任总统特朗普宣布美国将退出《中导条约》（INF），理由是俄罗斯违反了该条约。针对美国的这一行为，俄罗斯副外长里亚布科夫在接受俄罗斯新闻社记者采访时说，如果美国继续"鲁莽"行事，退出国际协议，"那么我们将别无选择，只能采取包括军事技术在内的报复性措施"。俄罗斯国家杜马国际事务委员会主席斯卢茨基 21 日更是直接警告说，特朗普的"退约"决定"将百分之百可能引发真正的冷战和军备竞赛，将世界置于核战争的边缘"②。

可见，我们不但没有稳步走向永久和平，而且没有"学会和核武器共存"。如今，各大国仍在从事军备竞赛，我们根本没有走出核战争的阴影。

四 生态危机

从 20 世纪 60 年代开始，就不断有人在描述工业文明所导致的生态危机，但因为 20 世纪下半叶以来又是发达国家科学技术突飞猛进的时代，故总有人认为，生态危机被夸大了，所谓的生态危机不过是

---

① Robert Hinde and Joseph Rotblat, *War No More: Eliminating Conflict in the Nuclear Age*, Pluto Press, London, Sterling, Virginia, 2003, pp. 16 – 17.

② 崔茂东：《防范世界核战争风险刻不容缓》，《中国青年报》2018 年 10 月 31 日第 6 版。

工业文明发展过程中出现的问题，这个问题很容易通过技术创新而得到解决。迄今为止，能得到多数人承认的危机是全球气温升高所引起的气候变化的危机。由于工业文明大量使用矿物燃料（煤、石油等），因此向大气层排放了大量的温室气体。如果温室气体被持续不断地大量排放，到 21 世纪末，地球的平均温度将会比工业化前高出 1.5℃，甚至可能高出 4℃ 或者 4℃ 以上。这将导致更频繁和更严重的热浪、湿润地区更多的洪水、干燥地区更多的干旱、更猛烈的风暴、更严重的飓风、温暖地区作物产量下降、更多的物种灭绝、珊瑚礁消失（因为海水将变得更暖、酸性更强）。[①]

2015 年 12 月，195 个国家签署了一项历史性协定——《巴黎协定》，承诺将全球气温上升控制在"远低于 2℃"（目标为 1.5℃）的水平，并每年为发展中国家拨出 1000 亿美元的减缓气候变化资金。2016 年 10 月，115 个签署国批准了该协定。大多数签署国提交了到 2025 年如何实现这些目标的详细计划，并承诺每五年更新一次计划，提高努力程度。[②] 但《巴黎协定》也绝非全球一致的共识。2017 年，美国时任总统特朗普发表了臭名昭著的言论，声称气候变化是中国的骗局，并宣布美国将退出《巴黎协定》。[③]

实际上，全球生态危机既不可否认，也不可简单归结为气候变化。2019 年联合国环境规划署发表的《全球环境展望6》（GEO−6）表明：

> 人类活动产生的排放继续改变大气成分，导致空气污染、气候变化、平流层臭氧消耗，并导致人们接触到具有持久性、生物蓄积性和毒性的化学品。[④]

严重的物种灭绝现象正在发生。遗传多样性正在衰退，威胁

---

① ［美］史蒂芬·平克：《当下的启蒙》，侯新智等译，浙江人民出版社 2019 年版，第 146 页。

② ［美］史蒂芬·平克：《当下的启蒙》，侯新智等译，第 162 页。

③ ［美］史蒂芬·平克：《当下的启蒙》，侯新智等译，第 162 页。

④ 联合国环境规划署：《全球环境展望 6·决策者摘要》，联合国环境规划署 2019，9。

到粮食安全和生态系统的复原力，包括农业系统和粮食安全。物种种群正在减少，物种灭绝速度也在上升。目前，42%的陆地无脊椎动物、34%的淡水无脊椎动物和25%的海洋无脊椎动物被认为濒临灭绝。1970—2014年，全球脊椎动物物种种群丰度平均下降了60%。传粉昆虫丰度急剧下降。生态系统的完整性和各种功能正在衰退。每14个陆地栖息地中就有10个植被生产力下降，所有陆地生态区域中将近一半被归类为处于不利状态。①

海洋和沿海地区所面临的主要变化的驱动因素是海洋变暖和酸化、海洋污染，以及越来越多地利用海洋、沿海、三角洲及流域地区进行粮食生产、运输、定居、娱乐、资源开采和能源生产。这些驱动因素所造成的主要影响是海洋生态系统退化和损失，包括珊瑚礁死亡、海洋生物资源减少以及由此造成的海洋和沿海生态系统食物链紊乱、养分和沉积物径流增加以及海洋垃圾。②

土地退化和荒漠化加剧，土地退化热点覆盖全球约29%的土地，有大约32亿人居住在这些土地上。虽然毁林速度放缓，但这种现象继续在全球发生着③。

人口增长、城市化、水污染和不可持续的发展都使全球的水资源承受着越来越大的压力，而气候变化加剧了这种压力。在大多数区域，水资源短缺、干旱和饥荒等缓慢发生的灾害导致移民增加。受到严重风暴和洪水影响的人也越来越多。全球变暖导致冰川和积雪融化情况日益严重，将影响区域和季节性水供应，特别是亚洲和拉丁美洲的河流，这些河流为全球约20%的人口供水。全球水循环的改变，包括极端事件，正在造成水量和水质问

① 联合国环境规划署：《全球环境展望6·决策者摘要》，联合国环境规划署2019，10。
② 联合国环境规划署：《全球环境展望6·决策者摘要》，联合国环境规划署2019，11。
③ 联合国环境规划署：《全球环境展望6·决策者摘要》，联合国环境规划署2019，14。

题，其影响在全世界分布不均。在大多数区域，自 1990 年以来，由于有机和化学污染，如病原体、营养物、农药、沉积物、重金属、塑料和微塑料废物、持久性有机污染物以及含盐物质，水质开始显著恶化。约有 23 亿人（约占全球人口的三分之一）仍然无法获得安全的卫生设施。每年约有 140 万人死于可预防的疾病，如腹泻和肠道寄生虫，这些疾病与饮用水受到病原体污染以及卫生设施不足有关。[①]

我们说文明自诞生之日起就伴随着人为与自然之间张力的增长。在漫长的原始社会，这种张力增长得最慢，在进入农业文明以后，增长得较快，在进入工业文明之后，张力增长得极快，如今已达极限。全球性生态危机便是人为与自然之张力达到极限的标志。

本书前文曾说，古代农业文明的发展是低技术的绿色发展。与之比较，工业文明的发展则是高科技的黑色发展。刘易斯·芒福德说：

> 煤与铁统治了古生代技术时期。到处是它们的颜色：浅灰、深灰直至黑色。黑色的料仓、黑色的烟囱管帽、黑色的马车或客车、炉膛的黑色铁框，用于烹饪的黑色锅、盘和炉子。……不论在古生代技术时期环境的本来颜色是什么，它很快就由于具有时代特征的煤烟或灰烬而褪色了，变成典型的肮脏的棕色、灰色或是黑色。英国新工业中心被恰当地称为黑色的家乡。1850 年美国匹兹堡地区也出现类似的黑色，不久又出现在鲁尔区和里尔的周边地区。[②]

芒福德所说的"古生代技术时期"就是指工业文明时期。

当代中国经济学家刘思华说："世界工业文明发展的历史表明，无论是资本主义工业化，还是社会主义工业化，无论是发达国家工业

---

① 联合国环境规划署：《全球环境展望 6·决策者摘要》，联合国环境规划署 2019，14。
② ［美］刘易斯·芒福德：《技术与文明》，陈允明等译，中国建筑工业出版社 2009 年版，第 152 页。

化，还是发展中国家工业化，都走了一条工业经济黑色化的黑色发展道路，形成了工业文明黑色经济形态。"①

黑色不仅是石油和煤的颜色，不仅是芒福德所说的"煤烟或灰烬"的颜色，还有伤害生命和自私的寓意。前文说过，绿色象征生命和对生命的珍爱。与之相对，黑色象征对非人生命的伤害、征服甚至灭绝。我国著名乡村建设研究者张孝德教授在一次演讲中说：工业文明的发展是伤害生物（应指非人生物）而让非生物——机器——不断增长的发展。"黑"在现代汉语中也有自私、残忍的寓意，说一个人黑就指他心狠手辣。我们说工业文明的发展是黑色发展，也指这种发展一味满足人类的贪欲，而过分牺牲甚至灭绝了非人生物。

生态学对我们的重要启示是：人类生活在生态系统之中。在全球化的今天，我们该说：人类生活在地球生物圈之中，既非超越于生物圈之上，亦非游离于生物圈之外。我们应该把地球生物圈看作一个共同体，也就是一个生命共同体。利奥波德（Aldo Leopold）在其 1949 年出版的《沙乡年鉴》中已把生态系统看作生命共同体（the biotic community），他也称其为土地共同体（the land-community）。他认为，生命共同体的成员包括土壤、水、植物和动物。② 习近平总书记说："山水林田湖是一个生命共同体，人的命脉在田，田的命脉在水，水的命脉在山，山的命脉在土，土的命脉在树。"③ 人类生活在不同层级的共同体中。人属于家庭、家族、社区、国家，在全球化的今天，每个人都属于地球村。许多人在讲"地球村"时，可能仅指由全人类构成的共同体。但生态学会告诉我们，应该把"地球村"理解为整个生态圈，其中既包括山水林田湖草，也包括所有的生物（动物、植物、微生物）、水体、土壤等。利奥波德主张把人类的角色由征服者转变成土地共同体的普通一员

---

① ［美］罗伊·莫里森：《生态民主》，刘仁胜等译，中国环境科学出版社 2016 年版，第 VI 页。

② Aldo Leopold, *A Sand County Almanac, and Sketches Here and There*, Oxford University Press, 1987, p. 204.

③ 中共中央文献研究室：《习近平关于社会主义生态文明建设论述摘编》，中央文献出版社 2017 年版，第 47 页。

和公民，这意味着人类要尊重土地共同体的所有成员，且要尊重土地共同体自身。① 习近平在党的十九大报告中也说："人与自然是生命共同体，人类必须尊重自然、顺应自然、保护自然。人类只有遵循自然规律才能有效防止在开发利用自然上走弯路，人类对大自然的伤害最终会伤及人类自身，这是无法抗拒的规律。"

一心谋求黑色发展的人们完全没有这种生命共同体概念。但黑色发展是不可持续的。一个共同体内的所有成员都是互相依赖的。在人类共同体内部，一个人若过分损人利己，即使他极为强大，也会走向毁灭，中国历史上的桀、纣、秦二世、隋炀帝等都是例子。人类作为一个物种在生命共同体内与其他成员（如非人生物）同样是相互依赖的。工业文明使人类变得空前强大，如今人类不仅能征服地球上最凶猛的动物，而且能上天入地、移山填海。但黑色发展过分牺牲了非人生命，过分破坏了生态健康，人类一味沿着黑色发展的道路走下去，会像暴虐的桀、纣一样走向毁灭。

工业文明的各种危机是互相纠缠的。贫富悬殊与智德失衡密切相关。正因为工商精英引领社会，才导致智德失衡和贫富悬殊。现代工业文明虽然张扬民主、法治、自由、平等，但由于过分追求效率和财富而把贪婪视为发展的动力，于是既无法遏制国家之间的战争而走向永久和平，也无法消除人为与自然之间的张力。国家之间的战争和人为与自然之间的张力是互相纠缠的。一旦发生核战争，则会骤然加剧生态灾难。

我们可以说，在工业文明期间，人与自然之间的张力已升级为人类与自然之间的"战争"。国家与国家之间的战争和人类与自然之间的战争是互相纠缠的。道理很简单，两种战争都必需征服性技术，征服人的技术（即军事技术）与征服自然的技术是密切相连的。没有强大的制造业就不可能有发达的军事技术。工业文明的历史表明，军事

---

① Aldo Leopold, *A Sand County Almanac, and Sketches Here and There*, Oxford University Press, 1987, p. 204.

强国必是制造业强国。在 19 世纪中国之所以输了"鸦片战争",就因为征服性技术不及西方列强。舒马赫曾指出:现代技术发展的基本方向是:追求更大的规模、更快的速度和不断增强的暴力,蔑视一切自然和谐规律。[1] 这就是征服性技术。如今人类凭借征服性技术可以上天入地、移山填海。但 20 世纪末日益显现的生态危机表明,如果人类继续进行征服自然的"战争",就会像使用核武器的世界大战一样导致自身的毁灭。人类若想谋求永久和平,就不仅要停止人与人之间的战争,也必须停止征服自然的"战争"。其根本出路就是生态文明建设。建设生态文明要求人类同时谋求两种和平:国家与国家之间的和平及人与自然之间的和平。换言之,"人与自然和谐共生"与不同民族、国家之间的和平共处是互相依存的。

但目前的世界格局仍不利于谋求这两种和平。各国、各集团、各地区仍处于激烈的以军事实力为后盾的经济竞争之中,"冷战"结束以后,各国之间的军备竞赛并没有停止。唯当经济竞争与军事角逐真正脱钩时,谋求两种和平与全球生态文明建设才会展现出光明前景。在目前的世界格局中,一个国家有了先进的征服性技术,就既可以确保发展经济的优势,又可以确保政治、军事优势,进而巩固其在国际竞争中的优势地位。美国特朗普政府的决策明显地表明了这一点。2017 年 6 月 1 日,特朗普在白宫玫瑰园宣布退出《巴黎协定》,理由是"遵守《巴黎协定》将使美国在 2025 年之前丧失 270 万就业岗位,包括 44 万制造业岗位"。"减排承诺将降低美国在 2040 年之前很多产业的发展速度,其中造纸业下降 12%、水泥下降 23%、钢铁下降 38%、煤炭下降 86%、天然气下降 31%,全美 GDP 损失将近三万亿美元。"[2] 努力保持甚至扩展水泥、钢铁、煤炭、天然气等产业,就是拒绝"绿色转型"或"低碳转型",就是不放弃发展征服性技术。美

---

[1] E. F. Schumacher, *Small Is Beautiful*: *Economics as if People Mattered*, New York: Harper & Row, Publishers, 1973, p. 157.

[2] 魏庆坡:《特朗普民粹式保守主义理念对美国环保气候政策的影响研究》,《中国政法大学学报》2020 年第 3 期 (总第 77 期),第 93 页。

国作为当今世界上最富强的国家，若能率先走生态文明建设之路，必能在全世界产生表率作用。事实正相反，特朗普政府明显坚持走工业文明的老路，谋求世界霸权，这必然使中国的生态文明建设面临无比艰难的国际环境，也必然使世界各国应对气候变化面临巨大困难。

第四章 现代性与工业文明

工业文明最早生发于欧洲，是欧洲文艺复兴、宗教改革和启蒙运动催生的社会形态。工业文明的成长历程也被称作现代化，即由中世纪的欧洲社会走向现代欧洲社会。现代化的基本目标可约略概括为工业化、城市化、信仰世俗化、政治民主化、经济市场化、文化多元化（此处的"文化"是狭义的，指宗教、思想、艺术等）。现代化的思想指南就是现代性（modernity），现代性就是工业文明的主导性意识形态。没有任何一种意识形态或理论体系能严格指导一个社会或文明的发展，能赢得所有人的服膺。但一种文明的基本发展方向与其主导性意识形态的价值导向直接相关。如前所述，工业文明的发展是黑色发展，黑色发展的基本目标是无止境地提高人类征服自然的力量以满足人们不断膨胀的物质欲望，现代性为黑色发展提供了理论辩护。

第一节 何谓现代性

现代性源自欧洲启蒙运动。平克所概括的启蒙运动的四大理念也可被视为现代性的基本理念。平克认为，启蒙运动的四大理念是：理性、科学、人文主义和进步。

理性：如果说启蒙运动思想家之间有什么共同之处，那便是主张积极地运用理性的标准去理解我们所处的世界，而不能依赖空穴之风、虚幻之源，诸如信仰、教条、神启、权威、异能、神秘主义、占卜、幻觉、直觉，或者宗教经典的阐释文本。正是理性让大多数启蒙运动思想家都不相信世界上存在一位干预人类事务的拟人神。理性告诉我们，有关神迹的描述查无实据、令人生疑，宗教经典的作者也都是实实在在的人，各类自然事件的发生并不会考虑人类的福祉，不同的文化信奉着不同的神，它们壁垒森严、互不相容，没有哪一个不是人类自己想象的产物。①

科学：科学主要体现为一种认知方法，包括怀疑论、可谬论（fallibilism）、公开辩论以及实证检验。②

人文主义：理性与启蒙运动思想家普遍意识到，必须为道德确立一个世俗基础，因为他们被几个世纪以来宗教屠杀的历史记忆深深困扰着，例如十字军东征、宗教裁判所、猎捕女巫以及欧洲的宗教战争。他们为今天所称的人文主义奠定了一个基础，也就是将全社会男女老幼的个体利益置于部落、民族、国家或者宗教的荣耀之上。真正能够感受快乐和痛苦、幸福和悲伤的是单独的个人，而非组织或团体，无论这样做的目的是确保最多的人能获得最大的幸福，还是出于"人是目的而非手段"的绝对律令，在启蒙运动思想家看来，正是人类个体对痛苦和幸福拥有相同的感受力，才引发了对道德关怀的呼吁。幸运的是，人性为响应这个呼吁做好了准备，因为我们被普遍赋予了一种能力：同情。同情，有时也被称为仁慈、怜悯、恻隐等。只要拥有同情他人的能力，就没有什么可以阻止同情之环向外延展，由家庭、宗族出发，去拥抱整个人类，尤其是当理性告诉我们，自己以及所属的群体并没有什么异于他人的属性时。我们不得不接纳世界主义、接受世界公民的身份。这种人文情感促使启蒙运动思想家不仅谴责宗教暴力，同时也对世俗暴行大加声讨，例如奴隶制度、专制主义、滥用死刑，以及诸如鞭打、截肢、穿刺、剖腹、轮辗、火烧之类的残酷刑罚。③

进步：在科学的帮助下，我们对世界的理解日益深入，在理性和

---

① ［美］史蒂芬·平克：《当下的启蒙》，侯新智等译，浙江人民出版社 2019 年版，第 8—9 页。

② ［美］史蒂芬·平克：《当下的启蒙》，侯新智等译，第 10 页。

③ ［美］史蒂芬·平克：《当下的启蒙》，侯新智等译，第 11 页。

世界主义的引发下，同情之心也在不断扩张。因此，人类完全可以在智力和道德上取得进步。不必屈从于当前的苦难和各种不合理的现象，也不必试图将时钟回拨，去寻找失去的黄金时代。①

麦克法兰概括了现代性的五大表征：表征之一是恰到好处的人口结构（demographic structure），这意味着死亡率和生育率得到有效的调控。表征之二是政治支柱：看看周围，我们发现许多成功的现代民族的最突出表征是政治自由（political liberty）。表征之三是一种特定的社会结构：家庭的力量必须被削弱，基于血统的严格的社会分层（stratification）必须被消除，一个开放的、流动的、较为精英主义的（relatively meritocratic）体系必须被建立：公民的首要忠诚对象必须是国家，而不是任何其他因血缘而来的团体——这有赖于个人取代集体，成为社会的基本单位。但是，要想让这种体系运行起来，就必须让一大群居间的社团（intermediary associations）得以成长，它们基于某种不只是契约（contract）的东西，它们处于公民与国家之间，我们将它们总称为"公民社会"。表征之四是一种全新的财富生产方式的兴起。这种生产方式就是非人力驱动的机器所促成的高度的劳动分工（division of labour）。这便是今人所称的"工业革命"（Industrial Revolution），它给自由和平等带来了一种特殊风味。表征之五是一种特定的认知方法。现代性以其"科学的"和"世俗的"（secular）思维模式而著称。它有能力生发新思想，有能力保持怀疑和暂缓做出判断，有能力鼓励人们质疑，有能力通过实验而加速进步，这大体上就是我们所称的"科学革命"（Scientific Revolution）。②

简略概括麦克法兰所说的现代性的五大表征便是：适度人口控制、政治自由、个人本位以及公民社会、工业革命和科学革命。

作为现代化运动之指导思想的现代性极为复杂，不同学者对现代性的概括必然有所不同。平克和麦克法兰所概括的现代性是指导欧美

---

① ［美］史蒂芬·平克：《当下的启蒙》，侯新智等译，浙江人民出版社 2019 年版，第 11 页。

② ［英］艾伦·麦克法兰：《现代世界的诞生》，管可秾译，上海人民出版社 2013 年版，第 21—22 页。

现代化运动的意识形态，麦克法兰所讲的现代性就是发源于英国的现代性。我们或可粗略地称其为资本主义的现代性。西方学者认为马克思主义是另一种启蒙项目（the Enlightenment project）①，从而可算是另一种现代性思想，或可称其为社会主义的现代性。事实上，20世纪以苏联为代表的社会主义运动（包括中国的社会主义）也着力追求现代化，社会主义现代化也以工业化为首要物质标志，也以科学为行动指南，马克思主义者也相信历史进步是必然的。当然，资本主义与社会主义在哲学、政治、伦理等方面有诸多深刻分歧。

不同国家因为各自文化传统的不同，其现代化也必然有所不同。在欧洲启蒙思想家看来，现代性是普遍、必然的真理，这种普遍必然性正因为文化多元性和不可公度的多元价值的存在而受到质疑。②

第二节　现代性之得

平克总结的启蒙思想四大理念——理性、科学、人文主义和进步——可以算作现代性之得。

一　理性

理性与古代社会的种种迷信相对。诉诸理性，我们可拒斥种种关于神灵鬼怪的说法。今天，理性的人们如果还借用古代的种种神话，那只是在讲文学性的故事，他们不会认为神话中的神灵鬼怪是真实存在的。曾几何时，中国许多地方的人，孩子生病了，孩子的母亲会为孩子喊魂，意在召回孩子的魂，以期孩子康复。理性的人会认为这是十分荒唐的事。理性的力量尤其体现在公共决策之中。现代政治家不会再去祭祀天地神灵以为民众祈福（在古代中国这是

---

① John Gray, *Enlightenment's Wake：Politics and Culture at the Close of the Modern Age*, Routledge, 2007, p. 99.

② John Gray, *Enlightenment's Wake：Politics and Culture at the Close of the Modern Age*, pp. 96－110.

皇帝的责任），也不会通过占卜去做出重要决策，他们会诉诸科技和数据。

但理性也是有限度的，理性也很难彻底地排斥迷信，理性与迷信之间的界限也并非截然分明的。如果认为理性可以彻底祛除世界的神秘性则大错特错了。源自欧洲启蒙运动的现代理性曾试图以机械论去祛除世界的神秘性。欧洲思想从古希腊的多神论和万物有灵论到基督教的一神论已经为世界的祛魅准备了重要的一步：只有上帝是神秘的，上帝创造的一切非人自然物都没有什么神秘性；如果理性能证明上帝是不存在的，则世界毫无神秘性可言。从伽利略经牛顿到拉普拉斯，科学似乎可以不要上帝而说明世界的一切，而且把万事万物的存在、发生或变化都看作必然的。时至今天，我们发现世界并不是像拉普拉斯所断言的那样的世界。今天的物理学家明白，无论科学如何进步，人类都不可能穷尽大自然的奥秘。人类实践永远都具有不确定的后果，大自然永远都是神秘的。当然，大自然的神秘性不再表现为人格神的意志或行为，而表现为人类永远难以理解的现象，表现为人类实践的不确定性——无法确保实现人类的预期目的。

二　科学

科学与理性密切相关，但我们不能把理性等同于科学。倒不如说科学是理性的一种，哲学的理性不同于科学的理性。我们通常所说的科学指实证科学，如今实证科学是一个建制性的行业，这个行业的职能是为社会提供客观知识或公共知识。科学之所以能提供公共知识，主要是因为它使用实证方法和数学方法。科学能指导技术创新，如培根所言，知识就是力量。现代科学指引的技术创新对现代世界产生了巨大的影响。现代科技进步让物质财富充分涌流，也让广大劳动人民日益从脏活、累活中获得了解放。例如，过去农民插秧或收割时"面朝黄土背朝天"，如今机器能够代劳；过去农民"锄禾日当午，汗滴禾下土"，如今用除草剂就行了。早期的矿工采矿非常艰苦，即便使用机器也十分艰苦，现代科技能减轻他们的艰苦，将来甚至可根本免除这一类艰苦，即由机器人代劳。科技日益免除了人类以往的痛苦，让人类越来越多的欲望获得了日益便捷的满足。例如，空调免除了我们夏日难耐的暑热，手机让我们便捷地与人通信……

但我们不可神化科学和技术，也不可忘记，科技为我们带来财富、舒适、便捷是有代价的。例如，农民因用机器而不必"面朝黄土背朝天"，我们夏日因用空调而不再受暑热的煎熬，这些都是以耗能为前提的，在仍以使用矿物能源为主的情况下，这些都导致了温室气体的排放，从而导致地球升温，而地球升温会给我们带来灾害，甚至会导致可怕的灾难。

科学采用实证方法和数学方法，把实效性、确定性和普遍性结合了起来。注重使用实证方法，便确保了科学的实效性，注重使用数学方法，便是追求确定性和普遍性。对实效性的高度重视与中国儒家所说的"道不远人"是相契合的。但儒家追求的道主要是道德性的人道，故不离人伦日用，而现代科学由于也极端重视确定性和普遍性，且又力图摆脱道德的束缚，于是大有脱离人道的趋势。

三 人文主义

人文主义也就是人道主义。人文主义不是启蒙思想家的独创，古代中国和古希腊都有人文主义思想。孔子的人文主义思想就凝结于其关于"仁"的论述上。例如，"夫仁者，己欲立而立人，己欲达而达人"，樊迟问"仁"，子曰："爱人。"《礼记·礼运篇》中的一段话比较集中地表达了中国古代的人文主义思想："大道之行也，天下为公。选贤与能，讲信修睦，故人不独亲其亲，不独子其子，使老有所终，壮有所用，幼有所长，矜寡孤独废疾者，皆有所养。"孟子也认为仁政的理想是"老吾老以及人之老；幼吾幼以及人之幼"。儒家的仁政和王道就蕴含着人文主义理想。当然，这种人文主义只希望确保每个人的生存，而不可能有关于人之尊严和权利的界定。康德等启蒙思想家才对人文主义进行了全面的论证和阐述，从而充分凸显了人的尊严和权利。实际上，从笛卡尔、康德、黑格尔到 20 世纪的罗尔斯、哈贝马斯等，建构了一个包括世界观（自然观）、知识论（科学观）、社会观、价值观、人生观、幸福观、发展观的现代性思想体系，在这个思想体系内人文主义得到了较为周密的辩护。

现代人文主义的基本精神是强调每一个人都有不可剥夺的尊严和权利，每一个人，不管你是政府首脑、亿万富翁还是平民百姓，都有义务尊重其他个人的尊严和权利。在现实中贯彻这一精神，必须有物质生产力的充分提高。确保生存权是确保尊严和其他权利的前提。中国古代虽已提出"矜寡孤独废疾者，皆有所养"，但由于生产力水平低，这一理想根本无法实现。现代工业文明较好地贯彻了现代人文主义精神，得益于科技创新所促进的物质生产力的迅猛发展。在发达国家内部人文主义所支持的"人权原则"得到了较好地贯彻。其实，在殖民主义时代，欧美工业强国用枪炮征服非工业化国家，它们在国际上奉行的是弱肉强食的丛林法则。在恩格斯所考察的 19 世纪的英国（最早的工业化国家），工人阶级仍谈不上什么尊严。直至第二次世界大战之后，人文主义精神才得到了较好的贯彻。这主要得益于第二次世界大战结束（1945 年）至 20 世纪 80 年代西方发达国家的持续经济增长。也就在这一时期，西方发达国家的"福利制度"得到了较好的发展，因为这一时期已具备了保障每一个人的尊严和权利的物质条件。

即便从二战之后的发达国家来看，人文主义精神的贯彻也经历了曲折的过程。在 20 世纪 60 年代的民权运动之前，种族歧视仍是合法的，而种族歧视显然有违人文主义精神。

现代人文主义强调人人都有平等的基本权利，这一点与古代人文主义截然不同。儒家也包含人文主义，但它同时重视以等级区分贵贱。现代工业文明则以民主和法治保障每一个人的尊严和权利。值得注意的是，人文主义是一种理想，它在工业文明的晚期得到了较好地实现，但远没有达到完全的实现。

四 进步

进步是现代性的明确意识，而古代思想没有凸显进步意识。中国老庄一派则明确拒斥现代意义的进步。老子特别重视"常"，"常"即"常态"，或"稳态"，显然与"进步"相反。老子说："知常曰明。不知常，妄作凶。"老子反对技术进步，主张"绝巧弃利"，认为"民多利器，国家滋昏；人多技巧，奇物滋起；法令滋彰，盗贼多有。"在老子看来，技术越进步，社会就越混乱。但如本书第一章所说，文明必然是发展的。"发展"与"进步"大致同义，故也可以说文明必然是进步的。但工业文明把技术进步当作根本的进步，把发展归结为经济增长，甚至归结为物质财富的增长，这是很危险的。

理性、科学、人文主义和进步都代表现代性之所得。这四个概念仍是我们所必须继承的，但都必须在新的时代背景和科学语境中重新加以阐释。

第三节 现代性之失

一 "终极实体"的消失

前现代社会的人们普遍相信：存在神灵，而且神灵高于人类，比人类更聪明、更有力量，在一定程度上，或在很大程度上，甚至完全掌握着人类的命运，人类必须对神灵心存敬畏，才可保平安、享福祉。基督教、伊斯兰教等一神教认为存在一个终极实体或神圣存在。当代宗教社会学家对不同宗教的终极实体进行了概括，认为终极实体的基本性质在于它的彼岸性，即不是人们在日常生活中所能规范地体验到的东西。当人们说终极实体是无限的、完美的和不可把握的力量，同时又是最内在的、人格化的、尽其所能地怜悯自己的源泉时，就是在表达这种"彼岸"的性质。它（她或他）的不可思议的可能性，构成一种至高无上的神秘，尽管它（她或他）也令人感到畏惧和惶恐，但却是永存的、博爱的、慷慨的、怜悯的，是造化各种安全、欢乐、宁静和正义的源泉。终极实体（或神圣存在）具有两种主要的和对立的（两极的）性质：畏惧和怜悯。① 终极实体具有"全能的、至高无上的、无限的力量"②。总之，神圣存在是令人畏惧而又令人爱戴的，虽然它是与信仰者自己完全不同的东西，但又是信仰者自己最亲密的、内心最深处的东西，神圣存在是最伟大的秘密，同时又是最可爱的主或女神。③

在基督教信仰中，终极实体就是上帝；在伊斯兰教信仰中，终极实体就是安拉；在印度教信仰中，终极实体或许是阿周那或黑天④；在中国古代的民间信仰中，终极实体就是天。终极实体也是万物之源，例如，基督教的上帝是"造物主"，即万物的创造者，也就是万物之源。

综上所述，终极实体就是这样的实体：首先，它是超验的，既不可能被我们的感官所直接感知，也不可能被科学所认知——不可能首先为某种科学假说所预言然后再被科学仪器所检测，简言之，它既不可能成为可被许多人同时直接感知的对象，也不可能成为科学研究的对象。正因为如此，它对于人类来讲具有终极的、永恒的神秘性，永远都是"最伟大的秘密"。其次，它是万物（包括人类）之源，万物皆源自它，考虑到万物的生灭变化，则可说万物最终仍复归于它，在这一意义上，它是"存在之大全"，人类的生存乃至万物的存在都绝对地依赖于它。再次，它是全能的、至高无上的，拥有无限的力量。就此而言，人类必须对它心存敬畏。最后，它虽然是与人类完全不同的东西，但又是人类"信仰者自己最亲密的、内心最深处的东西"，不是与人类无关的存在者。

在各种宗教中，终极实体都是人格化的神灵。其实，终极实体不

---

① ［美］斯特伦：《人与神：宗教生活的理解》，金泽、何其敏译，上海人民出版社1991年版，第42页。
② ［美］斯特伦：《人与神：宗教生活的理解》，金泽、何其敏译，第37页。
③ ［美］斯特伦：《人与神：宗教生活的理解》，金泽、何其敏译，第48页。
④ ［美］斯特伦：《人与神：宗教生活的理解》，金泽、何其敏译，第46页。

一定要被表述为人格神。"道"在老子的思想体系中就是终极实体，但道不是人格神。

在老子的《道德经》中，道是"视之不见、听之不闻，搏之不得"的，是"无状之状，无物之象"，是"玄之又玄"的"众妙之门"。"道非心识，故谋虑而不能知；道非声色，故瞻望而不能见；道非形质，故追逐而不能逮也。"[①] 换言之，道既不可能成为人们感知的对象，也不可能成为科学研究的对象，道具有绝对的、永恒的神秘性。

老子认为，道是万物之源，"道生一，一生二，二生三，三生万物"。道也是万物之根，"夫物芸芸，各复归其根"。道在万物之中，万物也在道之中。

老子理想中的圣人是"无为而无不为"的，其实只有道才是"无为而无不为"的，无为而无不为的就是万能的。老子说："道之尊，德之贵，夫莫之命而常自然。"庄子在谈论音乐时说，最高的音乐"调之以自然之命"，郭象注曰："命之所有者，非为也，皆自然耳。"[②] 自然之命就是道，道是无为而无不为的。

在《道德经》中"道"也是"一"。"天得一以清；地得一以宁；神得一以灵；谷得一以生；王侯得一以为天下正。"由"王侯得一以为天下正"一句可知，道是人类所不可须臾离的。

可见，道或一就是老子思想体系中的终极实体。老子的思想体系是自然主义的，可见，终极实体完全可以自然化，而脱去人格神的外衣。

其实，由老子的启示我们可以更明确地把自然当作终极实体，这样可以更好地与现代自然科学相融合。老子说："人法地，地法天，天法道，道法自然。"这里的"自然"就是"道自身"。我们可以把这种意义上的自然理解为终极实体。

---

① 刘文典：《庄子补正》，赵锋、诸伟奇点校，中华书局 2015 年版，第 408 页。
② 刘文典：《庄子补正》，赵锋、诸伟奇点校，第 409 页。

作为终极实体的自然既不是地球，也不是现代物理学说的源自
"大爆炸"的宇宙。从逻辑上说，地球是宇宙的一部分，而宇宙只是
自然的一部分。这种意义上的自然既不可能成为人们的感知对象，也
不可能成为科学研究的对象，它只能是人们沉思和信仰的对象。

不可把自然等同于自然物，自然是万物之源，是万物之根，也是
"存在之大全"。万物源于自然，也只能存在于自然之中。用海德格尔
的话说则是："自然是先于一切的最老者和晚于一切的最新者。"① 通
俗地说，即万物皆产生于自然，又最终复归于自然，例如，一株植物
从土地中生长出来，最终又会在大地中死去，从而复归于大地，而大
地归属于自然。这种意义上的自然不同于任何自然物（或自然系统），
即自然不同于一株植物、一个动物、一块石头、一条河流、一座山，
也不同于地球、太阳系、银河系、宇宙。今天，人们常说保护自然，
其实，自然无须人类的保护，人类也根本没有能力保护自然。人们说
保护自然，实际上是指保护自然物、自然系统（如生态系统）或地
球。任何一个自然物都可以成为实证科学的研究对象，但自然本身不
可能成为实证科学的研究对象。恰在这一意义上，我们说自然是超验
的、神秘的。老子说，"道可道，非常道"，又说道是"玄之又玄"
的"众妙之门"，就指道具有人永远也说不清楚的神秘性。把自然理
解为道，就指自然具有现代科学永远也无法穷尽的奥秘，是现代科学
永远也说明不了的。你可以在航天飞机或月亮上把地球当作一个对象
观看，但你永远不可能这样去看自然；科学家可以把宇宙当作一个对
象去加以研究，但他们永远也不可能触及作为万物之源、万物之根和
"存在之大全"的自然。说自然是"存在之大全"，即指自然是"至
大无外"的②，即一切都在自然之中而不在自然之外，人也不例外。
正如海德格尔在解释荷尔德林的诗时所说的："自然在一切现实之物
中在场着。自然在场于人类劳作和民族命运中，在日月星辰和诸神

---

① ［德］海德格尔：《荷尔德林诗的阐释》，孙周兴译，商务印书馆 2015 年版，第 72 页。
② 冯友兰：《中国哲学简史》，涂又光译，北京大学出版社 1985 年版，第 5 页。

中，但也在岩石、植物和动物中，也在河流和气候中。"① 自然不同于任何对象化的事物，"却以其在场状态贯穿了万物。"②

人既然永远也不可能闪身于自然之外，便永远也不可能把自然当作一个对象去加以观察或加以研究。薛定谔说，对象性思维是实证科学所特有的思维方式。③ 但作为万物之源、万物之根和"大全"④ 的自然永远不可能被正确地对象化，所以，科学永远无法把握这种意义上的自然。就此而言，自然永远是神秘的。海德格尔说："我们绝不能通过揭露和分析去知道一种神秘……唯当我们把神秘当作神秘来守护，我们才能知道神秘。"⑤ 大自然的神秘是终极的神秘，是绝不可能通过揭露和分析而被祛除的。科学自然主义者宣称，所有的事实原则上都可以被科学所说明，但是科学无法说明自然，因为自然不是可被科学说明的事实，而是终极实体。

我们可在诗意的哲思中领悟这种神秘，进而体悟大自然的"强大圣美"⑥，并使我们自身得以超拔。

自然是运化不已、生生不息的。自然既不是物理主义者所说的物理实在之总和，也不是计算主义者所说的固定不变的各种程序之总和，也不能说自然就是一个巨大的计算机程序。"天地之大德曰生"，自然随时都在涌现新事物，用普利戈金的话说即自然中的可能性比现实性更加丰富，自然是具有创造性的。⑦ 普利戈金的意思是：大自然中变化的不仅是现象，自然规律也是不断变化的。即一切皆随时间而

① ［德］海德格尔：《荷尔德林诗的阐释》，孙周兴译，商务印书馆2015年版，第59页。
② ［德］海德格尔：《荷尔德林诗的阐释》，孙周兴译，第59页。
③ Shimon Malin, *Nature Loves to Hide*: *Quantum Physics and the Nature of Reality*, *a Western Perspective*, Oxford University Press, 2001, p. 101.
④ 海德格尔也多次言及"大全"，见［德］海德格尔《荷尔德林诗的阐释》，孙周兴译，商务印书馆2015年版。
⑤ ［德］海德格尔：《荷尔德林诗的阐释》，孙周兴译，商务印书馆2015年版，第25页。
⑥ 语出荷尔德林的诗，见［德］海德格尔《荷尔德林诗的阐释》，孙周兴译，商务印书馆2015年版，第61页。
⑦ Ilya Prigogine, *The End of Certainty*: *Time, Chaos, and the New Laws of Nature*, The Free Press, 1997, p. 72.

变化，皆与时间有关。现代物理学也描述与时间有关的现象，如匀速运动的物体的位移等于速度乘以时间，以公式表示即 $s = vt$，其中 t 表示时间。但现代物理学认为，这一公式（即规律）本身是与时间无关的，即是永恒不变的。但在普利戈金看来，并非一切自然规律都是与时间无关的永恒不变的规律。普利戈金认为："自然界既包括**时间可逆**过程又包括**时间不可逆**过程，但公平地说，不可逆过程是常态，而可逆过程是例外。可逆过程对应于理想化：我们必须忽略摩擦才能使摆可逆地摆动。这样的理想化是有问题的，因为自然界没有绝对真空。"[1] 换言之，"不可逆性和随机性是内在于大自然的一切层面的"[2]。如果不可逆过程才是自然事物的常态，那便意味着自然界的一切都是流变的，而且变化的并非只是现象，规律、秩序或结构也处于流变之中。如果我们以 {L} 表示大自然中的一切规律（既不是自然物，也不是自然现象），那么，{L} 中的某些甚至全部 L 也是时间 t 的函项，即 $L = L(t)$。就是说有些甚至全部规律也是随着时间的流逝而变化的（包括规律之失效）。[3] 当代法国著名哲学新秀梅亚苏（Quentin Meillassoux）通过哲学思辨得出了与普利戈金一致的结论："一切都可能最终遭受毁灭：从树木到星辰，从星辰到法则，从物理法则到逻辑法则，尽皆如此。"[4]

人类语言，无论是自然语言（如汉语、英语、德语）还是人工语言（如各种数学公理体系、各种逻辑系统、各种计算机语言），都是固定的、僵死的。使用语言是人类的本质或宿命。如海德格尔所言："语言不只是人所拥有的许多工具中的一种工具；相反，唯语言才提供出一种置身于存在者之敞开状态中间的可能性。唯有语言处，才有

---

① Ilya Prigogine, *The End of Certainty*: *Time*, *Chaos*, *and the New Laws of Nature*, The Free Press, 1997, p. 18.

② Ilya Prigogine, *Is Future Given?*, World Scientific Publishing Co. Pte. Ltd., New Jersey, London, Sigapore, Hong Kong, 2003, Preface, p. vii.

③ 这当然也颠覆了源自西方思想传统的对"规律"的定义。

④ [法] 甘丹·梅亚苏：《有限性之后：论偶然性的必然性》，吴燕译，河南大学出版社 2018 年版，第 105 页。

世界。"① 人类不得不使用相对固定的、僵死的语言②去表征各种事物，去实现人际交流，去思考或沉思，去想象或作诗。认为人类语言可把握自然万物或"存在本身"，可穷尽自然奥秘，乃是源自欧洲思想的一个源远流长的妄念。人类能用语言把握一部分自然物和自然系统的运动规律③，但绝不可能把握自然本身，也不可能无限逼近对自然奥秘的完全把握。根本原因就在于，自然是运化不已、生生不息、包罗万象的，而人类语言是相对固定的、僵死的。法国著名哲学史家皮埃尔·阿多（Pierre Hadot）在解释歌德的诗时说："自然是活的、运动的，不是一尊不动的雕像。通过实验对自然奥秘的所谓探究无法把握活的自然，而只能把握某些固定不变的东西。"④

那么，超验的、神秘的、人类语言所不能把握的自然与人类是否没有任何关系呢？自然与人类当然有关系！包括人在内的万物都在自然之中，人类通过各种自然物和自然系统而与自然相连，人类通过对地球生物圈以及其中的各种生物的依赖而依赖于自然。自然养育着人类，现代生物学和生态学能说明自然是如何借助地球生物圈和太阳系而养育人类的。人类虽然无法把握自然本身，但可以通过对身边各种自然物的认识而领会自然的启示。自然对人类的重要启示也就是人类生存所必须遵循的道，这就是孟子所说的道："夫道若大路然"⑤，这

———————————

① ［德］海德格尔：《荷尔德林诗的阐释》，孙周兴译，商务印书馆2015年版，第39页。海德格尔这里所说的"世界"当指人的生活世界。

② 这里讲人类语言是固定的、僵死的，仅指它永远合不上大自然生生不息的律动，永远无法把握大自然的无穷奥秘，非指人们不可以灵活地运用各种语言去达到特定目的或满足特定需要。人类语言相对于生生不息的大自然具有不可祛除的固定性。经典逻辑的同一律要求概念的内涵是永远不变的，但大自然中没有什么永恒不变的东西。

③ 其实，人类语言对自然物的把握也只是实践有效性意义上的把握。语言是形式的，自然物是质料的，甚至是活的。在存在论意义上，"一头狮子正在捕食一头羚羊"这句话完全不能等同于自然中所发生的狮子捕食羚羊的鲜活事件。

④ Pierre Hadot, *The Veil of Isis: An Essay on the History of the Idea of Nature*, Translated by Michael Chase, The Belknap Press of Harvard University Press, 2006, p. 252.

⑤ 孟子所说的"道"不同于老子所说的"道"。前者是"君子之道"，后者是"自然之道"。君子之道是"求则得之舍则失之"的，孟子说："夫道若大路然，岂难知哉？人病不求耳。"自然之道是神秘的万物之源和万物之根，我们只可体认其存在，而绝不可能窥其全貌。

种作为"人路"① 的道是"君子之道"。君子之道源于自然之道，或说人道源于天道。自然之道不可能通过人类感官为人类所知，也不可能通过现代科学而为人类所知，但可以通过生命实践、科学（包括博物学）认知和哲学之思而为人类体知为"君子之道"。这种体知绝不可能是对自然奥秘的完全把握，却可以是对人自己的生活之道——君子之道——的明白领悟。《易》云："一阴一阳之谓道，继之者善也，成之者性也。仁者见之谓之仁，知者见之谓之知，百姓日用而不知"，对超越于人类之上的自然之道，人类永远只能"管中窥豹略见一斑"。对这管窥之一斑，基督徒见之谓之上帝，伊斯兰教徒见之谓之真主，印度教徒见之谓之梵天，儒者见之谓之天，超验自然主义者见之谓之自然……②

现代性正确地拒斥了关于神灵鬼怪和人格神的种种言说，但错误地删除了终极实体。不存在上帝或任何神灵鬼怪并不意味着不存在任何高于人类的实体。当人们认为人就是最高存在者时，就开始变得狂妄贪婪，就开始肆无忌惮地发展技术、滥用技术、征服自然。如果说现代工业文明的危机源自"大量开发、大量生产、大量消费、大量排放"的生产、生活方式，源自争强斗富的国际竞争，源自难以止息的军备竞赛，源自高新科技的滥用，那么这种种根源都与终极实体的消失相关。前现代人信仰拟人化的神灵鬼怪的存在是迷信，但对终极实体的敬畏则是人类必须持有的情怀。在人类共同体内部，我们容易明白，一个年轻人如果狂妄自大、目无长者，不肯虚心向别人学习，那么，即使他聪明绝顶，也难免会四处碰壁，直至身败名裂甚至粉身碎骨，因为没有人是全知全能、绝对自足、绝对自主的。只有虚心向别人学习，才能不断进步、不断完善。那么人类作为一个物种，或作为一个类，就真的是最高存在者吗？人类不需要向其他存在者学习吗？不需要谦虚谨慎吗？仿生学会告诉我们，人类向各种动物学习它们的"特定化"能力，能获得技

① 参见《孟子·告子章句上》。
② 以上论述源自卢风《超验自然主义》，《哲学分析》2016 年第 5 期（总第 39 期）。

术创新上的启示。但这只是技术上的学习，已预设非人动物低于人类。人类还必须从根本上对高于人类的终极实体——自然——心存敬畏，才能像年轻人尊重长者一样，学会抑制自己的贪欲，纠正自己的错误，包括纠正"大量消费、大量排放"的错误、军备竞赛的错误、滥用科技的错误。一个对上天心存敬畏的人，由于坚信"人在做，天在看"，故会"戒慎乎其所不睹，恐惧乎其所不闻"，从而不会丧失良知、胆大妄为。人类作为一个类也必须敬畏自然，明白人类集体的贪婪和胆大妄为也会受到大自然的无情惩罚。换言之，"人在做，天在看"必须成为人类的集体意识。有了这种对比人类更高的终极实体的敬畏，人类集体才可能痛改前非，扭转文明的发展方向，走出现代工业文明的危机。

终极实体的消失，与笛卡尔的主客二分有关，与康德的"哥白尼革命"有关，也与物理主义世界观或科学自然主义世界观的流行有关。

笛卡尔把"我思"看作检验真理的标准，甚至看作检验万物是否存在的标准。这样一来，上帝之存在也必须获得"我思"的认可。帕斯卡尔曾说："我不能原谅笛卡尔；他在其全部的哲学之中都想能撇开上帝。"①

所谓哲学的"哥白尼革命"就是把人的直观（intuition）由客体的构成（the constitution of objects）转向我们直观能力的构成（the constitution of our faculty of intuition）。即不要总想让我们的直观符合客体的构成，而应反过来，让我们对客体的直观符合我们直观能力的构成。② 这对应着天文学上的"哥白尼革命"，但方向相反。哥白尼发现，设定太阳不动，观察者围绕着太阳运转，而不是相反，能更好地理解天文现象。康德认为，设定客体必须符合人的认知结构，比设想人的认知必须符合客体的结构，能更合乎逻辑地理解人类思维。

康德认为，我们的认知能力绝不可能超越可能经验的边界，可能经验的边界恰好圈定了科学的范围。我们的理性认知只能触及表象（ap-

---

① ［法］帕斯卡尔：《思想录》，何兆武译，商务印书馆1995年版，第39页。

② Immanuel Kant, *Critique of Pure Reason*, Translated and Edited by Paul Guyer and Allen W. Wood, Cambridge University Press, 1998, p.110.

pearances) 而不可能触及自在之物 (the thing in itself)。当理性认知试图突破可能经验的边界而达到自在之物时，会不可避免地陷入矛盾，如果设想作为表象的客体符合我们的表征方式，矛盾就会自然消失。①

康德说，我们称被我们带进表象中的秩序与规则为自然，如果我们没有预先把它置于我们心灵的本质之中，我们就不可能发现它。这种自然的统一性是必然的、先天确定的表象联结的统一。② 康德认为，感性给予我们直观的形式，而知性 (understanding) 给予我们各种规则 (rules)。知性总是忙于透过表象以从中发现某种规则。规则就其具有客观性（因此必然属于对客体的认知）而言被称作法则 (laws)。尽管我们通过经验而获知很多法则，然而，它们只是更高法则的特殊测定 (particular determinations)，而最高法则（其他法则皆依赖于它而得以成立）则源自先天知性自身，它并非源自经验，反倒为表象提供法则性 (lawfulness)，并恰恰因此而使经验成为可能。可见，知性并不仅仅是通过表象的比较而形成规则的能力，知性自身为自然立法，换言之，没有知性就根本没有什么自然。③

这种意义上的自然当然不可能成为终极实体。事实上，说"知性为自然立法"就等于说"人为自然立法"，这正可以成为现代人征服自然的理由。

梅亚苏说："……一直到康德为止，哲学所要解决的主要问题之一就是对实体的思考，而从康德以降，这个问题就变成了对相关性的思考。"④ 即哲学只思考与认知者（即人）相关的东西。梅亚苏说：

① Immanuel Kat, *Critique of Pure Reason*, Translated and Edited by Paul Guyer and Allen W. Wood, Cambridge University Press, 1998, p. 112.
② Immanuel Kant, *Critique of Pure Reason*, Translated and Edited by Paul Guyer and Allen W. Wood, p. 241.
③ Immanuel Kant, *Critique of Pure Reason*, Translated and Edited by Paul Guyer and Allen W. Wood, p. 242.
④ ［法］甘丹·梅亚苏：《有限性之后：论偶然性的必然性》，吴燕译，河南大学出版社2018年版，第14页。

二十世纪，意识与语言，是相关性的两大"中心"。前者为现象学、后者为分析哲学及其各样分支提供支持。弗朗西斯·伍尔夫（Francis Wolff）非常准确地将意识与语言描述为"客体—世界"。就其"构成了世界"这一点来看，它们的确是独特的客体。而之所以说它们二者"构成了世界"，其中一个原因就在于，从它们的视角来看，"万物皆在其内"，与此同时"万物又皆在其外"。伍尔夫接着说："万物皆在其内，是因为无论思考何物，都首先必须'能意识到该物'，且必须将其表达出来，这样一来我们就被封锁在语言或意识的内部，无法逃脱。在这个意义上，语言和意识都是没有外部的。但是，从另一个意义上说，它们又是完全面向外部的，它们是世界的窗户：因为意识总是对某物的意识，语言也必定是对某物的表达。对树的意识是对树本身的意识，而不是对"树"这个概念的意识：谈论树并不仅仅是说出这个词，而是谈论树这个事物。因此，意识与语言只有在它们被这个世界所包含时，才反过来将这个世界封闭于自身之中。我们身处于意识与语言之中，就如同置身于一个透明盒子之中。一切都在我们之外，而我们却逃遁无门。①

现代人无可挽回地失去了那个伟大的外部，那个批判哲学出现之前的思想家们眼中的绝对的外部。② 也正因为如此，作为终极实体的自然从现代人的视野中消失了，只剩下人类可为之立法且可以征服的自然。

二　理性的独断

把可错的或错误的信念当作绝对真理就是人的思想的独断。独断论源远流长，古希腊哲学家恩披里柯（Sextus Empiricus）认为，那些"声称已经发现了真理"的人就是"被专门称作独断论者（dogma-

---

① ［法］甘丹·梅亚苏：《有限性之后：论偶然性的必然性》，吴燕译，河南大学出版社2018年版，第15—16页。

② ［法］甘丹·梅亚苏：《有限性之后：论偶然性的必然性》，吴燕译，第17页。

tikoi) 的人", 亚里士多德、伊壁鸠鲁、斯多亚主义者都是独断论者。[①] 欧洲中世纪人认为, 上帝创造了世间的一切, 上帝全知全能、尽善尽美,《圣经》记载的主要是上帝所说过的话…… 这些都是绝对真理, 用奥古斯丁的话说, 这些是真的、确定的、善的 (true and certain and good), 甚至是最真确且至善的 (truest and best)[②], 因而是绝对不可违背的。中国古代人也相信神圣的天命, 普通百姓相信, 皇帝就是天之子——"天子", 所以, 忠顺的臣民应无条件地服从皇帝的命令。其实, 只有那些有一定权势的人才能表现出思想的独断, 即只有统治阶级才能展示其思想的独断。

"理性"是现代性的首要概念。在启蒙运动时期, 启蒙思想家要求一切观念都接受理性的检验, "他们除了自己的理性而外就不承认有任何其他的主人"[③], 其矛头特别针对教会的权威和贵族的特权。经过启蒙运动, 宗教在欧洲逐渐退出政治舞台或公共生活领域而失去了强制力的维系, 人们越来越借助科技的力量去追求好生活。于是, 理性越来越被理解为科学理性。从伽利略、开普勒、牛顿、拉普拉斯到爱因斯坦、温伯格、霍金, 人们对科学理性的理解一直与决定论和完全可知论密切相关。机械决定论认为整个世界就是一座遵循着必然规律而不停运转的巨钟, 人类可通过对必然规律的发现而准确地预测世界未来。据此, 现代人相信, 随着科技的进步, 人类征服自然的力量将越来越强大, 人类对自然过程和自然事物的干预和控制将越来越精准。现代理性的独断就体现为: (1) 对科学知识确定性的信仰; (2) 对科技进步能确保人类征服自然的力量不断增长的信仰; (3) 对完全可知论的信仰。

启蒙运动杰出的代表之一, 曾有法国大革命"擎炬人"之称的孔

---

① [古希腊] 塞克斯都·恩披里柯:《皮浪学说概要》, 崔延强译注, 商务印书馆 2019 年版, 第 3 页。

② Saint Augustine, *Confessions*, Hackett Publishing Co., Inc., 1993, p.256.

③ [法] 孔多塞:《人类精神进步史表纲要》, 何兆武、何冰译, 生活·读书·新知三联书店 1998 年版, 第 182 页。

多塞（Condorcet, Marie Jean Antoine Nicolas Caritat, Marquis de）对科学进步、政治进步、道德进步和人类的自我完善充满信心，他认为人类知识可以达到几何学那样的精确性。他说：人类"在不断地自我完善并且每天都在获得更大的领域的同时，会对包含人类全部的智慧的一切对象都带来一种严谨性和精确性，那会使得对真理的认识更加容易，使得错误几乎成为不可能的事。那时候，每一门科学的进程就会有着数学的进程那种确切性，而构成它那体系的命题就会有着几何学的全部确凿性，也就是说，自然界对它们的对象和它们的方法所能允许的全部确凿性。"①

莱布尼茨认为：每一件事都是由一个确定的运数（a determined destiny）所引起的，就像"三乘以三等于九"一样确定。因为运数就像在一个链条中一样构成每一件事情的相互依存，每一件事情之发生在发生之前和发生之时都是确定不移的。② 莱布尼茨把这种因果确定性（必然性）也概括为充足理由原理，亦称充足理由律。在逻辑学中这被称为继同一律、不矛盾律、排中律之后的第四个基本思维原理。莱布尼茨认为，真理分为两种：理性的真理和事实的真理。不矛盾律是理性的真理的标准，而充足理由律是事实的真理的标准。根据充足理由律，如果没有一个为什么是这样而不是那样的充足理由，则任何一个现象都不可能是真的或现实的，任何一个判断都不可能是正确的。③

拉普拉斯认为，我们应该把宇宙的现在状态看作先前状态的结果和未来状态的原因。一个在给定时刻知道作用于自然中的一切力以及宇宙中万物的即时位置的智能（an intelligence）将能以一个公式理解世界最大物体和最轻原子的运动，只要其智能强大到足以分析一切数

---

① ［法］孔多塞：《人类精神进步史表纲要》，何兆武、何冰译，生活·读书·新知三联书店1998年版，第201—202页。

② Friedel Weinert, *The Scientists as Philosopher: Philosophical Consequences of Great Scientific Discoveries*, Springer, 2005, p. 196.

③ ［匈］贝拉·弗格拉希：《逻辑学》，刘丕坤译，生活·读书·新知三联书店1979年版，第96页。

据，对它来讲，就没有什么是不确定的，将来和过去尽在其眼底。①
这便是欧洲启蒙以来机械决定论的经典表述。在这种经典表述中，
"因果性"（causation）是个关键词。莱布尼茨和拉普拉斯都把因果关
系理解成必然关系，即一个原因必然地引起一个结果，万物皆处于必
然的因果联系之中。人类认知的确定性就体现为对事物运动之因果性
的明确揭示。

康德是启蒙思想的集大成者，其思想影响至今不衰。康德认为，
因果性是一个先天范畴，它先在于我们对世界的一切经验。这样，康
德就使因果性成了一个心灵的范畴，但他仍然坚持决定论，仍然认为
因果关系是必然关系，说 A 是 B 的原因，即指 B 根据绝对普遍的规则
必然地跟随于 A。在康德看来，结果并非仅仅跟随于原因之后，结果
还以原因为条件，被原因所蕴含。托马斯·杨（Thomas Young）、赫
尔姆霍兹（Hermann von Helmholtz）、克劳德·伯纳德（Claude Ber-
nard）和麦克斯韦（James C. Maxwell）都相信这种决定论，且都把必
然因果性当作科学的终极准则。②

爱因斯坦把物理因果性等同于微分方程的存在。罗素也主张用纯
函数关系和微分方程代替科学中的因果律（the law of causation）。③ 把
因果性还原为微分方程便于以决定论理解因果性。首先，因为这样一
来就有了康德等人所说的规律性的规则概念（the idea of lawful regular-
ity）。把微分方程的存在与规律性的规则联系起来就使得这个概念变
得精确了。微分方程表示一个变量相对于其他变量的变化率。它们特
别能表示一个参量相对于时间的变化率。于是，它们是"理想的"预
测工具，可预测性正是决定论的一种形式。一旦因果性被还原为时间
依赖性（temporal dependence）——各种参数如何沿着时间维而变

---

① Friedel Weinert, *The Scientists as Philosopher*: *Philosophical Consequences of Great Scientific Discoveries*, Springer, 2005, p. 197.

② Friedel Weinert, *The Scientists as Philosopher*: *Philosophical Consequences of Great Scientific Discoveries*, 203.

③ Friedel Weinert, The Scientists as Philosopher: Philosophical Consequences of Great Scientific Discoveries, p. 203.

化——它便等同于预测决定论（predictive determinism）了。①

　　不仅以上提及的托马斯·杨、麦克斯韦等著名科学家是决定论者，像普朗克和爱因斯坦这样的对量子物理学有着巨大贡献的科学家也是坚定不移的决定论者。决定论至今仍有巨大的影响力。当代著名物理学家霍金仍相信决定论，他认为："科学的基本假定是科学决定论。"② 信仰决定论就必然相信科学知识的确定性，故霍金也认为："自然定律是固定的"③ "物理定律以及定律之不可变是普适的"④。

　　其实，关于因果性（或决定论）的微分方程解释包含着源自古希腊的一个重要思想信条：数理还原论——认为纷繁复杂、变动不居的现象都受永恒不变的数学规律的制约（关于这一点下文会加以较详细的阐述）。

　　进步是现代性的另一个重要概念。人类文明是注定要进步的，或说注定要发展的，但进步或发展并非只有一个预定的、不可改变的方向。现代性试图证明，在尽可能消除人类共同体内部冲突的前提下不断增强人类征服自然的力量就是文明发展的基本方向。

　　孔多塞认为，科学的最终目标是要使一切真理都服从于计算的精确性。⑤ 这种计算的精确性便能应用于技术。科学是不断进步且日趋完善的，技术流程也可以接受与科学方法同样的那种完善化、同样的那种简化：工具、机器和操作会越来越增加人们的力量和技巧，同时也会增进产品的完美性和精确性并减少获得产品的必要时间和劳动；这时仍然抗拒这些进步的障碍就将消失，人们就学会了预见和预防各种事故以及劳动的或习惯的或气候的危害性。⑥ 孔多塞显然认为，

---

　　① Friedel Weinert, *The Scientists as Philosopher*: *Philosophical Consequences of Great Scientific Discoveries*, Springer, 2005, p. 206.

　　② ［英］斯蒂芬·霍金：《霍金沉思录》，吴忠超译，湖南科技出版社2019年版，第39页。

　　③ ［英］斯蒂芬·霍金：《霍金沉思录》，吴忠超译，第38页。

　　④ ［英］斯蒂芬·霍金：《霍金沉思录》，吴忠超译，第37—38页。

　　⑤ ［法］孔多塞：《人类精神进步史表纲要》，何兆武、何冰译，生活·读书·新知三联书店1998年版，第152页。

　　⑥ ［法］孔多塞：《人类精神进步史表纲要》，何兆武、何冰译，第190页。

随着科技的不断进步，人类控制自然的力量越来越大，对自然物的控制也越来越精准。"人们就学会了预见和预防各种事故以及劳动的或习惯的或气候的危害性"，即人类在征服自然的过程中，将越来越能保证不发生意外的灾难。这一信念已成为现代人的基本信仰。

随着信息技术和人工智能技术的兴起，现代人对人类可以不断提高征服力的信心更为增强。如今，有人相信，人类可以把整个世界彻底人工化，让这个世界"只剩下人类和机器"①。当然，他们不认为那时就没有九寨沟、黄山、尼亚加拉大瀑布等美景了，一切应有尽有，但都是人工的，或数字的。被比尔·盖茨称为"预测人工智能未来最权威的人"的库兹韦尔（Ray Kurzweil）说：人工智能技术将使人类"获得超越命运的力量""我们将可以控制死亡"②。超越命运即绝对的自主。

在瑞典人帕尔姆·史密斯拍摄的电影《消费未来》中，普尔丢大学农业经济系教授罗伯特·汤普森试图驳斥美国生态学家保尔·埃尔里希和生态经济学家赫尔曼·戴利的观点。这两位美国学者认为，今天所谓的"经济增长"，破坏了地球上生命赖以生存的系统，减弱了地球对于未来人类生存的承载能力。汤普森教授则坚持，这种思维方式忽略了一个基本因素，就是未来的技术将会生产出无穷无尽的产品……在现代经济学家看来，技术是一个装满水果和鲜花的、无穷大的牛角。③从事粒子物理学研究的兑尔教授曾经试图向经济学家解释，人所能做到的是有一定限度的。他对一位经济学家说："如果我们科学家必须告诉你们，我们不能简单地发明出你们所需要的技术时，你们会怎样做？"这位经济学家回答说："我会付给您双薪。"④经

---

① ［美］马克·斯劳卡：《大冲突：赛博空间和高科技对现实的威胁》，黄锫坚译，江西教育出版社1999年版，第95页。

② ［美］Ray Kurzweil：《奇点临近》，李庆诚等译，机械工业出版社2017年版，第2页。

③ 参见希腊神话，海中仙女阿玛耳忒亚（Amalthea）有一人可从中取食物的牛角，亦被称为"丰饶之角"。

④ ［巴西］何塞·卢岑贝格：《自然不可改良》，黄凤祝译，生活·读书·新知三联书店1999年版，第74页。

济学号称"第一社会科学",在人文学者和社会科学家中,经济学家是最受重视的。他们大多是科技万能论者,相信只要有足够多的金钱激励,科学家和工程师就能找到解决任何问题的办法。简单地说:资本加科学技术能解决任何问题!

现代性的知识确定论也就是世界可知论,现代性的可知论甚至被表述为独断的完全可知论。现代人征服自然和完全掌握自己命运的信心就源自知识确定论和完全可知论。

孔多塞在阐述人类知识的确凿性时已表述了完全可知论的信念。完全可知论预设上文已提及的数理还原论:制约一切现象之运动变化的规律是可用数学公式(如微分方程)表示的,是永恒不变的,这些规律甚至就是一个公理体系,用如今流行的计算主义的话说,就是一个算法体系。事实好像已证明,人类已正确地揭示了一部分这样的规律。全部规律既然是永恒不变的,那么人类多揭示一点,人类未知的规律就会少一点,于是,人类知识的进步就体现为对世界之包罗无遗的完全认知的接近。

当代物理学对"万有理论"(theory of everything)或"终极理论"(a final theory)的追求就预设了完全可知论。"万有理论"或"终极理论"都预设真理统一论。如今,真理统一论也就是科学统一论,据此,一切真理或科学知识构成一个统一的逻辑体系,用数学语言表示就是一个统一的数学体系(公理体系)。爱因斯坦、霍金、温伯格(Steven Weinberg)等著名物理学家都相信科学统一论。在物理学中,许多物理学家试图"构筑一个完备、统一的万有理论"。所谓"万有理论"就是可说明万物之运动变化的理论。他们知道一劳永逸地构筑这样一个理论是困难的,但是他们坚信可通过寻求局部理论而取得进步。这些局部理论描述的事件范围有限,而且忽略其他效应,或者用某些数值作为它们的近似。例如,在化学里,人们可以在不知道原子核内部结构的条件下计算原子间的相互作用。然而,他们最终希望寻求一个完备、相容的统一理论,它能把所有这些局部理论作为近似包容进来。对这样一种理论的追求被称为"统一物理学"①。

霍金曾简明地表达了完全可知论的基本信念:"我们生活在一个由理性定律制约的宇宙中,通过科学,我们可以发现和理解这些定律。"② 在霍金那里,统一物理学就是逐步建构万有理论,在诺贝尔物理学奖得主温伯格那儿,就是发现终极理论。

温伯格说:

> 我们今天的理论只有有限的意义,是暂时的、不完备的。但是,我们总会隐约看到在它们背后的一个终极理论的影子,那个理论将有无限的意义,它的完备与和谐将完全令人满意。我们寻求自然的普遍真理,找到一个理论的时候,我们会试着从更深层的理论推出它,从而证明它、解释它。想象科学原理的空间充满着箭头,每个箭头都从一个原理出发,指向被解释的原理。这些解释的箭头表现出令人瞩目的图样:它们不是独立的科学所表现的单独分离的团块,也不是在空间随意指向——它们都关联着,逆着箭头的方向望去,它们似乎都源于一个共同的起点,那个能追溯所有解释的起点,就是我所谓的终极理论。③

温伯格的这段话清晰地表述了科学统一论,也隐含了世界之完全可知论。

真的会有万有理论抑或终极理论吗?霍金分析了三种可能性:

> ·确实存在一种完备的统一理论,如果我们足够有智慧,就会有发现它的那一天。

---

① [英]斯蒂芬·霍金:《万有理论:宇宙的起源与归宿》,郑亦明、葛凯乐译,海南出版社 2004 年版,第 114 页。

② [英]斯蒂芬·霍金:《霍金沉思录》,吴忠超译,湖南科技出版社 2019 年版,第 30 页。

③ [美] S. 温伯格:《终极理论之梦》,李泳译,湖南科技出版社 2003 年版,第 3 页。

·不存在终极的宇宙理论，有的只是将宇宙描述得越来越准确的理论的无穷序列。

·根本没有宇宙理论。超出某个范围，事件就不可预言，它们只是以无规则的、任意的方式出现。[1]

如果一个人相信自然就是终极实体，或相信普利戈金所说的"大自然是具有创造性的"，那么他就会肯定第三种可能性。[2] 但霍金说："在当代，我们已经通过重新定义科学的目标，有效地排除了第三种可能性。"[3] 霍金肯定了第二种可能性，他说：

存在一个越来越精细的理论的无穷序列，这是与我们迄今为止的经验相吻合的。在许多场合，我们提高测量的灵敏度或进行新的一类观察，只是为了发现现有理论没有预言的现象。而为了说明这些想象的原因，我们又发展出更先进的理论。因此，当我们将目前的大一统理论在更大、更强的粒子加速器上检验，却发现它失败了时，用不着大惊小怪。实际上，如果我们不期望它会失败，那花费那么多金钱去建造更强大的加速器就没有多少用处。[4]

对第二种可能性的肯定就是认为，虽然人类不可能在任何一个确定时期完全认知一切自然规律，但科学进步将无限逼近对自然规律的完全认知，就像抛物线虽然永远也不会与其渐近线相交，但会无限接近渐近线。这就是现代性的完全可知论。也恰是这种完全可知论，支

---

① ［英］斯蒂芬·霍金：《万有理论：宇宙的起源与归宿》，郑亦明、葛凯乐译，海南出版社 2004 年版，第 123 页。
② 事件也不见得都是以无规则的、任意的方式出现的，只是在人看来是这样的。规则、秩序在变化，人无法完全把握它们而已。
③ ［英］斯蒂芬·霍金：《万有理论：宇宙的起源与归宿》，郑亦明、葛凯乐译，第 124 页。
④ ［英］斯蒂芬·霍金：《万有理论：宇宙的起源与归宿》，郑亦明、葛凯乐译，第 124 页。

持着无限增强征服自然的力量的进步观或发展观。培根说知识就是力量，现代化的发展也确实表明，随着科学的进步，技术也在飞速进步，而且技术的力量越来越强大。如果人类知识将无限接近万有理论或终极理论，那么人类就将越来越能随心所欲地征服自然。如温伯格所言：如果我们发现了终极理论，"我们手里就拥有了统治星体、石头和天下万物的法则"①。

或有人会说，批判现代性思想中的知识论，却没有引用现代哲学家的观点而只引用了现代科学家的观点，这样会不会显得不够深刻？首先，我们谈论的是现代性所蕴含的知识论，而不是当代哲学家的知识论。现代性所蕴含的知识论就是科学家们所信奉的知识论，而科学家是远比哲学家更有社会影响的知识精英。所以，科学家的知识论更能代表现代性的知识论。其次，科学是最具有影响力的知识，甚至被科学主义者认作唯一的真正的知识，脱离科学的知识论是空洞的。我们以下还将主要利用科学自身的发展去反驳现代性的知识论。

先让我们重新审视人类知识的确定性问题。

首先挑战知识确定性的是量子物理学的重要发现。量子物理学既描绘了不同于牛顿物理学所描绘的世界，也对人类认知的确定性提出了根本性的质疑。根据牛顿物理学，自然世界就是一架巨大的机器。人们想当然地认为机器的每一部分都可以被无限精准地加以定义，其中的一切相互作用都可以得到精确理解。每一事物都必有其位置，每一位置也必为某一事物所占有。这一点对于牛顿物理学具有根本的重要性。为了理解宇宙，首先必须假定你能一点一点地发现宇宙的所有构成部分，它们是如何运作的。② 量子物理学揭示的亚原子世界根本不是这样的。当代著名物理学家罗伟利（Carlo Rovelli）说：

世界是一系列分立的量子事件，这些事件是不连续的、分立

---

① ［美］S. 温伯格：《终极理论之梦》，李泳译，湖南科技出版社 2003 年版，第 194 页。

② David Lindley, *Uncertainty: Einstein, Heisenberg, Bohr, and the Struggle for the Soul of Science*, A Division of Random House, Inc., New York, 2008, p. 4.

的、独立的；它们是物理系统之间的相互作用。电子、一个场的量子或者光子，并不会在空间中遵循某一轨迹，而是在与其他东西碰撞时出现在特定的位置和时间。它会在何时何地出现呢？我们无法确切地知道。量子力学把不确定性引入了世界的核心。未来真的无法预测。……由于这种不确定性，在量子力学所描述的世界中，事物始终都在随机变化。所有变量都在持续"起伏"，因为在最小的尺度上，一切都在不停振动。我们看不到这些普遍存在的起伏，仅仅是因为它们尺度极小；在大尺度上它们没法像宏观物体一样被我们观测到。我们看一块石头，会觉得它就静止在那儿。但如果我们能够看到石头的原子，就会观察到它们在不停地四处传播，永不停息地振动。量子力学为我们揭示出，我们观察的世界越细微，就越不稳定。世界并非由小石子构成，它是振动，是持续的起伏，是一群微观上转瞬即逝的事件。①

20世纪六七十年代非线性科学或复杂性科学的兴起是对人类知识确定性的又一次挑战。非线性科学与复杂性科学同义，都指研究复杂系统或非线性系统的科学，有时也被称作混沌理论，因为它重视研究混沌（无序状态）。非线性科学是一种新科学。

新科学的最热情的鼓吹者们竟然宣称，20世纪的科学只有三件事将被记住：相对论、量子力学和混沌。他们主张，混沌是本世纪物理科学中第三次大革命。就像前两次革命一样，混沌割断了牛顿物理学的基本原则。如同一位物理学家所说："相对论排除了对绝对空间和时间的牛顿幻觉；量子论排除了对可控制的测量过程的牛顿迷梦；混沌则排除了拉普拉斯决定论的可预见性的狂想"。②

---

① ［意］卡洛·罗伟利：《现实不似你所见：量子引力之旅》，杨光译，湖南科学技术出版社2017年版，第113页。

② ［美］詹姆斯·格雷克：《混沌：开创新科学》，高等教育出版社2004年版，第5—6页。

由上可知，科学所揭示的知识不确定性：不仅人类不可能精确预测亚原子粒子的状态，也不可能精确预测大量的宏观事物的状态。正因为如此，著名科学家普利戈金说："人类正处于一个转折点上，正处于一种新理性的开端。在这种新理性中，科学不再等同于确定性，概率不再等同于无知。"①

科学自身对知识确定性的否定也蕴含着对世界之完全可知性的否定。现代性之完全可知论的独断与西方源远流长的还原论密不可分。人们之所以相信世界是完全可知的，就是因为他们相信世界是简单的，他们相信世界大致在两种意义上是简单的：（1）万物皆由某种简单的、不可分的或不可入的"宇宙之砖"构成，那"宇宙之砖"或者是德谟克利特等人所说的原子，或是今日科学家所说的基本粒子，抑或弦。②（2）现象虽然纷繁复杂、千变万化，但制约现象的数学规律是简单的、永恒不变的，例如都是线性方程，这里的简单指逻辑上或数学上的简单，西方科学家和思想家也称这种简单为完美。但恰是这种本体论意义上的简单性和完美性已受到量子力学和非线性科学的质疑和拒斥。正因为如此，普利戈金和罗伟利等著名科学家已明确拒斥了完全可知论。

普利戈金和斯唐热说，实际上，无论我们看哪个层面，从基本粒子到膨胀的宇宙，"都能发现演化、多样性和不稳定性"③。著名环境伦理学家罗尔斯顿说："大自然似乎是在尽可能多地生产物种……当人类在与大自然的这种过程及其产物打交道时，他们接触到的似乎是

---

① 伊利亚·普利戈金：《确定性的终结：时间、混沌与新自然法则》，湛敏译，上海科技教育出版社1998年版，第5页。

② ［英］斯蒂芬·霍金：《万有理论：宇宙的起源与归宿》，郑亦明、葛凯乐译，海南出版社2004年版，第117页。

③ Ilya Prigogine and Isabelle Stengers, *Order out of Chaos: Man's New Dialogue with Nature*, Bantam Books, Inc. , 1984, p. 2.

某种近乎神圣的东西。"① 普利戈金和斯唐热认为，在大自然中，不可逆性具有无比重要的作用，是绝大多数自组织过程的起源。在这样的世界中，可逆性和决定论只适用于有限而简单的情况，而"不可逆性和随机性才是规则（指常态）"②。这便意味着大自然中的一切都处于时间之中，"不仅生命是有历史的，宇宙作为一个整体同样是有历史的"。③ "我们的宇宙具有多元、复杂的特征。结构可以消失，也可以出现。"④ 换言之，变化的并非只有现象，宇宙的深层结构也处于生灭变化之中。"大自然就是变化，就是新事物的持续创生，是在没有任何先定模式的、开放的发展过程中被创造的全体。"⑤ 大自然中充满了"多样性和发明创造"⑥。简言之，大自然并不是无生命的物理实在的总和，大自然是具有创造性的。可见，非线性科学要求我们回归中国古代的自然观：天地之大德曰生。当然，这意味着古老的自然观获得了发达科学的支持。

如果大自然是具有创造性的，那么知识统一论和完全可知论就都站不住脚了。显然，无论是人类的自然语言，还是弗雷格、罗素和逻辑实证主义者所热衷于构造的"理想语言"（或形式语言），或者是数学家们所建构的数学语言，抑或是各种计算机语言，都远远不足以把握现实世界的丰富多样性。大自然是生生不息的，而追求清晰性和确定性的科学语言却是僵硬的。语言一旦说出或书写出来便凝固了，而大自然永远生生不息。简言之，表征为书写符号的语言是死的，而

---

① ［美］霍尔姆斯·罗尔斯顿：《环境伦理学》，杨通进译，中国社会科学出版社 2000 年版，第 213 页。

② llya Prigogine and Isabelle Stengers, *Order out of Chaos*：*Man's New Dialogue with Nature*, Bantam Books, Inc. , 1984, p. 8.

③ llya Prigogine and Isabelle Stengers, *Order out of Chaos*：*Man's New Dialogue with Nature*, p. 215.

④ llya Prigogine and Isabelle Stengers, *Order out of Chaos*：*Man's New Dialogue with Nature*, p. 9.

⑤ llya Prigogine and Isabelle Stengers, *Order out of Chaos*：*Man's New Dialogue with Nature*, p. 92.

⑥ llya Prigogine and Isabelle Stengers, *Order out of Chaos*：*Man's New Dialogue with Nature*, p. 208.

大自然是生生不息的，死语言把握不了活自然。^① 所以，试图用一个逻辑一致的符号体系去表征大自然的全部永恒规律（爱因斯坦、温伯格等科学家的理想）就是一个注定无法实现的理想。普利戈金和斯唐热以波尔的互补原理和海森堡的测不准原理为例，说明人类只能用多种语言去描述复杂多样的自然过程。他们说："没有任何一种有明确定义的变量的理论语言足以穷尽一个系统的物理内容。关于一个系统的各种可能的语言和观点可以是互补的，它们都应对同一实在，但不可能把它们都还原为一个单一的描述。这种关于相同实在的视角的不可还原的多样性表明，不可能存在什么能揭示实在全体的神圣观点（a divine point of view）。"^②这显然是对知识统一论和完全可知论的明确拒斥。

顺便指出，庄子早已对人类语言的局限性了然于胸。《庄子·秋水第十七》有言："可以言论者，物之粗也；可以意致者，物之精也。言之所不能论，意之所不能察致者，不期粗精焉。"郭象注曰："唯无而已，何粗精之有哉！夫言意者有也，而所言所意者无也。故求之于言意之表，而入乎无言无意之域，而后至焉。"成玄英疏曰："夫可以言辨论说者，有物之粗法也；可以心意致得者，有物之精细也。而神口所不能言，圣心［所］不能察者，妙理也。"^③ 由老庄学派可知，语言所能描述的只是"物之粗"，作为万物之源的终极实体是语言所无法把握的（老子说："天下万物生于有，有生于无。"可见，无是万物之源。故郭象说："唯无而已，何粗精之有哉"）。

罗伟利也明确承认了科学认知的不确定性，明确否认了世界的完全可知性。罗伟利概括了最新量子物理学所给出的世界观。他说："量子力学不描述对象，它描述过程以及作为过程之间连接点的事

---

① 艺术、文学（包括诗）的语言虽意蕴丰富，但其运用原本不是为了掌控自然，故不为现代性所特别看重。从人类历史上看，人类的语言是生成的，但人类语言的生成永远比不上大自然的生生不息。

② llya Prigogine and Isabelle Stengers, *Order out of Chaos: Man's New Dialogue with Nature*, Bantam Books, Inc. , 1984, p. 225.

③ 刘文典：《庄子补正》，赵锋、诸伟奇点校，中华书局 2015 年版，第 463 页。

件。""概括地说，量子力学标志着世界三大特征的发现：分立性，系统状态中的信息是有限的，由普朗克常数限定；不确定性，将来并非完全由过去决定。即便我们所发现的严格规律最终也是统计学上的；关系性，大自然中的事件总是相互作用的。系统中的一切事件都在与其他系统的关联中发生。"① 显然，量子力学给出的世界观与非线性科学所给出的世界观是一致的。

罗伟利说："对我们无知的敏锐意识是科学思维的核心。"② 能意识到人类无知的科学显然是承认了自然之复杂性的科学，而不是宣称科学即将终结的科学。罗伟利说："几个世纪以来，世界在持续改变且在我们周围扩展。我们看得越远、理解得越深，就越对其多样性以及我们既有观念的局限性感到震惊。""我们就像地底下渺小的鼹鼠那样对世界知之甚少或一无所知。但我们不断地学习……"③ "我们正在探究的领域是有前沿的，我们求知的热望在燃烧。它们（指人类知识）已触及空间的结构，宇宙的起源，时间的本质，黑洞现象，以及我们自己思维过程的机能。就在这里，就在我们所知的边界［我们］触及了未知的海洋（the ocean of the unknown），［这个海洋］闪耀着世界的神秘和美丽。会让人激动得喘不过气来。"④

普利戈金、斯唐热和罗伟利都明确否定了大自然是完全可知的。

尼古拉斯·雷舍尔（Nicholas Rescher）则从事物的复杂性角度论证了人类知识的不完备性，指出我们对特定事物的认识也不可能是完备、确定的。在《复杂性——一种哲学的观点》一书中，雷舍尔系统地阐述了事物之多方面的复杂性。现择其要概述如下：

① Carlo Rovelli, *Reality Is Not What It Seems*: *The Journey to Quantum Gravity*, Translated by Simon Carnell and Erica Segre, Penguin Books, UK, 2016, p. 190.

② Carlo Rovelli, *Reality Is Not What It Seems*: *The Journey to Quantum Gravity*, Translated by Simon Carnell and Erica Segre, p. 352.

③ Carlo Rovelli, *Reality Is Not What It Seems*: *The Journey to Quantum Gravity*, Translated by Simon Carnell and Erica Segre, p. 267.

④ Carlo Rovelli, *Seven Brief Lessons on Physics*, Translated by Simon Carnell and Erica Segre, Penguin Books, UK, 2015, pp. 100 - 101.

·在真实世界现象领域中，三种基本的复杂性类型（组合、结构、功能）是交织在一起的。

·复杂性不可能脱离秩序而产生和存留，因为认知是我们探索秩序的基本手段，这便意味着本体论的复杂性会直接导致认知的复杂性。

·复杂系统通过其固有的运作一般会引起更深层的秩序原则，这又会引起另外的复杂性的出现。

·大自然的复杂性是无限的。任何一个具体殊相（concrete particular）所属的自然类（natural kinds）的数量都是无限的。

·人类技巧（artifice）——认知的以及实践的——的演变历史处处展示了由不确定的同质性到较确定的异质性的发展。这便造成了贯穿于人类技巧之历史发展全过程的复杂性的增加。

·在任何一个具体的认知阶段，我们对世界之无限复杂性的有限认知总是不充分的。这就决定了我们关于世界的科学图景总处于不可避免的不稳定状态。

·复杂世界中的科学进步要求日益强大的观察和实验技术。在自然科学中，知识的深化要求持续的技术增强。自然科学已陷入与自然之间的军事竞赛（arms race）之中。

·我们关于自然的知识不可能是完全的。在无比复杂的世界中，即便我们全力以赴地认知自然，我们所达到的最高水平的知识也远非充足的。

在所有的科学中，对特定问题的回答总是会引发新问题。

·科学总是我们的科学：它属于我们在自然事物体系中特定的经验定位模式。

·在进步过程——无论是认知的还是技术的——中，问题的产生总比问题的解决快。于是，我们与无处不在的不断增长的复杂性的竞争会使我们的生活管理复杂化。

·在不完善的基础上发展起来的问题解决办法总是有缺陷的。这便意味着，在我们复杂的世界中，人类理性无力提供绝对可靠性。

·科学、技术以及社会系统之不断增长的复杂性使我们面临社会管理和决策的实质性问题，在一个精致性不断增长的环境中，人间事务的管理会变得日益困难。

·复杂系统会产生其特有的脆弱性：一个系统越复杂，就越可能出现严重错误。一个系统越精致，其风险越大。①

目前正在欧、美、澳兴起的思辨实在论（speculative realism）也正用哲学思辨的方式拒斥完全可知论。例如，自称自己属于现象学传统的美国哲学家格拉汉姆·哈曼（Graham Harman）就摒弃了胡塞尔现象学的独断论成分，他借助海德格尔的工具—分析论指出：不仅我们的认知活动不可能穷尽任何事物的存余部分，我们的实践同样不可能穷尽。"实践活动在和世上诸物相遇时，和理论一样愚蠢。如果我对钢锯或椅子的意识觉知不能穷尽其存在，那么，我使用它们的实践也做不到。"②"地质科学并不能完全认识岩石的存在，因为岩石总是有实在的存余，比我们拥有的关于岩石最全面的知识都要深——但是我们在建筑工地上使用石头和我们在街上争吵时使用石块都不能穷尽其功能。"③

如果人类知识永远是不确定的、不完备的，而大自然又是具有创造性的终极实体，那么认为人类可以无限增强其征服自然的力量，进而认为人类可越来越随心所欲地征服自然，就不仅是荒谬、狂妄的，而且是危险的。从工业文明诞生直至今天，人类征服自然物的力量确实一直在增长。如今人类已能够上天入地、移山填海，这在300年前只能是神话中的事情。但我们不能认为这就是人类可以越来越随心所

① Nicholas Rescher, *Complexity: A Philosophical Overview*, New Brunswick and London: Transaction Publishers, 1998, pp. 199-201. 转引自卢风《关于生态文明与生态哲学的思考》，《内蒙古社会科学》2014年第3期。
② ［美］格拉汉姆·哈曼：《铃与哨：更思辨的实在论》，黄芙蓉译，西南师范大学出版社2018年版，第24页。
③ ［美］格拉汉姆·哈曼：《铃与哨：更思辨的实在论》，黄芙蓉译，第43—44页。

欲地征服自然的明证。首先，自然不同于自然物，即便人类彻底征服了地球（即把地球彻底人工化了）、月球乃至太阳系，也不意味着人类征服了自然。其次，征服自然物 300 年的凯歌行进不足以证明征服自然物将永远一路凯歌。通过以上关于人类知识局限性的阐述，我们必须认识到，工业文明时期人类对自然的征服，就像是孙悟空在如来佛面前的任性撒泼。孙悟空纵有 72 变，一个跟头能翻十万八千里，也总逃不出如来佛的手掌心。无论人类科技如何进步，也都逃不脱生活在自然之中的宿命。如罗伟利所说，无论科学如何进步，永远都存在着一个"未知的海洋"。如霍恩特所说："核技术时代开始以来，自然业已显示，我们越是试图控制它，它就越加反击。"① 实际上，大自然永远都握有惩罚人类的无上权柄。正因为如此，把文明发展方向确立为不断增强征服自然的力量是错误的。

文明的发展诚然不可没有技术的进步，人类必然要用技术去干预、改造、调控自然系统。但对自然系统的干预并非越强烈越好。人类对自然系统的干预强度超越一定的量级将会导致人类自身的毁灭。可用战争武器的发展为例说明这一点。刀剑相向的战争至多不过一族灭了另一族，而使用原子弹、氢弹的战争能毁灭全人类乃至地球生物圈。科技征服自然物之力度的不断增强会导致类似的毁灭。例如，中国古代修郑国渠、都江堰、大运河等的水利工程，是对自然水系的较有力度的干预，人可从中获益较多（其中都江堰工程极为今天研究生态智慧的学者所称道），但势必也有一定的危害。到现代，中国人已有能力兴建三门峡和三峡水利工程。从古代水利工程到三门峡水利工程，再到三峡水利工程，中国人对自然水系的干预力度越来越强。都江堰水利工程惠及古今。三门峡工程出现意外事故，则危害较小。三峡工程若出现意外事故，则危害较大。类似地，一个烟花爆竹场若发生意外事故，则危害较小，一个核电站

---

① Geoffrey Hunt and Michael Mehta, *Nanotechnology: Risk, Ethics and Law*, Earthscan Publications Ltd. , 2008, p. 188.

若发生意外事故，则危害较大（如切尔诺贝利核事故和福岛核事故）。一架小型飞机失事，灾害较小，一架大型飞机失事，灾害较大，航天飞机失事，则灾害更大。

现代高能物理实验也能说明人类对自然物干预力度增强的危险。现代粒子物理学为验证其理论假说或预言，须有能量越来越大的加速器。欧洲大型强子对撞机是目前全球最大、能量最高的粒子加速器，它通过埋入地下 100 米深、总长 27 公里的超导磁铁加速并碰撞粒子。于 2008 年 9 月建成。按规划，这个对撞机第二阶段运行可实现每个质子束流产生 6.5 万亿电子伏特的能量，进而实现创纪录的 13 万亿电子伏特的质子束流总能量对撞实验。温伯格说："除了我们希望用超级对撞机来回答的有关标准模型的问题而外，还有一个更深层的与强力、弱电力和引力的统一有关的问题，那是现有的任何加速器都不可能直接回答的。在真正基本的普朗克能量下才可能用实验来探索所有这些问题，那比超导超级对撞机所能达到的能量高一亿亿倍。"① 也就是说，为发现"终极理论"，或实现爱因斯坦统一物理学的梦想，必须对物质进行越来越强烈的人为干预，需要有比现有对撞机高一亿亿倍的能量。霍金也说："普朗克能量离目前实验室能够产生的 1GeV 左右的能量还有非常大的距离。要跨越这个鸿沟，可能需要比太阳系还大的粒子加速器。"② 温伯格等科学家目前只考虑建高能粒子加速器须耗费巨资，其实这种征服性的探究也带有巨大的风险。物理学想进入愈加微观的领域，就需要集中使用愈大的能量，就需要对物质进行愈加"酷烈的拷问"，所导致的危险可能愈可怕。人类认知在进入亚原子层次以后，我们就有了原子弹、氢弹，从此难以摆脱核战争的梦魇。如果我们不放弃征服自然的野心，就可能面临更大的危险。

---

① ［美］S. 温伯格：《终极理论之梦》，李泳译，湖南科技出版社 2003 年版，第 187—188 页。

② ［英］斯蒂芬·霍金：《万有理论：宇宙的起源与归宿》，海南出版社 2004 年版，第 125 页。

核战争是人类不能承受的，也是地球生物圈所不能承受的。如今，生态学告诉我们，全球化工业体系对地球生物圈的干预（征服）也是地球生物圈所不能承受的。继续追求征服自然力量的增长会导致人类的毁灭。

现代工业文明之所以以增强征服力为基本目标，就是因为现代性蕴含了独断的知识确定论和完全可知论。量子力学和非线性科学都已表明，知识确定论和完全可知论是站不住脚的。人类必须从理性独断的迷梦中猛醒，才可摆脱自我毁灭的危险。

三　还原论的错置

还原论在西方思想史上源远流长。当泰勒斯声称万物皆是水时，还原论便已萌生。对现代天文学做出过重大贡献的开普勒就是坚定不移的还原论者。1595年，开普勒发表了如下看法："耳朵是为了听见声音，眼睛是为了看见色彩，同样地，人的头脑是为了理解数量，而不是所有其他东西。它感知事物的清晰程度，与其是否能反映为数量的能力成正比，其离数量愈远，愈变得黑暗，错误也就随之而来。"[①]

罗斯曼（Stephen Rothman）阐述了多种还原论。其中的两种对于我们理解现代科学至关重要。

其一，宏大普适论（Grand Universalism）："至少在理论上，我们应当能够以一个单一的、最为根本的理解，对自然界中的所有事物给予解释；而且，这种解释既是全面普遍的又是全面综合的，因为它可以把那种全面理解所有事物的认识最终还原为一个法则系统。"[②] 简言之，用一个逻辑一致的法则系统即可解释自然界的一切现象，或说，存在一个可解释自然界一切现象的逻辑一致的法则系统。

有此信念的科学家会不遗余力地追求科学的统一（抑或统一科

---

① ［美］刘易斯·芒福德：《技术与文明》，陈允明等译，中国建筑工业出版社2009年版，第24页。

② ［美］斯蒂芬·罗斯曼：《还原论的局限：来自活细胞的训诫》，李创同、王策译，上海世纪出版集团2006年版，第24页。

学）。例如，爱因斯坦、温伯格等物理学家以及许多数学家，"一直试图把宇宙中全部已知的物理力量统一到一个宏大的统一理论之中，或一个包括所有事物的理论之中。"① 这些科学家都相信，大自然的根本规律是可用数学语言表述的，或"自然之书"是用数学语言写就的。用逻辑上简单的数学方程式或数学模型可以统一地说明纷繁复杂的万事万物。故这种宏大普适论也可被称作数理还原论。用数学语言表示原理、定律、规则等是现代科学重要的方法之一。多数科学家都是数理还原论者，他们相信，人类可以执简御繁，即数学之逻辑简单性可驾驭现象之纷繁复杂，或说纷繁复杂的现象可以还原为（抑或归结为）逻辑简单的数学方程式或方程组。

其二，强微观还原论："我们能根据事物的潜在结构——它们的基本组成部分——的全面知识，来达至对所有现象的理解。"根据这种观点，"所有关于较大客体的事情，都能够归因于它们的组成部分。换言之，客观事物的整体及其任何方面，完全是由它的基本组成部分为构成原因的，或由这一基本组成部分所引发的。"换言之，"整体没有超越其构成部分特性的任何自己的特性"②。

我们都知道水分子是由 2 个氢原子和 1 个氧原子构成的，但水具有氢原子和氧原子所完全没有的特征和性质。现代系统论的一个基本观点是整体大于各部分之总和，这是直接反还原论的。生态学也是直接反还原论的，生态学家认为："从分子到生态系统的生物组织诸层次都有各层次涌现（emerge，亦译作'层创'）的行为特征。这些独特行为被称作层创属性（emergent properties），它们为组织的每个层次增添功能，使那个层次的生命本身具有大于各部分之总和的功能。"③ 强微观还原论者否定整体大于各部分之总和，否认有什么层创

① ［美］斯蒂芬·罗斯曼：《还原论的局限：来自活细胞的训诫》，李创同、王策译，上海世纪出版集团 2006 年版，第 24 页。
② ［美］斯蒂芬·罗斯曼：《还原论的局限：来自活细胞的训诫》，李创同、王策译，第 36 页。
③ Gerald G. Marten, *Human Ecology: Basic Concepts for Sustainable Development*, Earthscan, London, 2001, p. 43.

属性，认为所谓层创属性归根结底是由系统各部分决定的属性，只是决定机制尚未被认识而已。根据强微观还原论，DNA 的发现是生物学的真正的进步，因为这标志着人类认识了生命的根本奥秘。还原论者会认为，了解了构成人类身体的 DNA 之后就可以把人定义为 180 厘米长的包括碳、氢、氧、氮、磷原子的 DNA。① 当然，这种对生命的还原论说明离不开达尔文的进化论。如美国著名哲学家内格尔（Thomas Nagel）所言："进化论是唯物论朝着完备性理想前进过程中迈出的最大步伐，后来分子生物学和 DNA 的发现又巩固和丰富了进化论。现代进化论提供了一幅一般图景，描绘了生命的存在和发展如何可能仅仅是粒子物理学方程的另一个推论。"②

有些科学家不认为还原论仅是一种认知方法，而认为它就是大自然本身的构成法则。例如，温伯格认为：还原论"必须被按其所是地加以接受，并非因为我们喜欢它，而是因为它就是世界的运作方式。"③

普利戈金等人关于大自然具有创造性以及人类知识不确定性的论述已包含了对还原论之宏大普适论的反驳。

还原论也叫简约论。温伯格所说的本体论意义上的还原论的要害是认为大自然本身是简单的，她或者具有逻辑上的简单性，即纷繁复杂、变动不居的自然现象受逻辑简单的、永恒不变的数学规律的支配；或者具有构成的简单性，即万物皆由简单的基本粒子或弦构成。牛顿以来的科学家们甚至认为，自然规律都可以表述为线性方程。他们一旦面临非线性系统，就必须代之以线性近似。"只有很少人能记得，原来那些可解的、有序的、线性的系统才是反常的。这就是说，只有很少人懂得自

---

① ［德］库尔特·拜尔茨：《基因伦理学》，马怀琪译，华夏出版社 2000 年版，第 68—69 页。

② ［美］托马斯·内格尔：《心灵和宇宙：对唯物论的新达尔文主义自然观的诘问》，张卜天译，商务印书馆 2017 年版，第 22 页。

③ Steven Weinberg, *Dreams of a Final Theory: The Scientists Search for the Ultimate Laws of Nature*, Vintage Books, A Division of Random House, Inc., New York, 1993, p. 53.

然界的灵魂深处是如何的非线性。"① 其实非线性也未必就是对大自然之复杂性的确切表述。如果大自然像普利戈金所说的那样是具有创造性的，那么其复杂性就是超越于数学的，即自然奥秘是永远也不可能用数学语言捕捉殆尽的。

方法论之还原论是人类认知所不可或缺的，但本体论的还原论是不能成立的。我们认识任何事物，都必须对其做必要的简化，一开始就把事物的普遍联系考虑进来，认识就无从开始。认识任何一个事物也总需要从部分到全体、从全体到部分的不断反复，所以，分解、解剖、分析也是必要的认识环节。数学是人类思维的利器，绝不可弃之不用，人类在从事各种实践时常需要精确操作，从而需要对事物的量化把握。这些都只能说明还原论是必要的方法，而无法证明还原论就是"世界的运作方式"。例如，DNA 诚然是构成生命的化学成分，但我们不能说生命就是 DNA。在从分子到细胞、组织、器官和整体的每一个层级上都会涌现出不可还原为分子的属性或功能。正如生物学家罗斯曼所说的：

> 断言生命仅仅从其部分的总和中便可完全充分地被理解的见解，是完全忽视了生命的本质，及其超越性的性质。倘若将这种错误的信念应用到我们的研究工作之中，希望仅仅通过对生命中假设的部分进行辨识的推理来全面理解隐藏在功能整体之中的内在机制，那么，这种虚妄不实的希望只能导致误解、迷惘以及教条式的装腔作势。②

把原本只是一种认知方法的还原论当作"世界的运作方式"是一种错置。这种错置既支持了现代理性的独断，又促进了"终极实体"的消失。

---

① ［美］詹姆斯·格雷克：《混沌：开创新科学》，高等教育出版社 2004 年版，第 61 页。
② ［美］斯蒂芬·罗斯曼：《还原论的局限：来自活细胞的训诫》，李创同、王策译，上海世纪出版集团 2006 年版，第 241 页。

四 物理主义的悖谬

牛顿物理学曾支持一种影响力巨大的自然观——机械论自然观。根据这种自然观，世界就是一部巨大的机器，万物的运动皆遵循牛顿物理学定律。直至今天，这种自然观仍有较大影响。但是，物理学本身的发展正在拒斥机械论，于是机械论逐渐蜕变为物理主义。

"物理主义"一词是由奥托·纽拉特（Otto Neurath）和鲁道夫·卡尔纳普（Rudolf Carnap）在 20 世纪 30 年代引进哲学中的。他们二人都是维也纳学派的核心成员。① 维也纳学派力图把哲学也变成科学，试图把一切有意义的言说都奠定于物理科学的基础之上。由维也纳学派引领的逻辑经验主义哲学是英语世界分析哲学的典范。经过逻辑经验主义，物理主义已成为绝大多数分析哲学家的基本立场。

斯图尔加（Daniel Stoljar）在《物理主义》一书中说：

> 有一种关于物理主义的观点在哲学中的地位已得到足够多当代哲学家的承认，因而可被称作"标准图景"。大致说来，标准图景是这样的：
>
> 一方面，物理主义是一个我们有着相当多的，甚至可能是充分的理由去相信的关于世界本性的论点。物理主义并不像伦理学或者数学中的信条那样是一种先验的信条。因而否定物理主义的人们并没有犯什么概念或者逻辑的错误。物理主义的地位更像进化论或者大陆漂移说。用著名物理主义者哈特里·菲尔德（Harry Field）的话来说，"它起到一个高层次经验假说的作用，不是少量实验就能让我们放弃的"。那些否认物理主义的人们虽然没有犯概念性错误，但他们不仅公然违抗了科学，而且公然违抗了受到科学支持的常识。②

---

① Daniel Stoljar, *Physicalism*, Routledge, 2010, p. 10.

② Daniel Stoljar, *Physicalism*, p. 13.

斯图尔加把物理主义的"标准图景"概括为五个命题的合取：

· 物理主义是真的——基本命题。

· 物理主义概括了隐含在自然科学中的世界图景——解释性命题。

· 无论隐含在自然科学中的世界图景实际上是什么，相信它都是最为合理的——认识论命题。

· 物理主义初看与许多日常生活预设相冲突——冲突性命题。

· 解决这些冲突的方法是就如何解释日常生活预设提出新见解，使之与物理主义相容——解决冲突命题。[1]

分析哲学的一部分努力就是重新解释日常生活预设与物理主义之间的冲突。

物理主义世界观可浓缩为一句话：万物皆是物理的。在很多语境中，"物理的"又被理解为"物质的"，在现代物理学中，物理学家或许会说，"物理的"就是"由波动和粒子互补地构成的"，或是"由弦构成的"。这种意义上的物理主义也就是内格尔所批判的还原论的自然主义，"这种自然主义纲领既是形而上学的又是科学的"[2]。

如何理解人的意识、思想？如何定义作为一个思想者的自我？这或许是最让物理主义者头疼的事情。但这对于蒯因（W. V. Quine）那样的物理主义者是不成问题的。蒯因说："我是坐落在物理世界之中的一个物理物体。物理世界中的一些力明显作用于我的体表。光线冲击我的视网膜；分子撞击着我的耳膜与指尖。我予以回应，发出同心圆状的空气波。这些空气波表现为关于桌子、人、分子、光线、视网膜、空中电

---

[1] Daniel Stoljar, *Physicalism*, Routledge, 2010, p. 26.

[2] ［美］托马斯·内格尔：《心灵和宇宙：对唯物论的新达尔文主义自然观的诘问》，张卜天译，商务印书馆2017年版，第49页。

波、质数、无穷集、喜与悲、善与恶的话语洪流。"① 可见,"自我"既不是一个"灵魂",也不是一个"先验的思想者",就是"物理世界之中的一个物理物体"。

如今,随着信息科学和人工智能技术的发展,物理主义出现了新形态——计算主义。根据计算主义,"物质世界及其动力系统就是计算机,像人脑、天气、太阳系,甚至粒子,全都是计算机。当然,它们看起来不像,可是它们是正在计算自然定律的结果。根据计算概念,自然定律就像真正的计算机程序,控制着系统的发展。例如,绕着地球运转的行星〔卫星〕正在执行牛顿定律的计算。"② 生命同样是计算机。"因为 DNA 分子可被视为碱基对密码串,因此如何使一个数和 DNA 分子联系就很容易。但事实上,这种建构能被应用到任何由物质组成的东西上。…… 一把椅子或整个宇宙的物质状态,原则上都可被表示成一个很长的数。"③

迄今为止,一方面,物理主义的悖谬主要表现为它所坚持的决定论与现代性着力彰显的首要价值——自由——之间的矛盾。根据蒯因对自我的解释,则自我不过就是物理世界的一个物体,自我的思想、言说、行动等归根结底都只能遵循物理学定律。如果我们都像爱因斯坦等人那样认为物理学定律都是严格的必然规律,则康德等人所说的意志自由就只是个幻觉。因为人的思想、言说、行动等都严格受必然规律的支配。根据计算主义,将来可能会出现一种巨大的智能体,它能控制每一个人的意识,这样,民主社会所极为珍视的个人权利(包括思想自由)将被彻底剥夺,因为个人根本就没有什么自主性。另外,走向计算主义的物理主义与现代性的人道主义直接对立。现代性的人道主义凸显人的尊严,康德学派把人的尊严确立为绝对价值或最

① Daniel Stoljar, *Physicalism*, Routledge, 2010, p. 24.
② 〔美〕海因茨·R. 帕格尔斯:《大师说科学与哲学:计算机与复杂性科学的兴起》,牟中原、梁仲贤译,漓江出版社 2017 年版,第 33 页。
③ 〔美〕海因茨·R. 帕格尔斯:《大师说科学与哲学:计算机与复杂性科学的兴起》,牟中原、梁仲贤,第 47—48 页。

高价值。今天的某些计算主义者认为，将来智能机器的智能将比人类高出万亿倍，而且这样的机器可以是不朽的，可以永远与宇宙同在。与这样的智能机器比较，"我们微不足道的人类生命，只能存在短暂的 3/4 个世纪，和已经有几十亿年的宇宙相比是完全可以忽略的。作为人类，我们无关紧要。从宇宙级别来说，我们的重要性是零。"① 可见，遵循物理主义的路径，就会把人的尊严贬为零。

另一方面，物理主义的流行又是终极实体消失的原因。物理主义的流行使人们只见自然物而不见作为万物之源和"存在之大全"的自然，于是，物理主义在正确地删除了神灵鬼怪等超自然存在者的同时，也删除了终极实体。

由自然科学去概括世界观固然是对的。科学家和哲学家都会把自然科学成果概括为世界观。量子物理学的问世和非线性科学的演进更向我们提供一幅不同于物理主义的世界图景。如普利戈金所说的，大自然是具有创造性的，大自然中的可能性比现实性更加丰富。或如非线性科学研究者所言，"在世界上压倒一切的是非线性"。如果你说，这种世界观也主要是由物理学提供的，因而仍可称之为物理主义，那么我们要说，这幅图景因摈弃了决定论和还原论而根本不同于现代物理主义。

五 主客二分的简单

通常认为现代哲学的主客二分源自笛卡尔，其实这种二分在西方思想中源远流长，至少可以追溯到基督教关于灵与肉的区分。但笛卡尔立足于主客二分的哲学无疑既为现代科学奠定了方法论基础，也为现代人道主义提供了基本概念框架。

主客二分即把万物一分为二，一是能思想的心灵（自我），二是非心灵的其他事物。能思想的心灵是主体，其他根本不同于心灵的事

① ［美］雨果·德·加里斯：《智能简史》，胡静译，清华大学出版社 2007 年版，第 81 页。

物（包括人的身体）都是客体。心灵是无广延的，宇宙间的其他事物
是有广延的①，二者不可相互归并或还原，各具有根本不同的本质。
例如，客体是惰性的，它自身不会运动变化，仅当它为外力作用时才
会运动变化。主体则不然，主体能自发地运动或变化。② 人本身就是
无广延的心灵和有广延的肉身的奇妙结合。

笛卡尔对现代哲学最重要的贡献在于他把心灵确立为检验真理的
标准：能思的心灵是无可怀疑地存在着的，其他事物，包括上帝和外
部世界的一切的存在，都必须获得心灵的证认。这便颠覆了中世纪的
神学思想：你首先必须信仰上帝的存在，才可能获得真理。经过笛卡
尔，作为主体的人不仅成了真理的标准，也成了万物是否存在的权威
判断者。

普遍怀疑的方法是笛卡尔最重要的思想方法。当然，笛卡尔的怀
疑不同于古希腊怀疑论者的怀疑。古希腊"怀疑论者的目的在观念上
是宁静，在不可避免的事情上则是节制"③。换言之，古希腊怀疑论者
的怀疑主要是一种修身的方法，是一种"向内用力"的方法。笛卡尔
使用普遍怀疑的方法却是为了发现确定无疑的真理，进而"通过征服
自然达至尘世的幸福"④，从而是一种"向外用力"的方法。⑤ 笛卡尔
认为，无论是谁，只要你追求真理，就必须对一切可怀疑的事物进行
一番怀疑。进而但凡可疑之事都必须被当作虚假的。可感知的事物是
可疑的。数学证明甚至也是可疑的。我们有对可疑之事存疑以避免错
误的自由意志。不管我们是被谁创造的，也不管他可能有多么强大，
或多么会骗人，我们都能享有这样的自由：除非事情绝对确定，我们

① 现代物理学已不接受这样的论断。

② Vernon Pratt with Jane Howarth and Emily Brady, *Environment and Philosophy*, Routledge, Taylor & Francis Group, 2000, p. 21.

③ ［古希腊］塞克斯都·恩披里柯：《皮浪学说概要》，崔延强译注，商务印书馆 2019 年版，第 15 页。

④ ［美］朗佩特：《尼采与现代性：解读培根、笛卡尔与尼采》，李致远等译，华夏出版社 2009 年版，第 219 页。

⑤ "向内用力"即"内向超越"，"向外用力"即"外向超越"。

总可以不信以避免出错。但有一件事是无可置疑的，那便是我们在怀疑，我们存在。这就是我们可按正确顺序通过哲思而认知的第一件事。我们确实可以设想没有上帝，没有天堂，没有物体，甚至我们没有手或脚，简言之，没有身体，但我们无法设想作为正在思考这些事情的我们是虚无：因为对我们而言，恰在思考之时而相信思考者不存在是矛盾的。据此，**"我思故我在"**就是以正确顺序进行哲思的任何人所能获得和表征的第一且最确定的知识。①

"我思故我在"就是笛卡尔哲学的第一原理，甚至是现代性思想的第一原理。笛卡尔说："由此我们可理解灵魂和身体或能思之物（a thinking thing）和肉体（a corporeal one）之间的区别。"第一原理是理解心灵（mind）的本质以及心灵与身体之区别的最佳路径。因为在审视我们可能是什么的时候，我们假设一切不同于我们（且外在于我们心灵）的事物都是虚假的；我们清晰地觉知，广延、形状，或实地运动（抑或任何必须归之于物体的类似性质），不属于我们的本性，只有思考能力才是我们的本性，这种能力先于任何有形物体而为我们所知，且比任何关于有形物体的知识更确定；因为我们已经觉知了这种思考，但仍在怀疑其他。②

心灵是主体，不同于心灵的一切（包括人的身体）皆是客体，这就是明确的主客二分。

之所以说主客二分为现代科学奠定了方法论基础，就是因为在量子力学问世之前，科学家都认为，认知者可在被认知对象之外（即与对象拉开距离），以不影响对象的方式获得关于对象的准确表征。认知者是主体（subjects），被认知的东西就是客体或对象（objects）。著名物理学家薛定谔做过一次题为"对象化原则"（the Principle of Objectivation）的演讲。在薛定谔看来，这个原则是沉积于西方人知觉乃

---

①　Rene Descartes, *Principles of Philosophy*, translated by Valentine Rodger Miller and Reese P. Miller, D. Reidel Publishing Company, 1983, pp. 3 – 5.

②　Rene Descartes, *Principles of Philosophy*, translated by Valentine Rodger Miller and Reese P. Miller, p. 5.

至哲学和科学的无意识中的假设（an unconscious assumption）。薛定谔说：这个原则时常也被称作我们周围的"真实世界假设"。它就是一个确定的简化，人们做这样的简化是为了把握大自然的无限复杂的问题。人们不自觉地、未经严格省思地使用这一原则，就把认知主体抽离于他们努力理解的自然领域之外。我们自己闪身于一个不属于世界的旁观者的位置，这样，世界就成了一个客观世界（objective world）。① 这里的"客观世界"也就是"对象化的世界"。

量子力学表明，当人类认知深入亚原子层次时，这种对象化就明显值得怀疑了。电子等粒子并非就存在于某个地方，等着科学家拿仪器去探测。是科学家的量子探测把电子等粒子从潜在（the potential）转化为现在（the actual）。一个分离的电子是一个"潜在性的场"（field of potentialities）。然而，当它被探测时，就涌现为现存（actual existence），从而成为一个"基本量子事件"（elementary quantum e-vent）。② 薛定谔说得好："世界仅给予我一次，并非一个存在，一个被感知。主体和客体只是同一个。二者之间的壁障并非仅作为物理科学近来经验的结果而被打破，却因为这种障壁根本不存在。"③

在中观世界和宏观世界，只要你承认事物之间的普遍联系，你就不难理解，对象化只是我们在认知过程中的一种简化，并不意味着认知对象与我们之间只存在认知与被认知的关系，而不存在其他关系。

我们之所以说笛卡尔的主客二分为现代性的人道主义提供了一个基本概念框架，就是因为这个二分把人凸显为唯一有灵魂，抑或有心智，抑或有理性的存在者，据此，人就成了唯一有尊严、权利和道德资格的存在者。自文艺复兴以来，康德是最有影响的人道主义思想家。迄今为

---

① Shimon Malin, *Nature Loves to Hide*: *Quantum Physics and the Nature of Reality*, *a Western Perspective*, Oxford University Press, 2001, pp. 101 – 102.

② Shimon Malin, *Nature Loves to Hide*: *Quantum Physics and the Nature of Reality*, *a Western Perspective*, p. 111.

③ Shimon Malin, *Nature Loves to Hide*: *Quantum Physics and the Nature of Reality*, *a Western Perspective*, p. 109.

止,着力捍卫人的尊严和权利的学者无不奉康德为宗师。康德显然继承了笛卡尔的主客二分。

我们只能在一定的存在者等级秩序中界定特定存在者(如神或人)的尊严。如果你认为所有的存在者都绝对平等地、无差别地存在着,或所有的存在者都平列在一个平面上,那么就没有任何存在者可以凸显其尊严。无论是古代西方还是古代中国,都有其世界图景,它同时也是一个排列不同存在者的等级秩序,人类社会秩序则是这个世界等级秩序中的一部分。人在这个等级秩序中占有自己的位置,人也通过对其位置的认定而理解自己的尊严和责任。

西方人关于宇宙等级秩序的思想蕴含于"存在的巨链"(the Great Chain of Being)这一概念之中。从中世纪到 18 世纪,许多哲学家、多数科学家,以及大多数有教养者都毫无疑问地接受了一种关于世界的计划和结构的思想,即宇宙是一个"巨大的存在之链",这个存在之链是由大量的,或者——根据严格但却很少精确运用的连续律逻辑看来——是由无限数量的、排列在一个等级森严的序列中的环节所构成的,这个序列由最贫乏的、可忽略不计的非存在的那类存在者出发,经过"每一种可能"的程度,一直上升到完满的存在(ens perfectissimum)——或者,按照某种更正统一些的说法,一直上升到被造物的最高的可能的种,在被造物和绝对存在之间被设想为有无限大的悬殊——它们中的每一个都通过"最少可能"的差别程度不同于紧挨着它的在上的和在下的存在。①

18 世纪的英国诗人蒲伯则用诗描写并赞美了这个"巨大的存在之链":

> 多么巨大的存在之链啊!它从上帝那里开始,
> 自然以太,人类,天使,人

---

① [美]阿瑟·O. 洛夫乔伊:《存在的巨链》,张传友、高秉江译,商务印书馆 2015 年版,第 72—73 页。

野兽，鸟，鱼，昆虫，眼睛看不见的东西，

显微镜都无法达到的东西，从无限到你，

从你到无——借助于超级的力量，

假如我们要强迫，卑微的东西能凌驾于我们之上，

或者在充实的宇宙中留下一个虚空，

一步错乱，巨大的等级序列就被毁掉，

你从自然之链中撤掉任何一环，

第十，或者第一万，一样会打破这个链条。①

在中国儒家思想框架中，人与天、地是大致并列的，人"可以赞天地之化育""可以与天地参矣"，但人与非人自然物之间的贵贱是判然分明的，荀子说："水火有气而无生，草木有生而无知，禽兽有知而无义，人有气，有生，有知，亦且有义，故最为天下贵也。"天、地、人、禽兽、草木、水火，就是一个存在者的等级序列。

在西方的"存在的巨链"中，人处于中间的位置，即低于上帝（造物主），而高于"野兽，鸟，鱼，昆虫"以及一切"眼睛看不见的东西"，即人远远低于造物主，但高于其他受造之物。在中国古代的存在者等级序列中，人也处于中间地位。中国老百姓尤其相信天是远高于人的。但西方基督教思想特别突出了"终极实体"（如上帝或造物主）与人乃至低于人的存在者之间的"无限大的悬殊"。

现代性继承了西方传统的"存在的巨链"，但逐渐删除了上帝、天使、魔鬼等超自然存在者。② 这便以现代特有的方式凸显了人的尊严：人是最高的存在者，非人的万物都是供人使用、为人服务的，这就是现代人道主义，也就是人类中心主义。

---

① ［美］阿瑟·O. 洛夫乔伊：《存在的巨链》，张传友、高秉江译，商务印书馆 2015 年版，第 74 页。

② 其实想说明这一点是很困难的，因为永远有人相信上帝等超自然存在者的存在。但现代社会的世俗化使上帝等超自然存在者从公共领域中消失了。这在当代中国表现得尤为明显。中国官方意识形态是无神论的，故制定任何法律和公共政策都不会诉诸超自然的神灵鬼怪。但中国朝野都不乏相信神灵鬼怪之存在的人。

培根说过：

> 如果我们从目的上看，人可以被认为是世界的中心。如果人被从世界中排除，余下的世界就似乎成了没有目的和目标的一盘散沙……而走向虚无，因为整个世界的协调劳作都是为人服务的，万物皆为人提供用途和营养……以致到了万物似乎不是为它们自己而是为了人而奔忙的程度。①

制定英国皇家学会（Royal Society）总体规划的第一个历史学家于1667年在一段将柏拉图式和培根式主题相结合的有趣文字中写道，本学会的总体规划是发现自然界中未知的事实，以便将它们安排在存在之链的恰当位置上，并同时使这种知识为人所用。

> 这就是在所有被造物序列中的依赖关系。有生命者，有感觉者，有理性者，自然之物和人造之物；对其之一的理解，就是迈向对其余的东西的理解的有益的一步。这是人类理性的最高点：追踪存在之链的所有环节，直至其所有的秘密向我们的意识呈明，这些环节的构造通过我们人的劳动而被仿造和得到发展。这样确实是支配了世界；把事物的多样性和等级性如此有序地彼此靠近地排列在一起。我们居于这个等级系列的顶端，完全可以认定所有其它物种居于我们之下，并为我们人类平静、祥和和丰裕的生活服务。这种幸福之上不能加上任何别的东西，除非我们再次利用这上升的大地，而去更近切地窥视天堂。②

删除了上帝等超自然存在者以后，人就把一切非人存在者踩在脚下，于是只要有笛卡尔的主客二分就足以凸显人的最高存在者的尊

---

① ［美］阿瑟·O. 洛夫乔伊：《存在的巨链》，张传友、高秉江译，商务印书馆2015年版，第250—251页。
② ［美］阿瑟·O. 洛夫乔伊：《存在的巨链》，张传友、高秉江译，第313页。

严。康德正是在这一意义上继承了笛卡尔的主客二分的思想。

康德在其影响巨大的《道德形而上学奠基》的序言中写道：所有的理性认知或者是质料的（material），即涉及某些对象的，或者是形式的，即只为知性和理性自身的形式所据有，只涉及一般思维的普遍规则，而与对象的区分无涉。形式的哲学就是逻辑，而质料的哲学必须处理被决定的客体以及客体所遵循的法则。这种法则又分为两类：自然法则和自由法则。关于自然法则的科学就是物理学，而关于自由法则的科学就是伦理学。物理学也被称作自然学说，伦理学亦被称作道德学说。① 这就是对现代伦理学影响深远的事实与价值（抑或是与应该）之二分。康德说：自然哲学必须确定作为经验对象的自然法则，而道德哲学必须确立人类意志的法则，当然人类意志也会受到自然的影响。自然法则是每一件事都据以发生的法则，而人类意志的法则是每一件事应该据以发生的法则，并且说明事情不经常发生的条件。② 康德的这段论述既蕴含了休谟的"是与应该"的区分，也蕴含了后来逻辑经验主义者的"事实与价值"的区分，以及如今流行的"描述的与规范的"的区分。这些区分都可追溯到笛卡尔的主客二分，都源自主客二分。

在笛卡尔看来，只有能思的自我才是主体，其他的存在者都是客体。在康德看来，只有理性存在者（rational beings）才有善良意志和自由，才是有人格的人（persons），他们的本性就决定了他们是目的本身（end in itself），具有绝对的价值，因而不能仅仅被当作手段，即必须受到尊重。而那些并非依赖于我们的意志却依赖于自然的存在者，如果它们没有理性，就只有相对的价值，只能被称作事物（things），可以仅仅被当作手段。③ 理性存在者是具有自主性（autonomy）的，是完全独立的存在者，是普遍立法者。他们构成"目的王

---

① Immanuel Kant, *Practical Philosophy*, translated and edited by Mary J. Gregor, Cambridge University Press, 1996, p. 43.

② Immanuel Kant, *Practical Philosophy*, Translated and edited by Mary J. Gregor, p. 43.

③ Immanuel Kant, *Practical Philosophy*, Translated and edited by Mary J. Gregor, p. 79.

国"（a kingdom of ends）。他们在目的王国中既是立法者、主权者（sovereign），又是普遍法则的服从者。①

在目的王国中，每一个事物或者有个价格（price），或者有一种尊严（dignity）。有价格的事物总可以被某种与之等价的东西所取代；而有尊严的存在者是高于一切价格的，是不可以价格论的。与一般人类倾向和需要相关的东西都有一个市场价格；与趣味一致但与需要无关的事物，例如我们在无目的的智力游戏中的快乐，具有想象价格（fancy price）；但是，作为目的本身的存在者却并非仅具有相对价值，亦即价格，他们具有一种内在的价值（inner worth），也就是尊严。②恰是这种理性和自主性，使得理性存在者高于仅仅是自然存在者（natural beings）的东西。只有拿目的王国与自然王国（a kingdom of nature）做对比，才能凸显理性存在者的尊严。目的王国的行动准则是其成员自己加于自己的，而自然王国是遵循外在必然的因果律的。③

可以说，康德对现代人道主义做了最完备的表述，但康德的表述奠定在笛卡尔主客二分的基础之上。人为什么是万物中唯一的有尊严存在者？因为只有人是理性存在者，只有人是有内在价值的，是目的本身，是自主的，而非人的一切都只是事物，它们可以仅被当作手段，即它们只有工具价值，而没有内在价值，不是目的本身，所以也没有尊严。换言之，只有人才是有心智的主体，而非人的一切都是没有心智的客体。

如今，主客二分的观念正受到多方面的攻击。汤姆·里根等为动物权利辩护的哲学家根据现代动物心理学，着力论证非人动物也具有主体性，克里考特、罗尔斯顿（Holmes Rolston）等环境伦理学家则着力论证，自然物或生态系统也具有内在价值。信息哲学家则根据人工智能的发展趋势，着力论证人工物——机器——也具有能动性

---

① Immanuel Kant, Practical Philosophy, Translated and edited by Mary J. Gregor, Cambridge University Press, 1996, p. 83.

② Immanuel Kant, Practical Philosophy, Translated and edited by Mary J. Gregor, p. 84.

③ Immanuel Kant, Practical Philosophy, Translated and edited by Mary J. Gregor, p. 87.

（agency）和智能，将来机器人的能动性甚至会超过人类的能动性。奠基于主客二分的现代人道主义已陷入困境。如果说否定非人存在者具有内在价值是现代主客二分思想的伦理学错误，那么否定高于人类的"终极实体"的存在则是现代主客二分思想的本体论错误。这种本体论错误是根本性的，直接决定了人类关于自己尊严的定位。其实，古代人关于人类尊严的定位是合适的，即承认存在高于人类的存在者——诸神、上帝、天、梵天等，但人高于地上的各种自然物。删除所有的超自然存在者而把人凸显为最高存在者或唯一的主体，否认存在着超越于人类之上的力量的存在，是现代主客二分思想最严重的错误。人类必须重新认识自己在大自然中的地位，承认无论科技如何进步，大自然永远都握有惩罚人类之背道妄行的无上权柄。只有这样，人类才可能既正确地理解自己的尊严，又恰当地理解自己利用非人自然物的权利和保护自然生态系统的责任。

主客二分是一种过分简单的划分。由于这种简单的划分，作为"终极实体"的大自然从我们的视野中消失了，在我们的视野中只有可被用作纯粹手段的自然物。

六　物质主义的浅薄和危险

现代性之最具有现实危险性的错误是其物质主义价值导向。在现代社会，物质主义的流行既与"世界的祛魅"有关，也与政治、经济和文化的变迁有关。

随着现代自然科学的进步，物理主义世界观逐渐成为主流世界观，或成为有识之士的世界观。根据物理主义，万物都是由基本粒子、场一类的东西构成的，世界上不存在不是由物理实在（entities）构成的东西，没有神灵鬼怪，没有什么上帝、天国，没有什么佛国净土，也没有什么仙界。简言之，世界没有什么神秘之处。物理实在是最真实的东西，也是人类凭科学可以说明清楚的东西。由相信上帝、天国、佛国净土、仙界等神秘事物的存在到不信这些事物的存在而只信物理实在是真实的，就是"世界的祛魅"。说物理实在是最真实的，就相当于说物质是最真实的。在很多语境中，说物质是最真实的，就等于说物质是最重要的、最有价值的、最值得追求的。因为，"真实的"与"虚幻的"相对，明智的人应该尽力追求真实的东西，而不去追求那些虚幻的东西。由此可见，物理主义世界观支持物质主义价值观。对于物理主义者而言，自我就是"坐落在物理世界之中的一个物理物体"，自我的"喜与悲、善与恶的话语洪流"都可以归结为物理过程（蒯因）。于是，对"自我"真正重要的东西，不过就是物质财富。人诚然该有理想而不能满足于当下已有的一切，但人的理想必须是可通过现实的努力而得以实现的，现实的努力就典型地体现为使用技术和工具改造环境、制造物品的生产活动。人类不该把完美的生活寄望于彼岸的"天国"或"净土"，而应该完全付诸改造现实的行动。"天国""净土"一类的完美世界只是海市蜃楼，是虚幻的，不真实的，人类通过科技发明、制度变革、管理创新和劳动生产等现实的活动，完全可以建成此岸的天堂。在物理主义世界观的影响之下，越来越多的人相信，科技进步可确保人类建成人间天堂。例如，时下许多人相信，人工智能技术的进步就能确保人类建成人间天堂。简言之，物理主义世界观和科技万能论支持着物质主义价值观。

物质主义价值观在现代社会的流行也与价值必须有其物质载体有关。价值源自主体（agents）的欲求与理想。人类追求的价值就是人类追求的各种理想物或理想。人作为具有"符号化的想象力和智能"的文化动物也就因为善于使用外物而超越于所有的非人动物。荀子说："假舆马者，非利足也，而致千里。假舟楫者，非能水也，而绝江河。君子生非异也，善假于物也。"① 外物，特别是技术物，对于实现人的许多理想始终是必不可少的，换言之，人类的价值追求不可能脱离外物，更不用说人类日常生活离不开各种物品了。正因为如此，阶级社会就自然而然地用各种自然物、人化物、技术物作为价值符号

---

① 《荀子·劝学第一》。

去标识不同的等级，以凸显尊卑贵贱。中国儒家典籍《礼记》有言："……昔先王之制礼也，因其财物而致其义焉尔。""礼有以多为贵者""有以少为贵者""有以大为贵者"，"有以文为贵者"。"礼有以多为贵者：天子七庙，诸侯五，大夫三，士一。天子之豆二十有六，诸公十有六，诸侯十有二，上大夫八，下大夫六。诸侯七介、七牢，大夫五介、五牢。天子之席五重，诸侯之席三重，大夫再重，天子崩，七月而葬，五重八翣；诸侯五月而葬，三重六翣；大夫三月而葬，再重四翣。""有以大为贵者：宫室之量，器皿之度，棺椁之厚，丘封之大。"无论如何，都是通过制度规定不同阶级或等级的人们使用形制、质量不同的器物以标识阶级或等级的高低贵贱。简言之，是以"难得之货"去标识高低贵贱。最难得、最好的物品由天子享用，其他珍贵物品皆依次为处于不同等级的人所享用。诸侯或大臣若敢于享用唯天子才有权享用的器物，则意味着天子失势，礼崩乐坏。农业文明的意识形态虽然也反对物质奢侈，激励内向超越，农业文明的物质生产力也根本不支持劳苦大众攀比统治阶级而追求物质奢华，但无法抑制人们对物质奢华和尊贵地位的羡慕。以至于到了现代，人们就只认为古代社会之反对物质奢侈、激励内向超越是虚伪的，而欧洲启蒙运动标举的物质主义价值观才是合理的。甚至有人认为，物质主义就是普遍真理，是前现代意识形态一直蒙蔽了大众，隐瞒了这一真理。这是现代性所彰显的最为虚妄不实的观点。

如前所述，"进步"和"发展"是现代性的关键词，而且二者在许多语境中是同义的。文明也确实总是进步或发展的。在现代性框架内，物质主义价值观必然蕴含物质主义发展观。现代人认为，物质财富的增长就是发展的根本标志。高速公路、铁路、信息网络、电网等物质设施都包括在物质财富之内。一个地方的高速公路、铁路、信息网络、电网、工厂、汽车、火车越来越多了，就表明这个地方发展起来了。以中国的发展为例：汽车是近30年来人人都希望拥有的物品。我们可以大致用城市的汽车存量来衡量城市的发展水平。一个城市如果没有多少汽车，一点儿也不堵车，那就意味着这个城市发展得不好，或没有发展；反过来，如果一个城市的汽车越来越多，直至经常堵车，那便意味着这个城市在发展。如果你这么理解发展，即认为物质财富增长是社会发展的根本标志，那么你的发展观就是物质主义发展观。工业文明的发展观就是物质主义发展观。物质主义发展观所激励的发展就是"黑色发展"。

我们曾说，工业文明一味激励人们外向超越，而不激励内向超越。这与物质主义价值导向直接相关。人是追求无限的有限存在者。每个人的精力、寿命、智能等都是有限的，但人又追求无限，即对自己认定的最高价值的追求永不知足、死而后已。如果你更重视内向超越，那么你就会永不知足、死而后已地追求自我完善，即永不知足、死而后已地追求德行、境界和智慧，而相对轻视物质财富和身外之物。如果你更重视外向超越，那么你就会永不知足、死而后已地追求物质财富和身外之物，而相对轻视自我完善。物质主义者宣称：只有物质财富才是真实的、有价值的东西，人生的意义、价值、幸福就在于创造物质财富、拥有物质财富、消费物质财富。可见，物质主义价值导向就是激励外向超越并抑制内向超越的价值导向。

当一个社会有很多人饥寒交迫时，创造物质财富以救人于饥寒无疑是善莫大焉。当一个社会已达小康而极少有人仍受饥寒之苦时仍把物质财富增长看作最高目标就是严重且危险的错误了。然而，现代社会的主流价值观却一直是物质主义的。在 20 世纪 70、80 年代，发达国家（包括日本）已十分富足。时至今日，像中国这样的发展中国家也正顺利地走向小康。当然，在非洲一些国家，仍有大量人口在挨饿。21 世纪初，美国罗切斯特大学（University of Rochester）的奈安（Richard M. Ryan）在为卡塞尔（Tim Kasser）所著的《物质主义的高昂代价》一书所写的前言中说：

在人类历史的这个时期我们已拥有足够的物质资源用于吃饭、穿衣、住房并教育地球上的每一个活着的个人。还不止于

此：我们同时具有加强健康、战胜疾病和相当的清洁环境的全球
化力量。这种资源的存在并非仅是乌托邦幻想，而是一种未受多
少严肃质疑的现实。

　　然而，看看这个正在升温的星球的任何一个地方，我们会发
现我们距离这些目标的实现有多远。我们睁大眼睛就能看到人类
共同体被分成两个截然不同的世界：丰裕、奢侈、物质过剩的
"第一"世界；受剥夺、贫困、挣扎的"第三"世界。鉴于以前
第一与第三世界沿国界而被区分，在大多数国家人们越来越多地
发现相对绝缘的财富口袋被不断变大的贫穷土地所包围。世界绝
大部分人口都生活在赢家通吃的经济体中，在这种经济体中个人
的主要目标就是为自己争取任何可得到的东西：每个人都跟着自
己的贪欲走。在这种经济风景中，自私和物质主义不再被视作道
德问题，而成了人生的主要目标。①

　　好在已有越来越多（仅指一种变化趋势）的学者开始批判物质主
义的浅薄、错误和危险，这些学者中既有哲学家，也有心理学家和经
济学家等。

　　所有人都是追求幸福或好生活的，只是信仰不同的人对"幸福"
或"好生活"有不同的定义。

　　在相当长的一段时间里，经济学家因为幸福只是不同个人的主观
感受而不关注幸福问题。理查德·伊斯特林（Richard Easterlin）是20
世纪下半叶最早开始重新审视幸福感这个概念的现代经济学家。他于
1974年发现：

　　　　一般而言，在一个国家的内部，富有的个体会比贫穷的个体
　　更加幸福，但是不同国家的个体，在不同时间点上测量得到的数
　　据发现，人均收入的增加和平均幸福感水平之间并不存在相关，

---

① Tim Kasser, *The High Price of Materialism*, A Bradford Book, The MIT Press, 2002, p. ix.

如果有，也是相当微弱的。平均而言，富裕国家（作为一个组）会比贫穷国家（作为一个组）的个体更加幸福，幸福感似乎会随着收入的增加上升到一个点，但是并不会超过这个点。但是即使在那些不太幸福的贫穷国家，平均的收入水平和平均的幸福感水平之间并不存在一个明确的关系，这就意味着还有很多其他的因素（包括文化的特征）在其中起作用。①

这一发现后来被称作"伊斯特林悖论"。哲学家很容易理解在个人收入达到一定水平（如能确保温饱）以后，收入的继续增长与个人幸福感没有什么相关性。大卫·梭罗就以自己的一生确证了一种人生：用极少的物质财富就可以过非常幸福、充实、丰富的生活。经济学家们关于幸福研究的重要意义在于通过大量的统计数据说明了这个在哲学家看来很浅显的事实。

英国著名经济学家理查·莱亚德（Richard Layard）说："第一世界存在着一个很深的矛盾——社会整体寻求更高的所得，也达成所愿，但是人民却没有比以前更幸福。同时，在第三世界里，高收入确实可带来高度的幸福，但是收入的层级却仍然低落。而且第一世界比五十年前有更多的忧郁症、更多酗酒的问题，以及更多的犯罪。"② 莱亚德认为，一个社会不应该以经济增长为所有人的共同目标，而应该以增进大众的幸福为共同目标。③ 莱亚德作为一个经济家很自然地采用了功利主义，但他已开始重视内在生活，这是难能可贵的。他说：

> 事实上，幸福取决于你的内在生活，与你的外在环境一样重要。透过教育和实践，改善内在生活是有可能的——让你更能接

---

① ［美］卡萝尔·格雷厄姆：《这个世界幸福吗》，施俊琦译，机械工业出版社2012年版，第7页。

② ［英］理查·莱亚德：《不幸福的经济学》，陈佳伶译，中国青年出版社2009年版，第41页。

③ ［英］理查·莱亚德：《不幸福的经济学》，陈佳伶译，第203页。

受自己，更能关心别人。在大多数人之中都存在着很深的正面力量，如果能克服负面思想，就可以将正面的力量释放出来。发展人个性中的这份内在力量，应该是教育的主要目标。对成人而言，有很多帮助获得心灵平静的精神训练课程可供选择，包括佛教冥想到正向心理学等。①

重视内在生活也就是重视培养德行、提高境界。作为一个经济学家，莱亚德不可能说内向超越比外向超越更重要，但提出"内在生活"与"外在环境"同样重要已十分难得。这相当于说内向超越与外向超越同等重要。

卡塞尔在《物质主义的高昂代价》一书中则用心理学的方法着力证明，物质主义价值观非但不能帮助人们很好地规划自己的生活，而且会增加人们的苦难。安全和生计是人生所必不可少的。但信奉物质主义的人们往往较少有安全感。人们需要获得尊重并提高工作能力。但物质主义的价值追求反而妨害人们获得尊重和提高工作能力。物质主义不利于人们获得高质量的人际关系，不利于人们获得生活中的自由感和本真性（authenticity）。② 简言之，物质主义价值观不利于人们过上真正有意义的、高质量的生活。③

美国著名人文学者、贝勒大学营销学教授罗伯茨（James A. Roberts）也用大量的数据证明了物质主义价值导向的严重错误和危害。罗伯茨认为："我们内心追求的是意义。"但美国人得了"富贵病"（fluenza），这是一种流行病，是因竭力与富裕邻居攀比而产生的膨胀、倦怠和永不满足的感觉，是一种过度劳累、焦虑不安并造成大量浪费的流行病。为遏制这种流行病，"我们有必要选择更简单的生活，限制我们

① ［英］理查·莱亚德：《不幸福的经济学》，陈佳伶译，中国青年出版社 2009 年版，第 208 页。

② 本真性可大致界定为个人内心想过的生活和想成就的人格，本真性与个人的信仰和独立思考直接相关。追求本真性就是不随大流而特立独行。查尔斯·泰勒、伯纳德·威廉姆斯等著名哲学家都有关于本真性的充分论述。

③ Tim Kasser, *The High Price of Materialism*, A Bradford Book, The MIT Press, 2002, p. 28.

的物质消费，以释放出时间和金钱，在非物质追求中寻求幸福"①。

罗伯茨写道：

> 奥斯卡·王尔德（Oscar Wilde）曾经这样写道，"世界上只有两种悲剧，一是求之不得，二是得偿所愿。"王尔德试图告诫我们，不管我们有多成功，累积了多少财富，我们都不会感到满足。相反，我们的灵魂渴求意义——这种渴求，金钱和物质财富都满足不了。某种东西要被认为有意义和令人满足，必须通过我所称的"死亡之床测试"（deathbed test），如果有人要求你在临死之前的床榻上完成如下句子——"我希望花了更多时间……"你的答案会是怎样的呢？我怀疑会有很多人说：我希望花更多时间工作或购物。不，我猜想，许多人的回答集中在花更多时间陪伴家人、做礼拜、和朋友在一起，抑或是帮助他人。②

由这段话我们可看出物质主义对人类价值追求的严重误导。人对意义或无限的追求源自人的符号化的想象力和智能。人之为人就在于人追求意义或无限。意义或无限只能以非物质形式为人所体验，而绝不可能以物质形态为人所体验，因为任何有形质的物品都是有限的。正因为如此，无论我们积累了多少财富都无法满足我们追求意义的愿望。由此，我们也应该发现内向超越的重要性。我们应该以内向超越的方式追求意义和无限，即以无限追求德行、境界和智慧的方式追求意义和无限，而不是以无限积累物质财富的方式追求意义和无限。

当代经济学、心理学和哲学都表明，个人信奉物质主义是愚蠢的，由此可知，意识形态中的物质主义是必须去除的。自然科学（包括物理学、环境科学和生态学）表明：物质财富的增长是有极限的。

---

① ［美］詹姆斯·A. 罗伯茨：《幸福为什么买不到：破解物质时代的幸福密码》，田科武译，电子工业出版社 2013 年版，第 323 页。

② ［美］詹姆斯·A. 罗伯茨：《幸福为什么买不到：破解物质时代的幸福密码》，田科武译，第 315—216 页。

说明和论证这一点的文献已很多，在此不再赘述。既然如此，则几十亿人无限追求物质财富增长的狂热就是危险的，这种狂热可能会把人类文明推向毁灭的深渊。

至此，我们必须区分一般意义上的文明发展和现代性的发展。如果把文明简括为"智德的进步"，则文明的发展必须被定义为社会整体的改善，这种改善应包括技术进步、人际关系的改善（如战争、仇杀、贫富差距的减少）、文化（指宗教、哲学、文学、艺术等）的繁荣。经过现代化的洗礼以后，我们还必须增加一条：文明的发展必须蕴含自然环境的改善。总之，我们必须超越物质主义发展观，不再以物质财富增长为发展的根本标志。从文明的视角看，一个社会的物质财富不增长了，社会仍有无限发展的可能。以当代中国为例，出于抗击美国的霸权和国际军事、政治斗争的需要，我们不得不继续谋求物质财富的增长以提高综合国力和国防力。如果没有这方面的需要，则中国放弃谋求物质财富增长，仍有无限发展的空间，例如，我们可通过民主法治的完善和分配制度的改革而逐渐缩小贫富差距，以减少社会冲突；可通过绿色创新和发展循环经济而改善环境；可通过内向超越的强化而创造更加繁荣的文化。

工业文明既有辉煌的成就，也带来了空前的危机。其成就与现代性之正确指导有关，其危机与现代性的深刻错误有关。

第五章　走向生态文明新时代

已有越来越多的（仅指变化趋势）有识之士认为，工业文明是不可持续的，为谋求人类文明的持续发展，人类必须创造新的文明形态。如果我们认为发展是文明的根本特征，那便意味着人类必须超越工业文明的"黑色发展"而谋求真正可持续的发展。

第一节　"生态文明"的提出

一　费切尔最早提出"生态文明"

美国著名环境史学家唐纳德·沃斯特教授（Donald Worster）说："'生态文明'一词，或者英文'ecological civilization'已席卷中国和若干其他国家。该词的历史并不悠久，它最早在 1978 年由一位德国法兰克福学派的政治学学者林·费切尔（Ring Fetscher）提出。"① 这里，沃斯特把费切尔的名字拼错了，是 Iring，而不是 Ring。迄今为止，我们能追溯的最早使用"生态文明"（ecological civilization）这个词组的文献是伊林·费切尔（Iring Fetscher, 1922—2014）发表于英文期刊《宇宙》（UNIVERSITAS）1978 年第 3 期（第 20 卷）上的文章，题为"人类生存的条件：论进步的辩证法"（Conditions for the Survival of Humanity：on the Dialectics of Progress）。以下简称该文为

---

① 唐纳德·沃斯特：《谁之自然：生态文明中的科学与传统》，《经济社会史评论》2018年第 2 期。

《论进步的辩证法》。

伊林·费切尔是德国政治学家、著名马克思学者（注意：马克思学是费切尔参与创立的一个学派），生于德国内卡河畔的马尔巴赫。1928—1932 年，费切尔就读于德累斯顿小学，后就读并毕业于国王乔治人文中学，并在一所翻译学校深造。1940—1945 年服兵役，曾任炮兵少尉。从英国战俘营获释后，他最初学习人类医学，随后在图宾根大学、巴黎大学学习哲学、日耳曼学、罗曼学等。1949—1956 年任图宾根大学助教，1957—1959 年任斯图加特大学讲师，1950 年以"黑格尔人的学说"为题获得博士学位，1959 年以《卢梭的政治哲学》一书获得大学授课资格。1963 年被聘为法兰克福大学政治学与社会学教授，直到 1987 年退休。1968—1969 年费切尔任美国纽约社会研究新学院客座教授，1972 年任以色列特拉维夫大学客座教授，1972—1973 年任荷兰瓦森纳继续深造学院客座教授，1976 年任澳大利亚堪培拉国立大学客座教授，1977 年任美国哈佛大学欧洲研究学院客座教授，等等。费切尔是德语国家的政治学巨擘，其主要研究方向为政治理论和思想史，其学术活动的重点是卢梭、黑格尔和马克思研究，特别是欧洲马克思主义思潮的不同维度研究。[1]

在《论进步的辩证法》一文中，费切尔用了一次 ecological civilization，这个词组可直截了当地译为"生态文明"；用了一次 ecological society，即"生态社会"，其意义显然与"生态文明"相近。值得注意的是，费切尔是通过对"进步的辩证法"（the dialectics of progress）和工业文明的反思而提出生态文明的，"工业文明"（industrial civilization）一词在该文中出现了四次。

在这篇文章中，费切尔阐述并分析了从基督教的末世论到黑格尔、马克思的进步观念。费切尔认为，进步并非必然或内在地具有积极意义。有疾病的进步，或破坏的进步。并非每一种进步都是人类的

---

① 金寿铁：《与马克思一道走新路——记德国著名马克思学家伊林·费切尔》，《世界哲学》2012 年第 3 期。

福祉。① 费切尔这里所说的一般意义上的"进步"应该指数量增长或复杂性提高等。

据费切尔考证，认为个人和作为全体的人类的生活可以朝着更好目标进步的观念是伴随着基督教而出现在西方世界的。但这种进步起先被认为是从此岸到彼岸的进步。指对作为神圣救赎计划之结果的"新天堂或新土地"的末世论盼望。人类可通过与上帝的合作而前往"新天堂或新土地"，但绝不可能创造那样的"新天堂或新土地"。基督教的末世论拒斥了古希腊的历史循环论。圣奥古斯丁曾以人类命运之线性概念（linear conception of human fate）的名义谴责古代哲学家"阴郁的循环"的观念。②

世俗思想的胜利以及对进步是世界历史指导原则的确信始于17世纪，完成于对康德那样的启蒙思想家的诠释。在康德看来，法国大革命和"观察者的无私激情"就是历史进步的契机。进步信念的基石——尽管其信仰者未必有清楚的意识——是用以科学为基础的技术手段不断加强对自然的控制。科学、技术和创新允许每一代人在克服非人自然之抵抗的道路上不断进步。③

卢梭曾指出科技进步必然伴随着道德堕落。他特别谴责被我们当作经济和技术进步之基础的事务，如世界范围的劳动分工、生产和生产力的提高、利用个人私利"杠杆"而促进所有人的福利，这些都是亚当·斯密所特别重视的。但在卢梭看来，这些东西会瓦解道德，并导致不平等和奴役。④

面对卢梭所揭示的矛盾，有两条促进进步的途径。一种是促进道

① Iring Fetscher, "Conditions for the Survival of Humanity: On the Dialectics of Progress," *Universitas*, 1978, 3, p. 162.
② Iring Fetscher, "Conditions for the Survival of Humanity: On the Dialectics of Progress," *Universitas*, 1978, 3, p. 162.
③ Iring Fetscher, "Conditions for the Survival of Humanity: On the Dialectics of Progress," *Universitas*, 1978, 3, pp. 162–163.
④ Iring Fetscher, "Conditions for the Survival of Humanity: On the Dialectics of Progress," *Universitas*, 1978, 3, p. 163.

德进步以跟上技术进步。罗伯斯庇尔选择了这一路径，却导致了恐怖。另一路径便是辩证法家（dialectician）的路径，他们把矛盾和对抗接受为进步之客观必然和必不可少的手段，而认为进步才是唯一的终极的决定性因素。[①]

黑格尔历史哲学的任务就是把历史上的一切苦难辩护为"自由意识进步"的必要条件。神正论变成了史正论（historicy），进步成了历史的实质。马克思也没有偏离这种世界观，尽管他并不以现存的资产阶级宪政国家为过去辩护，而以将来世界性社会主义社会为资本主义辩护。[②] 在黑格尔看来，尽管前现代社会的人们经历了无数苦难，但历史在进步，资产阶级宪政国家将确保每个人的自由。在马克思看来，资本主义社会虽然仍存在严重的不公、苦难和罪恶，但相对前资本主义社会，资本主义的出现仍是一种历史的进步，而且它必然会把人类社会带向社会主义和共产主义，而共产主义是自由人的联合体。从古代直至现今的人类社会虽然充满了苦难、罪恶、压迫、奴役，但历史在进步，且历史进步的终极目标是没有任何苦难、罪恶、压迫、奴役的富足、美好、自由世界的实现。通过人与自然的对抗，或人用科技对自然的不断征服，也通过阶级斗争，人类历史艰难曲折地但必然地进步着，直至到达一种天堂般的完美状态，这就是历史进步的辩证法。

费切尔认为，第二次世界大战以及它带给世界多个地方的大屠杀使得这种历史神正论观点（theodicean view of history）基本不能成立了。但是这种进步的信念——历经发展的一切矛盾而进步——通过"增长的极限"和工业文明的消极后果才被完全摧毁。[③]

如果你坚信历史线性进步的信条，那么你就会相信，随着科技的

---

① Iring Fetscher, "Conditions for the Survival of Humanity: On the Dialectics of Progress," *Universitas*, 1978, 3, p. 163.

② Iring Fetscher, "Conditions for the Survival of Humanity: On the Dialectics of Progress," *Universitas*, 1978, 3, p. 164.

③ Iring Fetscher, "Conditions for the Survival of Humanity: On the Dialectics of Progress," *Universitas*, 1978, 3, p. 164.

进步，人类对自然环境的控制力将越来越强，从而自然灾害和人间苦难会越来越少。费切尔认为，事实上并非如此。实际上，技术进步不断导致新问题，解决新问题的新的技术解决办法又会产生新的问题。在这样的过程中，人类付出的代价会越来越大，而改善却相对较小，甚至对实际生活条件根本没有什么改善。① 密尔曾指出工业发展必然导致无休止的侵略和个人之间的无情竞争。卢梭也认为技术进步不会给人类带来"好生活"。费切尔认为，时至 20 世纪下半叶，人类面临的问题已不是密尔和卢梭所重视的如何创造"好生活"条件的问题，而是纯粹的生存问题。②

人类生存在 20 世纪下半叶成了问题，不是因为物质生产力不足，恰恰因为物质生产力发展过猛。人类战争的能力显然与物质生产力直接相关，在一般情况下，一个国家的物质生产力越强，其军事力量就越强。在"冷战"期间，两个超级大国拥有的核武器足以数次毁灭全人类。核能是人类伴随着科学发现及其应用而拥有的最强大的生产和毁灭能力。随着对自然之完全技术控制的每一次进步，控制、杀戮、敲诈人类的手段也在进步。③ 几乎人人都相信，至少自杀式的世界大战不会发生。但实际上，核武器的威胁难以消除。费切尔在《论进步的辩证法》一文中引用了海尔布伦（Robert Heilbroner）关于核武器之威胁的观点：核技术把全新的因素注入了人类战争史，核战争造成的破坏是无法修复的。核武器的破坏潜能达到了人类无法理解的程度。核战争的幸存者将世代受到核战争后果的威胁，如放射性污染的威胁。主要威胁并不来自两个超级大国的核打击力量，因为两国之间能互相中和，但随着核技术的发展，其他国家获得核武器的机会在增加。饥饿的不发达国家如果拥有核武器，它们使用核武器的可能性会

---

① Iring Fetscher, "Conditions for the Survival of Humanity: On the Dialectics of Progress," *Universitas*, 1978, 3, p. 164.

② Iring Fetscher, "Conditions for the Survival of Humanity: On the Dialectics of Progress," *Universitas*, 1978, 3, p. 165.

③ Iring Fetscher, "Conditions for the Survival of Humanity: On the Dialectics of Progress," *Universitas*, 1978, 3, p. 165.

大于超级大国使用的可能性。①

费切尔认为，战争的威胁源自不同民族和国家之间的不平等，源自能得到公认的国际秩序和正义原则的缺失。费切尔并不认为核战争就是人类生存的最大的威胁，却认为"潜在的威胁内在于工业文明自身的扩张动力之中"②。20 世纪六七十年代以来，人们的生态意识日益觉醒。"问题已不再是人们不相信技术进步会改善人类生活条件，而是技术文明对自然环境的无限控制正不断产生负面后果，与前者相比，后者才是本质问题。进步的辩证法意味着进步的明显成功正毁灭其自身的先决条件。"③

18 世纪的思想家大多认为人口增长是社会繁荣的条件和象征，到了 20 世纪下半叶，许多科学研究成果表明，人类必须控制人口增长。"人类不可逃避其有意识地计划人口增长的任务，正如它不可逃避其有意识地计划保护其正在被工业文明毁灭的自然生活条件（生物圈）的任务一样。"④

粮食生产问题与人口问题密切相关。美国农业是很发达的。费切尔指出，美国农业的高产依赖于用在每英亩土地上空前大量的能量、化肥、农药以及资本，"这只有在高度发达的工业文明的基础上才是可能的"。但是如果你计算美国农产品生产的总花费，就会发现它的收入是负的。它生产 1 卡路里食品要花费 3.5 卡路里的能量。仅当投入生产的能源很便宜而农产品价格很贵时，经济上才合算。与不发达的、非工业化的农业相比，它的能量收入是负的。⑤ 货币是人类经济

---

① Iring Fetscher, "Conditions for the Survival of Humanity: On the Dialectics of Progress," *Universitas*, 1978, 3, p. 166.

② Iring Fetscher, "Conditions for the Survival of Humanity: On the Dialectics of Progress," *Universitas*, 1978, 3, p. 166.

③ Iring Fetscher, "Conditions for the Survival of Humanity: On the Dialectics of Progress," *Universitas*, 1978, 3, p. 167.

④ Iring Fetscher, "Conditions for the Survival of Humanity: On the Dialectics of Progress," *Universitas*, 1978, 3, p. 168.

⑤ Iring Fetscher, "Conditions for the Survival of Humanity: On the Dialectics of Progress," *Universitas*, 1978, 3, p. 169.

系统的通货，而能量是生态系统的"通货"，美国的农业从经济学上看是经济的，但从生态学上看是不经济的。

维持这样的农业依赖于煤、石油等能源的廉价。能源价格一旦上涨到一定的水平，大量使用化肥、农药的农业就不可持续，更不用提这种农业所导致的环境污染了。20 世纪 70 年代，艾尔（I. S. R. Eyre）分析过这个问题。自工业革命以来，人们就形成了对工业革命之永恒性的盲目信念，人们相信原材料永远都不会稀缺，技术被认为是万能的。一种资源用完了，总能找到替代资源。这种对未来发明的抽象信念完全是非科学的，因而是应予摒弃的。[①]

费切尔认为，盛行于 20 世纪 60 年代的技术时代和"技术国家"概念在讨论生态问题的语境中比在任何其他语境中都显得荒谬。面对环境破坏、资源枯竭和人口过剩，一种最常见的回应是：略微限制旧的技术进步主义（the old technological progressism）。但费切尔认为，我们在计算时必须考虑新的因素，将来必须巧妙地说服众多人口以阻止消费主义的增长。[②] 技术进步主义并没有提升人性，反而贬低了人性。在人性堕落的情况下，人类创造的独立中观系统（an independent middle-range system）的不自觉的、盲目的征服行动必须被人与自然共存的国际化协调行动所取代。人类必胜的盲目的生物学信念相继得到了神学、哲学和科学的支持，已演变成各种系统设计的征服自然的理论和实践，从启示的神学到马克思的社会主义，概莫能外。但只有最晚近的两种形式——工业系统的资本主义和社会主义版本才把这种必胜信念转化为地球的头号危险，因为它受到了物质主义武器的支持。[③]

费切尔批判了工业文明的技术进步主义之后，提出了生态文明的期盼。他说：

---

① Iring Fetscher, "Conditions for the Survival of Humanity: On the Dialectics of Progress," *Universitas*, 1978, 3, pp. 169 – 170.

② Iring Fetscher, "Conditions for the Survival of Humanity: On the Dialectics of Progress," *Universitas*, 1978, 3, p. 170.

③ Iring Fetscher, "Conditions for the Survival of Humanity: On the Dialectics of Progress," *Universitas*, 1978, 3, p. 170.

期盼中的、被认为急需的生态文明——不像舍尔斯基（Schelsky）的技术国家——预设了一种有意识地调控体制的社会主体。它将以人道的、自由的方式得以实现，而不是由服务于世界范围之生态专制的专家团队去做。如今，热切盼望无限进步的时代即将结束。人类认为自己可以无止境地征服自然的时代业已受到质疑。正因为人类和非人自然之间和平共生的仁慈生活方式是完全可能的，所以对无节制的技术进步才必须加以控制并设限。①

在费切尔看来，改善工作和生活条件、消除占有性人格结构（possessive personality structure）并不是象牙塔里筑梦者的乌托邦，而是向未来的生态社会（ecological society）转型的先决条件。老的自由主义和社会主义的进步信念预设物质生产可以无限持续增长。我们必须告别这种进步信念，而确立以创造和保护人类生活条件为目标的质量进步（qualitative progress）信念。如果我们坚信能源和原材料的有限性以及保护生物圈的必要性，就必定会认为如下两件事中的一件必然会发生：或者社会冲突因线性经济增长受阻而加剧；或者进行走向生态文明的改革。我们不可能在确保技术发展和货物数量增长的同时而在贫富悬殊的条件下保持社会和平。②

费切尔说：

在马克思看来，工业资本主义的进步动力（evolutionary dynamics）在生产力发展尚未达到足以满足所有消费者的需要的水平时就会消耗殆尽。但是，如今坚决改变这些仍然很盲目的动力

---

① Iring Fetscher, "Conditions for the Survival of Humanity: On the Dialectics of Progress," *Universitas*, 1978, 3, pp. 170 – 171.

② Iring Fetscher, "Conditions for the Survival of Humanity: On the Dialectics of Progress," *Universitas*, 1978, 3, p. 171.

之步幅和方向，以便保护生物圈，说到底也是保护人性，才是最重要的。世界市场的形成既得到了自由主义经济学家的赞赏，也得到了马克思的赞赏，但它带给地球人的祸害至少与福祉同样多。它未能带来自由贸易支持者们所期待的和平，因为工业国的经济霸权摧毁了非工业国家或民族的独立经济和文化体系。单一种植使非工业国完全依赖于单一产品的世界市场价格，从而使这些国家的经济弱不禁风。在 19 世纪，英格兰的殖民地爱尔兰因单一种植土豆而导致上百万人的死亡，这是世界市场导致严重灾难的第一个案例。各国应根据地方和区域需要而重构其经济，以避免经济、政治依赖和生态危机。非工业国应学会避免欧洲、北美和日本带给它们的危险。工业国家能给的最佳援助应是适合地方使用、亲环境、劳动密集的发达技术和把自己的同类和地球当作必不可少的伙伴而不是无情控制和剥削的对象的态度①。

在《论进步的辩证法》一文的结尾，费切尔说：

　　你或许有这样的印象，我力图强行把当前各种可能的问题都整合到一个统一综合体中——生态问题、地球财富在民族以及个人间的不平等分配问题、占有性个人主义和自我中心主义的可疑本质问题、当代科学和技术不断加强对自然的征服的问题。但我并非生拉硬套地指出这些问题的互相缠绕，它们就是事情本质的部分。没有勇气和决定性能力去一起解决这些问题——或至少寻找这些问题的答案——我们就不可能克服那些威胁符合人性条件的人类生存的危险中的任何一个。②

---

① Iring Fetscher, "Conditions for the Survival of Humanity: On the Dialectics of Progress," *Universitas*, 1978, 3, pp. 171 – 172.

② Iring Fetscher, "Conditions for the Survival of Humanity: On the Dialectics of Progress," *Universitas*, 1978, 3, p. 172.

二 对费切尔生态文明论的进一步阐释

费切尔所批判的工业文明既包括资本主义工业文明，也包括苏联、东欧的社会主义工业文明，或说，现存的工业社会既包括资本主义社会，也包括国家社会主义（state socialist）社会。[①] 资本主义无疑继承了源自欧洲启蒙的科学—技术进步主义（scientific-technical progressism），从而既用科技征服自然，也用科技剥削人民。社会主义同样继承了进步主义。欧洲启蒙时期的进步观念包含两个方面：一是随着科学对自然之因果结构的洞察日深，人类征服自然的力量日增；二是挣脱了传统政治权力和意识形态的枷锁可获得解放。这两种进步概念都已汇入社会主义之中。[②] 国家社会主义和资本主义的工业化模式是相似的，所以社会主义阵营与资本主义阵营关于控制的意识形态也是相似的。因为现状是令人不满的，人们就不断追求未来的进步。因为追求更加自主和民主的目标被排除了，剩下的唯一的进步便是消费的增长。[③] 但通过征服自然而让物质财富充分涌流的生产生活方式导致了严重的环境破坏。费切尔认为，资源的限制，最重要的是，环境边界的萎缩表明，"无限进步"所必须满足的条件越来越不具有现实性。除非两大阵营愿意以毁灭环境的方式集体自杀，否则，就必须纠正它们的"进步主义"[④]。

费切尔作为一个深受马克思主义影响的学者当然不会拥护资本主义，事实上他对资本主义进行了系统深入的反思和批判，他指责了资本主义工业国对非工业化国家或民族的剥削、资本主义社会内部的贫

---

① Iring Fetscher, "The Changing Goals of Socialism in the Twentieth Century," *Social Research*, 1980, No. 1, Vol. 47, p. 60.

② Iring Fetscher, "The Changing Goals of Socialism in the Twentieth Century," *Social Research*, 1980, No. 1, Vol. 47, p. 44.

③ Iring Fetscher, "The Changing Goals of Socialism in the Twentieth Century," *Social Research*, 1980, No. 1, Vol. 47, p. 46.

④ Iring Fetscher, "The Changing Goals of Socialism in the Twentieth Century," *Social Research*, 1980, No. 1, Vol. 47, p. 47.

富悬殊、资本主义文化的贫乏、资本主义工业体系对自然环境的破坏，等等。但费切尔对马克思、恩格斯以来的社会主义思想进行了反省，对苏联、东欧的社会主义也进行了批判，例如，在《20世纪社会主义目标的变化》一文中，他就批判了社会主义的七种错误，包括生产资料的公有、同质化人道主义、缺乏反思的平等主义等。① 费切尔自称，与阿多诺、霍克海默、施密特等西方马克思主义者比较，他自己是最具有自由主义倾向的。② 正因为如此，他珍惜文化多元性、个人自由和民主，他所期盼的社会主义不是那时现实中的社会主义，而是民主社会主义。③ 费切尔也称民主社会主义为人道主义的社会主义（humanist socialism）或人道的社会主义（humane socialism）。④ 据此，我们可以推断：他期盼的生态文明的基本社会制度是民主社会主义。

工业文明的种种危机促使西方提出了文化革命（cultural revolution）的口号，文化革命意味着对工业社会之文化价值，包括勤劳、节俭、成就、进步的超越。尽管认同文化革命运动的人们大多知道应该反对什么，却很少知道应该追求什么，几乎所有人都提出了浪漫而怀旧的计划，而在计划失败后又会顺从旧思想和旧制度，但是费切尔认为，有必要严肃地把这些趋势当作人们已准备进行文化革命的象征。一种新的、人道的、民主的社会主义即将出现，它将奠基于去中心化的自治单位，并尊重民族和种族的独特性。⑤ 生态危机向社会主义者表明："用技术征服自然的无限进步是不可能的，重要的是发现

① Iring Fetscher, "The Changing Goals of Socialism in the Twentieth Century," *Social Research*, 1980, No. 1, Vol. 47, pp. 37 – 60.
② Kevin Anderson, "On Marx, Hegel, and Critical Theory in Postwar Germany: A Conversation with Iring Fetscher," *Studies in East European Thought*, 1998, No. 1, Vol. 50, p. 7.
③ 金寿铁：《与马克思一道走新路——记德国著名马克思学家伊林·费切尔》，《世界哲学》2012年第3期。
④ Iring Fetscher, "The Changing Goals of Socialism in the Twentieth Century," *Social Research*, 1980, No. 1, Vol. 47, p. 60.
⑤ Iring Fetscher, "The Changing Goals of Socialism in the Twentieth Century," *Social Research*, 1980, No. 1, Vol. 47, p. 60.

不同品质的生活方式以及不同的生活目的，从而为人们提供满意且和平的生活，而不是消费稳步增长的幻觉"①。

费切尔对人与自然之间关系的理解既受到了马克思的影响，又受到了海德格尔的启发。费切尔认为，人因为两种原因而依赖于自然，首先因为人自身的生物本性，其次因为人生活于其中的自然环境。自然的"不可利用性"（unavailability）蕴含了保护、照料自然的道德责任。海德格尔说人是"存在的守护者"就是用有点神秘的隐喻表达了这种自然（存在）观。其实可简明地将其归结为对人之依赖于自然的承认。自然不是可供我们任意操纵的处置物。如果我们希望自然为人类后代提供生活必需品，就必须关心护持自然。人不是存在（自然）的君王式的主人（sovereign master），而是自然的微小部分（a piece of nature），人可以面对自然，也可以像在花园中一样和谐地遵循着大地的法则而劳作。这便要求人遵循自然律令而安于谦卑的地位。人可以通过科学的洞见而理解自然律令，而不该利用科学去加强对自然的征服。人类不是凌驾于自然之上的精灵，也不是自然的主人。顺从自然的洞见蕴含着对人类目标之界限的自觉以及尊重这些界限的责任。②

费切尔虽然大力批判了进步主义，但他似乎并不否定人类应该追求进步，因为他曾指出应"确立以创造和保护人类生活条件为目标的质量进步（qualitative progress）信念"。质量进步应包括"发现不同品质的生活方式以及不同的生活目的"，质量进步意味着"为人们提供满意且和平的生活，而不是消费稳步增长的幻觉"。

迄今为止，"生态文明"有两种用法。一种是历时的用法，国内许多学者认为，生态文明是继原始文明、农业文明、工业文明之后的一种全新的文明，这便是历时的用法，"生态文明"的这种用法指即将出现的全新的社会形态。另一种是共时的用法，当我们说要建设物

---

① Iring Fetscher, "The Changing Goals of Socialism in the Twentieth Century," *Social Research*, 1980, No. 1, Vol. 47, p. 61.

② Iring Fetscher, "The Changing Goals of Socialism in the Twentieth Century," *Social Research*, 1980, No. 1, Vol. 47, pp. 56–57.

质文明、精神文明、政治文明、社会文明和生态文明时，就是共时的用法，"生态文明"的这种用法指当代文明社会的一个方面（抑或维度）。"生态文明"这两种用法派生于"文明"一词的两种用法，"文明"既可以指由特定族群构成的整个社会形态，又可以指发达社会的美好方面。

费切尔在提出"生态文明"概念时已明确地发出了对新时代的呼唤："如今，热望无限进步的时代即将结束。人类认为自己可以无止境地征服自然的时代业已受到质疑"，一个新时代即将开始。所以，费切尔所说的生态文明显然是历时态的生态文明，即他认为生态文明将是超越工业文明的一种崭新的文明。

在费切尔之后独立提出生态文明概念的两位学者也值得我们关注。一位是苏联学者 B. C. 利皮茨基（B. C. Липицкий），一位是中国农学家叶谦吉。他们大约都没有读过费切尔论生态文明的文章。

1984 年，利皮茨基在苏联学术期刊《莫斯科大学学报（科学共产主义版）》1984 年第 2 期（Вестник Московского униве рситета. Серия 12. Теория научного коммунизма，1984，№2）的"共产主义教育的迫切问题"栏目发表了题为"在成熟社会主义条件下使个人养成生态文明的途径"（Пути формирования экологической культуры личности в условиях зрелого социализма. ）的文章，且明确强调该文"着重谈生态文明（экологическая культура）——社会和个人发展的这一特殊现象"①。该文指出，生态文明的养成应成为共产主义教育的一个部分，正如 T. A. 叶西娜和 A. M. 科瓦廖夫公正地指出的那样："生态教育应成为共产主义教育的一个有机组成部分，同时它又是科学共产主义理论的一个必要的方面。使生态教育成为共产主义理论的一个必要方面的意义在于可以足够清晰地界定生态文明的范围和结

———————
① B. C. Липицкий. Пути формирования экологической культуры личности в условиях зрелого социализма. —Вестник Московского университета. Серия 12. Теория научного коммунизма，1984，№2，c. 40. 感谢中央编译局的徐元宫先生为我找到了这篇文章，且翻译了部分段落。

构、生态文明在我们当代人所特有的其他特性中的地位。"① 该文指出：

> 从当代生态要求这一视角来看，生态文明是社会与自然相互作用的特性，也就是说，生态文明不仅包含了自然资源利用方法及其物质基础、工艺、社会现有的关于同自然相互作用的思想等方面的总和，而且包含了它们与公共生态学、社会生态学、社会与自然相互作用的马列主义理论等方面的科学规范和要求的契合程度。②

利皮茨基主要是从教育的角度谈生态文明，他显然认为生态文明只是共产主义文明的一个方面，而不是一种超越工业文明的新文明。

1986 年叶谦吉曾以"论生态文明"为题在三峡库区水土保持会议上做大会报告。③ 他的《生态需要与生态文明建设》一文被收录于郭书田主编的《中国生态农业》一书（中国展望出版社 1988 年版）。在该文中他写道："所谓生态文明，就是人类既获利于自然，又还利于自然，在改造自然的同时又保护自然，人与自然之间保持着和谐统一的关系。""生态文明的提出，使建设物质文明的活动成为改造自然、又保护自然的双向运动。建设精神文明既要建立人与人的同志式的关系，又要建立人与自然的伙伴式的关系。"④ 叶先生在这篇短文中提出了一些重要的洞见，如认为"建设生态文明的核心是协调人与自然间的关系，建立人与自然的和谐统一体"；认为真正的文明时代才

---

① В. С. Липицкий. Пути формирования экологической культуры личности в условиях зрелого социализма. —Вестник Московского университета. Серия 12. Теория научного коммунизма, 1984, №2, с. 40.

② В. С. Липицкий. Пути формирования экологической культуры личности в условиях зрелого социализма. —Вестник Московского университета. Серия 12. Теория научного коммунизма, 1984, №2, с. 43.

③ 叶谦吉：《叶谦吉文集》，社会科学文献出版社 2014 年版，第 80 页。

④ 郭书田：《中国生态农业》，中国展望出版社 1988 年版，第 82 页。

刚刚起步，因为只有人与自然和谐一体的时代才是真正文明的时代[①]；认为"21世纪应是生态文明建设的世纪"[②]。但叶先生所说的生态文明建设是与20世纪80年代我国大力提倡的两个文明建设——物质文明建设和精神文明建设——并列的，即叶先生主要是在共时态意义上谈生态文明的。

我们可大致判断出费切尔、利皮茨基、叶谦吉三位学者各自独立地提出了生态文明观念，费切尔最早（1978），利皮茨基次之（1984），叶谦吉稍晚（1986年发言，最早文献正式出版于1988年）。三人都一致认为，人类必须与自然和谐共生。

三　提出"生态文明"的重要意义

未来的思想史将会证明：把"生态"（ecological）与"文明"（civilization）组合成一个词组"生态文明"（ecological civilization）是人类思想史上伟大的思想创新之一。无论将来能不能发现比伊林·费切尔更早使用这个词组的人，费切尔关于生态文明或生态社会的思想贡献都应该载入史册。当然，利皮茨基和叶谦吉的思想贡献也不可抹杀。

提出生态文明论的历史意义在于，它要解决的问题其实不是工业文明特有的问题，而是从文明诞生起就一直存在的问题：人为与自然的矛盾问题。这个问题是文明的根本问题。

如前所述，人超越了非人动物而有了符号化的想象力和智能以后，就注定要用技术制造各种人工物，从而改造自然物和自然环境以满足自己不同于非人动物之本能需要的文化性需要。人为了满足其超越于动物本能需要的欲望而用日益复杂的工具和技术改造自然物和自然环境即人为，未被人类染指的即自然。人为与自然之间的矛盾也就是文明与自然之间的张力。

---

① 郭书田：《中国生态农业》，中国展望出版社1988年版，第83页。
② 郭书田：《中国生态农业》，第85页。

原始社会对自然生态的损害最小，但是，对自然生态系统损害最小已意味着有损害。人为与自然之间的张力自人类诞生之日始就存在了。有些生态学家认为，人类自从学会用火，就已偏离了自己在自然中的自然角色。人类学家已指出，原始人的大肆捕猎也造成过"生态灾难"①。人为与自然之间的张力随着人类文明历史的演变而积攒，随着技术和文化的发展而日益增大。在漫长的原始社会，张力积攒、增加得最慢。

从文明史的角度看，农业文明的出现是人类文明史上的一次巨大进步，但从生态学的角度看，农业文明又显著地增大了人为与自然之间的张力。强盛的农业文明必然会造成一定的生态破坏，古巴比伦文明、古埃及文明、古希腊文明、古罗马文明、玛雅文明等，概莫能外。但所有的农业文明都没有也不可能造成整个地球生物圈的彻底毁灭。

发源于欧洲的现代工业文明才把文明与自然之间的张力推到了极限——全球化工业文明的发展大有彻底毁灭地球生物圈之势。现代工业文明的意识形态——现代性——在自然观上没有伊懋可所指出的中国古人的那种矛盾。现代性直截了当地支持人类征服自然，认为文明就意味着对自然的超越，例如，在道德上超越"丛林法则"，在技术上不断追求征服力的加大——由步枪到大炮、坦克，再到原子弹、氢弹；由能建三门峡电站，到能建三峡电站，再到能实施"红旗河"工程；由能造火车、汽车，到能造飞机，再到能造航天飞机和空间站……现代性的进步主义宣称，科技进步能确保人类创造一个人间天堂。但如费切尔所言，两次世界大战所展现的人类道德的败坏已经预示了现代进步主义的破产，通过"增长的极限"和工业文明的消极后果，进步主义才被完全摧毁。

只有在工业文明的鼎盛期我们才能清楚地发现文明与自然之间张力的极限。多数人在追求自己极喜欢的东西时都是不达极限绝不罢

① ［美］马文·哈里斯：《文化的起源》，黄晴译，华夏出版社 1988 年版，第 16 页。

休，"不撞南墙不回头""不到黄河心不死"，此之谓也。人类作为一个类亦如是。人是文化动物。源自动物性的本能一经文化放大便可能趋于无限。如非人动物吃饱就满足了，但人不能仅满足于吃饱，还要食不厌精；非人动物有个巢穴就满足了，但人要追求别墅、宫殿……人因为文化而追求无限。人之源自动物本能的物质需要被文化放大成无止境的物质贪婪。中国古代强调天人合一、反对奢靡的意识形态没有能够严格约束住人（主要是统治阶级）的物质贪婪，主张征服自然、公然拥戴物质主义的现代性则极度刺激了人的物质贪婪。如前所述，现代科技总在允诺，科技进步能确保人类所有欲望都得到满足，不必担心各种资源的枯竭，科技创新能确保人类不断发现替代性资源。于是，现代人大量开发、大量生产、大量消费、大量排放，工业文明在短短的 300 多年时间内，就把文明与自然之间的张力推到了极限。这是人类文明"撞到南墙"了。中国古代圣人虽提出了"天人合一"观念，但无法确保人们遏制物质贪欲而真正谋求文明与自然之间的平衡。在工业文明把物质丰富推到极限的同时，生态学和环境科学明确指出了地球生物圈的承载极限，并指出人类的物质生产和消费已趋近极限。人类必须彻底缓解文明与自然之间的张力。正当此时，费切尔、利皮茨基、叶谦吉等学者相继提出了生态文明观念。欧菲尔斯（William Ophuls）认为，要治愈人类文明的痼疾，必须来一次人类思想革命，这场革命所产生的思想必须比创造了现代世界的思想更伟大。① 生态文明论正是这样的思想。

　　生态文明概念抓住了现代性的根本性错误，从而为反思现代文明的根本弊端或深重危机提供了最具有概括性的思想总纲。所谓现代性就是指导人们告别古代传统、进行现代化建设的思想体系。工业化是现代化建设的根本目标，工业文明就是现代化的总括性成果。反思现代性便是反思造成现代工业文明种种危机的文化根源和思想根源。美

---

① 　William Ophuls, *Immoderate Greatness*: *Why Civilizations Fail*, Create Space, North Charleston, SC, 2012, p. 9.

国学者马兹利什（Bruce Mazlish）说："现代性的主要面貌由文明反映了出来。"①"文明既是社会纽带的最高形式，也是最广泛的形式。""文明是最崇高的联系纽带，人类在文明的旗帜下聚集在一起，虽然这种聚集是精神上的而非领土上的。"② 着眼于文明而反思现代性的根本错误才会有高屋建瓴的思想高度。

费切尔已列举了工业文明的种种危机——生态危机、现代农业的危机、核战争的危险、贫富分化、人口爆炸、消费主义盛行和文化的低俗、国际正义的缺失，其中生态危机被费切尔视为头号危机。在方法论上继续沿用分析的方法而"头痛医头、脚痛医脚"，实际上无法指引人类走出危机。费切尔已意识到必须在文明总体中实行文明各维度的联动变革才能改变人类文明坠入毁灭深渊的厄运，他指出，如果我们"没有勇气和决定性能力去一起解决这些问题""我们就不可能克服那些威胁符合人性条件的人类生存的危险中的任何一个"。这就要求我们在科学上诉诸蕴含生态学的非线性科学，在哲学上诉诸整体论和系统论的思维方式，而把文明看作一个巨系统，且把文明这个巨系统看作球生物圈的子系统。通过这种思维方式，才能纠正现代性思想的根本错误——在主客二分思维框架下把文明与自然对立起来的错误。把"生态"与"文明"结合起来，意味着文明必须融入自然，人道必须合乎天道。人类文明不能继续沿着工业文明的道路继续前行。

在人为与自然之间的张力已达极限的历史关头，让人道顺乎天道，简单地回归意涵不足的前现代思想（包括中国古代的儒道释三家）肯定无济于事，但继续诉诸碎片化的分析性思维同样无济于事。必须在科学分析的基础上，进行自然科学、社会科学和哲学人文学的跨学科综合。自然科学帮助我们仰望星空，理解天道，社会科学告诉我们如何安排政治、经济、社会制度，而哲学人文学应指引人们通过理解天道而理解人道。生态学指出，地球生物圈是人类生存离不开的

① ［美］布鲁斯·马兹利什：《文明及其内涵》，汪辉译，商务印书馆2017年版，第22页。
② ［美］布鲁斯·马兹利什：《文明及其内涵》，汪辉译，第145页。

家园，地球生物圈的生态健康不可伤害，说明了生态的重要性。自 18 世纪以来，"文明"一词一直表示社会进步的理想。"文明"可成为一个哲学范畴。如马兹利什所说："将文明作为一种普遍规律，从'哲学方面'来讨论它，也并非没有根据。"① 有了"生态文明"这个哲学概念，我们可以用文化分析和科学分析相结合的方式谋求人道与天道（或文明与自然）的融合，从而使人类既超越于非人动物又融入大自然的怀抱。在分析的时代（指经典物理学占主导地位的历史时期），长期存在斯诺所说的"两种文化"的隔离。② 自然科学家乐于稳居优越地位，而哲学人文学者，特别是研究伦理学的学者，也乐于与自然科学分开而盘踞着他们自以为只有他们才有资格研究的主题——人的自由意志。正是这种自然与人文的分离，促进了人道与天道的分离，促进了人类以征服自然的方式发展文明的野心。生态文明论将着力弥合这种分离。

如前所述，批判现代进步主义并不意味着反对谋求进步。从基佐、达尔文、福泽谕吉到汤因比，都认为文明的本质特征是发展或进步。但真正值得人类追求的进步不是现代进步主义标榜的进步——征服自然、积聚物质财富的进步，而是内向超越的进步③、艺术创造的进步和绿色技术的进步。简言之，文明是一定要发展的，但工业文明的"黑色发展"是不可持续的，生态文明的绿色发展才是可持续的。④

第二节 走向生态文明，抑或信息文明

从 20 世纪七八十年代起，就不断有智能之士预言人类历史新时

---

① ［美］布鲁斯·马兹利什：《文明及其内涵》，汪辉译，商务印书馆 2017 年版，第 90 页。

② C. P. Snow, *The Two Cultures*, with introduction by Stefan Collini, Cambridge University Press, 1998, p. 2.

③ 卢风：《生态文明与美丽中国》，北京师范大学出版社 2019 年版，第 40—48 页。

④ 卢风：《论生态文明的哲学基础——兼评阿伦·盖尔的〈生态文明的哲学基础〉》，《自然辩证法通讯》2018 年第 40 卷。

代、新纪元的开始。世界经济、政治、科技、军事、文化的发展趋势确实预示着新时代、新纪元的开始。人们用了不同的名称去称呼这正走近我们的新时代，如"后现代""后工业社会""后资本主义社会""信息社会""生态纪""生态文明""信息文明"等。一个有着70多亿人口且多元文化并存的世界是无比复杂的，是多维度、多面向的。这样的世界的历史也必然是无比复杂的，也是多维度、多面向的。所以，我们不能指望任何一个名称成为取代其他所有名称而被所有人接受的统一名称。本节探究正在走近我们的新时代（就世界历史而非仅就中国现实来看）的特征，也顺便讨论一下新时代或新文明的命名。

在21世纪第二个十年即将结束之际，我们会发现"生态文明"和"信息社会"（或"信息文明"）是两个特别值得深究的称呼新时代的名称。

20世纪八九十年代，阿尔温·托夫勒（Alvin Toffler）的未来学曾对中国学术界产生过较大影响。托夫勒在80年代提出了"第三次浪潮"的大历史观。托夫勒夫妇在其1995年出版的《创造一个新的文明：第三次浪潮的政治》一书中写道："一个新的文明正在我们的生活中出现，而视而不见者则处处企图予以压制。这种新文明带来了新的家庭样式，改变了工作、爱情和生活方式，新文明还带来了新的经济、新的政治冲突，尤其是带来了一种不同的思想意识。"[1] 他们称这种新文明的兴起为"第三次浪潮"。他们认为，人类已经历了两次巨大的变迁浪潮：第一次浪潮是农业革命，历时数千年；第二次浪潮是工业文明的兴起，历时不过300年。如今，"我们这些正好生活在同一星球上这一大变革关头的人们会终身感到第三次浪潮对我们的全面冲击"[2]。"我们是旧文明的最后一代，又是新文明的第一代。"[3] 他

---

[1] Alvin and Heidi Toffler, *Creating a New Civilization: The Politics of the Third Wave*, Turner Publishing, Inc., Atlanta, 1995, p. 19.

[2] Alvin and Heidi Toffler, *Creating a New Civilization: The Politics of the Third Wave*, p. 19.

[3] Alvin and Heidi Toffler, *Creating a New Civilization: The Politics of the Third Wave*, p. 21.

们认为，"工业文明行将结束""工业主义总危机"已经十分明显。^①第一次浪潮带来了农业文明，第二次浪潮带来了工业文明。"锄头象征着第一种文明，流水线象征着第二种文明，电脑象征着第三种文明。"^②"土地、劳动、原材料和资本，是过去第二次浪潮经济的主要生产要素，而知识——广义地说，包括数据、信息、影像、文化、意识形态以及价值观——是现在第三次浪潮经济的核心资源。"^③ 可见，新文明的经济就是世纪之交被热议过的"知识经济"或"信息经济"，托夫勒夫妇也称其为"超级符号性的第三次浪潮经济"^④。如果说铁路、高速公路等是工业文明的基础设施，那么"信息高速公路"或"电子通道"则构成了新文明的基础设施。可见，托夫勒夫妇倾向于把新文明（即第三种文明）称作信息文明。

被尊为"管理学教父"的德鲁克（Peter F. Drucker）对新时代和新经济有类似的看法。但德鲁克称这个新时代为"后资本主义社会"（post-capitalism society）时代。德鲁克说，我们明显地处于历史的转型过程中。这次历史转型已改变了世界的政治、经济、社会以及道德视域。^⑤ 经过这次历史转型，价值观、信念、社会和经济结构、政治观念和体制以及世界观的改变之大将是我们今天所难以想象的。^⑥ 在后资本主义社会，真正支配性的资源和绝对决定性的"生产要素"将既不是资本，也不是土地，也不是劳动力，而是知识。^⑦ 所以，后资本主义社会也就是信息社会，后资本主义社会的经济也就是信息经济。如果说后资本主义社会仍是资本主义社会，那么它就是以"信息

---

① Alvin and Heidi Toffler, *Creating a New Civilization: The Politics of the Third Wave*, Turner Publishing, Inc., Atlanta, 1995, p. 27.

② Alvin and Heidi Toffler, *Creating a New Civilization: The Politics of the Third Wave*, p. 31.

③ Alvin and Heidi Toffler, *Creating a New Civilization: The Politics of the Third Wave*, p. 42.

④ Alvin and Heidi Toffler, *Creating a New Civilization: The Politics of the Third Wave*, p. 36.

⑤ Peter F. Drucker, *Post-capitalist Society*, Butterworth-Heinemann Ltd., 1993, pp. 2 - 3.

⑥ Peter F. Drucker, *Post-capitalist Society*, p. 3.

⑦ Peter F. Drucker, *Post-capitalist Society*, p. 5.

资本主义"（information capitalism）为主导的社会。①

多年研究并宣传绿色资本主义和商业生态学的保罗·霍肯（Paul Hawken）在其20世纪80年代出版的《未来经济》（The Next Economy）一书中宣称，工业主义的经济是物质经济，即大量生产、大量消费、大量废弃的经济，这种经济是不可持续的。物质经济增长依赖于矿物资源的廉价。随着20世纪80年代石油价格的上扬和计算机技术的兴起，物质经济将日趋式微，一种全新的经济将会兴起，这种全新的经济便是信息经济。②

当代美国哲学家约翰·D. 卡普托借用库恩的"范式转换"概念来描述文明的根本转型。他认为："当代世界目前正处于巨大的范式转换之中。……我们所说的'现在'今后将被称为'信息时代'，或至少是信息时代的开始。"③可见，他也倾向于用"信息时代"来称谓正在展现的新时代。

随着信息技术（包括人工智能技术）的发展，很多人认定未来的新文明就是信息文明。有国内学者说："一般认为，原始文明、农业文明和工业文明是人类历史已经经历或还在经历的文明形态，我们这个时代已经跨入了信息文明，它是工业文明之后新的人类文明形态。"④他们认为，"信息文明的出现也意味着社会发生了或正在发生着全面的变化，或文明基本范式的更新。文明的这一转型意义尤为重大，因为先前由农业文明向工业文明的过渡无非由一种物质类型的文明取代另一种物质类型的文明，物质仍是主导的要素；而从工业文明向信息文明的转型则是由物质主导的文明形态跃迁为类型全新的另一

① Peter F. Drucker, *Post-capitalist Society*, p. 166. 实际上，德鲁克认为，后资本主义社会既不是资本主义的，也不是社会主义的，它超越了资本主义和社会主义。
② Paul Hawken, *The Next Economy*, Holt, Rinehart and Winston, New York, 1983, p. 78.
③ ［美］约翰·D. 卡普托：《真理》，贝小戎译，上海文艺出版社2016年版，第243页。
④ 张易帆、张怡：《信息文明的新特点及其虚拟形态》，《信息技术》2015年第7期，第101页。

种文明——信息主导的文明。"① 这正好与谈论生态文明的人们的说法相对应，他们也认为，原始文明、农业文明和工业文明是人类历史已经经历或还在经历的文明形态，但认为我们这个时代已经跨入生态文明，或说我们必须走向生态文明，生态文明是工业文明之后新的文明形态。走向生态文明意味着"文明基本范式的更新"。

在中国，自中共"十七大"以来，认为未来的新文明是生态文明的观点已成主流。胡锦涛在中共"十八大"政治报告中说："我们一定要更加自觉地珍爱自然，更加积极地保护生态，努力走向社会主义生态文明新时代。"习近平总书记说："人类经历了原始文明、农业文明、工业文明，生态文明是工业文明发展到一定阶段的产物，是实现人与自然和谐发展的新要求。"② 习近平也多次说要努力走向生态文明新时代。这便明确宣告：我们正开启的时代是生态文明新时代。

在本章上一节我们已介绍了费切尔对生态文明的阐述。迄今为止，国外直接使用"生态文明"一词的学者甚少，但不乏与生态文明论者不谋而合的思想家，提出"生态纪"（Ecozoic）的思想家托马斯·伯利（Thomas Berry）堪称典范。伯利新创了一个英语单词：Ecozoic，即生态纪。伯利不仅是在人类文明史的尺度上，而且是在地球乃至宇宙演化史的尺度上，反思工业文明的危机，并预言人类文明的未来。地球已经历了漫长的演化过程。新生代（Cenozoic Era）是我们的世界成形的地质年代。中生代（Mesozoic Era）业已出现的生物在新生代得到了充分的进化。在新生代的自然进化过程中，既有物种的产生也有物种的消失。地球仍处于新生代。伯利说："如今，我们自己正以新生代开始以来从未有过的规模和速度灭绝着物种。"③ 这是由工业文明的生产、生活方式决定的。就美国而言，"科学、技术、

① 肖峰：《信息文明：哲学研究的新向度》，《马克思主义与现实》2019 年第 3 期，第 178 页。
② 中共中央宣传部：《习近平总书记系列重要讲话读本》，学习出版社、人民出版社 2014 年版，第 121—122 页。
③ Thomas Berry, *The Great Work: Our Way into the Future*, Three Rivers Press, New York, 1999, p. 30.

工业、商业和金融的新成就确实把人类共同体带进了一个新时代。然而，那些创造了新时代的人们只看到了这些成就的光明的一面。而对其所造成的对美洲大陆乃至整个地球的毁灭却所知甚少……我们对工商业的痴迷已以人类事务历史进程中闻所未闻的深度干预了这片大陆的生态系统。"① 可见，工业文明时期是人类蹂躏地球的时期（a period of human devastation of the Earth）。迈进新千年（a new millennium）的人类必须完成一项伟业（The Great Work）：实现从人类蹂躏地球的时代向人类与地球互惠共存的时代的转变。"这种历史性的转变是比从古罗马时期转向中世纪以及从中世纪转向现时代更加关键的转变。自 6700 万年前恐龙灭绝和新生物年代开始的地质生物变迁以来，不曾有这种转变的先例。"② "在西方的天空中，随着夕阳西下，地球新生代演化的故事正趋于尾声，我们必须以最高的创造力对此做出回应。我们未来的希望是迎接一个新的黎明，即生态纪，在生态纪人类将以与地球协同进化的方式存在。"③ 从新生代到生态纪的转变将引起人类实在观念和价值观念的无比深刻的转变。这将影响我们对自身生存之起源和意义的理解。 "这可能被认为是一种元宗教运动（a metareligious movement），它不仅涉及人类共同体的单个部分，而且涉及整个人类共同体。它甚至超越人间秩序，而涉及地球的整个生物秩序。"④ 总之，伯利所说的生态纪不仅是人类文明史的一个新时期，也是地球演化史的一个新时期。仅就文明史部分看，伯利的思想与生态文明论有较多重合之处，例如，都强调人类与地球生物圈的和谐共生。

澳大利亚斯威本科技大学的阿伦·盖尔（Arran Gare）则明确认为未来的文明是生态文明。他说，我们正面临的以大规模环境问题为

---

① Thomas Berry, *The Great Work: Our Way into the Future*, Three Rivers Press, New York, 1999, p. 3.

② Thomas Berry, *The Great Work: Our Way into the Future*, p. 3.

③ Thomas Berry, *The Great Work: Our Way into the Future*, p. 55.

④ Thomas Berry, *The Great Work: Our Way into the Future*, p. 85.

焦点的危机是"现代西方文明"（modern Western civilization）的危机。① 摆脱这种危机需要来一场"彻底启蒙"（The Radical Enlightenment）。这场启蒙将诉诸受到后还原论（post-reductionist）自然哲学和科学支持的过程—关系形而上学（a process-relational metaphysics），从而将人类安置于通过历史而在大自然之内进行人性之自我创造的境遇之中，并走向一种新的文明，其中部落之间、文明之间以及民族之间的破坏性冲突将得以克服，并要求全人类承诺促进全球生态系统的健康，并承认人类共同体该臣服于全球生态系统。这场彻底启蒙的目标应该被理解为全球生态文明（a global ecological civilization）建设。②

美国学者罗伊·莫里森（Roy Morrison）也主张称未来的文明为生态文明。他声称他的《生态民主》（1995年出版）一书是一本关于"从工业文明走向生态文明"的"根本变革"的书。③ 在这本书中他对工业主义（industrialism）和工业文明进行了尖锐的批判。认为工业文明是不可持续的，不仅因为它致力于无限增长，也因为它具有内在的战争倾向。④ 他认为，生态文明奠基于多种多样的生活方式，这些生活方式使互相关联的自然生态和社会生态得以持续。这样的文明具有两个基本属性：第一，它运用欣欣向荣的生物界的动态和可持续平衡的观点看待人类生活：人类与自然不是处于对立状态，人类就生活于自然之中。第二，生态文明意味着我们生活方式的根本变革：这取决于我们做出新的社会选择的能力。⑤ "命名一种文明就是树立一面旗帜。"⑥ 建设生态文明是一场伟大的变革，这次变革和从农业文明转向工业文明一样重要。⑦

① Arran Gare, *The Philosophical Foundations of Ecological Civilization：A Manifesto for the Future*, Routledge, London and New York, 2017, p. 183.

② Arran Gare, *The Philosophical Foundations of Ecological Civilization：A Manifesto for The Future*, p. 166.

③ Roy Morrison, *Ecological Democracy*, South End Press, Boston, 1995, p. 3.

④ Roy Morrison, *Ecological Democracy*, p. 10.

⑤ Roy Morrison, *Ecological Democracy*, p. 11.

⑥ Roy Morrison, *Ecological Democracy*, p. 8.

⑦ Roy Morrison, *Ecological Democracy*, p. 11.

提出盖娅学说的拉夫洛克（James Lovelock）在其 2019 年出版的《新星世：即将到来的超智能时代》一书中，把工业文明时代等同于人类世。人类世是人类文明空前加速发展的时代。"人类世开始后不久，我们就像赛车手，被加速之力带着走。300 多年来我们一直踩着油门，现在我们即将跨进一个由电子、机器和生物制品自行驱动地球的时代。"① 拉夫洛克不认为这个即将到来的新时代是生态文明新时代，而把这个新时代命名为"新星世"（Novacene）。他说："现在，我们正处于人类世让位于新星世的关键时刻。"② 新星世是由信息技术和人工智能技术直接催生的新时代。所以，如果非让拉夫洛克在"生态文明"和"信息文明"之间做出选择不可，那么他肯定会选择"信息文明"。在他所描述的新星世里，人类已经不再是地球上最聪明的物种，却成了新的地球统治者"赛博格"（未来的机器人）的宠物。

以上我们阐述了两种命名未来新时代的观点：一种是信息文明论，另一种是生态文明论。显然，双方都阐述了较为充分的理由。一方面，如今数字化技术（即信息技术）已全方位地渗透于人类生活，包括政治、经济、军事、文化、媒体、教育，乃至日常生活，可见，称 20 世纪八九十年代开启的新时代为信息时代（以计算机和互联网出现为标志），或称新文明为信息文明，是合适的。另一方面，工业文明也确实导致了空前的环境污染、生态破坏和气候变化，从而已把人类文明推向了空前的生态危机，若走不出生态危机，则信息技术也无法确保人类文明的持续发展。为走出生态危机，需要人类文明的根本转型，蕴含着生态学的复杂性科学和生态哲学是文明转型的基本指南。可见，称我们正开启的新时代为生态文明新时代也非常合适。

强行统一名称是毫无意义的。重要的是谋求信息文明论与生态文明论之间的共识，进而辨识未来文明的基本走向。比较此两论所对应

---

① ［英］James Lovelock：《新星世：即将到来的超智能时代》，古滨河译，高等教育出版社 2021 年版，第 43 页。

② ［英］James Lovelock：《新星世：即将到来的超智能时代》，古滨河译，第 79 页。

的两种新哲学——信息哲学和生态哲学，即可看出二者之间的异同，也有助于我们看清未来人类文明的发展方向。[①]

第三节　信息哲学与新时代的精神

迄今为止，最有影响力的信息哲学家或许是牛津大学互联网研究院主任卢西亚诺·弗洛里迪（Luciano Floridi）。

弗洛里迪认为，自哥白尼发表"日心说"以来，科学的进步已引起了三次思想革命。第一次革命就是 1543 年哥白尼发表《天体运行论》所引起的相对于基督教世界观的革命，哥白尼告诉人们，人类并非居住在宇宙的中心。第二次革命是达尔文 1859 年发表的《物种起源》，该书告诉人们，人类与非人动物之间没有天壤之别，都源于共同的祖先。第三次革命是弗洛伊德发表其精神分析著作，指出人类心灵也有无意识的方面，并且屈从于抑郁等心理防卫机制。[②] 如今，我们正经历第四次革命——信息科学和信息技术所引起的革命，第四次革命的种子是由图灵（Alan Mathison Turing）播下的，这次革命将引起翻天覆地的变化。经过以前的三次革命，人类仍然可以骄傲地宣称，只有人类才具有智能，地球上的一切非人事物（包括各种动物）皆没有智能。但图灵把人类从逻辑推理、信息处理和聪明行为方面的优越地位上拉了下来。随着计算机、互联网和人工智能技术的飞速发展，世界正日益成为信息圈（the infosphere）。我们已不再是信息圈中毋庸置疑的主宰。数字设备执行了越来越多的原本需要人类思想去完成的任务。我们再一次被迫放弃一个原本认为是"独一无二"的地位。[③] 每一次革命都改变了人类的世界观和价值观，改变了人类对自

---

① 这一节是卢风、余怀龙合撰的《生态文明新时代的新哲学》中的一部分，该文发表于《社会科学论坛》2018 年第 6 期。

② Luciano Floridi, *The Fourth Revolution: How the Infosphere is Reshaping Human Reality*, Oxford University Press, 2014, pp. 88 – 89.

③ Luciano Floridi, *The Fourth Revolution: How the Infosphere is Reshaping Human Reality*, p. 93.

己与世界之关系的理解。信息哲学就集中阐述了第四次革命所引起的世界观和价值观的改变。

弗洛里迪宣称:"我们需要一种作为我们时代的哲学的信息哲学。"① 可见,他应该认为"信息时代"才是新时代的合适名称,而且认为新时代的哲学就是信息哲学。信息哲学有很强的计算主义②倾向,其基本观点如下。

一 世界观

万物都是由信息构成的,或万物皆是比特。用著名美国物理学家惠勒(John Archibald Wheeler)的话说即:

> 万物皆源自比特。换言之,万物——任何粒子、任何力场,甚至时空连续体本身[因此任何身体,包括我自己的身体],其功能、意义、存在都完全(即使在某些情况下是间接地)源自比特,源自引发装置对二元选择的是或否的问题的回答。"万物源自比特"表达了这样一种观念:物理世界的每一个事物归根结底都有一种非物质的来源和说明,在绝大部分情况下都是这样的,我们所说的实在(reality)就源自对[我们]提出的是或否的问题和激发设备(equipment-evoked)之回应记录的最终分析,简言之,一切物理事物的根源都是信息—理论性的(information-theoretic),而且这是一个参与型的宇宙。③

据此,计算主义消解了笛卡尔的二元论,而成为一种基于状态形式(a state-based form)的一元论。水可有液态、气态、固态。如果"万物

---

① Luciano Floridi, *The Fourth Revolution: How the Infosphere is Reshaping Human Reality*, p. ix.

② 计算主义的基本观点是,智能就是计算能力,思维就是计算,强计算主义者甚至认为,情感、直觉或所谓顿悟都可以归结为计算。本体论计算主义认为,任何一个事物都是由一个程序决定的,从基本粒子到整个宇宙,概莫能外。

③ Luciano Floridi, *The Fourth Revolution: How the Infosphere is Reshaping Human Reality*, Oxford University Press, 2014, pp. 70 – 71.

皆源自比特"是真的，则心灵与大脑（抑或自我与身体）就都是信息的不同状态或模式。归根结底，物质和非物质可能都是某种潜在信息的两种状态。①

弗洛里迪认为，世界正在变成一个信息圈，物理世界和信息世界之间的界限将趋于消失，换言之，线上与线下的界限将日趋模糊并直至消失。②

在这样的世界里，存在的标准也变了。古希腊和中世纪的哲学家认为永恒不变的实体才是存在的，近代哲学家认为"存在就是被感知"，信息哲学则提出，"存在就是可互动的"，即便我们与之互动的事物是转瞬即逝的、虚拟的。③

二 知识论

计算主义既然已在本体论和价值论上决然摈弃了笛卡尔—康德的简单严整的主客二分，其知识论也势必根本不同于笛卡尔—康德传统的知识论。在笛卡尔—康德传统的知识论中，人是主体，是认知者，而一切非人事物都是被认知或有待于被认知的客体；而在计算主义框架内，人不再是独一无二的认知者，智能机器也完全可以是认知者。按照康德的概念框架，人不可能认知"自在之物"，但整个经验世界是由人类主体建构起来的，人类在自己建构起来的经验世界中无疑是具有自主性的。计算主义者则认为，整个信息圈的人工化水平会日益提高，以致将来智能机器的能动水平不仅能达到人类水平，还会超过人类水平，那时我们就不好说信息圈的变化是人为的了，只能说是由各种能动者或智能系统共同设计、创造的。在这样一个本身不断创新的世界中，知识只是相对于特定智能体（认知者）的知识。在笛卡尔、康德建构的现代世界框架内，只有人才配享有自由。这里的自由

① Luciano Floridi, *The Fourth Revolution: How the Infosphere is Reshaping Human Reality*, Oxford University Press, 2014, p. 71.
② Luciano Floridi, *The Fourth Revolution: How the Infosphere is Reshaping Human Reality*, p. 43.
③ Luciano Floridi, *The Fourth Revolution: How the Infosphere is Reshaping Human Reality*, p. 53.

既包括人与人之间因相互尊重和承认而获得的自由，也包括随着科技的进步和工具系统的日益发达而获得生活享受的自由，如夏季享受空调房间里之清凉的自由。在信息圈内，并非仅仅人类才享受技术进步所带来的日益增多的自由，所有的能动者，包括智能机器，也享受技术所带来的日益增多的自由。[①]

就信息哲学把一切都归结为信息而言，它似乎有彻底的还原论倾向，它通向数理还原论。既然万物皆是信息和程序，那便意味着万物皆可以数字化。这样一来，信息哲学就可以继承现代性哲学的完全可知论：智能体将能揭示某些统摄一切的数理原理，即揭示温伯格（Steven Weinberg）等人所追求的终极定律。只是能尽知一切宇宙奥秘的智能体不再是人类，而是机器人。如拉夫洛克所预言的："人类世之后，开创新时代的智能将不是人类。新时代的一切与我们现在能想到的完全不同，它的逻辑将是多维的。与动植物王国一样，新时代的智能可能以多种大小、速度和行动力的形式存在。它可能是宇宙演变的下一步甚至是最后一步。"[②]

当然，信息哲学和生态哲学一样有多样而非统一的表达方式。

三　价值观和伦理学

计算主义的世界观既然已消解了笛卡尔、康德的二元论，那么与计算主义相应的价值观和伦理学必然与深受康德影响的价值观和伦理学截然不同。

迄今为止，康德学派的伦理学尽管正受到美德伦理学（virtue ethics）的批判，但仍牢牢占据着学院派哲学的主导地位，康德学派也确实可以无矛盾地宣称自己是重视美德的，因而康德学派与美德论不相冲突。计算主义试图动摇康德学派的根本基础。康德学派顽固地在人

---

① Luciano Floridi, *The Fourth Revolution: How the Infosphere is Reshaping Human Reality*, Oxford University Press, 2014, pp. 205 – 206.

② ［英］James Lovelock：《新星世：即将到来的超智能时代》，古滨河译，高等教育出版社2021 年版，第 137 页。

与非人、理性存在者（rational being）与非理性存在者之间划出一道
截然分明的界限，意在凸显人或理性存在者所独具的尊严、权利和自
由。人与非人事物的截然二分正是康德学派伦理学的本体论基础。康
德认为，作为理性存在者的人是自主的、自我立法的，从而构成"目
的王国"（a kingdom of ends）。"目的王国"与由一切非人事物构成的
"自然王国"（a kingdom of nature）截然不同，自然王国中的一切皆受
制于外在必然的充足理由律（laws of externally necessitated efficient
causes）①，而作为理性存在者的人是自由的，是超越于充足理由律
的。在康德的伦理学体系中人与非人事物之间的界限是不能含糊的。
自主的理性存在者是人（persons），人是必须永远被当作目的而不能
仅被当作手段对待的，没有理性的存在者则只是物（things）。人具有
绝对价值，人就是目的本身（end in itself），而物只具有相对价值，
即只具有相对于人的价值，即因可为人所用而具有的价值。② 在这样
的人（主体）与非人事物（客体）截然二分的严整的世界中，人可
以利用日益强大的工具系统去改造自然环境，控制一切非人自然物。
在由人工物构成的文化世界中，人与工具之间的界限也截然分明：人
是工具的使用者，一切人工物，无论它多么精巧，都只是供人类使用
的工具。计算主义的信息一元论在消解笛卡尔心物二元论的同时势必
也消解着康德学派的人与非人事物的截然二分。

　　康德学派关于人与非人事物之截然二分的根据无非是：人有理
性，而一切非人事物没有理性。康德学派把理性说得很玄奥，但在计
算主义者看来，人的理性也就是智能。弗洛里迪认为，地球正在变成
一个信息圈，或者它一直就是一个信息圈，在这个信息圈中，显然并
非仅仅人类才具有智能，即就智能而言人并不占有"独一无二"的地
位。如今，人们正逐渐接受关于"自我"的后图灵观念（post-Turing
idea）：我们不是像鲁滨逊身处一个孤岛中那样的独一无二的能动者

---

① Immanuel Kant, *Practical Philosophy*, translated and edited by Mary J. Gregor, Cambridge U-
niversity Press, 1996, p. 87.

② Immanuel Kant, *Practical Philosophy*, translated and edited by Mary J. Gregor, p. 79.

（agents），而是在信息圈中互相关联、互相植入的信息有机体（in-forgs）。信息圈是我们与其他信息能动者所共享的，其他信息能动者既包括自然的能动者，也包括人造的能动者，他们都能逻辑地并自主地处理信息。① 这里自然的能动者就是指非人动物，而人造的能动者就是指各种智能机器或机器人。可见，经过图灵革命，笛卡尔、康德乃至萨特等哲学家所重视的"主体"（subjects）和"主体性"（sub-jectivity）概念不重要了，而被代之以"能动者"（agents）和"能动性"（agency）概念。在康德、萨特等人看来，只有人才是主体，才具有主体性，但在计算主义者看来，所有的动物（特别是高等动物，当然包括人）和智能机器都是能动者，都具有能动性。所谓能动者就是能和多种其他存在者互动的存在者（beings），他们承认其他类似的存在者具有和他们自己平等的地位；他们就通过置身于其他存在者中间而体验其身份和自由②。在这一点上，信息哲学与当代环境伦理学具有共同的立场：并非仅仅人类才具有道德资格，非人事物也具有道德资格。生态哲学家说，生态系统也具有道德资格，人类应该出于道德自觉而保护生态系统的健康。计算主义者则说，非人高等动物和智能机器都是能动者，从而也都享有道德资格，故人类不仅应该友善地对待非人动物，也应该友善地对待各种智能机器。

事实上，像弗洛里迪这样的信息哲学家已有保护环境的意识。弗洛里迪说：信息哲学的任务之一是构建一个伦理框架，在这个框架内信息圈将被居于其中的人类信息有机体（the human inforgs）看作值得给予道德关注和关怀的新环境。这样的伦理框架必须明确揭示并应对新环境中前所未有的挑战。它必须是关于整个信息圈的一种 e – 环境伦理学（an e-environmental ethics）。这种综合（既有整体主义或包容之意也有人工之意）的环境主义要求改变我们的自我意识和在现实中

---

① Luciano Floridi, *The Fourth Revolution: How the Infosphere is Reshaping Human Reality*, Oxford University Press, 2014, p. 94.

② Luciano Floridi Edited, *The Onlife Manifesto*, *Being Human in a Hyperconnected Era*, Springer Open, 2015, p. 209.

的角色，要求考虑什么是值得我们尊重和关心的，要求考虑如何让自然事物和人工事物结成同盟。① 在弗洛里迪看来，生态伦理学等非正统的伦理学仍没有达到最彻底的普遍性和无偏私性，而奠基于信息本体论的信息伦理学才达到了最彻底的普遍性和无偏私性。继承了利奥波德之"土地伦理"的生态伦理学力主把所有生物乃至生态系统都纳入道德保护的范围，在弗洛里迪看来，这仍然是出于偏见和偏私的伦理学。信息伦理学不仅关心所有的人（persons）及其创造物、福利和社会互动，也不仅关心动物、植物和其他生物，而且关心一切存在物，从绘画、书籍到星体、石头，以及一切可能或将要存在的事物，如未来世代，也关心过去存在的一切，如我们的祖先。换言之，信息伦理学完成了道德范围的最终扩展，使之包括每一个信息体，而无论它是否有物理性状。②

在弗洛里迪等人看来，他们所着力阐释的信息哲学是一种全新的哲学，它正是信息文明这个全新的时代所必需的哲学，信息哲学就是新时代精神的精华。信息文明的发展就是各种智能体的不断创新。③

第四节　生态哲学和生态文明新时代的时代精神

生态哲学吸取量子力学和复杂性科学（蕴含生态学）的成果而确立其世界观。如著名生态哲学家克里考特（J. Baird Callicott）所言：物理科学已看到了宇宙的边缘和时间的开端，且已深入物质的微观结构。在这一探索过程中，我们关于空间、时间、物质、运动以及关于人类知识之本质的观念也必须加以根本改变。于是，今天的哲学家比以往任何时候的哲学家都更需要去应对不可逆转的人类经验以及充分

---

① Luciano Floridi, *The Fourth Revolution*: *How the Infosphere is Reshaping Human Reality*, Oxford University Press, 2014, p. 219.

② Luciano Floridi, *The Ethics of Information*, Oxford University Press, 2013, p. 65.

③ 这一节是卢风、余怀龙合撰的《生态文明新时代的新哲学》中的一部分，该文发表于《社会科学论坛》2018 年第 6 期。

涌流的源自科学的新信息和新观念，以便重新界定世界图景（the world picture），思考人类在大自然中的地位和角色，弄清这些宏大新观念（big new ideas）会如何改变我们的价值观，并重新协调我们的责任感和义务感。① 可见，生态哲学已不是在学院派哲学框架内继续与自然科学隔离的哲学，更不是学院派哲学的分支，而是积极回应自然科学最新成果并提供新的世界观、知识论和价值观的新哲学。

一 生态哲学的世界观

大自然是具有创造性的，大自然中的可能性比现实性更加丰富。② 这里的大自然既可以指包含宇宙（物理科学的研究对象）的"存在之大全"，也可以指老子所说的作为万物之源的道③，不妨简称其为"整体大全"。万物皆在大自然之中，万物皆处于时间之中，即皆处于生灭过程之中。任何自然物都可以成为实证科学的研究对象，但作为"整体大全"或万物之源的大自然不可能成为实证科学的研究对象。现代性思维的一个致命错误是把自然物等同于自然，物理主义就因为这种混淆而既无法触及"存在之大全"或万物之源，又容易忽视自然物之间的复杂关系。

西方基督教神学把上帝看作"整体大全"和万物之源。这"整体大全"和万物之源也被称作"大一"或"太一"（Oneness）。④ 当代著名过程神学家柯布（John B. Cobb, Jr.）说，万事万物皆在其中发生的整体（the totality）或大全（the whole）就是上帝。⑤ 世界之所以是上

---

① J. Baird Callicott, *In Defense of the Land Ethic: Essays in Environmental Philosophy*, State University of New York Press, 1989, pp. 4 – 5.

② Ilya Prigogine, *The End of Certainty: Time, Chaos, and the New Laws of Nature*, The Free Press, 1997, p. 72.

③ 老子说："道生一，一生二，二生三，三生万物"。

④ Marcelo Gleiser, *Imperfect Creation: Cosmos, Life and Nature's Hidden Code*, Black Inc., 2010, p. 20.

⑤ Herman E. Daly and John B. Cobb, Jr. with Contributions by Clifford W. Cobb, *For the Common Good: Redirecting the Economy toward Community, the Environment, and a Sustainable Future*, Beacon Press, 1994, p. 400.

帝所了解的世界，就是因为上帝的知识是对万物的不偏不倚的包容。上帝了解并看重每一只麻雀，也了解并看重每一个人。麻雀有其自身价值，人也有其自身价值。但仅仅局限于世界之内是很难比较麻雀和人类的价值的。正是在上帝那儿，每一种价值都恰好是它自身，并与一切其他价值处于和谐统一之中。[①] 人类忽视了这样的整体大全就会陷入困惑和矛盾[②]，会导致"偶像崇拜"，会把不是终极价值的价值当作终极价值，会把不是整体的部分当作整体。[③]

柯布所言包含着深刻的哲理，但他把"整体大全"等同于"上帝"却是源自原始社会神话之拟人化想象的结果[④]，无法获得科学的支持。柯布的深刻之处在于他正确地指出：在人的思维框架中，如果没有"整体大全"，人们就很容易陷入困惑和矛盾中，很容易把部分当作整体，很容易把不是终极价值的东西当作终极价值。例如，在物理主义的框架内，人们容易把自然等同于地球，或把产生于"大爆炸"的宇宙当作"整体大全"。如果你把我们所在的宇宙当作整体大全，那么就必然认为，不能追问这个宇宙之外还存在什么。但科学又告诉我们，这个宇宙是有限的，于是追问这个有限的宇宙之外还存在什么，并不违背逻辑规则。如今，已有物理学家认为，可能存在多个宇宙。当今有些理论家还说多元宇宙（multiverse）是永恒的，因此并非是由外因所引起的（uncaused）。[⑤] 那么整体大全就不仅包括我们所

①　Herman E. Daly and John B. Cobb, Jr. with Contributions by Clifford W. Cobb, *For the Common Good：Redirecting the Economy toward Community, the Environment, and a Sustainable Future*, Beacon Press, 1994, p. 403.

②　Herman E. Daly and John B. Cobb, Jr. with Contributions by Clifford W. Cobb, *For the Common Good：Redirecting the Economy toward Community, the Environment, and a Sustainable Future*, p. 400.

③　Herman E. Daly and John B. Cobb, Jr. with Contributions by Clifford W. Cobb, *For the Common Good：Redirecting the Economy toward Community, the Environment, and a Sustainable Future*, p. 401.

④　基督教的一神论当然远比原始神话精致，但它对上帝的描述显然是拟人化的，即以人为原型，把人的能力无限夸大，就有了上帝。

⑤　Marcelo Gleiser, *Imperfect Creation：Cosmos, Life and Nature's Hidden Code*, Black Inc., 2010, p. 4.

在的宇宙，还包括一切可能的宇宙。在现代性思维框架内，由于"整体大全"消失了，把自然等同于地球的人们在看到地球日益人工化时就错误地认为，自然是可以完全被人类征服的（即认为自然是可以完全人工化的）；把宇宙等同于整体大全的人们在欣赏科学进步时就错误地认为，科学将因为发现"终极理论"而趋于终结。这两种错误都鼓励人类征服自然，都鼓励人们把技术进步和物质财富增长当作人类追求的终极价值。

把大自然看作整体大全和万物之源既可避免一神论将整体大全拟人化的错误，又可避免现代物理主义将部分当作整体大全的错误。作为整体大全和万物之源的大自然永远是神秘的，因为它是超验的，是无法被任何数学表达式所把握的，是无法被当作观察对象加以观察的，更无法被搬进实验室内加以研究，它永远都隐藏着无穷的奥秘。但人类之思必须触及这种终极的神秘。基督教通过神学而触及这种神秘，自然主义则可以经由科学和哲学而触及这种神秘。当代著名物理学家罗伟利（Carlo Rovelli）就曾以自然主义的语言述及这种神秘（参见前文）。罗伟利是一位有哲学素养的物理学家，他在人类知识的边界触及了"未知的海洋"，因而同时触及了"世界的神秘和美丽"。可见，在自然主义者看来，世界的终极神秘不是上帝用六天时间创造了万物，不是基督亲临人间，后来被钉死在十字架上，然后又复活，不是圣父、圣子、圣灵的"三位一体"，而是永远超越于人类科学认知的"未知的海洋"。能让我们触及这终极神秘的途径不是神学，而是科学。恰是这永远存在的"未知的海洋"既决定了人类永远不可能获得绝对的自主或绝对随心所欲的自由；又决定了科学不可能终结，即不可能像上帝创世第六天以后那样无事可做，科学探究永远在途中，在历史中；也决定了人类必须对大自然心存敬畏，因为大自然永远握有惩罚人类之背道妄行的权柄，人类永远需要虔诚地"仰望星空"，永远需要虔诚地倾听在人类之上的大自然的"言说"（当代科学家普利戈金和罗伟利的思想就代表着这样的虔诚）；还决定了人类必须怀有"天命意识"：即人类所欲之事的成败并非完全取决于人类的意志和努力，它还取决于运气（即天命），即便我们之所欲不是像长生不老那样的非分之想。值得注意的是，这"未知的海洋"并非与我们的生活世界界限分明，我们并非完全生活在一个完全已知的界限内，那"未知的海洋"并非只是与我们的经验生活无关的"自在之物"。我们的"未知"就渗透在我们的生活环境之中，因为自然物都处于复杂的相互作用之中，都处于生生不息的生长之中，我们永远都会面临与各种具体选择和决策直接相关的不确定性和复杂性。

经由当代自然科学的指引而思及整体大全，必须摆脱康德哲学之后而居于西方哲学主导地位的相关主义（correlationism）。当代法国哲学家甘丹·梅亚苏认为，自康德以来，"相关性"（correlation）概念成了现代哲学的核心观念。根据这一观念，我们只能进入思想与存在之间的相关性，而无法进入二者中独立的一方。这便是相关主义。① 在整个 20 世纪，意识和语言是相关性的两大主要"媒介"，意识支撑着现象学，语言支撑着分析哲学的诸流派。② 实际上，现象学和分析哲学至今仍是占主导地位的哲学范式。但二者都坚守相关主义。于是，主流哲学之思"被锁在语言和意识之内而无法逃脱"③。

根据相关主义，客观性就不再能根据客体自身（the object in it-self），而只能根据客观陈述之可能的普遍性得以界定。先祖陈述（the ancestral statement）的主体间性——它是可被科学共同体任何成员证实的这一事实——确保了它的普遍性，进而确保了它的真。仅此而已。因为严格看来，先祖陈述的所指是不可思考的。如果你拒绝把相关性实体化，就必须坚持认为物理宇宙实际上不可能先于人类而存在，至少不能先于生物而存在。仅当给定了活的（或能思的）存在者时，世界才是有意义的。但说到"生命的涌现"又必须诉诸先于生命

---

① Quentin Meillassoux, *After Finitude: An Essay on the Necessity of Contingency*, Translated by Ray Brassier, Continuum International Publishing Group, 2008, p. 5.

② Quentin Meillassoux, *After Finitude: An Essay on the Necessity of Contingency*, Translated by Ray Brassier, p. 6.

③ Quentin Meillassoux, *After Finitude: An Essay on the Necessity of Contingency*, Translated by Ray Brassier, p. 6.

而存在的世界中显现的涌现（the emergence of manifestation amidst a world）。① 这或许就是柯布所说的思不及整体大全的矛盾和困惑。这里的"先祖陈述"就指断言宇宙、太阳系、地球在人类出现之前就已经出现的陈述。例如，在断言"人类起源于 200 万年前"的同时，断言"宇宙诞生于 150 亿年前"和"地球成形于 45 亿年前"。坚持相关主义，你就不能相信先祖陈述。深受康德、黑格尔影响的学者们决不能承认人是自然的一部分，他们认为自然中少了人就不是完整的自然，从而不能承认在人还没有出现之前自然已经存在。

就知识论而言，相关主义是正确的。我们不得不承认，无论是科学还是哲学，都是我们自己建构的成果，有无法摆脱的主观性。也正因为如此，人类知识永远都包含着错误，而且我们永远无法把真理和错误区分得一清二楚。

但哲学之思又必须摆脱相关主义的束缚而思及整体大全。人类必须相信，人类生存于其中的整体大全是超越于人类认知的，人类的出现只是发生于整体大全中的一个事件。如果由一切科学和哲学都是人的科学和哲学，在人的科学和哲学之外没有其他科学和哲学，进而推出：除了人以及人建构的生活世界之外不存在任何既非人也非人造物的存在者，那便是狂妄的愚蠢。其实，思及整体大全不需要像梅亚苏等人那样在逻辑和数学上绕圈子，通过当代自然科学家的哲学之思即可。如果你能像普利戈金那样相信大自然是有创造性的，能像罗伟利那样意识到在人类所知之外尚有个"未知的海洋"，就容易理解，包孕万有、化生②万物的大自然是超越于人类之上的，人类生存所直接依赖的地球和太阳系只是大自然的一部分。

哲学思及整体大全与科学认知特定对象绝不是一回事。思及整体大全只是意识到整体大全的存在，进而意识到人类知识永远是不完全

---

① Quentin Meillassoux, *After Finitude: An Essay on the Necessity of Contingency*, Translated by Ray Brassier, Continuum International Publishing Group, 2008, p.15.

② 此处的"化生"非《金刚经》中所提及的具有特指意涵的"化生"，而指一般的生长或涌现。

的，永远是真假混杂的，人类实践永远都面临着复杂性和不确定性，永远都有不可预料的后果。有此意识，我们才会敬畏自然、服从自然、保护地球。这和科学认知 DNA 全然不同，人们认知了 DNA 就力图操纵生物有机体。哲学思及整体大全只要求人类对在人类之上的大自然心存敬畏，进而弃绝征服自然的妄念。

生态哲学和信息哲学一样拒斥了笛卡尔—康德的二元论，从而不再认为只有人才是具有内在价值和能动性的主体，不再认为一切非人事物都是没有内在价值和能动性的客体。

汤姆·里根（Tom Regan）等人认为，一切高等动物都是生命主体，从而都有道德资格、内在价值和权利。因为高等动物不仅是我们的生物近亲，也是我们的心理近亲，它们和我们一样有心智（mind），有丰富复杂的精神生活（mental life），这一点可得到我们最好的科学的支持。①

保罗·泰勒（Paul Taylor）等环境伦理学家提出了生物中心的世界观（the biocentric outlook）：人类是地球生命共同体的成员，其他生物是相同意义上的共同体的成员；人类作为一个物种和所有其他生物物种都是生物系统的内在要素，生物系统是由互相依赖的各种生物构成的，所以每一种生物的生存以及生存境遇的好坏不仅取决于环境的物理条件，也取决于诸物种之间的相互关系；所有的有机体都是生命目的中心（teleological centers of life），换言之，每一个有机体都是一个按它自己的方式追求它自己的善（its own good）的独特个体；人类并不内在地高于其他生物。②

利奥波德的"土地伦理"则把土地看作一个共同体，这个共同体的成员包括土壤、水、植物和动物。"土地伦理"主张把人由征服者

① Tom Regan, *Animal Rights*, *Human Wrongs*: *An Introduction to Moral Philosophy*, Rowman & Littlefield Publishers, Inc., 2003, p. 92.

② Paul W. Taylor, *Respect for Nature*: *A Theory of Environmental Ethics*, Princeton University Press, 25th Anniversary Edition, With a New Foreword by Dale Jamieson, 2011, p. 100.

转变成这个共同体中的平等一员和公民。① 深生态学创始人奈斯（Arne Naess）认为，在人和自然物乃至大自然之间没有什么不可逾越的界限，每一个人都是与大自然息息相关的。一切生命形式的权利都是不可量化的普遍权利。没有任何一个特定的生物物种拥有比其他物种更多的生存和发展的权利。②

汤姆·里根和保罗·泰勒都自称环境伦理学家，我们可把利奥波德看作生态哲学的先驱，奈斯是极有影响的生态哲学家之一。由以上所述可知，无论是环境伦理学还是生态哲学都拒斥了笛卡尔—康德的二元论世界观，都认为人与非人生物之间的差别没有笛卡尔和康德认为得那么大。在这一方面，信息哲学家走得更远。

那么拒斥了二元论会不会导致对人的自由意志的否定呢？如果你相信决定论的物理主义，即认为万物都处于严格、线性的因果关系之中，那么你就只好承认人类的自由只是假象，每个人所遭遇或所做的一切都是先定的。但普利戈金等科学家所建构的复杂性科学以及量子物理学都摈弃了决定论，而承认大自然是具有创造性的，甚至承认亚原子粒子是"自由"的，用保罗·狄拉克（Paul Dirac）的话说，即"自然是能做出选择的（Nature makes a choice）"③。这种自然观与笛卡尔和康德的自然观截然不同，后者是受牛顿物理学支持的。牛顿物理学是严格决定论的，而复杂性科学和量子物理学是反决定论的。如果我们认为，不仅人类具有能动性，非人事物也有不同程度的能动性，他们都共居于一个生生不息的、复杂的、充满各种不确定性的世界之中，那么，不仅人类具有有限的自由，不同的能动者也有不同程度的有限自由。人的自由不再是"认识了的必然"和"按照已认识到的必然对外部世界的改造"，而是在复杂、多变且本身具有能动性

① Aldo Leopold, *A Sand County Almanac, and Sketches Here and There*, Oxford University Press, 1987, p. 204.

② Arne Naess, *Ecology, Community and Lifestyle: Outline of An Ecosophy*, Cambridge University Press, 1989, p. 166.

③ Shimon Malin, *Nature Loves to Hide: Quantum Physics and the Nature of Reality, a Western Perspective*, Oxford University Press, 2001, p. 125.

的环境中的灵动选择。①

二　生态哲学的知识论

现代性哲学蕴含着知识统一论（或真理统一论），现代知识统一论典型地体现为物理学统一论。但知识统一论是站不住脚的，因为物理学的统一不仅没有得以实现，而且不可能得以实现。数理还原论可以说是知识统一论的另一个名称。数理还原论设定，大自然的复杂多样和变化不定只是现象，支配现象的规律（或本质）是永恒不变的，是可以用数学表征的，而且可以表征为一个内在一致的逻辑体系（数学体系）。然而，现象与永恒规律（本质）之二分只是源自古希腊哲学的一个教条，复杂性科学正在拒斥这一教条。普利戈金和斯唐热说："我们的宇宙具有多元、复杂的特征。结构可以消失，也可以出现。"② 换言之，变化的并非只有现象，宇宙的深层结构也处于生灭变化之中。大自然中充满了"多样性和发明创造"③。既然如此，我们就永远也不可能把大自然的一切奥秘都装进一个内在一致的知识体系内。从不同视角对自然事物的认识，或从不同维度、不同层面切入的认识可以各自表述为一个内在一致的逻辑体系，但当你试图把所有的体系都整合起来时，便会出现矛盾。④ 美国达特茅斯学院（Dartmouth College）的自然哲学、物理学和天文学教授格莱泽（Marcelo Gleiser）说：从泰勒斯到开普勒，再到爱因斯坦，直至超弦理论，对终极真理（the Final Truth）的追求一直激励着历史上的一些伟大头脑。尽管超弦理论研究有些进展，但这一探究迄今仍是失败的。某些部分统一确

---

①　固守着决定论的世界观无法协调自然主义与自由意志论之间的矛盾，但采用反决定论的、生机论的世界观，就能发现自然主义与自由意志论是不相矛盾的。

②　llya Prigogine and Isabelle Stengers, *Order out of Chaos: Man's New Dialogue with Nature*, Bantam Books, Inc., 1984, p. 9.

③　llya Prigogine and Isabelle Stengers, *Order out of Chaos: Man's New Dialogue with Nature*, p. 208.

④　Ian Hacking, *Representing and Intervening: Introductory Topics in the Philosophy of Natural Science*, Cambridge University Press, 1983, p. 219.

实实现了。例如，电与磁的统一，即电与磁是同一种在空间里以光速传播的波。但我们不可忘记，磁单极子的不存在如何破坏了电磁统一的完美，尽管我们仍可以把电与磁归入同一种相互作用。我们已发现弱相互作用如何破坏了一系列的内禀对称性（internal symmetries）：电荷共轭、宇称，甚或二者的结合。这些破坏的后果与我们的生存深刻相关：它们将时间之矢指向了微观层面，为产生物质超过反物质的剩余提供了可行的机制。如果没有这些非对称性（asymmetries），宇宙就会充满了辐射和几种稀少粒子的汤，就没有原子，没有星球，也没有人类。现代粒子物理学和宇宙学的启示很明确：我们是大自然中不完美性的产物（the product of imperfection in Nature）。[1] 这里的对称性也指数学上的统一性，非对称性和不完美性都指数学上的非统一性。简言之，知识统一论和数理还原论都是不能成立的。

现代性哲学的一个基本信念是：世界是完全可知的。这一信念又直接依赖于知识统一论或数理还原论。无论是哲学家还是科学家，绝少有人意识到：无论人类知识如何进步，人类知识与大自然所隐藏的奥秘相比都只是沧海一粟。当然，这一命题无法获得演绎逻辑的证明。但是，有此意识才能克服现代人征服自然的狂妄，形成人类可持续生存所必不可少的情怀——对大自然的敬畏。前现代人一直有对大自然或神灵的敬畏。当然，前现代人的敬畏更典型地表现为对神灵的敬畏，如欧洲基督徒对上帝的敬畏。在现代性祛除了神灵之后，科学主义的自然主义和浅薄的人道主义就宣称，人类就是至高无上的存在者，就是独一无二的具有自主性、尊严和内在价值的存在者。甚至宣称："我们形同上帝，而且必须扮演好上帝的角色。"[2] 现代性的这种狂妄与柯布所批评的没有"整体大全"的思想体系的缺陷直接相关。人们把自然物（如地球、宇宙）等同于自然，又继承了柏拉图以来的

---

① Marcelo Gleiser, *Imperfect Creation*: *Cosmos*, *Life and Nature's Hidden Code*, Black Inc., 2010, p. 147.

② ［美］爱德华·威尔逊：《半个地球：人类家园的生存之战》，浙江人民出版社 2017 年版，第 57 页。威尔逊并不赞成"我们形同上帝"这样的说法。

现象与本质的截然二分，认为自然规律是永恒不变的，被人类多揭示一点，大自然隐藏的奥秘就会少一点，于是，随着人类知识的进步，大自然的全部奥秘将日趋暴露无遗（指完全为人类所知）。这便是深深植根于西方思想传统中的完全可知论，它与知识统一论内在地相关。今天，总算有普利戈金和罗伟利这样的著名科学家开始用科学成果反驳这种完全可知论。根据复杂性科学，坚持现象与本质二分的人们过分忽视了大自然的创造性，低估了大自然的复杂性。普利戈金认为，不仅现象是复杂多变的，大自然的深层结构也是复杂多变的。如前所述："大自然就是变化，就是新事物的持续创生，是在没有任何先定模式、开放的发展过程中被创造的全体。"人类如何能够把握这样的大自然的全部奥秘？面对这样的大自然，完全可知论就只是狂妄之人的妄念。面对大自然的创造，人类的一切创造都只是大自然中的一个星球上的一个物种的小制作。如同孙悟空面对如来佛，孙悟空一个跟头可翻出十万八千里，但无论他翻多少个跟头，都逃不出如来佛的手掌心。人类与地球上的诸物种相比确实厉害得不得了，如今的科技更是在加速进步，但无论科学如何进步，人类之所知与大自然的奥秘相比都只是沧海一粟。如罗伟利所说的："我们看得越远、理解得越深，就越对世界的多样性以及我们既有观念的局限性感到震惊。""我们就像地底下渺小的鼹鼠对世界知之甚少或一无所知。但我们不断地学习……"① 针对现代性的狂妄，内格尔说："人类正沉迷于一种希望，梦想做最后的清算，但理智的谦卑要求我们抵制住诱惑，不要以为我们现在所拥有的工具原则上足以理解整个宇宙。指出这些工具的界限是哲学的一项任务，而不是科学内在追求的一部分——尽管可以希望，如果认识到这些限度，也许最终可以发现新的科学理解形式。"②

———————

① Carlo Rovelli, *Reality Is Not What It Seems*: *The Journey to Quantum Gravity*, Translated by Simon Carnell and Erica Segre, Penguin Books, UK, 2016, p. 267.
② ［美］托马斯·内格尔:《心灵和宇宙: 对唯物论的新达尔文主义自然观的诘问》，张卜天译，商务印书馆2017年版，第2页。

　　或有人指责我们已陷入不可知论，似乎承认存在罗伟利所说的"未知的海洋"，或认为人类之所知与自然奥秘相较是沧海一粟，就已陷入不可知论，似乎只有坚信完全可知论的人，才是可知论者。其实，人类认知自始至终都只能是出于人类目的或人类价值目标的认知。把穷尽自然奥秘、"上帝创世的秘密"或"终极定律"确立为人类认知的终极目标是人类认知的僭妄。我们可以获取各种知识，凭借各种知识我们可以超越于地球诸物种之上（并不意味着我们可以任意对待非人物种），例如，我们可以获得耕种的知识、冶炼的知识、制造各种物品和机器（包括机器人）的知识、登月的知识……即我们可以获得实现我们各种价值目标的知识。"可知"只能是这种意义上的可知。格莱泽说得好："不管我们取得了多大成就，我们最好记住，我们的故事只是我们的故事，它们和我们自身一样是不完美的、有局限的；我们最好记住不要去追求绝对真理但力求理解。如汤姆·斯托帕德（Tom Stoppard）在其戏剧《乡村乐园》中所提醒我们的，认知一切并非重要的，认知的热望才是重要的。"[1] 我们的价值目标必须是适当的，而不可以是狂妄的。我们不能因为古人不能飞行我们能飞行，我们做到了古人想都不敢想的事情，就以为虽然我们今天没能把握大自然的全部奥秘，未来的人类可以。格莱泽说："就像鱼不能设想作为整体的海洋，我们也不能设想自然之大全（the totality of Nature）。"[2] 应该说，人类不该奢望以科学方法去认知自然之大全，但思及自然之大全进而对自然心存敬畏恰是人之本分。[3]

　　人类揭示自然规律，并不像收割一垄成熟的小麦那样，多割掉一点就会少剩下一点，直至割完，而是像在大森林中采蘑菇，多采到的

---

① Marcelo Gleiser, *Imperfect Creation*: *Cosmos*, *Life and Nature's Hidden Code*, Black Inc., 2010, p. 6.

② Marcelo Gleiser, *Imperfect Creation*: *Cosmos*, *Life and Nature's Hidden Code*, p. 151.

③ 这里的"思"指哲学和逻辑之思，思及自然之大全不会犯任何逻辑错误，但试图用数学和实验方法穷尽自然的所有奥秘则是痴心妄想。

那一点与大森林中未被发现和还将长出的相比，只是微不足道的一点，但那一点也许足够我们用了。换言之，人类知识的进步并非体现为绝对真理的不断积累，更不体现为向"终极理论"或"真理大全"的无限逼近，而只体现为有用知识的不断积累。无论人类知识进步到何种程度，人类之所知相对于大自然所隐藏的奥秘，都只是沧海一粟。

当然，总有人超越具体实践的目标，去为知识而知识，但"为知识而知识"也是一种价值目标。罗伟利所说的"我们求知的热望在燃烧"，应该指这种"为知识而知识"的激情，也就是格莱泽所说的"理解"自然的激情。

生态学一直自觉地采用系统论和整体论方法，关于这一点，美国著名生态学家霍华德·欧德姆和中国著名生态学家李文华院士都有明确的论述。① 生态哲学当然也要采用系统论和整体论方法。在方法论层面，系统论和整体论并非与还原论互斥，而是可以与之互补。科学和哲学都必须使用分析的方法，因而会在特定论域中诉诸还原论。还原论指导下的物理学、化学、生物学等都取得了巨大成就，使我们对物质的认识达到了基本粒子层级，对生命的认识达到了分子水平。但我们不能不分语境地说，物质就是基本粒子，生命就是 DNA。忽视了不同层级的整体，分析性的知识对我们就没有用。例如，并非了解了DNA 就把握了生命的所有奥秘，如霍华德·欧德姆所言，有许多信息根本不在对微观成分和部分的辨识中。②

西方思想中的还原论与知识统一论是一而二、二而一的，其要旨是执简御繁和以不变御万变。如果把还原论仅当作一种认知方法，且认为它必须与整体论互补，那便没有错。但西方科学家和哲学家往往把还原论也看作本体论的真理，即认为世界本身就是按还原论原则构

---

① 参见 Howard T. Odum, *Environment, Power, and Society*, Wiley-Interscience, A Division of John Wiley & Sons, Inc., New York, London, Sydney, Toronto, 1971, pp. 9 – 10. 李文华主编《中国当代生态学研究》（生物多样性保育卷），科学出版社 2013 年版，前言第ⅲ页。

② Howard T. Odum, *Environment, Power, and Society*, pp. 9 – 10.

成的。① 本体论的还原论与古希腊以来的本质与现象的二分直接相关。数理还原论认为，纷繁复杂的现象都可以归结为永恒不变的数学定律（方程）；实体还原论认为，纷繁复杂的现象都可以归结为基本粒子和场。当代物理学一直在解释微观粒子的多样性，而量子物理学已表明了亚原子粒子的潜在性，甚至表明了亚原子粒子的非物质性。于是实体还原论陷入了困境，而数理还原论则被表述为计算主义。但如果我们没有忘记大自然是具有创造性的，同时意识到凡人类表述出来（说出或写出）的数学语言都是凝固的、僵硬的，凝固、僵硬的人类语言永远不可能把握生生不息的大自然，那么就容易明白，数理还原论只能被当作人类认知的方法，而不是大自然本身的构成法则。

综上所述，如果说现代性哲学的知识论是独断理性主义，那么生态哲学的知识论便是谦逊理性主义。它承认本体论意义上的整体大全或万物之源的存在，但不再认为真理大全是人类认知的终极目标。它把科学看作人类与大自然的对话或人类倾听大自然言说的一种途径，而不再认为科学可以最终完全揭示隐藏在复杂多变的现象背后的永恒不变的规律。它相信人类凭其理性可以建构日益进步的文明，但不认为人类凭理性可以征服自然。它认为客观性是理性要着力追求的一个目标，但不认为人类认知可以达到绝对的客观性。

三　生态哲学的价值论、价值观和伦理学

生态哲学的价值论（axiology）因拒斥了笛卡尔—康德的二元论而与信息哲学有相通之处，即不认为人的主体性是唯一的价值源泉，而认为不同的能动者有不同的价值（既包括内在价值也包括工具价值）。在地球生物圈中，人具有最高水平的能动性，因而既拥有最多的权利，又必须承担最多的责任。当然，生态哲学没有像信息哲学那样认为，人工物（工具、机器、机器人等）也具有内在价值和权利。

---

① Steven Weinberg, *Dreams of a Final Theory: The Scientists Search for the Ultimate Laws of Nature*, Vintage Books, A Division of Random House, Inc., New York, 1993, p. 53.

生态哲学已拒斥了摩尔、逻辑实证主义者和波普尔学派的事实—价值二分，而力图谋求伦理学与自然科学的对话和互补。

　　生态哲学着力批判现代性价值观——物质主义，认为物质主义价值导向是现代性哲学的要害，是工业文明不可持续的根本原因。关于这一点，可参见卢风著《非物质经济、文化与生态文明》（中国社会科学出版社 2016 年版）。在此只简略阐述物质主义价值观与现代性哲学之世界观、知识论的关系。

　　所有的高级宗教（如基督教、伊斯兰教、佛教）和前现代意识形态（如中国古代的儒家）都拒斥物质主义，都鄙视物质主义者。当然，基督教比较复杂，当新教宣称赚钱也是荣耀上帝时，它默许了物质主义，但不至公开认同物质主义。物质主义的大化流行既依赖于物理主义世界观，又依赖于独断理性主义知识论。当上帝和天堂被当作幻觉或心灵安慰剂，而物质被当作唯一真实的东西时，其他理想（包括真、善、美、爱情）便也被当作从属于物质的东西。于是，人们认为，只有物质财富（金银珠宝、房产、汽车、游艇、豪宅等）才是真实的，其他东西不是从属性的就是虚幻的。独断理性主义则要人们相信，人类创造物质财富、改造自然环境甚或征服自然的能力将随着科学的进步而不断提高。物理主义和独断理性主义都宣称得到了现代科学的支持。于是，物质主义价值观不仅获得了现代哲学的辩护，也得到了现代科学的支持。有了这样的哲学和科学，资本主义便可获得较为周密的辩护，于是商业精英和科技精英引领潮流也可得到合理的辩护。于是，"大量开发、大量生产、大量消费、大量排放"的生产生活方式便可得到"合理"的辩护。总之，现代性哲学和现代分析性科学为物质主义价值观提供了合理的辩护。这里的"现代分析性科学"指从牛顿物理学到爱因斯坦相对论物理学的理论物理学，它在方法论上坚持还原论，在世界观上坚持决定论。

　　生态哲学的世界观、知识论和价值论都奠基于非决定论的量子物理学和复杂性科学，而非奠基于决定论的现代分析性科学，其价值观也势必根本不同于物质主义。不难证明，人类只有超越了物质主义，才能走出工业文明所导致的生态危机，走向生态文明。

在现代性哲学和科学的指引下，人们追求三种自由：（1）社会自由，废除奴隶制、废除种族隔离制度、妇女解放乃至让同性恋者得到承认，都是争取这种自由的努力；（2）征服外部自然的自由，南水北调、建三峡大坝、登月、建拥有巨大能量的加速器，都是争取这种自由的努力；（3）改变人之内在本性的自由，改变性别的手术和用基因技术或人工智能技术增强人类的设想，都属于追求这种自由的努力。第一种自由奠基于人的个体性，其界限是很明显的，康德和罗尔斯都阐明过这种界限。确信现代性哲学和现代科学的人们认为，第二种自由的现实界限是迄今为止的科技水平，例如，目前我们尚无登上火星的自由，因为我们的技术水平不够。但就科技发展趋势来看，这种自由是无限的。第三种自由与本书主旨没有直接关系，在此不展开论述。生态哲学和生态学特别要纠正现代性关于第二种自由的错误。事实上，大自然是不可征服的，地球也不是可以任意改造的，人类对生态系统的干预力度，或人类活动的生态足迹，必须限制在生态系统的承载限度之内。换言之，第二种自由的界限就是生态系统的承载限度。

生态伦理指出，人类就在生态系统之中，用利奥波德的话说，人类是与土地共同体中其他成员（非人生物、土壤、水等）平等的成员。所以，生态伦理重视共同体成员保护土地共同体的责任。克里考特说："把生命共同体的完整、稳定和美丽当作至善（summum bonum）的环境伦理不授予植物、动物、土壤和水之外的事物以道德地位。相反，作为整体的共同体的善才是评价其各个构成部分之相对价值和相关地位的标准，且提供公平判决各个部分之需求冲突的手段。"① 就此而言，生态哲学的伦理学（即生态伦理）与集体主义相通。但生态哲学绝不否认生命个体的相对独立性，更不否认个人的相

① J. Baird Callicott, "Animal Liberation: A Triangular Affair," in Donald Vab De Veer and Christine Pierce (eds.) People, Penguins, and Plastic Trees: Basic Issues in Environmental Ethics, Wadsworth Publishing Company, 1986, p. 190.

对独立性，从而不否认捍卫个人自由、维护个人权利的重要性。

　　显然，信息哲学和生态哲学都批判现代性哲学，都认为工业文明已行将就木，因而都在呼唤一个新时代和新文明。这两种新哲学的世界观和伦理学有较多的相通之处，例如，都拒斥僵硬、独断的主客二分，信息哲学家中的弗洛里迪也认为，人类具有不可推卸的保护环境的责任，甚至认为信息伦理学是 E - 环境伦理学。在知识论和方法论层面，双方的分歧较大。例如，信息哲学更容易走向还原论、一元论和完全可知论，而生态哲学更倾向于过程论和多元论（既不是一元论也不是二元论），并拒斥本体论和知识论的还原论。信息哲学主要奠基于图灵关于智能的计算主义思想以及当代信息技术的发展，而生态哲学奠基于远比智能理论普遍、深刻的量子物理学和复杂性科学。二者可合力批判现代性哲学，进而建构一种全新的思维框架，呼唤一个全新的文明。数字化技术确实可以为生态文明建设提供技术手段，例如，信息经济可朝非物质化方向发展，共享经济必须有信息技术支撑。非物质化和共享都是节能减排、保护环境的重要手段，从而是生态文明建设的重要途径。

　　历史学家都认为文明区别于非人动物群落的根本特征在于发展（或进步）。文明发展不同于非人生物进化。发展离不开人为之力，而进化完全是自然的。原始社会发展得极度缓慢，故汤因比等历史学家认为原始社会不能算文明。农业文明的发展是绿色发展，即主要依靠太阳能的发展，或朝向太阳的发展。但由于农业文明技术简单，故发展缓慢。农业文明的绿色发展是低技术的绿色发展。工业文明的发展是"黑色发展"，是背离太阳的发展，即不再依赖太阳能而主要依靠矿物能源（煤、石油、铀、天然气、页岩气、可燃冰等）的发展。在工业文明时期，人类科技快速进步，故发展空前加快，但由于这种发展是背离太阳的，因此导致了空前严重的环境污染、生态破坏和气候变化，因而是不可持续的。走向生态文明是重走绿色发展之路，但生态文明的绿色发展是选择继承工业文明之高科技的绿色发展。以高科技为技术支撑的绿色发展是生态文明的根本特征。历史学家讲的发展不是任何单一指标（如 GDP）的增长，而是社会的全面改善（包括精神的提升）。生态文明的绿色发展亦然，它既不是单一的物质财富增长，又不是单一的经济增长，也不是单一的科技进步，而是包含着经济增长、环境改善、技术进步、政治进步、文化繁荣、精神提升的综合发展。

生态文明的基本精神是人与自然和谐共生，确切地说，是人与地球生物圈和谐共生。这正是生态哲学着力凝练的精神。生态哲学通过对整体大全之存在以及人类理性之有限的体认，而力主敬畏自然、保持理性的谦逊、超越物质主义，进而建设生态文明，谋求人与地球生物圈的和谐共生。①

---

① 这一节是卢风、余怀龙合撰的《生态文明新时代的新哲学》中的一部分，该文发表于《社会科学论坛》2018 年第 6 期。

第六章　生态文明的哲学基础

上一章我们已探讨了支持生态文明的新哲学——生态哲学。可不可以说生态哲学就是生态文明的哲学基础？这要看我们怎么界定"基础"一词。如今，我们已不可能让哲学充当"科学的科学"，进而让所有的科学都从哲学这儿获得最一般的依据。但根据世界文明发展趋势而建构一种最符合文明发展趋势的哲学是可能的、必要的。

第一节　阿伦·盖尔论生态文明的哲学基础

2017 年 Routledge 出版了一本书，即《生态文明的哲学基础：未来宣言》(*The Philosophical Foundations of Ecological Civilization：A Manifesto for Future*)。该书是目前极少有的一本标题中出现了"生态文明"一词的西方学者的著作。作者是澳大利亚斯威本科技大学的阿伦·盖尔（Arran Gare）。盖尔多年研究科学哲学、分析哲学和环境哲学，且广泛涉猎德国古典哲学、西方马克思主义、存在主义、现象学、结构主义、解构主义、后现代主义等，还涉猎物理学、生物学、生态学、社会学等实证科学。该书分析了西方引领的工业文明的危机，特别分析了西方文明的精神危机和哲学病态，指出生态文明才代表人类文明的未来，故特别值得国内生态文明研究者的重视。本节主要介绍阿伦·盖尔对工业文明和分析哲学的批判，并介绍他所论述的生态文明的哲学基础。

一 盖尔论文明的终极危机

盖尔认为，西方引领的文明（即如日中天的工业文明）已陷入全面危机中。人们总寄望于经济增长和技术创新以解决各种社会矛盾（包括失业和贫富分化），摆脱环境危机，但事实上，经济增长和技术创新非但没有缓和社会矛盾、减轻环境污染，反而加剧了社会矛盾和环境污染。如今，最激进的政治运动也只表现为抗议，而提不出根本不同于全球资本主义的未来愿景。政治上的激进人物一旦掌权便不再珍惜其政治机遇。无论何种政客掌权，无论是保守主义者、自由主义者、社会民主党人，还是共产主义者，他们所推行的政策不外乎为市场松绑、实行管理主义（managerialism）、出卖公共资产、削减劳动保障、用新技术形式取代劳工、让超级富豪更有权能、增大人类的生态足迹，他们之间的差别可说微不足道。[1] 我们正面临的以大规模环境问题为焦点的危机是"现代西方文明"（modern Western civilization）的危机。[2] 盖尔讲的"文明"指处于历史演变中的社会形态，即汤因比等历史学家所说的"文明"，指由特定族群构成的社会。[3] 现代西方文明就是正挟着全球化之势而在全世界迅速扩张的资本主义工业文明。

盖尔认为，这种文明之所以陷入深重危机，就是因为其精神、思想、思维方式，或其哲学、科学、人文学是肤浅的、扭曲的、病态的、碎片化的。盖尔认为，哲学在过去一直是文明构成的核心。哲学支撑着文明，或者稳妥地支撑，或者危险地支撑，哲学可能被认真看

---

① Arran Gare, *The Philosophical Foundations of Ecological Civilization: A Manifesto for the Future*, Routledge, London and New York, 2017, pp. 2 – 3.

② Arran Gare, *The Philosophical Foundations of Ecological Civilization: A Manifesto for the Future*, p. 183.

③ 参见 Arnold J. Toynbee, *A Study of History*, Volume Ⅳ, Oxford University Press, 1939, pp. 1 – 4.

待，也可能被忽视。① 盖尔赞同怀特海的观点，哲学是一切智力探究的最有实效的形式。哲学家是精神大厦的建筑师，也是精神大厦的毁灭者。怀特海说："哲学观念是思想和生活的根本基础。我们所关注并置于不可忽视的背景中的种种观念，制约着我们的希望、恐惧，控制着我们的行为。成我们之所想，成我们之所活。正因为如此，哲学观念的装配远不止于专门化的研究。它模铸我们的文明形态。"②

走向生态文明必须实现文化转型，即实现精神、思想或观念的根本转变。盖尔认为，哲学和人文学应为揭示现代文化的缺陷发挥关键的、不可取代的作用，只有这样才能为文化转型（cultural transformations）奠定基础。如今，不仅政府阻碍着文化转型，学术界，包括占据主导地位的哲学话语（即学院派哲学），也阻碍着文化转型。它们将现代性的错误预设教条化，并扼杀一切提出全新思维方式的努力。③ 而现代性哲学的错误正严重误导着人类的价值追求和人类文明的发展方向。

总之，现代西方文明的终极危机是哲学的危机。必须超越当代西方学院派哲学，才能为生态文明奠定思想基础。

二　盖尔对分析哲学的批判

分析哲学就是当代西方的主流哲学。如格洛克（Hans-Johann Glock）所言："分析哲学有大约 100 年的历史，如今已是在西方哲学中具有主导力量的哲学。它在英语世界的流行已达数十年；它在讲德语的国家也占优势，它甚至入侵了曾敌视它的诸如法国那样的地方。"④ 盖尔对分析哲学进行了大刀阔斧的批判，批判大体上集中于如下两个层次：

---

① Arran Gare, *The Philosophical Foundations of Ecological Civilization: A Manifesto for the Future*, Routledge, London and New York, 2017, p. 5.

② Alfred North Whitehead, *Modes of Thought*, The Free Press, New York, 1938, p. 63.

③ Arran Gare, *The Philosophical Foundations of Ecological Civilization: A Manifesto for the Future*, p. 5.

④ Hans-Johann Glock, *What Is Analytic Philosophy?* Cambridge University Press, 2008, p. 1.

1. 在元哲学层次批判分析哲学的哲学观

分析哲学的哲学观源自 17 世纪的洛克（John Locke）。洛克认为，哲学能受雇于知识发现之路上清除场地和扫除垃圾的小工（under-labourer）就该志得意满了。这种哲学观深得逻辑实证主义以来的分析哲学家的认同。彼得·温奇（Peter Winch）称这种哲学观为关于哲学的"小工观念"（the underlabourer conception）。根据这种观念，哲学自身不能对理解世界做出积极贡献，哲学的作用只能是消极的，即排除知识发现之路上的障碍。积极的知识发现只能由哲学之外的科学去承担。于是哲学只能寄生于其他学科，哲学自身提不出有实质意义的问题，而只能为科学、艺术等提供正确使用语言的技术。哲学的基本任务是消除语言学混乱（linguistic confusions）。真正的新知识是由科学家通过实验和观察的方法获得的。在科学研究中，语言是必不可少的工具。语言和其他工具一样也会出毛病，其中一种特别的毛病便是逻辑矛盾。这种毛病和物质性工具的机械故障类似。正如其他工具需要专门的机械师加以修理一样，语言工具也需要专门工匠的修理。正如汽车修理工要做排除汽化器堵塞一类的工作，哲学家要从话语领域中排除矛盾。① 换言之，哲学活动就是语言分析和逻辑分析，其目的是帮助人们正确地使用语言，避免研究或思考那些因误用语言和逻辑而提出的伪问题。这就是在英语世界占据统治地位的分析哲学的哲学观。

盖尔反对这种哲学观，认为哲学应重振雄风，应联系文化的一切领域，否则其他学科必然会碎片化为五花八门的子学科乃至子子学科（sub-and sub-sub-disciplines），致使整个学术界、智力和文化生命都被败坏、肢解。我们需要新观念去克服这种碎片化，这样文化、社会和文明问题才能被有效地提出和理解，从而文化、社会和文明才能健康发展。当然不能空谈新观念，新观念必须能切合于实践、体制和人们

---

① Peter Winch, *The Idea of a Social Science, and Its Relation to Philosophy*, Routledge, London, 2003, pp. 4 – 5.

的价值追求。只有这样，哲学才能为未来文明奠定基础。①

　　显然，盖尔认为哲学不应仅为实证科学打下手、做小工，而应总揽文化的一切领域，从而为文化转型提供整体规划。他说：传统哲学家关心其文明面对的重大问题，为克服必然导致灾难的、片面的、碎片化的思维方式而奋斗，以便使人们能发现生活意义，使之无论在何种情境中都能找到走向未来的路径。盖尔同意尼采的说法，哲学家是"文化的外科医生"，而且认为，哲学并非只是诸学科中的一个学科，而是跨学科的，它质疑一切假设，质询一切其他学科的价值和知识诉求，在学科关系中揭示它们的重要性，提出新问题，开辟研究和行动的新路径。哲学有责任介入宽广的文化领域，以应对文化问题和矛盾，研究文化、社会和文明之间的关系，研究人们能够和应该如何生活，能够和应该如何组织社会。哲学本身也是一种目的，是求知欲所激发的自由探究精神的极点和对自由探究精神的肯定，它力图理解宇宙、追求智慧，其批判锋芒直指一切已被接受的方法、信念和制度。如雅斯贝斯所言，哲学必须进入生活。它不仅要应用于个人，还必须渗入时代的条件、历史和人性。哲学的力量必须穿透一切，因为人没有哲学就没法生活。哲学是个人和社会构成的中心，是大学的内核。②

　　盖尔对分析哲学之哲学观的批评也适合于当代中国的部分哲学工匠。这些哲学工匠热衷于制造"技术性行话"。如著名法国哲学家阿多（Pierre Hadot）所言，哲学这个行业还能以追求学术纯粹性的名义，刻意回避现实问题，而一味据守于某种与生活之道完全无关的语言游戏或"技术性行话"（technical jargon）。③盖尔批评英语世界的正统哲学家们把持着各著名大学哲学系的教职，排斥一切提出新思想的努力，例如，蒯因及其联盟通过对学术职位的控制而主导着美国哲学

　　① Arran Gare, *The Philosophical Foundations of Ecological Civilization: A Manifesto for the Future*, Routledge, London and New York, 2017, pp. 5 –6.

　　② Arran Gare, *The Philosophical Foundations of Ecological Civilization: A Manifesto for the Future*, p. 11.

　　③ Pierre Hadot, *Philosophy as a Way of Life*, edited and with an introduction by Arnold I. Davidson, Blackwell Publishing, 1995, p. 272.

的方向。① 中国学术界的情况与其类似。生态哲学由于一开始就对现代主流哲学提出了尖锐批判，故长期以来不是被斥为"伪学术"，就是被冷落。2007 年中共十七大提出生态文明建设以后，生态哲学才开始受到重视。但许多以名门正派自居的哲学工匠仍漠视生态文明研究，在他们看来，只有小题大做的专门化、分析性细活才是正宗学术，关于文化、文明的话语都大而无当。殊不知他们干的分析性细活都从属于现代性模铸的体制，除了自娱自乐、博取功名和为现代学术体制统计成果添砖加瓦而外，大多于世无补。

2. 在方法论层次批判分析哲学的还原论和科学主义

盖尔对分析哲学的批判以蒯因（W. V. Quine）及其追随者的哲学为鹄的，他认为，大部分分析哲学家的工作都聚焦于蒯因所圈定的思想范围，所以理解蒯因的工作是理解和评价主流分析哲学并把握它与其他哲学之区别的关键。②

在蒯因看来，哲学的核心是逻辑，而逻辑是科学的一部分。蒯因思想的一个重要方面是否认康德所说的先验知识的存在，而发起哲学的"自然主义转向"（naturalistic turn）。这对后来的分析哲学产生了巨大的影响。但蒯因所阐发的自然主义预设了科学主义（scientism）。③ 按照这种科学主义的自然主义，"我们对实在的辨识和描述就在科学本身之内，而非在什么先天的哲学之中"④。盖尔认为，这种自然主义蕴含着还原论（reductionism），根据还原论，只有物理和化学过程才是真实的，当然，蒯因及其追随者在这一点上有时不免自相

---

① Arran Gare, *The Philosophical Foundations of Ecological Civilization: A Manifesto for the Future*, Routledge, London and New York, 2017, p. 43.

② Arran Gare, *The Philosophical Foundations of Ecological Civilization: A Manifesto for the Future*, p. 40.

③ Arran Gare, *The Philosophical Foundations of Ecological Civilization: A Manifesto for the Future*, p. 41.

④ W. V. Quine, *Theories and Things*, The Belknap Press of Harvard University Press, Cambridge, Massachusetts and London, England, 1981, p. 21.

矛盾。① 蒯因所提出的认识论自然化（naturalization of epistemology）把科学知识本身看作自然的一部分，因而可以被当作科学研究的对象。在蒯因看来，"认识论，或类似的东西，不过就是心理学的一部分，因而就是自然科学的一部分。它研究一种自然现象，即物理性的人类主体。这种人类主体被给予一定的可实验控制的输入，例如，不同频率、不同类型的照射，在适当时间内主体就会发出作为输出的对三维外部世界及其历史的某种描述"②。

蒯因学派一直分别捍卫三个信条：元哲学自然主义，据此，哲学是科学的一个分支；认识论自然主义，据此，科学之外无真知；本体论自然主义，据此，在由自然科学所表征的物质、能量、时空对象或事件所构成的世界之外，没有其他任何东西存在。当然，也并非所有的蒯因门徒都同时严格坚持这三个信条。但他们几乎都共同坚持一种客观主义的语义学，据此，现实世界和任何可能世界在任何一瞬间都是由具有明确属性且处于确定关系之中的实体和集合构成的，抽象符号与元素的关系就构成语言的意义，而元素就是构成真实世界和可能世界的实体。正确推理不过就是符合模型之集合—理论逻辑（the set-theoretical logic of model）的符号操作。任何其他形式的推理都是无效的。③

盖尔认为，蒯因所开创的科学主义的自然主义已失去哲学应有的大视野和批判性，因为这种哲学已失去哲学的根本特征：思辨性。盖尔沿用了 20 世纪一位英国哲学家布劳德（C. D. Broad）所做的一个区分：批判哲学和思辨哲学的区分。布劳德的哲学生涯正值思辨哲学（speculative philosophy）式微和分析哲学兴起之时。布劳德辨称，分析哲学由批判哲学演变而来，它以分析、澄清日常生活和科学中的基

---

① Arran Gare, *The Philosophical Foundations of Ecological Civilization: A Manifesto for the Future*, Routledge, London and New York, 2017, p. 41.

② W. V. Quine, *Ontological Relativity and Other Essays*, Columbia University Press, 1969, pp. 82 – 83.

③ Arran Gare, *The Philosophical Foundations of Ecological Civilization: A Manifesto for the Future*, pp. 42 – 43.

本概念和预设为己任。依批判哲学家或分析哲学家之见，哲学问题可彼此隔离地加以解决，哲学就像科学一样可积累无可置疑的知识。思辨哲学家则力图获得对宇宙之本质以及人类在宇宙中之位置的总体性概念，以便获得对人类经验——包括科学的、社会的、伦理的、美学的和宗教的——的全方位的把握。思辨哲学力图总揽人类经验的所有方面，对之进行反思，并力图提出一个全体的实在观（a view of Reality as a whole），这样的实在能正义地对待万物。布劳德概括了思辨哲学的三种方法：分析、通观（synopsis）和综合（synthesis）。分析哲学后来把分析确立为绝对主导甚至排他的方法。经由通观我们可发现通常彼此分离的经验领域之间的不一致，通观即综览（view together）。思辨哲学之最重要的特征是综合，它力图用一整套概念和原则整合受到通观的不同领域的事实。①

盖尔认为，思辨哲学必须分析、通观、综合并用，也只有思辨哲学才能诊断文明的疾病，指引文明的未来发展。在一种文明行将就木，一种新文明呼之欲出的文明转型期间，也只有一种新的思辨哲学才能为批判旧文明提供总揽全局的大视野，为新文明奠定基础。

分析哲学倾向于蔑视包括历史研究在内的通观性思维。试图概括任何一种哲学立场之核心信条或审视哲学总体状况的努力都因为没有分析复杂的语言细节而被分析哲学所否决，而这种努力恰是达到通观的关键。这样，分析哲学家就使其各种预设，包括缩小哲学范围的预设，免受省察。这种哲学不仅被归结为分析，而且被归结为对符号与观察之关系的句法分析，连留给经验、语言或概念分析的空间都很小，给综合则未留任何空间。分析哲学家由于未给通观和综合留下空间因而不重视哲学史研究，他们已发展出一种狭隘的哲学形式，这种哲学形式否定了历史视角，于是掩盖了它自身的贫乏，它对主导地位

---

① Arran Gare, *The Philosophical Foundations of Ecological Civilization*: *A Manifesto for the Future*, Routledge, London and New York, 2017, pp. 33 - 34.

的占据已对包括科学在内的广泛文化造成了伤害。[①]

我们当然不能全盘否定分析哲学。实际上分析哲学就是现代工业文明的精神产物，在工业文明成熟期发挥着固化主流世界观、知识论、价值论、价值观[②]、人生观的作用。我们赞同盖尔对分析哲学的反思和批判：不拒斥分析哲学工匠式的哲学思维方法，就不可能出现一种对文明进行整体诊断的思想。就此而言，后现代主义对"宏大叙事"的拒斥与分析哲学的"小工观念"如出一辙。后现代主义对现代性进行了消解，却自甘于碎片化的思维和表述，而拒斥体系化思想。然而，没有可与笛卡尔、康德匹敌的体系化的"宏大叙事"，就不足以揭示现代性哲学的根本错误，从而就无从发现现代文明发展方向的根本错误。

三　思辨自然主义

盖尔通过对分析哲学的扬弃（即既有所继承又有所批判）和对古今哲学的综合而提出一种新的哲学：思辨自然主义（speculative naturalism）。在他看来，思辨自然主义就是生态文明的哲学基础。

盖尔并没有明确阐述思辨自然主义的思想内核，而认为谢林（Friedrich Schelling）、科林伍德（Robin Collingwood）、皮尔斯（C. S. Peirce）、怀特海（Alfred North Whitehead）等人的哲学都可以归入思辨自然主义，梅洛·庞蒂、海德格尔等哲学家和波姆（David Bohm）、普利戈金等现代科学家也都为思辨自然主义做出过积极贡献。由盖尔对思辨自然主义历史源流的梳理，我们可把思辨自然主义的基本思想大致概括如下。

1. 强调思辨性

思辨自然主义是一种思辨哲学，它不像深受蒯因影响的分析哲学

① Arran Gare, *The Philosophical Foundations of Ecological Civilization: A Manifesto for the Future*, Routledge, London and New York, 2017, p. 43.

② 我在价值论（axiology）和通常所说的价值观（values）之间作了区分。价值论是研究价值起源、价值是否有客观性、价值与事实的关系如何等问题的理论，而价值观则主要指人们的价值排序，如认为财富最重要，公平次之，爱情又次之，就是一种价值排序。

专事分析而不再使用通观和综合的思想方法，思辨自然主义则分析、通观、综合并用，并力图总揽文化的一切领域，进而对整个现代文明进行整体性的诊断，并力图指明未来文明的发展方向。

2. 坚持自然主义基本立场

思辨自然主义虽然对科学主义的自然主义进行强烈批判，但仍是一种自然主义，它力图与科学对话、融合，而不诉诸宗教和神话，当然，它由于重视人文学而力图给宗教和神话以恰当的评价。正因为它是一种自然主义，它就不是任何形式的唯心主义。盖尔认为，在哲学史上，谢林对思辨自然主义的贡献特别大，但后来人们严重曲解了谢林而把他划归为唯心主义者。谢林对思辨自然主义最重要的贡献在于他提出，自然概念并不蕴含这样一种思想——应该有一种能意识到自然的智能。即使没有任何东西能意识到自然，自然也将存在。所以，问题应该这么表述：智能是如何添加到自然之中的，或自然是如何被表征的？盖尔认为，谢林的这一思想表述不是对康德"哥白尼革命"的摈弃，而是哲学的第二次"哥白尼革命"：把超验的东西自然化。必须这样来理解自然，自然产生了有意识的存在者，他们能理解自己是如何在自然之中产生出来的，并产生作为自然之参与者的自我意识。自然就通过他们而意识到自身。这就是思辨自然主义。①黑格尔曾说存在（Being）是最空洞的概念，谢林却着力论证，哲学家必须接受：存在一种先于一切思想（包括科学和哲学思想）的不可预想的存在（unvordenkliche Sein）。② 有了思辨自然主义，我们才可能纠正现代性的根本错误——对自然和人进行理性征服（rational mastery of nature and people）的思想。盖尔说，在以理性征服为根本目的的现代性框架内，人和自然都被看作操纵和控制的对象，它们被认为完全是可预测、可控制的。现代性难以承认任何真正的生命，即便那些表现为

① Arran Gare, Speculative Naturalism: A Manifesto, *Cosmos and History: The Journal of Natural and Social Philosophy*, Vol. 10, No. 2, 2014.

② Arran Gare, *The Philosophical Foundations of Ecological Civilization: A Manifesto for the Future*, Routledge, London and New York, 2017, p. 53.

生命的事物也都可归结为没有生命的事物，例如，动物不过就是把低价的草转变为高价鲜肉的机器，而且这一转化过程完全有可能不要活动物这一中介环节。在现代性文化框架内，生产者最重视的是效率，即尽可能把低价的材料转变成高价的产品，并尽可能采用先进技术去降低原材料价格，提高产品价格。人作为消费者在整个经济体系内成了可预测的工具，其偏好和决定都受到广告商的操纵。① 现代性最严重、最根本的错误就是认为一切都是可预测的，从而是可控制的，思辨自然主义直指这一错误，要求人们承认人只是自然的一部分，是自然过程的参与者。

3. 重视辩证法

思辨自然主义除了强调必须分析、通观、综合兼用以外，还十分重视辩证法。盖尔梳理了从柏拉图经黑格尔到当代哲学家布雷齐尔（Daniel Breazeale）的辩证法。布雷齐尔认为，有两种哲学综合方法：一种是现象学综合法，另一种是辩证综合法，后者更重要。这种方法揭示对立面的相似之处，从而发现对立面的统一。我们用这种方法，可把一组命题隐含的矛盾（或者是冲突，或者是恶性循环）明确地揭示出来，进而积极探求某种新的、更高的原则，这可使我们避免令人反感的矛盾（或循环），因而可说原先的对立是"必要的"。辩证法不同于概念分析、逻辑推理或演绎推理，而完全是一种综合，因为新原则扬弃了矛盾，新原则并非包含在原先那组有问题的概念和命题之中，因而也不可能由之分析地导出。而且它不是由经验导出的，而是纯粹思想的产物，因此，新原则是先天的（a priori），代表我们认知的先天综合扩展。② 可见，辩证法是一种超越了演绎和归纳的综合创新法。

4. 珍惜人的自主性和政治民主

盖尔认为，现代性没有消除对人的奴役，又导致了对地球生态系

---

① Arran Gare, *The Philosophical Foundations of Ecological Civilization: A Manifesto for the Future*, Routledge, London and New York, 2017, pp. 23 – 24.

② Arran Gare, *The Philosophical Foundations of Ecological Civilization: A Manifesto for The Future*, pp. 56 – 57.

统的空前破坏。这与科学主义哲学占据主导地位密切相关。盖尔赞成博格斯（Carl Boggs）对新自由主义及其主导的全球化的批判。全球化不过就是一个全球市场的创建。全球化市场被跨国公司及其主管们所控制。在全球化市场上，公司政治（corporatocracy），特别是公司的金融部门，把人口中的其余部分都定义为消费者，这样，人们就不再是民主共同体中的公民。① 于是，人们失去了自主性，而成了被操纵的工具。现代世界的生活方式是信息技术化的结果，而信息技术化又与哲学家们所大力倡导的语言之逻辑—数学形式化（the logical-mathematical formalization of language）直接相关。这种形式结构在当代实际的政治组织的某些物质和技术实现方面一直是显著的，包括当代通信和计算技术对全球社会、政治、经济体制以及行为模式的不断增强的决定作用。② 由于科学主义盛行，人文学被轻视，于是形成了技术官僚的统治。只有走出现代工业文明，突破现代性的狭隘视野，我们才能创造真正的民主，才能获得真正的自由或自主。盖尔的基本政治哲学思想是奠基于自然主义之上的新黑格尔主义政治哲学和亚里士多德传统的伦理学的综合。③

盖尔的思想是很丰富、很深刻的，在此不可能详加阐述。④

第二节　工业文明的哲学基础

文明是否需要一个哲学基础？如果我们采用汤因比的文明观而认为原始社会不是文明，只有农业社会才是文明，那么我们就会发现，

---

① Arran Gare, *The Philosophical Foundations of Ecological Civilization: A Manifesto for The Future*, Routledge, London and New York, 2017, p. 18.

② Arran Gare, *The Philosophical Foundations of Ecological Civilization: A Manifesto for the Future*, p. 16.

③ Arran Gare, *The Philosophical Foundations of Ecological Civilization: A Manifesto for The Future*, p. 183.

④ 这一节是卢风撰的《论生态文明的哲学基础——兼评阿伦·盖尔的〈生态文明的哲学基础〉》中的一部分，该文发表于《自然辩证法通讯》2018 年 9 月第 40 卷第 9 期（总第 241 期）。

文明确实有其哲学基础，也必须有一个哲学基础。文明的哲学基础就是指导社会制度之建构以及统治阶级乃至多数人之价值追求的哲学。原始人的思想十分朴素、简单，他们有原始的宗教信仰，而没有哲学。哲学是人类进入农业文明才创造出来的思想体系。法国哲学史家阿多指出，在古希腊和古罗马，哲学是哲人的生活方式，哲人又会对其他人乃至后世产生影响。古代农业文明的哲学基础或者直接通过哲学而得以申述，或者蕴含在宗教教义之中。除了作为个人生活的根本指南之外，哲学最重要的作用就是指引文明的发展方向。现代工业文明有其哲学基础，它就是笛卡尔、康德等人为之奠基的现代性哲学，其基本思想就是物理主义世界观、还原论和完全可知论的知识论、以社会自由为鹄的的政治哲学，以及物质主义价值观、人生观、发展观。现代社会制度就是根据这一套信念逐渐建构起来的，这套信念也逐渐积淀在各行各业精英乃至大众的意识之中。在 20 世纪，多数学院派哲学家之所以意识不到哲学对整个文明的重要指导作用，就是因为现代性哲学的根本信条已牢固确立了，于是学院派哲学甘心为科学发展做做小工"、打打下手。20 世纪下半叶，少数先知式的思想家不断发出呐喊：现代性是包含严重错误的，工业文明的发展方向是极度危险的。到了 21 世纪，当我们明确意识到文明必须转型时，自然会意识到哲学有了新的使命——为新时代凝练新的精神，为新文明奠定思想基础。在本节我们将通过对比中国古代文明的哲学以及现代性哲学而探讨生态文明的哲学基础。

一 中国古代文明与中国哲学

汤因比等历史学家强调文明一定是发展、进步的，或说文明是生长的。当然，不同的思想家对文明之发展或进步的界定是不同的，历史学家所说的文明的"发展"与今天主流意识形态所说的"发展"有关，但有不同的意义。我们通常认为，原始社会也是一种文明。但汤因比认为，有长足精神成长的社会才能算是文明。但无论如何，发展是文明的本质特征，发展可被粗略地概括为两个方面：技术进步和思想进步，分别对应福泽谕吉所说的智、德的进步。① 其中思想进步包括科学思想和哲学思想的进步，而哲学思想包括道德（或伦理）思想。人类社会的发展远远快于自然界的生物进化。文明的发展正是人类超越于非人动物之生存方式的根本特征。文明是注定要发展的，正如社会各行业的精英（个人）注定是要创新的一样，不发展的社会不能被称为文明，不创新的个人不能被称为精英。文明的发展正是由社会精英引领的。

如前所说，一种文明由何种精英领导，重视何种创新，朝哪个方向发展，直接关乎文明的可持续性。引领社会的特定精英们（阶级）的价值观，即特定社会的主流价值观，就指引着文明的发展方向。主流价值观就蕴含于主导性哲学之中，并受到主导性哲学的辩护。

中华文明传承五千年，无疑具有很强的可持续性。之所以如此，一来是因为中国古代使用的技术是以利用太阳能为主的绿色技术②；二来是因为中国古代的主导性哲学观念是"天人合一"观念。

第一点与本节主旨非直接相关，故在此不加详述。第二点至关重要，故不得不略微展开阐述。中国哲学的"天人合一"观念包含如下信念。

1. 人在大自然之中，而不在大自然之外，更不在大自然之上。"人在天地间，如鱼在水中。""人在天地之间，与万物同流"③ "天人无间断"④。"天地之大德曰生"（《周易》）。人"可以赞天地之化育"（《中庸》），人的一切活动都必须服从天命，即服从自然规律。这便包含了盖尔所说的思辨自然主义的基本思想：人在自然中，并参与自然的创造。在这种哲学的主导之下，不可能产生"对自然的理性征服"的观念。

2. 值得人追求的最高价值是德行完备的圣贤人格，而不是物质财富、功名利禄、客观知识等身外之物。

---

① ［日］福泽谕吉：《文明论概略》，北京编译社译，商务印书馆1995年版，第33页。
② 与现代工业文明的技术相比，中国古代的绿色农桑技术很简单。
③ （南宋）程颢、程颐：《二程集》，中华书局2004年版，第30页。
④ （南宋）程颢、程颐：《二程集》，第119页。

根据"天人合一"观念，"天命之谓性"（《中庸》），仁义礼智信等美德是天赋予每个人的美德，人人都必须"以修身为本"（《大学》），修身的目的就是"穷理尽性，以至于命"（《易经》），即祛除后天的习染，彰显并扩充天命所赋予人的完满美德。人通过修身所可能达到的最高境界就是"天人合一"境界，至此境界则"从心所欲而不逾矩"，即自然而然地行仁义（义精仁熟）。在"天人合一"观念的主导之下，中国古人一直把"修齐治平"的学问（即哲学①）视为最高学问，而科学（如天文、地理）则是从属性的，技术则更是等而次之的。中国古代哲学最重视的创新是"日新又日新"（《大学》）的人格创新，而不是现代性所特别重视的科技创新。于是，古代中国社会主要是由思想精英引领的②，而不是由工商精英引领的。于是，几千年的农耕文明，技术进步十分缓慢，哲学和文学艺术却达到了较高水平。中国哲学的基本价值导向是：值得人追求的最高价值或最高目标在人生之内，而不在人生之外，圣贤人格在人生之内，而不在人生之外，德性、境界、智慧都与活生生的个人不可分割，都是个人本己的东西，而非身外之物，这些东西远比客观知识、物质财富、功名利禄要珍贵。③

中国古人一来没有征服自然的念头，二来不把科技创新看作最重要的事情，三来思想精英领导着（当然也不时压迫着）工商精英，四来长期坚持"崇本抑末"（农为本而工商为末）的经济政策，于是不可能发展出"大量开发、大量生产、大量消费、大量排放"的工业文明。也正因为如此，中国古代文明才展示了很强的可持续性。

简言之，中国古代哲学的"天人合一"观念指引着中华文明的基

① 按分析哲学的标准，中国古代没有哲学。但若按皮埃尔·阿多的哲学观，则中国古代哲学丝毫也不逊色于古希腊哲学，参见 Pierre Hadot, *Philosophy as a Way of Life*, edited and with an introduction by Arnold I. Davidson, Blackwell Publishing, 1995, p. 267.

② 要说清这一点不容易，在战乱年间，往往是集军事、政治、思想精英于一身的人脱颖而出，成为统治者，但无论如何，维持一个王朝离不开思想精英。

③ 当然，历史上只有极少数人能真的这么看、这么做，从而成为圣贤，多数士人"虽不能至但心向往之"。

本发展方向：绿色农耕技术的缓慢进步和以内向超越为主、外向超越为辅的社会进步。"天人合一"观念就是中国古代农业文明的哲学基础。

二 现代工业文明与现代性哲学

比较中华古代文明与西方引领的现代工业文明之优劣，对于我们思考如何谋求文明的可持续发展特别有教益。现代工业文明的主要成就无疑是科技的快速进步和民主法治的创立。中华古代文明的政治有其虚伪、残酷、黑暗的一面，揭露这一面的文献已汗牛充栋，在此不必赘述。但从生态学的角度看，中华古代文明就是一种不发达的生态文明，它的技术是绿色的（但不发达），它的基本价值导向是正确的，但在政治、伦理上十分虚伪、残酷。现代工业文明的技术无比发达，其民主法治也是值得肯定的社会制度，但它是反生态的、极端反自然的，所以，它是不可持续的。凡事皆有度，过度就有害。过度反自然必至大祸害。

如本书第一章第一节所述，从生态学角度看，文明自创生起就包含着人为（主要指用技术改造自然物）与自然（指事物未受人类干预的自在状态）的张力。在原始社会，人为与自然之间的张力最小，但文明水平最低。中华古代文明一直较好地保持了这种张力的适度，故能持续5000多年。现代工业文明则把这种张力迅速推向极限，如今许多科学家宣称地球生物圈已趋于崩溃。这与现代性哲学的价值导向直接相关。生态学告诉我们，不能把文明与自然截然对立起来，必须把人为与自然之间的张力保持在适当的限度内，或说人类对自然物的干预必须适度。中国古代哲学"天人合一"的价值导向便使中国古人较好地保持了这种适度。而现代性的科学主义则使人们误以为文明与自然只能是对立的，文明所到之处，必是荒野消失之所，文明就是对自然的征服，世界的彻底人工化就是文明发展的顶峰。这便决定了现代工业文明的发展是"黑色发展"——不再依靠太阳能而大量使用煤、石油、铀等矿物资源的发展。这种发展是极度重视外向超越而轻视内向超越的发展。人们认为，改造世界，制造越来越多、越来越精的身外之物，创造越来越人工化的世界，是追求幸福生活的根本途径。人们相信，人为之极致就是文明之巅峰，也是人类幸福之巅峰。恰是这种发展导致了全球性的环境污染、生态破坏和气候变化，而且使人与人之间的矛盾冲突无法弱化，使国家之间的战争无法消除（随着高科技的军事应用，战争的破坏性也越来越可怕）。支持外向超越的黑色发展的哲学体系就是笛卡尔、康德等人开创的现代性哲学，分析哲学只代表对现代性哲学大厦的进一步修补和装饰。我们在阐述现代性之得失时已述及现代性哲学，在此再将其基本信条陈述如下。

（1）物理主义世界观（自然观），认为万物都是物理的，如盖尔所说，物理主义不承认生命的存在（因为生命可归结为无生命的物理实在）。如今，物理主义有了新的表述：计算主义。计算主义宣称，万物都是程序，或万物皆是比特。物理主义世界观蕴含了还原论，还原论既是一种世界观，也是一种方法论。

（2）独断理性主义知识论（科学观），包含：第一，统一知识论或统一科学论，其最强表述是：所有的客观知识（科学知识）构成一个内在一致的逻辑体系，不在这个体系内的一切话语体系或符号系统不是谬误或无意义的东西，就是只有文学（虚构的）意义的东西。第二，完全可知论：世界是可知的，随着科学的进步，人类知识将无限逼近对世界奥秘的完全把握。

（3）反自然主义价值论，认为社会秩序（包括道德、法律）根本不同于自然秩序，价值根本不同于事实，伦理学、美学根本不同于自然科学。

（4）物质主义发展观、价值观、人生观和幸福观。这些命题并不构成内在一致的严密体系①，但在特定论域可以互相支持，且都支持

---

① 实际上物理主义自然观与反自然主义价值论是冲突的，物理主义是本体论的一元论或一元论的自然主义，而反自然主义价值论预设了源自笛卡尔、康德的二元论。坚持彻底的物理主义会否定人的自由意志。从亨佩尔、蒯因到戴维森、普特南这些著名分析哲学家一直试图消解这一冲突。但这一冲突或许只能在思辨自然主义或超验自然主义的框架下才能得以消解。论述这一问题必须有长篇大论，在此无法展开。

极端外向超越的黑色发展。现代性哲学就是工业文明的哲学基础（借用盖尔的用语）。其中独断理性主义是黑色发展的精神支柱，而物质主义则是黑色发展的精神动因。人们之所以认为"大量开发、大量生产、大量消费、大量排放"的生产生活方式是合理的，就是因为引领现代社会的精英们信仰独断理性主义。

三　当代科学对现代性哲学的批判

有理有据地驳倒了现代性哲学，才瓦解了工业文明的哲学基础，进而才能为生态文明奠定哲学基础。盖尔对现代性哲学的哲学观和哲学方法进行了有力的批判，但对现代性哲学内容的批判火力不够。如今，反驳现代性哲学的理据，与其说来自当代哲学（如海德格尔等人的哲学），不如说来自 20 世纪初出现的量子物理学和 20 世纪 60、70 年代以来兴起的非线性科学。

物理主义世界观和独断理性主义知识论都预设本质与现象的区分，而这一区分源自古希腊的柏拉图。按照这一区分，世界或万物的本质是不变的，但现象是复杂多变的。万物不变的本质或者是某种"宇宙之砖"（如水、种子、原子、基本粒子、超弦等），或者是逻辑简单的数学结构，或说万物都可以归结为某种"宇宙之砖"或某种不变的数学结构。可见，现象和本质的截然二分预设了还原论。人类知识探究的根本任务就是透过纷繁复杂的现象，破译隐藏于变化多端的现象背后的绝对不变性（本质或实在）。简言之，科学探究乃至一切智力探究的终极目的是执简驭繁，以不变应万变。把握了万物的本质，我们即能以不变应万变，如温伯格所言，把握了"自然之终极定律"就意味着"我们拥有了统辖星球、石头乃至万物的规则之书（the book of rules）"。

西方思想的另一个重要特征是独断性和排他性。罗杰·豪舍尔（Roger Hausheer）在为以赛亚·伯林《反潮流：观念史论文集》一书写的导论中说，在西方传统中，从柏拉图直至今天，所有学派中绝大多数体系性的思想家，无论是理性主义者、唯心主义者、现象学家、实证主义者，还是经验主义者，尽管他们彼此之间歧见迭出，但都坚持一个无争议的核心假设：无论表面现象与实在（reality）多么对立，其本质上都是一个合理的整体，其中的一切归根结底是一致的。所有这些思想家都认为，至少原则上存在一个触及一切可想象的理论或实践问题的真理体系，有且只可能有一种或一组获知这些真理的正确方法，这些真理以及发现这些真理的方法都是普遍有效的。他们的论证程序往往是：首先找出一组无可怀疑的特殊实体或不容改变的命题，宣称它们具有排他的逻辑或本体论地位，并指定发现它们的恰当方法；其后，以一种深深植根于秩序和破坏本能的心理嗜好，把一切不能归入他们选作不可动摇的模式的实体或命题皆斥为"不实"、混乱，有时甚至斥为"胡说"。笛卡尔的清晰而明确的观念信条，莱布尼茨的"普遍科学"（mathesis univeralis），或者后来实证主义的原子命题和观察语句，或现象主义者和观察资料理论家的感觉要素，都是这种还原论倾向的例证。① 豪舍尔这段话很好地概括了西方思想（包括科学）的独断性和排他性，这种独断性和排他性与还原论也直接相关。这里的排他性指排中律的断言：真与假是判然分明、绝对互斥的。既然只有一个思想体系（或科学体系）是真的，那么一切不容于那个唯一真的体系的"实体或命题"便只能被斥为"不实"、混乱或胡说。

我们不妨把预设本质与现象二分的还原论的理性主义简称为独断理性主义。当代独断理性主义则蕴含了物理主义。20世纪的著名科学家、诺贝尔奖获得者普利戈金的科学研究和哲学思考是对独断理性主义的深刻反省和有理有据的反驳。

经典科学的基本假设以这样一个信念为核心："在某个层面上**世界是简单的**（英文版是斜体。——笔者），且为一些时间可逆的基本定律（time-reversible fundamental laws）所制约。"②

---

① Isaiah Berlin, *Against the Current*: *Essays in the History of Ideas*, The Viking Press, New York, 1980, pp. ⅩⅧ–ⅩⅨ, Roger Hausheer, Introduction.

② llya Prigogine and Isabelle Stengers, *Order out of Chaos*: *Man's New Dialogue with Nature*, Bantam Books, Inc., 1984, p. 7.

伽利略及其后继者认为，科学可以发现关于自然的**全局性**（英文版是斜体。——笔者）真理。自然不仅是用可被实验解密的数学语言写就的，而且仅存在一种这样的语言。根据这一基本信念，则世界是同质的（homogeneous），局部实验可揭示全局真理。这样，科学所研究的最简单的现象就可被解释为理解自然整体的密钥；自然的复杂性只是表面的，其多样性可根据体现为运动之数学定律的普遍真理而加以说明，如伽利略所做的那样。①

或如著名物理学家、诺贝尔奖获得者费因曼（Richard Feynman）所说的：自然就是一盘巨大的棋局，其复杂性只是表面的；每走一步都遵循简单的规则。② 正因为这一思想被现代科学所长期坚持，所以"从古典牛顿力学到相对论和量子物理学，物理学基本定律所描述的时间都不包含过去和将来之间的任何差别"③。根据这种思想，不可逆性只是幻影，一切不可逆过程都是由绝对不变的永恒规律支配的。然而，在人类生活的现实世界中，存在大量的不可逆过程，例如，每一个生物个体都是从出生到死亡的不可逆过程，历史上的所有社会都经历了或经历着不可逆的发展，地球上的生态系统也处于不可逆的演化过程中。在还原论者看来，这些都只是表面现象，这些过程或者可以归结为物理实在的运动，或者可以归结为永恒不变的（时间对称的）数学规律。所以，盖尔说得对，现代科学不承认真正生命的存在。

20 世纪下半叶以来的科学研究，特别是非线性科学（或复杂性科学）研究，正在提供一种根本不同的自然观（或世界观）。如普利戈金和斯唐热在《从混沌到有序》一书的序言中所说的："我们的自

---

① Ilya Prigogine and Isabelle Stengers, *Order out of Chaos*: *Man's New Dialogue with Nature*, Bantam Books, Inc. , 1984, p. 44.

② 转引自 Ilya Prigogine and Isabelle Stengers, *Order out of Chaos*: *Man's New Dialogue with Nature*, p. 44.

③ Ilya Prigogine, *The End of Certainty*: *Time*, *Chaos*, *and the New Laws of Nature*, The Free Press, 1997, p. 2.

然观正处在一个根本性的转变中,即转向多样性、暂时性和复杂性。"①

独断理性主义既预设真理统一论,又预设世界的完全可知性。持这种观点的人们认为,既然支配复杂多变的现象的规律是永恒不变的,那么人类多揭示出一点,大自然隐藏的奥秘就少一点,直至全部奥秘都被揭示出来。于是在现代科学史上好几次出现过"科学终结"——科学已穷尽大自然的一切奥秘——的幻象。

然而,非线性科学所述说的大自然不是这样的。普利戈金和斯唐热说,实际上,无论我们看哪个层面,从基本粒子到膨胀的宇宙,"都能发现演化、多样性和不稳定性"②。在大自然中,不可逆性具有无比重要的作用,是绝大多数自组织过程的起源。在这样的世界中,可逆性和决定论只适用于有限而简单的情况,而"不可逆性和随机性才是规则(指常态)"③。这便意味着大自然中的一切都处于时间之中,"不仅生命是有历史的,宇宙作为一个整体同样是有历史的"④。"我们的宇宙具有多元、复杂的特征。结构可以消失,也可以出现。"⑤ 换言之,变化的并非只有现象,宇宙的深层结构也处于生灭变化之中。大自然中充满了"多样性和发明创造"⑥。简言之,大自然并不是无生命的物理实在的总和,大自然是具有创造性的。可见,非线性科学要求我们回归中国古代的自然观:天地之大德曰生。当然,这意味着古老的自然观获得了发达科学的支持。

---

① llya Prigogine and Isabelle Stengers, *Order out of Chaos: Man's New Dialogue with Nature*, Bantam Books, Inc. , 1984, p. XXVii.

② llya Prigogine and Isabelle Stengers, *Order out of Chaos: Man's New Dialogue with Nature*, p. 2.

③ llya Prigogine and Isabelle Stengers, *Order out of Chaos: Man's New Dialogue with Nature*, p. 8.

④ llya Prigogine and Isabelle Stengers, *Order out of Chaos: Man's New Dialogue with Nature*, p. 215.

⑤ llya Prigogine and Isabelle Stengers, *Order out of Chaos: Man's New Dialogue with Nature*, p. 9.

⑥ llya Prigogine and Isabelle Stengers, *Order out of Chaos: Man's New Dialogue with Nature*, p. 208.

如果大自然是具有创造性的，那么真理统一论和完全可知论就都站不住脚。所以，试图用一个逻辑一致的符号体系去表征大自然的全部永恒规律（爱因斯坦等科学家的理想）就是一个注定无法实现的理想。

当代著名理论物理学家罗伟利（Carlo Rovelli）也明确承认了科学认知的不确定性，明确否认了世界的完全可知性。罗伟利概括了最新量子物理学所给出的世界观。他说："量子力学不描述对象，它描述过程以及作为过程之间连接点的事件。""概括地说，量子力学标志着世界三大特征的发现：分立性，系统状态中的信息是有限的，由普朗克常数限定；不确定性，将来并非完全由过去决定，即便我们所发现的严格规律最终也是统计学上的；关系性，大自然中的事件总是相互作用的。系统中的一切事件都在与其他系统的关联中发生。"① 显然，量子力学给出的世界观与非线性科学所给出的世界观是一致的。

罗伟利说："对我们无知的敏锐意识是科学思维的核心。"② 能意识到人类无知的科学显然是承认了自然之复杂性的科学，而不是宣称科学即将终结的科学。罗伟利关于我们在人类知识的边界上能意识到"未知的海洋"的表述特别值得重视（参见前文）。事实上现代科学家和思想家很少在哲学层面上谈论人类的未知领域，相反，他们过分陶醉于现代知识的进步和积累。罗伟利作为一个取得理论物理学前沿成果的物理学家，承认我们"对世界知之甚少或一无所知"，同时强调存在"未知的海洋"，这对于我们审视现代自然观、知识论和价值观至关重要。联系普利戈金所得出的"大自然具有创造性"的结论，我们可把罗伟利的表述改写一下：人类永远怀有求知的热望，但无论人类知识如何进步，人类之所知与大自然之未知的海洋相比都只是沧海一粟。换言之，完全可知论是根本站不住脚的。只要人类文明还持

① Carlo Rovelli, *Reality Is Not What It Seems: The Journey to Quantum Gravity*, Translated by Simon Carnell and Erica Segre, Penguin Books, UK, 2016, p.190.
② Carlo Rovelli, *Reality Is Not What It Seems: The Journey to Quantum Gravity*, Translated by Simon Carnell and Erica Segre, p.352.

续着，科学研究就会持续，科学永远不会终结。

如果真理统一论和完全可知论站不住脚，那么现代工业文明的一味激励人类外向超越的"黑色发展"就是文明发展的极其危险的错误方向。根据完全可知论，随着人类知识的进步，人类控制外部环境的力量就日益提高，即人类在改造外部环境时出现意外灾难①的可能性日益减小。工业文明的发展进程确实展示了人类征服自然物力量的日益增强。我们对自然过程的干预力度越强，对意外灾难的控制力的要求就越强，否则，过强干预会导致灭顶之灾。例如，在一条小河上建水坝，若出现意外灾难，就只是较小的灾难，而在长江三峡建大坝，若出现意外灾难就是很大的灾难；一个烟花爆竹厂出现意外爆炸，其破坏力较小，而一个大型核电站出现意外爆炸，则灾难很大；使用常规武器的世界大战毁灭性较小，而使用核武器的世界大战会导致人类和地球生物圈的毁灭……预设完全可知论的现代科学告诉我们：因为人类知识日益接近对自然奥秘的完全把握，故随着人类干预自然过程的力量的增强，人类避免意外灾难的能力也随之增强。根据普利戈金和罗伟利给出的世界观和科学观，这是彻头彻尾的神话。大自然不是一座机械钟，大自然是具有创造性的，人类随时都不得不面对自然环境的不确定性，即便人类知识不断进步，"未知的海洋"也不会缩小。于是，人类在干预自然的过程中，永远都无法避免出现意外灾难。既然这样，人类就不能一味谋求征服力的增强，因为对自然的过强干预所导致的意外灾难会远远超过人类的承受能力。

美国哲学家温茨（Peter S. Wenz）说："我们害怕不受制衡的政治权力，但我们渴求无限的征服自然的力量，且称这种力量的获得为'进步'。"然而，"不受制衡的人类征服自然的力量和不受制衡的政治权力一样危险"②。实际上，人类对征服自然的力量的盲目追求比野心家对政治权力的贪求可怕得多。西方现代性思想一直提醒人们警惕

---

① 主要指人力干预自然而导致的灾难，因而是人为灾难，但这种灾难又是人所无法预测的。

② Peter S. Wenz, *Environmental Ethics Today*, Oxford University Press, 2001, p. 171.

不受制衡的政治权力，却一直激励人们永不止息地追求征服自然的力量的增强。"黑色发展"的实质就是征服自然的力量的增强。但"黑色发展"是不可持续的，征服力无止境增强的后果将是人类文明被巨大意外灾难所毁灭。可见，明智的选择是：不再无止境地贪大求强。人类征服自然物所导致的意外灾难（注意：意外灾难无法避免）的强度不可超出人类可承受的限度，例如，毁灭生物圈的强度就超出了人类可承受的限度。

现代工业文明陷入深重危机，就因为支持它的哲学是错误的。

第三节　生态文明的哲学基础：超验自然主义

量子物理学和非线性科学（蕴含生态学）的最新进展正催生一种新的哲学，这种新的哲学将呼唤生态文明的问世，并为生态文明建设提供哲学依据。盖尔称这种哲学为思辨自然主义，突出了这种哲学的综合性和思辨性。我们称这种哲学为超验自然主义。

盖尔用思辨自然主义有力地批判了分析哲学的科学主义和还原论，也批判了现代性学术的碎片化，指出了这种学术对于诊断文明或文化整体病症的无能。但思辨自然主义似乎没有抓住现代性哲学的根本错误和思想要害：独断理性主义的完全可知论和物质主义的价值导向。完全可知论把客观知识的积累和进步当作人类探究或创新的最高目标，而物质主义把身外之物（或难得之货）的改善和积累当作人类价值追求的最高目标。这便决定了现代工业文明的发展是"黑色发展"，即激烈竞争中外向超越的发展，无止境地、肆无忌惮地改造世界的发展。目前，人类文明的根本危机是不可持续的危机，生态崩溃的危机。人类之所以陷入这样的危机中就是因为集体信念支持下的集体贪婪。[①] 这个集体信念就是现代科技进步"印证"的独断理性主义信念。这种集体贪婪就是

---

① "集体贪婪"非指70亿人的共同贪婪，而指信仰现代性价值观、发展观的人们的共同贪婪。如今，仍有少数以内向超越为主的人，但他们被排挤在社会的边缘。

物质主义指引的狂热的外向超越。人类若不摈弃独断理性主义和物质主义就不可能转变发展方向。超验自然主义着力批判独断理性主义的完全可知论和物质主义，并着力为生态文明奠定哲学基础。

以下我们先考察科学自然主义，然后再较为详细地阐述超验自然主义的基本思想。

一 科学自然主义

在现代性语境中，科学自然主义（scientific naturalism）代表着主导性的对人与自然之关系、人与非人自然物之关系以及人在自然中地位的理解。纽约大学哲学教授保罗·霍里奇（Paul Horwich）界定了不同意义的自然主义：

反对超自然主义（anti-supernaturalism）：科学统管现象界的一切（例如，占星术的预测、超感官的知觉和针灸都应该用科学方法加以检验），现象界就指时空中体现为因果关系、说明关系的一切现象。

形而上学自然主义：万物皆存在于时空与因果领域（spatiotemporal, causal domain）之内。

认识论自然主义：只有科学方法才提供真正的知识。

还原论自然主义：对形而上学自然主义的补充——每一个客体、属性和事实都是由真的根本理论（a true fundamental theory）所设定的较小实体（entity）构成的。

物理主义的自然主义（physicalistic naturalism）：对还原论自然主义的补充——没有什么根本实体（不可还原的实体）是精神性的。①

以上所说的自然主义就是科学自然主义。科学自然主义也容易被理解为这样的信条："科学囊括了存在的一切。唯科学方法才能导致真正合理的信念。所有的事实原则上都可以被科学所说明。"②可见，

---

① *Contemporary Philosophical Naturalism and Its Implications*, Edited by Bana Bashour and Hans D. Muller, Routledge, 2014, p. 38.

② *Contemporary Philosophical Naturalism and Its Implications*, Edited by Bana Bashour and Hans D. Muller, p. 37.

科学自然主义也就是科学主义。物理主义则是科学自然主义的一种表述。

二 科学自然主义的得失

科学自然主义包含一些正确的见解，但也包含一些危险的错误。

如果我们把大自然理解为包含着我们的生活世界的"存在之大全"，则可以说一切都是自然的，或说一切都在大自然之中。没有什么超自然的事物，没有上帝，没有神灵鬼怪。不是上帝创造了自然中的万物，而是自然产生了人类，即进化出了人类，而人类中的某些族群建构了一个信仰上帝的信念体系。自然就是自然，是万物之源。自然就是老子所说的道。老子说："道生一，一生二，二生三，三生万物。"如果我们省略了老子所讲的生成过程的中间阶段——"一生二，二生三"，把道等同于我们今天讲的大自然，则道生万物，即大自然生成万物。如今，物理学和宇宙学可描述整个宇宙的生成过程，而生物学、地质学、地球科学等可以描述地球上各种事物的生成过程。总之，经验领域中的具体事物（如动植物）是如何生成的，应按现代自然科学方法去说明。删除了"神""灵""鬼""怪"一类的语词，使我们能更清晰、更有条理地说明、理解经验现象。可见，形而上学自然主义和反对超自然主义的观点是可以部分接受的。

但上文所表述的认识论自然主义、还原论自然主义以及物理主义的自然主义都大可质疑。

认识论自然主义显然把人文学排除在真正的知识之外。如果你认为现代物理学方法才是真正的科学方法，则法学、经济学、社会学、心理学似乎也很难被认为是运用了科学方法的。这种对人文学和社会科学的贬低，会导致文明的畸形发展。

认识论自然主义与还原论和物理主义密切相关。如果你把科学方法界定为说理的方法，且不排斥哲学、社会科学和人文学的说理方法，那么说"只有科学方法才提供真正的知识"就没有什么错。但如果你把科学方法规定为现代物理学方法，即分析的、还原的和实验的方法，那么很多说理的学问都会被拒斥为不科学的。分析的、还原的方法就是把复杂事物归结为其构成部分的方法，如把复杂的生命有机体归结为 DNA，把分子归结为构成分子的原子，把原子归结为构成原子的基本粒子，等等。如果只有这种方法才是科学方法，则法学、社会学、人文学和哲学都不能只用这种方法，当代生态学中的很多分支或流派乃至一切博物学也不能只用这种方法。

其实，分析的、还原的方法只是人类认知的一种方法，如果只用这一种方法，我们就很容易陷入片面的谬见。医学把人类的 DNA 分析清楚了，并不意味着就把握了人类最重要的东西。如果我们没有对人类的人文学、哲学伦理学、法学、社会学和经济学的理解，仅有对人的 DNA 的知识，那么，人类的生活世界还有何生趣？

还原论自然主义和物理主义自然主义把大自然判定为物理实在的总和。这种自然主义倾向于认为人类思维是最复杂的现象，但连这种现象也不过就是一种物理运动——大脑神经的运动。简言之，世界上的一切变化或运动都可以归结为物理运动，而物理运动受制于永恒不变的规律（被物理学揭示为方程式）。换言之，大自然中的各种运动和变化都是由那些永恒不变的规律决定的。可见，物理主义坚持了柏拉图以来的本质与现象的截然二分：现象是变化的、杂多的、稍纵即逝的，从而是不重要的，甚至是不存在的，本质是不变的、永恒的、简单的（指逻辑上的简单），从而是重要的、完美的，是存在的。例如，温伯格虽然承认宇宙中的万物都处于生成过程中，但他仍坚信，在"偶然"和"原理"之间存在着截然分明的界限，偶然现象是变动不居的，而原理是不变的，"了解什么是偶然，什么是原理…… 是科学所担负的一项艰巨任务"①。

西方哲学还存在另外一个传统：从赫拉克利特到怀特海、伯格森、普利戈金的传统。该传统认为，万物皆处于不断的生成过程中，

---

① 温伯格：《科学能够解释一切吗?》，刘钝、曹效业主编：《寻求与科学相容的生活信念》，科学出版社 2011 年版，第 240—250 页。

没有什么绝对不变的东西。大自然的奥秘没有那么容易被揭示得一清二楚，因为大自然喜欢隐藏自己①，大自然是具有创造性的（普利戈金）。

科学自然主义是现代性的基本观点。相信了科学自然主义，你就会相信：随着现代科学的进步，世界之未为人知的奥秘将日益减少，正因为如此，世界没有什么神秘性可言；唯有现代科学知识才是真正的知识；知识就是力量，现代科学知识转化为技术，知识就转化为力量；随着现代科技的进步，人类将越来越能随心所欲地征服自然、控制环境、制造物品、创造财富，人类亦将越来越自由、自主、幸福。在科学自然主义世界图景中，"自然"常被混同于"自然物"或"自然系统"，似乎自然也可以成为自然科学的研究对象。

这幅世界图景是在欧洲中世纪基督教世界图景中删去了上帝、天使、魔鬼一类的超自然存在者之后所得的一幅图景。"上帝死了"，人就成了上帝，即成了最高存在者。现代人认为，世界上不存在任何高于人类的力量了，人类凭其理性即可建设一个越来越理性化、人工化的世界——人间天堂。人类必须认识自然、改造自然、征服自然，但人类道德和人类价值追求与自然无关。换言之，道德和精神是人类所特有的，自然没有道德，没有精神性。自然科学与伦理学之间也没有关系，就如温伯格所言："告诫我们是非善恶的那些道德准则，并不能从我们的科学知识中推导出来。"② 如果说人类价值追求与自然有关，那么二者的关系只能表述为这样的对象性关系：人类应该不断认识自然、改造自然、征服自然以扩充自己的力量、谋求自己的福祉，一切非人自然物都只是人类谋求发展的资源。较长时间以来，我们一直着力论证：这是现代性最根本、最深刻的错误。恰是这一根本错误使现代人在该知足的方面不知足，在不该知足的方面知足了，使现代人把贪婪视为进步的动力

①　Heracleitus on the Universe with an English translation by W. H. S. Jones, Harvard University Press, 1931, p. 473.

②　温伯格：《科学能够解释一切吗？》，刘钝、曹效业主编：《寻求与科学相容的生活信念》，科学出版社 2011 年版，第 240—250 页。

和创新的源泉，把"大量开发、大量生产、大量消费、大量排放"视为天经地义的生产生活方式。如今，生态学已明确地告诉我们，"大量开发、大量生产、大量消费、大量排放"的生产生活方式是不可持续的，现代工业文明是不可持续的。现代工业文明已陷入深重危机中，人类若走不出这种深重危机就可能遭受灭顶之灾。要彻底纠正现代工业文明发展方向的错误，就必须纠正科学自然主义的思想错误。

三　超验自然主义

我们不能简单地否定自然主义的合理性，自然主义包含着丰富的合理见解，如万物皆是自然的；人类的生产、生活应该服从自然规律；虽然存在种种常识和科学都解释不了的奇怪现象，但并不存在能与众多人同时直接交往的上帝、撒旦、妖、魔、鬼、怪，等等。但科学自然主义所蕴含的独断理性主义是根本错误的，它过分夸大了人类理性的力量，从而使现代人愚蠢地否认或漠视了超越于人类之上的力量的存在。摒除了科学自然主义中的独断论成分，可阐述一种能救治现代文明之致命疾病的自然主义——超验自然主义。超验自然主义是可以获得20世纪下半叶以来新科学支持的一种自然观，其要点如下。

（1）自然是万物之源和"存在之大全"。不可把自然等同于自然物，自然是万物之源，是万物之根，是"存在之大全"，是谢林所说的"先于一切思想（包括科学和哲学思想）的不可预想的存在（un-vordenkliche Sein）"，是布劳德所提及的"作为整体的实在"（Reality as a whole），是柯布所说的"整体大全"，也是终极实在（ultimate reality）。从生成论的角度看，大自然就是老子所说的道，即万物之源；从逻辑学的角度看，大自然是"存在之大全"，是囊括万物（所有存在者，用英文说即 all beings）的集合。万物源于自然，也只能存在于自然之中。这种意义上的"自然"就是老子所说的"道"。"道生一，一生二，二生三，三生万物"，即万物皆源自道。"夫物芸芸，各复归其根"，道乃万物之根。如果你把"自然"就理解为老子所说的"道"，则自然既是万物之源，也是万物之根，用海德格尔的话说则是：“自然是先于一切的最老者和晚于一切的最新者。”① 通俗地说，即万物皆产生于自然，又最终复归于自然，例如，一株植物从土地中生长出来，最终又会在大地中死去，从而复归于大地，而大地归属于自然。这种意义上的自然不同于任何自然物（或自然系统），即自然不同于一株植物、一个动物、一块石头、一条河流、一座山，也不同于地球、太阳系、银河系、宇宙。今天，人们常说保护自然，其实，自然无须人类的保护，人类也根本没有能力保护自然。人们说保护自然，实际上是指保护自然物、自然系统（如生态系统）或地球。任何一个自然物都可以成为实证科学的研究对象，但自然本身不可能成为实证科学的研究对象。恰在这一意义上我们说，自然是超验的、神秘的。老子说，“道可道，非常道”，又说道是“玄之又玄”的“众妙之门”，就指道具有人所永远也说不清楚的神秘性。把自然理解为超验的道，就指自然具有现代科学永远也无法穷尽的奥秘，是现代科学永远也说明不了的。你可以在航天飞机或月亮上把地球当作一个对象来观看，但你永远不可能这样去看自然；科学家可以把宇宙当作一个对象去加以研究，但他们永远也不可能触及作为万物之源、万物之根和“存在之大全”的自然。说自然是“存在之大全”，即指自然是“至大无外”的②，即一切都在自然之中而不在自然之外。人也不例外。如海德格尔在解释荷尔德林的诗时所说的：“自然在一切现实之物中在场着。自然在场于人类劳作和民族命运中，在日月星辰和诸神中，但也在岩石、植物和动物中，也在河流和气候中。”③ 自然不同于任何对象化的事物，“却以其在场状态贯穿了万物”④。

人既然永远也不可能闪身于自然之外，便永远也不可能把自然当作一个对象去加以观察或加以研究。作为万物之源、万物之根和“大

---

① ［德］海德格尔：《荷尔德林诗的阐释》，孙周兴译，商务印书馆 2015 年版，第 72 页。
② 冯友兰：《中国哲学简史》，涂又光译，北京大学出版社 1985 年版，第 5 页。
③ ［德］海德格尔：《荷尔德林诗的阐释》，孙周兴译，第 59 页。
④ ［德］海德格尔：《荷尔德林诗的阐释》，孙周兴译，第 59 页。

全"①的自然永远不可能被正确地对象化，所以，科学永远无法把握这种意义上的自然。就此而言，自然永远是神秘的。海德格尔说："我们绝不能通过揭露和分析去知道一种神秘……唯当我们把神秘当作神秘来守护，我们才能知道神秘。"②大自然的神秘是终极的神秘，是绝不可能通过揭露和分析而被祛除的。科学自然主义者宣称，"所有的事实原则上都可以被科学所说明"，但是科学无法说明自然。蒯因所说的"自然化"即指可纳入科学说明之中，但大自然不可能被如此自然化。

我们可在诗意的哲思中领悟这种神秘，进而体悟大自然的"强大圣美"③，并使我们自身得以超拔。

（2）自然是运化不已、生生不息的。自然既不是物理主义者所说的物理实在之总和，也不是计算主义者所说的固定不变的各种程序之总和，也不能说自然就是一个巨大的计算机程序。"天地之大德曰生"，自然是运化不已、生生不息的，用普利戈金的话说，即自然中的可能性比现实性更加丰富，自然是具有创造性的。普利戈金的意思是：大自然中变化的不仅是现象，自然规律也是不断变化的（详见第四章第三节）。用佛学的术语表达这一点就是："诸法从缘生，还从因缘灭。"④

人类语言，无论是自然语言（如汉语、英语、德语）还是人工语言（如各种数学公理体系、各种逻辑系统和计算机语言），都是固定的、僵死的。使用语言是人类的本质或宿命。如海德格尔所言："语言不只是人所拥有的许多工具中的一种工具；相反，唯语言才提供出一种置身于存在者之敞开状态中间的可能性。唯有语言处，才有世

---

① 海德格尔也多次言及"大全"，见［德］海德格尔《荷尔德林诗的阐释》，孙周兴译，商务印书馆2015年版。

② ［德］海德格尔：《荷尔德林诗的阐释》，孙周兴译，第25页。

③ 语出荷尔德林的诗，见［德］海德格尔《荷尔德林诗的阐释》，孙周兴译，第61页。

④ ［日］铃木大拙：《自性自见》，徐进夫译，海南出版社2017年版，第26页。

界。"① 人类不得不使用相对固定的、僵死的语言去表征各种事物，去实现人际交流，去思考或沉思，去想象或作诗。认为人类语言可以把握自然万物或"存在本身"，可以穷尽自然奥秘，乃是源自欧洲思想的一个源远流长的妄念。人类能用语言把握一部分自然物和自然系统的运动规律②，但绝不可能把握自然本身，也不可能无限逼近对自然奥秘的完全把握。其根本原因就在于，自然是运化不已、生生不息、包罗万象的，而人类语言是相对固定的、僵死的。法国著名哲学史家阿多在解释歌德的诗时说："自然是活的、运动的，不是一尊不动的雕像。通过实验对自然奥秘的所谓探究无法把握活的自然，而只能把握某些固定不变的东西。"③

如本书第四章第三节所述，自然养育着人类，现代生物学和生态学能说明自然是如何借助地球生物圈和太阳系而养育人类的。人类虽然无法把握自然本身，但可以通过对身边各种自然物的认识而领会自然的启示。自然的启示也就是人类生存所必须遵循的道，这就是孟子所说的道，"夫道若大路然"，这种作为"人路"④ 的道是"君子之道"。君子之道源于自然之道。自然之道不可能通过人类感官为人类所知，也不可能通过现代科学而为人类所知，但可以通过生命实践、科学（包括博物学）认知和哲学之思而被人类体知为"君子之道"。这种体知绝不可能是对自然奥秘的完全把握，却可以是对人自己的生活之道——君子之道——的明白领悟。对超越于人类之上的自然之道，人类永远只能"管中窥豹略见一斑"。对这管窥之一斑，基督徒见之谓之上帝，伊斯兰教徒见之谓之真主，印度教徒见之谓之梵天，

---

① ［德］海德格尔：《荷尔德林诗的阐释》，孙周兴译，第 39 页。海德格尔这里所说的"世界"当指人的生活世界。

② 其实，人类语言对自然物的把握也只是实践有效性意义上的把握。语言是形式的，自然物是质料的，甚至是活的。在存在论意义上，"一头狮子正在捕食一头羚羊"这句话完全不能等同于自然中所发生的狮子捕食羚羊的鲜活事件。

③ Pierre Hadot, *The Veil of Isis: An Essay on the History of the Idea of Nature*, Translated by Michael Chase, The Belknap Press of Harvard University Press, 2006, p. 252.

④ 参见《孟子·告子章句上》。

儒者见之谓之天，超验自然主义者见之谓之自然……

（3）人类没有能力建构一个逻辑上内在一致的、统一的真理体系。如哈京（Ian Hacking）所言，我们可建构一个个内在一致的体系，但当你试图把多个内在一致的体系统一起来时，就会不可避免地陷入矛盾中。① 正因为如此，没有任何一个话语体系可以不断积累真理、排除谬误而无限逼近对自然奥秘的详尽无遗的把握。现代科学也不例外。现代科学无疑为我们提供了空前丰富的生活工具，但它决不是无限逼近对自然奥秘之完全把握的统一的真理体系。无论科学如何进步，科学之所知相对于自然所隐藏的奥秘都只是沧海一粟。释迦牟尼的一句话可用以表达人类知识与自然奥秘之间的关系："我已说法，如爪上尘；我未说法，如大地土。"② 科学家们应该承认：科学之所知，如爪上尘，自然之所隐，如大地土。试图以人类的一孔之见去征服自然是愚蠢的、狂妄的，但把这一孔之见体知为君子之道，则可让人诗意地栖居于大地上，从而规避人类灭亡的巨大凶险。

四　人类必须敬畏自然

在海德格尔看来，诗意是人的本质。这种本质的核心就是认识到自己的有限性并仍然能向无限者看齐。只有通过这种衡量人才真正成为人。而看齐绝不意味着将自己与他们等同！诗意既不是把人变成神，也不是把神变成人，而是回忆、保持并尊重二者之间的距离与平衡，因为诗意就全在这个"之间"。人的诗意本质在于作为有限的人能够走出自身，以神圣为自身存在的尺规和标准来度量自身。诗意并不只在于他是有限的，而更因为在有限中他能仰望星空，以神圣的崇高来衡量并追求他的人性美。人的栖居本质上就是诗意。以神圣为尺规的栖居是超越的人生——人认识到他的有限和必死性，并将无限保存在他有限的内在生

---

① Ian Hacking, *Representing and Intervening*, Cambridge University Press, 1984, p. 219.
② 转引自印顺法师《佛法概论》，上海古籍出版社 1998 年版，第 1—2 页。

命之中。① 在超验自然主义的思想视域中，我们能明白，自然就是神圣者，"神圣者就是自然之本质"②。

基于如上理由，人类必须敬畏自然。人类之所以必须敬畏自然，就是因为自然永远隐藏着无穷奥秘，永远握有惩罚人类之背道妄行的无上权能。体认这一点，既不需要相信远古的神话，也不需要相信基督教神学，简言之，不需要把自然人格化。自然科学（包括系统论、复杂性理论、耗散结构论、生态学等）就能帮助我们生发这种敬畏之情。因为我们的科学知识越多，我们就越能意识到未知领域的浩瀚无垠（参见著名物理学家罗伟利的论述）。就此而言，超验自然主义决不是反科学的。超验自然主义不仅承认实证科学（包括自然科学和社会科学）是人类生存和发展所必不可少的智力资源，而且承认它是人类领悟自然之启示的必由路径。

显然，如上所述的超验自然主义蕴含着对完全可知论的明确拒斥，故不免会被指斥为不可知论。但我们认为，完全可知论乃是现代性所蕴含的最狂妄的信念。完全可知论预设，随着科学的进步，人类知识将无限逼近对自然奥秘的完全把握。库恩在其《科学革命的结构》一书中已明确摒弃了这种完全可知论。普利戈金也用20世纪下半叶以来的科学新成果驳斥了完全可知论。普利戈金说："为了评价发生于今天的物理学的再概念化，我们必须把它置于合适的历史视野之中。科学的历史远不是对某种固有真理之逐渐趋近的线性展开。它充满了矛盾和无法预料的转折点。"③ 人类的知识追求永远是一种价值追求，或说知识永远是渗透价值的，没有什么绝对价值中立的纯客观的知识。科学永远是属人的科学，它既不可能成为神的科学，也不可能直接成为"存在本身"。人类对世界的知永远都只是相对于或服务

① 佘诗琴：《荷尔德林：理性批判与人的诗意栖居》，德国奥登堡大学图书馆在线出版，2012年。

② ［德］海德格尔：《荷尔德林诗的阐释》，孙周兴译，商务印书馆2015年版，第68页。

③ llya Prigogine and Isabelle Stengers, Order out of Chaos: Man's New Dialogue with Nature, Bantam Books, Toronto, New York, London, Sydney, 1984, p. XXVⅲ.

于人的价值目标的知，而不可能是无限逼近真理大全的知。人类必须信仰本体论意义上的"存在之大全"——自然——的存在，同时又必须承认，人类认知永远也达不到对"存在之大全"的完全把握，从而永远无法达到真理大全。

中国儒家和西方康德学派都夸大了人类道德的自律性，二者都认为人凭其本性即可达到道德自律。其实，人必须通过对超越于人类之上的力量的敬畏才较容易自觉地遵循道德规范。中国古代老百姓相信：人在做，天在看。一个人做了坏事，可以逃脱人间的惩罚，但无法逃脱上天的惩罚。坚信这一点的人肯定倾向于"戒慎""恐惧"①，从而恪守良知。中国古代老百姓的这一朴素信念包含着合理成分。在人类共同体内部，惩罚那些不法分子，不仅是对不法分子的惩罚，也是对未曾犯法者的警示。法律的震慑作用常常警示人们自觉地遵守道德规范。在地球生物圈中，人类集体背道妄行久矣！② 即人类因贪得无厌地创造物质财富而严重地破坏了地球的生态健康。人类集体怎样才能改变长期的背道妄行？没有犯法的人们可以运用法律手段去惩罚那些犯了法的人们。人类中没有谁可以惩罚人类集体，确切地说，没有谁可以惩罚处于主导地位的多数人。怎样纠正人类的集体错误？仅凭人类的道德自觉就可以了吗？道德自觉是必要的，但又是不够的。仅当人类中越来越多的人体认到，人类集体所犯的严重错误会受到高于人类的力量的严厉惩罚时，生态道德规范才能成为有效约束人类生产和消费的公共道德规范。换言之，仅当一个人能对自然心存敬畏时，他才较有可能成为一个合格的生态公民，才较有可能成为一个自

---

① 参见《中庸》。

② 研究环境正义的人们反对这一说法，他们中的某些人认为，并非人类集体污染了环境、破坏了生态健康，而是资本主义制度导致了环境污染、生态破坏和气候变化，必须具体分析哪些阶级、阶层、民族导致了环境污染和生态破坏。美国的阿米什群没有污染环境，没有破坏生态健康，但美国的富豪和白人中产阶级污染了环境，破坏了生态健康。我们并不否认他们的分析的重要性，但坚持认为，在特定的哲学语境中，说人类集体背道妄行是说得通的。当然，更准确的说法是信仰现代性的人们背道妄行，而信仰现代性的人们长期占人口绝大多数，且居于主导地位。把他们当作人类集体的代表是合理的。

觉的、积极的生态文明建设者。仅当合格的生态公民越来越多时，生态文明建设才会水到渠成。

现代性的致命错误之一是，致力于穷尽自然奥秘以无限扩张征服自然的力量，而不再追求适于人之本分的生活之道。全球性生态危机的警示和生态学的理论启示是，人类必须由对自然之道的领悟而重返儒家世代探究的君子之道。针对现代性的僭妄——妄称人类就是最高的存在者，生态哲学必须在呼吁敬畏自然的同时，唤醒世人的天命意识。子曰："不知命，无以为君子也。"[①] 人是追求无限的有限存在者。人对自己认定的最高价值的追求是永不满足、永不止息、死而后已的。明白应该死而后已地追求什么，不该贪得无厌地追求什么，是知天命的根本前提。所有的前现代的高级文化（如儒家文化、基督教文化、印度教文化等）都激励人们以追求人生境界或精神价值的方式追求无限，唯独现代文化激励人们以征服自然、无限积累物质财富的方式追求无限。这与高于人的实在或力量消失于现代性视域密切相关，与天命意识的淡去密切相关。征服自然和无限追求物质财富就是现代人失去天命意识而极度不安分的表现。殊不知，人之天命在于以追求人生境界和精神价值的方式追求无限，而把对物质财富增长的追求限制于地球生物圈的承载限度之内。换言之，知命者在物质追求方面知足，在境界提升和智慧追求方面永不知足。除非人们能重新体认高于人类的力量的存在，重新体认大自然的"强大圣美"，人类不可能重获其天命意识。就此而言，生态哲学必须以超验自然主义取代科学自然主义。[②]

---

① 《论语》。
② 这一节源自卢风《超验自然主义》，《哲学分析》2016 年第 5 期。

第七章　生态文明建设中的伦理问题

　　自从 20 世纪六七十年代环境污染和生态危机在发达国家引起社会各界注意以来，许多有识之士在探讨减少污染和走出危机的办法。但以现代性的思维定势，从事不同专业研究的人往往认定，只要做好某一件或某一方面的事，就可以解决问题。例如，研究能源的专家会认为，如果不用煤、石油等肮脏能源，而用核能、水电、风能、太阳能等清洁能源，就能解决问题；经济学家认为，"我们只有意识到环境污染问题从根本上讲是一个经济问题，才能充分了解环境污染问题，即稀缺的问题"[①]；有西方学者认为，如果不能拒斥基督教的教条——自然存在的理由便是服务于人类——我们就只能在生态危机中越陷越深[②]；哲学家认为，必须从根本上改变我们的世界观和道德观，才能解决问题。这些观点都对，但又都是片面的。有些人会说，环境污染和生态危机的出现似乎是人与自然之间的关系出了问题，实际上仍然是人与人之间的关系有问题，即资本主义社会制度的问题。这种观点无疑有其深刻之处，但仍不全面。其实，生态环境问题既涉及人与人之间的关系也涉及人与自然之间的关系。西方马克思主义者费切尔提出生态文明概念，才为全面理解和解决生态环境问题提供了高屋建瓴的思想框架。

---

　　① ［美］詹姆斯·L. 多蒂、德威特·R. 李：《市场经济：大师们的思考》，林季红等译，江苏人民出版社 2000 年版，第 157 页。

　　② David Schmidtz, Elizabeth Willott, *Environmental Ethics*：*What Really Matters*，*What Really Works*，New York：Oxford University Press, 2002, p. 14.

第一节　在生态文明思想框架中定位伦理问题

既有人把生态文明当作整个现代文明的一个维度，又有人把生态文明当作一种全新的文明，即一种全新的社会形态。我们更倾向于把生态文明当作一种全新的文明。

广义的"文明"与广义的"文化"同义，都指人类超越非人动物而创造的一切，有"社会整体"的意思。对文明或文化进行分析，可以把分析和综合完美地结合起来。"文明"或"文化"已把人类创造的一切包括无遗，这两个名词都指代社会学意义上的最大整体——整个社会或社会整体，而且这里的"社会"不是与政府、市场相对的社会，是囊括政府、市场乃至一切人间组织的社会。先有了这样一个整体概念，再对社会整体进行分析，则可以发现社会各子系统是如何相互作用的，进而辨识社会历史演变的大趋势。马克思的社会学和历史唯物论之所以产生了巨大影响，就是因为用了这种系统分析的方法。如今，系统分析方法已是非线性科学常用的方法。为区别于自然科学所用的系统分析方法，我们不妨称分析文化或文明的方法为文化分析方法。

我们可以说文化大致由四个维度构成：器物、技艺、制度和观念。钱穆先生则认为，文化由七要素构成，这七要素是经济、政治、科学、宗教、道德、文学、艺术。① 我们也可以把文化划分为政治、经济、军事、艺术、科学、技术、哲学、宗教、语言等不同的维度。不同的划分对应于不同的认知目的，没有任何一种划分是绝对客观的。另外，无论哪一种划分，都不意味着文化可按那种划分切割成若干块。历史上和现实中文化的各个维度始终是处于相互联系和相互作用之中的。

在现代性的思维框架中，文明是与自然对立的。现代人认为，文

---

① 钱穆：《文化学大义》，九州出版社 2012 年版，第 34 页。

明就是对自然的征服，现代城市就是文明的典范，城市是高度人工化的人居环境，人工化水平越高，文明水平就越高。如前文所述，与这种文明观相应的发展观是物质主义发展观——物质财富的增长既是发展的直观标志，也是发展的根本标志。这种文明观和发展观激励着现代人"大量开发、大量生产、大量消费、大量排放"，由此导致了全球性的环境污染、生态破坏和气候变化。费切尔、叶谦吉等先贤提出生态文明概念，中国共产党力图把生态文明建设融入经济建设、政治建设、文化建设和社会建设的各方面和全过程，就是要彻底纠正现代文明观和发展观的错误，以谋求文明的可持续发展。

"生态文明"概念揭示了文明对自然环境的依赖。忽视了文明对自然的依赖，人们很容易认为，物质形态的人化物完全是人造的。其实，一切物质形态的人化物都有其自然属性。人们容易认为城市是完全人化的环境，其实，城市永远是渗入了自然物的。"生态文明"概念丰富了文明的内涵。使用"生态文明"概念可以大大扩展文化分析的视野。

从中国生态文明建设的经验来看，我们可以发现，生态文明建设是史无前例的巨系统工程，要求文明所有维度的联动变革。如习近平总书记所说：为建设生态文明，需要"形成节约资源和保护环境的空间格局、产业结构、生产方式、生活方式"①。习近平又说："只有实行最严格的制度、最严明的法治，才能为生态文明建设提供可靠保障。我们组织修订与环境保护有关的法律法规，在环境保护、环境监管、环境执法上添了一些硬招。稳步推进健全自然资源资产产权制度和用途管制制度、划定生态保护红线、实行资源有偿使用制度和生态补偿制度、改革生态环境保护体制等工作。"②又说："推动形成绿色发展方式和生活方

---

① 中共中央文献研究室：《习近平关于社会主义生态文明建设论述摘编》，中央文献出版社 2017 年版，第 36 页。

② 中共中央文献研究室：《习近平关于社会主义生态文明建设论述摘编》，第 106—107 页。

式，是发展观的一场深刻革命。"① 如果我们不认为发展只是 GDP 增长，而认为发展是文明的根本特征，那么由习近平的深刻论述可知，建设生态文明就是一场文明的深刻革命。

建设生态文明的直接目标无疑就是保护环境、维护生态健康。就中国的情况而言，提出生态文明建设固然是为了建设美丽中国，"使人民获得感、幸福感、安全感更加充实、更有保障、更可持续。"② 事实是：经过改革开放，我国经济持续快速增长，电视机、电冰箱、空调、汽车、手机等工业品越来越不稀缺了，但中国人世世代代都不知不觉地享有的清洁空气、清洁水却越来越稀缺了，在前现代虽不充裕但安全的食品，如今虽充裕但不安全了，因为土壤也被严重污染了。简言之，人们的生活必需品变得稀缺了。空气显然是人须臾不可离的必需品，水也是绝对的必需品。人们腰包鼓起来了，有空调、冰箱、汽车等奢侈品（相对前现代人而言）了，但绝对必需品的品质却严重下降了，他们会幸福吗？肯定不会幸福！简言之，只有保护好生态环境，人们才会生活幸福。

科学家、工程师、技术员们能帮助我们检测环境污染的直接来源：各种工厂的排污口（包括烟囱）、成千上万辆汽车的排气管、与日俱增的废弃一次性用品、居民排放的各种垃圾…… 这些都是由我们的物质生产和物质消费造成的。如何降低污染？

能源专家告诉我们：用清洁能源替换矿物能源。很好！我们正大力开发水电、核电、太阳能、风能等相对清洁的能源。但过度开发水电必然导致严重的生态破坏，核电的安全性一直是有争议的，利用太阳能、风能发电必须先制造发电装置，在生产、使用、维修太阳能、风能发电装置的过程中都必然会产生排放。原先以火电为主的能源结构有相应的行业格局和利益格局，大力发展清洁能源势必遭到原先利益集团的抵制。可见改变能源结构，必须改变公共政策乃至法律制

---

① 中共中央文献研究室：《习近平关于社会主义生态文明建设论述摘编》，第 36 页。
② 习近平：《决胜全面建成小康社会　夺取新时代中国特色社会主义伟大胜利——在中国共产党第十九次全国代表大会上的报告》，2017 年 10 月 18 日。

度，而改变公共政策和法律制度，必须改变决策者、立法者乃至公众的思想观念。

发展低碳经济、建设循环经济也是个好主意。但发展低碳经济、建设循环经济同样涉及制度变革和观念改变。垃圾分类显然是保护环境、节能减排和促进循环经济的必要手段。2019 年上海市把垃圾分类作为一项制度加以推行，但在实行过程中障碍重重。其实，最顽固的障碍是人的思想观念和长期形成的生活习惯。许多人不认为保护环境、节能减排是重要的，或不认为保护环境、节能减排应当优先于任何方面的生活便利。图方便是人的天性，在日常生活中人们做各种事情，总是选择最方便的方式或路径。处理垃圾也是这样。人们长期形成了一种简单处理垃圾的习惯，突然要求垃圾分类，人们就觉得不方便。在今日之上海，那些没有环保意识的人必然会不同程度地抵制垃圾分类，他们会认为，连丢垃圾这样的小事也这么严格要求，很烦人。那些有环保意识的人才会积极响应，因为他们明白，丢垃圾看似小事，但所有人每天垃圾处理不当的集体效应是极具破坏性的，从而会下决心改变自己处理垃圾的习惯。

发展共享经济无疑是节能减排、保护环境的重要途径。但如果人们没有真正认识到节能减排、保护环境的重要性，而只贪图便利，不爱护共享物品，则发展共享经济可能非但不能节约资源、保护环境，反而会导致严重的浪费和污染。这似乎就是我国发展共享单车的现实写照。曾几何时北京等大城市出现了大量的共享单车，让许多人能享受"一公里内的便利"，但也有一些人只图便利而不顾公德，单车乱停乱丢，损坏严重，很多地方出现大量堆积的破损单车，造成了严重的浪费。可见，仅有技术、物质和政策的改变不足以发展健康的共享经济，必须有消费者（大众）观念的改变和公共道德水平的提高，才能发展健康的共享经济。

总之，为建设生态文明必须推动文明诸维度的联动变革，头痛医头、脚痛医脚不可能建成生态文明。从费切尔 1978 年提出生态文明以来，40 多年过去了。这 40 多年的探索经验告诉我们，为节能减排、保护生态环境、遏制地球升温，谋求人类文明的可持续发展，人类必须改变能源结构、空间格局、产业结构、生产方式、技术创新方向、公共政策和法律、消费偏好和生活方式、科学创新方向、世界观、知识论、价值观、人生观、幸福观、发展观、宗教、艺术等。改变能源结构、空间格局、产业结构、生产方式、技术创新方向、经济增长方式、公共政策和法律、消费偏好和生活方式是人们可以直接着手去做的事情，而改变科学创新方向、世界观、知识论、价值论、价值观、人生观、幸福观、发展观等就是改变思想观念。如果沿用"文化三维度"论，则前者属于文化之器物和制度维度，后者属于文化之观念维度。今天看来，文化之器物层面主要由技术决定。所以我们可以说，建设生态文明，改变技术和制度是关键，而改变观念才是根本。这里所说的关键，就是人们常说的做大事的"抓手""千里之行始于足下，九层之台起于累土"。建设生态文明可能要历时上百年，甚至几百年，但必须有人着手去做。从哪些具体事情做起？从发展清洁能源、清洁生产、低碳等技术开始，从循环利用和节约各种资源开始，从改变产业结构开始……也从垃圾分类、绿色出行、绿色消费开始，这些都是可以直接付诸行动的事情。如果没有人去做，则生态文明建设就根本没有开始。但像这样的一场深刻革命，不可能万众一起动手去干。必然是少数先觉者①先干起来，事实上也就是这样。说到此处，我们就可以解释"改变观念才是根本"这句话的意思了。对于一个从事工程技术创新的人来说，只有他认为生态文明论是对的、极端重要的，才会积极从事绿色创新。对于一个企业家来讲，只有他真心认为节能减排、保护环境是重要的，他才可能把节能减排、保护环境当作企业的责任。否则，他的企业即使有先进的排污设备也不会使用，因为那样会降低企业的利润。对于立法者来讲，仅当他们认为习近平生态文明思想是正确的时，才会积极推动生态文明体制改革，从而"把

---

① 这里的"先觉者"不是先验论意义上的先觉者，仅指较先认识到节能减排、保护环境、建设生态文明之极端重要性的人们。

生态文明制度的'四梁八柱'建立起来，把生态文明建设纳入制度化、法治化轨道"①。对于各级领导干部来讲，仅当他们认为习近平生态文明思想是正确的时，才会认为保护环境与谋求经济增长同等重要，进而在环境保护方面真抓实干，否则，他们就会装模作样地建设生态文明，而只真心实意地谋求经济增长。对于每一个消费者来讲，仅当他认为生态文明思想是正确的时，才会自觉地践行绿色消费。可见，改变观念是生态文明建设的根本。

为建设生态文明所需要的观念改变涉及世界观（涵盖自然观）、知识论（涵盖科学观）、价值论、政治哲学、伦理学、美学、历史观、文明观、发展观、价值观、人生观、幸福观等。本书以下两章将重点研究生态文明建设中的伦理问题。像长期以来的学院派伦理学那样划定伦理学的专业圈子专门研究所谓的"伦理学专业"是无法解决生态文明建设过程中所遭遇的种种伦理问题的。像最热门的应用伦理学分支——生命伦理学——那样把现代性的基本道德原则应用于一个具体的实践领域也无法解决问题。生态文明建设既然是一场深刻的文明革命，便必然会伴随着一场深刻的思想革命。这场思想革命既会波及哲学、文学、历史学等，也会波及自然科学。我们必须先概述支持生态文明建设的思想体系——生态文明思想体系，才能充分阐释生态文明建设中的伦理问题。

上一章我们已论及生态文明思想体系的某些方面，如自然观、知识论、价值观等，以下再做简明扼要的勾勒。一个较为完整的生态文明思想体系包括世界观（涵盖自然观）、知识论（涵盖科学观）、技术观、价值论、政治哲学、伦理学、美学、历史观、文明观、发展观、价值观、文化观等。

世界观：如果我们认为现代人类聚居的典型的生活世界是城市，那么如今我们必须承认，城市不仅离不开农村，而且离不开荒野（包

---

① 中共中央文献研究室：《习近平关于社会主义生态文明建设论述摘编》，中央文献出版社 2017 年版，第 36 页。

括森林、湿地）、海洋和冰川。生态文明建设要求我们认识到，人及其聚居的城市坐落在自然中，如鱼在水中。无论是城市建设，还是乡村建设，都必须本着"尊重自然、顺应自然"的精神，只有这样，我们的生活世界才会是美好的世界。我们必须承认，大自然是具有创造性的，大自然中的可能性比现实性更加丰富。正因为如此，大自然是不可征服的。本书第六章已着力表明，我们有充分的理由把大自然看作超越于人类之上的终极实体。就此而言，人类不仅应该"尊重自然、顺应自然"，而且应该敬畏自然。人类没有能力保护作为终极实体的大自然，但必须保护地球生物圈。作为终极实体的大自然是超越的、无限的，但人类生活于其上的地球是具象的、有限的。人类聚居的城市直接依赖于地球的生态健康，人类绝不能以破坏地球生态健康的方式谋求文明的发展。

知识论：必须摒弃在西方源远流长的还原论的知识论。既然大自然是具有创造性的，那么就不能认为制约着万物之变化的规律是固定的、永恒不变的，好像人类揭示这种不变规律多一点，大自然隐藏的奥秘就少一点，从而人类知识就多一点；好像随着人类知识的进步，大自然隐藏的奥秘就会日趋减少；好像人类知识进步的终极目标是一个固定不变的真理大全。人类的知识探求永远都是服务于特定的价值目标的，事实与价值的区分只在特定语境中是清晰的，知识并非由纯粹的事实构成的，知识与价值，抑或事实与价值，永远是相互渗透、相互纠缠的。世界只具有实践意义上的可知性，而不具有完全的可知性。正因为大自然是具有创造性的，所以，无论人类知识抑或科学如何进步，人类之所知与大自然所隐藏的奥秘相较都只是沧海一粟。科学不可能建构逻辑一致的"万有理论"，或发现什么"终极理论"，科学只能是人与自然之间的对话，这种对话永远也不会终结。

技术观：人类文明不可没有技术，但技术创新的方向不是单一的。工业文明的技术创新方向——追求日益强大、精准的征服自然的力量——是根本错误的。人类用技术对自然过程的干预力度越强，技术干预的不确定后果就越严重。这种不确定性是无法排除的。正因为工业文明对自然过程进行了过强的干预，才导致了全球性的环境污染、生态破坏和气候变化。为建设生态文明，人类必须扭转技术创新方向：由征服自然转向保护地球生物圈，即大力发展低碳技术、清洁生产技术、生态技术、信息技术，等等。

价值论：价值论（axiology）不同于价值观。价值论研究价值的来源、分类、价值与事实之间的关系等一般性哲学问题，而价值观是指人们的价值排序或价值偏好，一个人若认为金钱比亲情、友谊、爱情、公平等更重要，则他的价值观就是物质主义的；一个人若认为爱情比任何其他东西都重要，则他的价值观是爱情至上主义的……现代价值论设定人与非人、价值与事实的截然二分，认为人的主体性是一切价值的唯一源泉，进而认为只有人才具有内在价值、尊严和权利，非人事物没有内在价值、尊严和权利。20世纪六七十年代以来，许多西方思想家，特别是环境伦理学家对这一教条进行了批判。分析这一教条，辨析各派环境伦理学家的思想，是本书的任务之一。

政治哲学：18、19世纪以来，自由主义和马克思主义是十分有影响力的两种政治哲学，当然，在这对立的两派之间，存在着各种折中调和的立场。自由主义强调个人的独立性，凸显个人的自由、尊严和权利，也重视基本权利的平等。发达国家特别是冷战结束以后欧盟的民主法治建设受自由主义指导较多，其福利社会制度也受到了马克思主义的影响。但就生态文明建设而言，自由主义却不能指导人们理解人类对非人生物和生态系统应负的责任，因为它过分强调个人的独立性，也过分夸大人与非人事物之间的区别，从而不能充分理解个人对不同层级的共同体的依赖，更不能充分理解人类对生态系统乃至地球生物圈的依赖。马克思主义是比自由主义更加圆融的理论，它和自由主义一样重视人的解放和自由，只是认为自由主义所支持的资本主义未能真正地解放人，它使劳动者摆脱了对封建主的人身依附关系，却又陷入对物即资本的依附关系中。可惜，20世纪它所指导的政治实践未能取得它所承诺的人的彻底解放。苏联和东欧剧变以后，中国共产党仍坚持马克思主义，并不断深化自1978年开始的改革开放，把社会主义与市场经济结合了起来，取得了举世瞩目的成就。中国改革开放的经验告诉我们，人的个体性与社会性不是绝对对立的，而是辩证统一的。每个人都是一个相对独立的个体，有其独特的思想、性格、气质、偏好等，没有两个人的思想是完全一样的，在历史上我们绝对找不出两个思想完全一致的思想家。可见，至少就思想而言，人的个体性无法消弭。但人又是生活在不同层级的共同体之中的，每个人都是在特定的语言、文化共同体中成长起来的。如果一个人刚出生就脱离了人类共同体而侥幸被丛林中的野兽养大，那么他就徒有人的基因和形体，而不可能有说话、思维的能力。美国经济史学家乔尔·莫基尔（Joel Mokyr）曾论及文化和基因之共性和差异性的共存，他说：

> 一个独立的个体不会拥有一种不被他人所拥有的文化特质，但是每个人又都是独特的，因为很难有两个人会拥有一模一样的文化要素组合。这里没有什么谜团需要解开：类似的是，所有个体所拥有的基因型或多或少都是不同的（同卵双胞胎除外），但每个个体都与其他个体拥有大量相同的基因，甚至与其他不同基因型的哺乳动物都是如此。①

正因为具有无法消弭的个体性，故个人利益也无法完全与社会利益统一起来。也正因为如此，个人自由、权利和尊严是重要的，以国家、人民等抽象概念为理由而在现实中任意剥夺个人的自由和权利是邪恶的。但社会或共同体也绝不是虚构，每个个人都必须对不同层级的共同体承担其必须承担的责任。在建设生态文明的过程中，我们必须接受生态学的指示：人类也是生态系统中的存在者，生态系统也是一种共同体，人类有维护生态系统健康的责任。

伦理学：如前所述，20世纪六七十年代以来，西方环境伦理学家

---

① ［美］乔尔·莫基尔：《增长的文化：现代经济的起源》，胡思捷译，中国人民大学出版社2020年版，第8页。

对现代性的伦理学进行了猛烈的批判。利奥波德1949年提出的"土地伦理"则是这种批判的先声。本章下一节将对环境伦理进行较为详细的阐述，并将重点阐述环境伦理学中的生态伦理学。

美学：现代哲学的美学不能不受机械论世界观的影响，而机械论世界观又深受牛顿所奠基的经典物理学的影响。现代美学也不能不受主客二分即人与非人之截然二分的影响。在现代性哲学框架内，人们会认为人的主体性是美的唯一来源，并进而认为自然美不仅根本不同于人所创造的艺术美，而且低于艺术美。黑格尔是最具有反机械论倾向的现代哲学家，连他都认为：

> 我们可以肯定地说，艺术美高于自然。因为艺术美是由心灵产生和再生的美，心灵和它的产品比自然和它的现象高多少，艺术美也就比自然美高多少。从形式看，任何一个无聊的幻想，它既然是经过了人的头脑，也就比任何一个自然的产品要高些，因为这种幻想见出心灵活动和自由。就内容来说，例如太阳确实像是一种绝对必然的东西，而一个古怪的幻想却是偶然的，一纵即逝的；但是像太阳这种自然物，对它本身是无足轻重的，它本身不是自由的，没有自意识的；我们只就它和其他事物的必然关系来看待它，并不把它作为独立自为的东西来看待，这就是，不把它作为美的东西来看待。①

如果我们摈弃了机械论世界观而接受了普利戈金的名言：大自然是具有创造性的，则可以重新品味庄子的名言：天地有大美而不言。进而会发现，现代美学犯了一个天大的错误，不是艺术美高于自然美，而是自然美高于艺术美。尽管黑格尔是一代辩证法大师，但仍无法超越他所处时代的局限：把自然看作遵循必然规律的机械事物的总

---

① ［德］黑格尔：《美学》，朱光潜译，商务印书馆2009年版，第4—5页。感谢程相占教授提供了查找文献的线索。

和，而不承认自然具有创造性。如果我们不认为大自然是绝对精神的外化，而是孕育出人类的终极实体，那么就会发现，无论何种形式的艺术美都源于自然，从而都不堪与自然美一比高下。

历史观：如德国马克思主义者费切尔所言，进步主义是现代历史观的基调。现代性的进步主义是一种关于历史单向进步的观点：人类历史将朝着科学技术不断进步和物质生产力不断发展的方向前行，科学技术和物质生产力的发展统领着其他方面的进步。这种历史观既受到 20 世纪人类学研究的反驳，也受到蕴含生态学的非线性科学的反驳。著名人类学家莱维·斯特劳斯说：进步主义"抹杀文化多样性，同时又装出充分承认这种多样性的企图""把诸古老或遥远的人类社会的差异状态，当作某种发轫于同一起点又趋于同一目标的单一发展的诸**阶段或时期**"①。又说："史前考古知识的发展趋向于认为，各种文明的形式是**铺展于空间**而非如我们以前乐于想象的那样是**序列于时间**。"进步并非必然，亦非持续，各文明的演变过程表现为跳跳跃跃。

> 这些跳跃并不总是在同一个方向上愈行愈远，而是伴随着方向的改变，有点像国际象棋中的骑士，总是有好多种行进的方法，但从来都不是朝同一个方向，进步的人类与其说像一个拾级而上的人，每登一级都在他已征服的台阶上再增加一级，不如说像一个赌徒，他的运气取决于好几个骰子，每扔一次便看到骰子四散在地毯上，带来不同的数目。人们在一个骰子上赢了，却总是有在另一个骰子上输掉的风险。只是偶然在某些时候，历史才是积累的，即，各数目相加得出一个有利的总和。②

英国当代历史学家尼尔·弗格森说："历史变革并非以渐进的方

---

① ［法］莱维·斯特劳斯：《种族与历史》，清河译，附清河著《破解进步论》，云南人民出版社 2004 年版，第 105 页。
② ［法］莱维·斯特劳斯：《种族与历史》，清河译，附清河著《破解进步论》，第 112—113 页。

式来临。历史由临界点组成，它充满了非线性结果和随机行为。"①
"非线性"和"随机"都是当代非线性科学常用的词。

非线性科学告诉我们，自然界中"那些可解的、有序的、线性的
系统是反常的""自然界的灵魂深处是非线性"。牛顿以来，自然科
学家相信，自然现象都可以用线性方程加以描述。线性方程总是可以
求解的，"线性方程具有一种重要的叠加特性：可以把它们分开，再
把它们合并，各个小块又浑然成为一体。""非线性系统一般说来是不
可解的，也是不能叠加的。"换言之，非线性系统是复杂的、不确定
的，因而是不可准确预见的，甚至可以说是不可预测的。大自然中充
满了非线性系统。

我们以前认为，社会历史远比大自然更加复杂。康德等现代性思
想家认为，自然现象遵循必然的因果律，而人类行为十分复杂，人类
具有自由意志，自由意志服从道德律。简言之，自然现象都是必然
的，而人类意志是自由的。由此决定了社会现象远比自然现象要复
杂。但是，根据非线性科学，大自然的复杂性和创造性远在人类之
上，人类只是大自然中的后来者。进步主义历史观显然受到了牛顿物
理学所蕴含的决定论的深刻影响。如今，非线性科学宣称，关于自然
现象的决定论是不能成立的。这不能不让历史学家们质疑关于社会历
史的决定论。

文明观：必须纠正现代性的文明观。现代文明观或可以穆勒的一
句话加以概括："对文明、艺术或发明的所有赞美，都是对自然的谴
责"②，即文明与自然是对立的。但生态学以及更一般的非线性科学却
表明：文明不是与自然对立的，我们不能继续认为文明所到之处就是
自然退缩之所。在著名生物学家威尔逊看来，"生物学和文化两个层

---

① ［英］尼尔·弗格森：《文明》，曾贤明、唐颖华译，中信出版社 2012 年版，第 xiv 页。
② ［美］霍尔姆斯·罗尔斯顿：《环境伦理学》，杨通进译，中国社会科学出版社 2000 年版，第 53 页。

面是互相渗透的"①。生态学的基本警示是：文明必须与自然相容，文明发展依赖于健康的生态。正如习近平所说的："生态兴则文明兴，生态衰则文明衰。"② 如果我们认为城市是文明的象征，那么未来的城市设计、规划、建设必须遵循生态学法则，"要让城市融入自然"③。如果我们接受福泽谕吉简洁的文明定义："文明……是人类智德的进步"④，那么我们必须进一步认识到智的进步——科技进步——不是只有一种可能性或一个方向，而是有多种可能性或多个方向。科技不能继续沿着追求征服力扩张的方向进步了。人类必须实现科技创新的生态转向，即让科技朝着保护地球生物圈、谋求人类和平与幸福的方向进步。现代性没有为文明之德的进步开拓无限的精神空间，这是现代性的致命局限。在这一方面，东方思想，包括中国思想和印度思想，将会对未来的文明发展有重要启示。现代性似乎告诉人们，人类文明在德之进步方面没有无限可能，不过就是尊重他人的权利或对他人的同情，但人类文明之智的进步则是无限的。根据东方思想我们会发现文明之德的进步也有无限的可能性。基于 20 世纪下半叶以来的科技成果和哲学研究，我们可以说人类之智的进步诚然具有无限广阔的前景，但现代性所激励的智的进步方向——无限扩张征服力——是错误的、危险的，也是有极限的。人类征服力的增长超过特定极限，其征服活动会导致人类的毁灭，或者导致人类与地球生物圈一起毁灭，这种毁灭包括核战争所造成的毁灭，或者异化技术所带来的毁灭。

发展观：生态文明的文明观不否认文明进步或发展的可能性，但不认为文明只有唯一的进步或发展方向（在此，我们把"发展"和"进步"看作同义词）。我们很容易把文明发展等同于今天人们常说的社会发展。但汤因比等历史学家所说的"文明发展"或"文明生

---

① ［美］爱德华·威尔逊：《半个地球：人类家园的生存之战》，浙江人民出版社 2017 年版，第 199 页。
② 中共中央文献研究室：《习近平关于社会主义生态文明建设论述摘编》，中央文献出版社 2017 年版，第 6 页。
③ 中共中央文献研究室：《习近平关于社会主义生态文明建设论述摘编》，第 48 页。
④ ［日］福泽谕吉：《文明论概略》，北京编译社译，商务印书馆 1995 年版，第 33 页。

长"更侧重于指人类的精神进步，而今天人们常说的社会发展则是以经济指标如 GDP 增长为标志的发展。其实，无论是物质财富增长，还是经济学和社会学所制定的各种量化指标的增长，都不是文明发展的根本标志，文明发展也未必能用任何一个量化指标去衡量。文明发展的实质是社会的全面改善，哪怕是缓慢的改善。社会改善包括科技进步、公民道德的进步、民主法治的健全、社会和谐、生态健康和环境清洁、文化繁荣等。进步也不是必然的，而是需要人们去努力争取的。本书前文已提到，工业文明的发展是大量使用矿物能源的、严重污染环境的"黑色发展"。生态文明的发展必须是"绿色发展"。绿色发展就是"尊重自然、顺应自然、保护自然"的发展，就是与自然环境保护并行不悖的发展。习近平说："推动形成绿色发展方式和生活方式，是发展观的一场深刻革命。"① 这场深刻革命就是由不可持续的"黑色发展"走向真正可持续的"绿色发展"的文明革命。②

价值观：如前所说，价值观指人们的价值排序。任何历史时期的价值观都是多种多样的，除非政治领导层对社会实行思想专制——强制所有人都接受同一种信仰。在现代市场经济条件下，不可避免地存在着多种多样的价值观，但必然有一种价值观是主流价值观。价值观与信仰直接相关。虔诚信仰基督教的人就有基督教的价值观，虔诚信仰伊斯兰教的人就有伊斯兰教的价值观…… 就西方资本主义社会而言，有人信仰基督教，有人信仰伊斯兰教，有人信仰佛教…… 但这些宗教都不同程度地受到了物质主义的侵蚀。詹姆斯·A. 罗伯茨说：

> 我认为物质主义是一种思维方式，一种对获取和花费的兴趣，对物质的崇拜，给物质财富赋予至高无上的重要性。对于完全信

---

① 中共中央文献研究室：《习近平关于社会主义生态文明建设论述摘编》，中央文献出版社 2017 年版，第 36 页。
② 这里的"革命"并非指用暴力手段立即废除现有的制度和传统，镇压所有的顽固维护现有制度和传统的人，立即制定并推行全新的制度，建构全新的文化。生态文明建设所要实现的文明革命完全可以在民主法治的基本秩序内，通过文明各维度的循序渐进的改变而得以实现，即在文明各维度中循序渐进地以新换旧。

奉闪亮之物信条的消费者来说，物质财富至关重要，并被认为是幸福感的主要来源。他们将金钱和物质财富本身视为目的，而不是达到目的的手段。物质主义是现代消费文化的基石。[①]

现代消费文化就是资本主义制度所支撑的欧美主流文化，作为主流文化的基石的物质主义就是欧美国家的主流价值观。之所以说物质主义是主流价值观，就是因为这种价值观与基本社会制度互相支持，进而成为多数人的价值观，并对其他价值观产生影响，例如促使信仰其他价值观的人不同程度地改变或调整自己的信仰（不是放弃原有的信仰）。建设生态文明恰恰要超越物质主义。因为恰是物质主义价值观激励着人们"大量开发、大量生产、大量消费、大量排放"，从而导致了全球性的环境污染、生态破坏和气候变化。

当然，超越物质主义价值观不仅意味着精神信仰的转变，还涉及社会制度、生产方式和生活方式的转变。社会制度的变革能促进人们超越物质主义价值观，生产、生活方式的"非物质化"[②]也会促进人们超越物质主义价值观。

人们的人生观和幸福观与主流价值观息息相关。就个人而言，你若信持物质主义价值观，也就必然信持物质主义人生观和幸福观。物质主义人生观可受到物理主义世界观的支持。根据物理主义，人生就是一个生物化学的演变过程，精神不过就是一个生物化学过程的随附现象，对人生真正重要的是物质财富，一切非物质的东西或精神价值都是次要的，因为只有物质才是真实的，而非物质的东西抑或精神或者是虚幻的，或者是随附的、派生的、第二性的。物质主义的幸福观则告诉人们，人生的幸福就在于创造物质财富、拥有物质财富、消费物质财富。

---

① ［美］詹姆斯·A. 罗伯茨：《幸福为什么买不到：破解物质时代的幸福密码》，田科武译，电子工业出版社 2013 年版，第 7 页。

② ［瑞士］苏伦·埃尔克曼：《工业生态学：怎样实现超工业化社会的可持续发展》，徐兴元译，经济日报出版社 1999 年版，第 87—88 页。

其实，人的价值观、人生观、幸福观都源自人的"符号化的形象力和智能"。无论是古代还是现代，我们都要用物（特别是稀有物和难得的人工物）的差别去标识不同的阶级、阶层、性别、民族等。于是，并非只有书写出来的才是符号，也并非只有招牌和广告等才凸显符号，许多具有使用价值的物品也是符号，可以说，在特定文化共同体中留存、使用的一切物品都是广义的符号。正因为如此，物质主义古已有之。但古代主流意识形态和社会制度一直在抵制、抑制物质主义，唯独现代性才把物质主义矫饰为真理，从而让物质主义渗入经济政治制度中。每个作为生物个体的人的物质需要显然是有限的：每天只能吃那么多，穿那么多，只需要有限的住所……更多的需要完全源自"符号化的想象力和智能"，源自文化符号的激励，完全可以通过多种非物质方式而得以满足，包括颜回和大卫·梭罗那样的先贤也给予我们切实可行的示范。但因为工业文明的主流价值观是物质主义的，于是，从各行业的精英（包括政治精英）到普罗大众都不同程度地受物质主义影响，从而过分看重物质的价值，而忽视了各种非物质价值。物质主义的根本错误就在于把并非多多益善的物质财富当作多多益善的东西了。

文化观："文化"一词大致有两种用法：一种是广义的，指人类超越非人动物所创造的生产生活方式，在这种意义上，一切人工物都是文化的产物，都打着文化的烙印；另一种是狭义的，指人类创造的精神价值或精神活动形式，如宗教、哲学、科学、文学、绘画、音乐等。这里所讲的文化观指对狭义文化的看法，特别是对文化与经济之关系的理解。现代性的基本文化观可概括为经济主义（economism），经济主义不是经济学理论，而是人们对经济的哲学立场，站在这种立场上，人们就会认为经济关切、经济事实、经济价值、经济利益、经济目标就是最重要的关切、事实、价值、利益、目标。[1] 认为经济是

① Mark Amadeus Notturno, *Hayek and Popper on Rationality, Economism, and Democracy*, Routledge, Taylor & Francis Group, 2015, p.56.

一切文化的基础的观点常常被以经济主义的方式加以诠释或理解，即认为基础的就是最重要的。这种解释也就是所谓的"吃饭哲学"或庸俗唯物主义哲学。从事经济活动通常意味着解决吃饭问题，一个家庭中哪个成员挣的钱最多，通常就被认为是最重要的成员，因为没有钱就意味着要挨饿。一个国家的经济水平似乎就决定着该国人的生活状况，经济严重落后就意味着很多人挨饿。所以，经济是一切文化活动的基础，经济不发达，文化不可能发达。但我们能否由此就认为，经济永远是最重要的？文化内容必然被经济发展水平所决定？

其实，不仅人的精神需求与狭义文化有关，人的物质需求也与狭义文化有关。经济与文化始终是相互作用的。人必须吃才能活着，但人之吃从根本上讲不同于非人动物之吃；人必须喝才能活着，但人之饮不同于非人动物之饮，人必须有栖身之所，但人之栖居不同于非人动物之栖居。"鹪鹩巢于深林，不过一枝；偃鼠饮河，不过满腹"（《庄子·逍遥游第一》）。非人动物的物质需要有限，它们也只求有限需要得到满足。人原本只需要有限的物质财富就可以活着，但人创造的文化会激励其物质需要无限膨胀。人因为是文化动物而食不厌精，且各国各地都有饮食文化，于是有钱人一桌饭可以花几万元乃至几十万元；人因为是文化动物而追求美服，于是有钱人一件衣服可值几万元乃至几十万元，且有成百上千件衣服；人因为是文化动物而追求豪宅广厦，于是有钱人一座别墅可值上亿元乃至几亿元……人之超过动物需要的物质需要都是由文化激励出来的。岂止人之衣食住行的奢华需求源自文化，人之各种雄心、野心也源自文化，从而经济、政治、军事等活动也源自文化。20世纪80年代钱穆先生曾说：

> 今天的中国问题，乃至世界问题，并不仅是一个军事的、经济的、政治的，或是外交的问题，而已是一个整个世界人类的文化问题。一切问题都从文化问题产生，也都该从文化问题来求解决。我们可以说，最近两百年来，整个世界的一切人事，都为近代的西洋文化所控制、所领导，我们纵不能说近代西洋文化即算

是世界文化，但它确有这个力量，把整个世界控制、领导了。这一形势，直到今天依然存在。但我们也不能不说，近代的西洋文化，实在已出了许多毛病。远从第一次世界大战起，西洋文化的内在病痛，早已曝露。①

物质主义和经济主义正是源自西方的现代性文化的精髓，也是现代工业文明的要害。工业文明之所以不可持续，就是因为现代性文化误导了人类的价值追求。经济主义由经济是基础推出经济是最重要的，犯了一个致命的错误：基础是重要的并不意味着人类的一切活动都始终以打基础为目的。人的一切有意识的活动都是出于特定目的的，或说人是追求意义的。人必须吃饭才能活着，但人活着并非仅为了吃饭，人必须穿衣才能活着，但人活着并非仅为了穿衣……古人早已明白这个道理，于是才有了各种宗教、哲学。现代庸俗唯物主义把古代宗教和哲学皆指斥为骗术：它们总把精神价值确立为人生意义，实质上是为统治阶级的经济特权和物质奢侈辩护。源自古代的宗教和反唯物主义的哲学诚然有骗人的成分，但也并非全是骗人的。在工业文明发展到巅峰且正日益陷入危机的今天，我们该重新理解经济与文化之间的关系了。一座美丽宏伟的建筑物的基础如果不牢，则随时有坍塌的危险，可见牢固基础是建筑所不可没有的。但一座美丽宏伟的建筑物落成以后，如果我们知道它的基础是牢靠的，就不会再盯着基础了。工业文明的巨大成就是科技进步和物质财富的充分涌流。现代人每天所创造的物质财富若能公平分配，则足以养活地球上的所有人口。工业文明的深重危机不是物质生产不足，而是物质生产过量、分配不公、生态危机、核战争的威胁等。为走出危机，我们必须超越现代性文化，超越物质主义和经济主义。

以上我们大致勾勒了生态文明的思想框架，也可称其为生态文明思想体系。生态哲学是这个思想体系的一部分。研究生态文明建设中

---

① 钱穆：《文化学大义》，九州出版社2012年版，第1页。

的伦理问题既需要一个完整的哲学体系——生态哲学，又需要一个更加完备的思想体系——生态文明思想体系。

生态文明建设中的伦理问题可分为两大类：一是非人事物（非人动物、植物、微生物、生态系统等）是否具有道德资格或内在价值？抑或人类是否该对非人事物讲道德？二是如何公平分配环境善物（如清洁水、清洁空气、安全食品等）和环境保护、节能减排的责任？回答第一个问题必然涉及自然观、知识论、价值论等，故囿于狭义的伦理学无法回答这个问题。实际上，回答这个问题涉及对现代性哲学的全面反思。第二个问题主要是人际关系问题，现代性的两大思想体系（马克思主义和自由主义）都可以经调整或发展而给出其答案。

这两大问题都是当今环境伦理学、环境哲学和生态哲学所最为重视的问题。以下分别探讨这两大问题。

第二节　非人事物是否具有道德资格

这里的"非人事物"主要指非人动物、植物、微生物、生态系统、河流、湖泊、海洋等，即地球上的非人事物。20 世纪 60、70 年代西方发达国家环境保护运动兴起以后，一些人似乎很自然地想到，如果能赋予非人事物以道德资格，则它们就可以得到强有力的保护。由此可见道德或伦理的重要性。在经过市场化快速发展的当代中国，不少人对道德完全失去了信赖。许多法学家出于学科偏见而贬低道德，抬高法律，这些人没有充分理解法律与道德的相互依赖关系。较长时间以来，国内市场造假成风，坑蒙拐骗现象屡见不鲜，社会陷入严重的信任危机之中。在这种情况下，就道德高谈阔论者难免被斥为伪君子。即便如此，我们也不可否认道德之保护弱者、维持基本社会秩序的重要作用。正因为如此，诉诸道德而保护生态环境的想法是有道理的。如果像有些学者认为的那样，非人事物也具有人所具有的道德地位甚至道德权利，则生态环境能得到极好的保护。然而，试图论证非人事物也具有道德资格或道德地位，远不是在狭义的伦理学框架内可以取得成功的。这种论证涉及对整个现代性哲学体系的反思。

一　利奥波德的土地伦理

最早努力说明非人事物也有道德资格的不是伦理学家，而是美国的生态学家利奥波德（Aldo Leopold）。有美国人评价道：利奥波德是一位伟大的美国人。很少有人像他那样如同热爱美国一般地深爱土地（the land），很少有人像他那样以仔细观察土地的方式热爱土地，很少有人像他那样在详述其对土地的发现时能表述得那么生动。对美国来讲，奥尔多·利奥波德的发现及其哲学与本杰明·富兰克林的发现及其哲学同等重要。[①] 利奥波德最有影响的著作是《沙乡年鉴》。2009 年，美国利奥波德基金会主席苏珊·弗莱德说：

> 最近四十年，从唤起环境意识的角度上说，在美国，有一本书显然是最为突出的，它对人和土地之间的生态和伦理关系，作了最能经得起检验的表达。奥尔多·利奥波德的《沙乡年鉴》——一本薄薄的，最早在一九四九年出版的自然随笔和哲学论文集，是堪与十九世纪最著名的美国自然文学的经典——亨利·大卫·梭罗的《瓦尔登湖》比肩的作品。[②]

实际上，利奥波德的影响绝不仅限于美国，他的思想影响已遍及全世界。

利奥波德不是学院派哲学家，《沙乡年鉴》一书提出的最受今日环境伦理学家重视的概念便是"土地伦理"（the land ethic）。土地伦理的中心思想便是：人类与土地之间的关系是一种伦理关系。这里的"土地"指生态系统。面对以康德伦理学为最佳典范的现代伦理学，土地伦理提出的基本思想是颠覆性的，是彻底地反现代性的。如前文

[①]　Curt Meine, *Aldo Leopold: His Life and Work*, The University of Wisconsin Press, 1988, p. 523.

[②]　[美] 奥尔多·利奥波德：《沙乡年鉴》，侯文蕙译，商务印书馆 2016 年版，第 1 页。

所述，现代伦理学的基本观点是：人与非人事物之间存在根本的、不可消弭的差别，即人是有理性和自由意志的自主的存在者，而非人事物没有理性，没有自由意志，没有自主性。因为有这种差别，所以说人有道德资格或道德地位，而一切非人事物都没有道德资格或道德地位；人有内在价值、道德权利和尊严，而非人事物没有内在价值、道德权利和尊严。如今，人们称这种观点为人类中心主义（anthoropo-centrism）。根据人类中心主义，人类对自然和自然物是无须讲道德的。詹姆斯（W. James）说：

> 大自然……是一个……多元宇宙……但不是一个道德的宇宙。对这样一个妓女（指大自然。——译者），我们无须忠诚，我们与作为整体的她之间不可能建立一种融洽的道德关系；我们在与她的某些部分打交道时完全是自由的，可以服从，也可以毁灭它们；我们也无须遵循任何道德律，只是由于她的某些特殊性能有助于我们实现自己的私人目的，我们在与她打交道时才需要一点谨慎。①

人类中心主义是现代性的基本思想，也是现代人道主义（human-ism）的基本思想。利奥波德的土地伦理矛头直指人类中心主义。

利奥波德土地伦理的基本思想可以概括如下。

（1）土地是一个共同体，人在这个共同体之中，人与土地之间的关系是一种伦理关系。

"共同体"（community②）是传统伦理学和政治学的重要概念。传统伦理学和政治学所说的共同体都是由人构成的群体，如家庭、社区、教会、僧团、公司、民族、国家等。一个道德共同体就是由承认并遵守特定一套道德规范的人们所构成的群体，在古代，道德共同体

---

① ［美］霍尔姆斯·罗尔斯顿：《环境伦理学》，杨通进译，中国社会科学出版社 2000 年版，第 43—44 页。罗尔斯顿不同意这种观点。

② 英语中 community 一词在生态学中指群落。

大致就是一个文化共同体，其中的成员讲同一种语言，信同一种宗教，遵守同一套道德规范。一个存在者如果被承认是一个道德共同体的成员，他便有道德资格或道德地位，从而能受到道德的保护，也担负一定的道德义务。

利奥波德看到了人类历史上道德共同体的演变。在古希腊，奴隶虽然是人，但不被看作道德共同体的成员，从而没有道德地位或资格。主人可以像处置自己的财产一样处置奴隶。废除了奴隶制以后，我们认为所有人都有道德资格和地位，这样就扩大了道德共同体的界限。

利奥波德说，土地伦理要求进一步扩大道德共同体的界限，使之"包括土壤、水、植物和动物，或者把它们概括起来：土地"①。利奥波德对他所处时代的生态破坏已忧心忡忡。人类对自然资源的利用过于粗暴。利奥波德也明白，人类不可能不利用自然资源，但他认为，人类必须用一种全新的伦理规范去约束对自然资源的利用，甚至必须从根本上改变对土地的看法、感情和态度。利奥波德说：一种土地伦理当然并不能阻止对自然资源的宰割、管理和利用，"但它却宣布了它们要继续存在下去的权利，以及至少是在某些方面，它们要继续存在于一种自然状态中的权利"。"简言之，土地伦理是要把人类在共同体中以征服者的面目出现的角色，变成这个共同体中的平等的一员和公民。它暗含着对每个成员的尊敬，也包括对这个共同体本身的尊敬。"② 值得注意的是，利奥波德所讲的共同体中的"每个成员"，就动植物而言，非指个体，而指物种。当他说自然事物有"继续存在于一种自然状态中的权利"时，当然也指生物有其生存权利，但他的意思是所有的生物物种都有其生存权利，而非指每一个生物个体都有不可剥夺的生存权利。

显然，土地伦理要求人类承认"土壤、水、植物和动物"乃至生

① ［美］奥尔多·利奥波德：《沙乡年鉴》，侯文蕙译，商务印书馆2016年版，第231页。
② ［美］奥尔多·利奥波德：《沙乡年鉴》，侯文蕙译，第231页。

态系统，即土地，有道德资格和道德地位。利奥波德提出土地伦理，
旨在唤起人心"内部的变化"，这种变化是"忠诚感情以及信心"上
的、伦理上的重大变化①，也旨在唤起人们义务感和良知（con-
science）的改变。

长期以来，人们只把土地看作资源，从而只对土地进行经济上的利
用。既然这样，人们就不可能热爱、尊敬和赞美土地，即便热爱和赞美
也只是对工具的热爱和赞美。利奥波德说："我不能想象，在没有对土
地的热爱、尊敬和赞美，以及高度认识它的价值的情况下，能有一种对
土地的伦理关系。所谓价值，我的意思当然是远比经济价值高的某种涵
义，我指的是哲学意义上的价值。"② 这里，利奥波德明确指出了"经
济价值"与"哲学意义上的价值"的区分，前者显然就是我们如今常
说的"工具价值"，而后者应该涵盖后来环境哲学家们着重讨论的"内
在价值"（intrinsic values）或固有价值（inherent values）。

利奥波德明确提出了"生态良知"（ecological conscience）概念，
《沙乡年鉴》第三编的"土地伦理"一章中第三节的标题就是"生态良
知"。利奥波德说："没有良知，义务是没有意义的，而我们面临的问
题是要把社会良知由人延伸到土地。"③ 换言之，自古以来社会良知只
体现为关爱人的生命的良知，而不是关爱一切生命（包括所有的非人
生物）乃至生态系统的良知。土地伦理要唤起关爱一切生命乃至生态
系统（即土地）的良知。这种良知就是生态良知。有了生态良知，人
们才能自觉地承担保护生态健康的义务。

"良知"和"义务"都是最重要的伦理学概念，"热爱""尊敬"
和"赞美"既与伦理有关，也与审美有关。土地伦理的提出确实涉及
人类思想乃至生活的最深刻的改变。这种改变必须伴随着"文明的

---

① ［美］奥尔多·利奥波德：《沙乡年鉴》，侯文蕙译，商务印书馆 2016 年版，第 238 页。
② ［美］奥尔多·利奥波德：《沙乡年鉴》，侯文蕙译，第 251 页。
③ Aldo Leopold, *A Sand County Almanac, and Sketched Here and There*, Oxford University Press 1987, p. 209. 这里之所以没有引用侯文蕙的中译本，是因为侯文蕙把 conscience 误译为"意识"。

革命"。

利奥波德之所以认为有必要把生态健康的保护上升到伦理的高度，是因为他认为，仅靠政府不可能保护好生态环境，仅靠市场或商业同样不可能保护好生态环境。他认为，"政府性的保护"会"如同一个巨大的柱牙象""因其本身的体积而变得有碍于行动"①。身在土地私有的美国，利奥波德对私人土地所有者寄予了较多的希望。但他也深知"土地共同体中缺乏商业价值"而又为生态健康所必需的部分无法得到私人或商业的保护。② 于是，他认为较为有效的办法似乎是："用一种土地伦理观或者某种其他的力量，使私人土地所有者负起更多的义务。"③

中国极"左"派在分析解决社会问题时，看不起伦理学，也看不起价值观、人生观、幸福观方面的分析和批判。例如，在分析物质主义价值观对工业文明生产生活方式的支持时，他们认为，必须用阶级分析的方法，透视资产阶级对无产阶级的剥削，才能看到物质主义价值观流行的实质，舍此，则对物质主义的批判必然失之于肤浅。在极"左"派看来，伦理学和价值观批判远远比不上科学的分析和批判。在他们看来，诉诸伦理学和价值观是不科学的，科学理论所指导的阶级斗争才是解决社会问题的有效办法。利奥波德的观点显然相反，他认为，像生态破坏这样普遍而严重的社会问题，若没有人们良知的普遍转变，则根本得不到解决。

（2）我们不能仅仅根据人类的好恶去定义非人物种的好与坏，人应该学会"像山那样思考"④。

所谓"像山那样思考"就是用整体论、系统论、生态学的方法去发现每一个物种的作用，意识到每一个物种都对土地共同体有贡献。也正因为如此，我们才必须承认每一个物种都有其生存权利。美国的

---

① ［美］奥尔多·利奥波德：《沙乡年鉴》，侯文蕙译，商务印书馆 2016 年版，第 240 页。
② ［美］奥尔多·利奥波德：《沙乡年鉴》，侯文蕙译，第 241 页。
③ ［美］奥尔多·利奥波德：《沙乡年鉴》，侯文蕙译，第 240—241 页。
④ ［美］奥尔多·利奥波德：《沙乡年鉴》，侯文蕙译，第 144 页。

猎人们大多认为狼是丑恶的，只要看到狼就该立即开火，以为灭绝了狼，世界才更美好，利奥波德也曾是这么认为的。但利奥波德后来意识到不能仅根据人类的好恶去判定非人物种之好坏。美国发动过消灭狼的运动。利奥波德后来发现了消灭狼的恶果：由于食草类动物的过量繁殖而导致了植被的严重被啃食。所以，狼的存在有其生态学方面的理由。① 山代表着土地，即代表着生态系统。山"长久地存在着，从而能够客观地听取一只狼的嗥叫。"② 可见，"像山那样思考"就是着眼于生态系统而客观地看到不同物种的作用。

利奥波德说，在工业文明中，"我们大家都在为安全、繁荣、舒适、长寿和平静而奋斗着。鹿用轻快的四肢奋斗着，牧牛人用套圈和毒药奋斗着，政治家用笔，而我们大家则用机器、选票和美金。所有这一切带来的都是同一种东西：我们这一时代的和平。用这一点去衡量成就，全部都是很好的，而且也是客观的思考所不可缺少的，不过，太多的安全似乎产生的仅仅是长远的危险。也许，这也就是梭罗的名言的潜在的含义：这个世界的启示在野性中。大概，这也是狼的嗥叫中隐藏的内涵，它已被群山所理解，却还极少为人类所领悟。"③由这段意味深长的表述，我们该明白：按市场分工各司其职地追求利润最大化，遵循现代分析性科学规则，在各家工厂进行高效生产，诚然能创造物质繁荣，但如果长期忽视生态法则，就会导致严重的环境污染和生态破坏，会让我们在生态危机中越陷越深。这应该就是利奥波德所说的"长远的危险"。

（3）给出判断是非的标准："如果一件事有利于保护生命共同体的完整、稳定和美丽，它就是正当的。反之则是错误的。"④

---

① ［美］奥尔多·利奥波德：《沙乡年鉴》，侯文蕙译，商务印书馆 2016 年版，第 146—148 页。

② ［美］奥尔多·利奥波德：《沙乡年鉴》，侯文蕙译，第 144 页。

③ ［美］奥尔多·利奥波德：《沙乡年鉴》，侯文蕙译，商务印书馆 2016 年版，第 148 页。

④ Aldo Leopold, *A Sand County Almanac, and Sketched Here and There*, Oxford University Press 1987, pp. 224 – 225. 这里没有引用侯文蕙的中译本，因为我觉得把 integrity 译为"完整"比译为"和谐"合适。

这个判断是非的标准是整体主义的，而不是个体主义的。也正因为如此，土地伦理以及深受其影响的生态哲学都受到深受个体主义影响的哲学家们的激烈批评。利奥波德明确说土地共同体本身必须受到尊敬，他提出的是非标准则只强调生命共同体（即土地共同体）的完整、稳定和美丽，而未顾及个体的权利。利奥波德爱好打猎、热爱荒野，生态学没有要求他放弃这一嗜好。土地伦理预设人类具有高于非人物种的能动性，人类高于非人类种群①，故可以根据生态学法则去调节不同物种的种群数量，例如，发现食草类种群数量过大，就可以消灭它们的一部分个体，以维护生态系统的健康。恰是这种整体主义的标准让个体主义者感到恐惧：这会导致生态法西斯主义。其实，整体主义未必导致法西斯主义。后来捍卫并发展土地伦理的克里考特为澄清这一点做了较好的说明。

利奥波德是先知式的思想家，他虽然没有提出生态文明概念，但他在《沙乡年鉴》一书中的许多表述对我们反思工业文明的危机和生态文明建设都富有启示。

我们在前文中曾说，现代性思想的最严重的错误是删除了终极实体，或如卡普托所说，把人与上帝混淆了，以为人就是最高的存在者，他无须倾听比他更高的存在者的言说，因为根本就没有比他更高的存在者。这是一种混淆，更是一种可怕的狂妄。人类文明之所以深陷生态危机而难以自拔，就是因为这种混淆和狂妄。我们也曾着力阐明，大自然就是终极实体，人类必须敬畏大自然，应该倾听大自然的声音。那么该如何倾听大自然的声音？让我们听听利奥波德的回答：

　　……水的音乐是每个耳朵都可以听见的，但是，在……山丘中还有其他的音乐，却不意味着所有的耳朵都能听到。即使想听到几个音符，你也必须在那儿站很长时间，而且还一定得懂得群山和河流的讲演。这样，在一个静谧的夜晚，当营火已渐渐熄

　　① ［美］奥尔多·利奥波德：《沙乡年鉴》，侯文蕙译，商务印书馆2016年版，第210页。

灭，七星也转过了山崖，你就静静地坐在那里，去听狼的嗥叫，并且认真思考你所看见的每种事物，努力去了解它们。这时，你就可能听见这种音乐——无边无际的起伏波动的和声，它的乐谱就刻在千百座山上，它的音符就是植物和动物的生和死，它的韵律就是分秒和世纪间的距离。①

利奥波德所说的倾听主要是指领悟的和审美的倾听，其实还可以有生态学和博物学式的科学的倾听。倾听大自然的声音是学者应该永远持有的"理智上的谦卑"。利奥波德说：

> 了解荒野的文化价值的能力，归结起来，是一个理智上的谦卑问题。那种思想浅薄的，已经丧失了他在土地中的根基的人认为，他已经发现了什么是最重要的，他们也正是一些在侈谈那种由个人或集团所控制的政治和经济的权力将永久延续下去的人。只有那些认识到全部历史是由多次从一个单独起点开始，不断地一次又一次地返回这个起点，以便开始另一次具有更持久性价值探索旅程所组成的人，才是真正的学者。只有那些懂得为什么人们未曾触动过的荒野赋予了人类事业以内涵和意义的人，才是真正的学者。②

这段话很值得玩味，既包含着对历史决定论的否定，又包含着对西方传统的还原论的怀疑。摈弃了历史决定论和知识论上的还原论，我们才可能保持"理智上的谦卑"。

利奥波德的文明观根本不同于现代性的文明观，他不认为文明与自然是对立的，不认为文明的进步就意味着对自然的征服。他在《沙乡年鉴》中多次对工业文明的进步进行过嘲讽，例如，他说"宣扬

---

① 〔美〕奥尔多·利奥波德：《沙乡年鉴》，侯文蕙译，商务印书馆 2016 年版，第 167 页。
② 〔美〕奥尔多·利奥波德：《沙乡年鉴》，侯文蕙译，第 227 页。

进步的高级牧师们"对生态健康的保护一无所知。① 所谓"宣扬进步的高级牧师"不过就是工业文明的辩护士。利奥波德已敏锐地意识到工业文明的进步与生态健康之间的冲突，即"进步不能让农田和沼泽、野性和驯服在宽容与和谐中共存"②。他认为："荒野是人类从中锤炼出那种被称为文明成品的原材料。"还认为："荒野从来不是一种具有同样来源和构造的原材料。它是极其多样的，因而，由它而产生的最后成品也是多种多样的。这些最后产品的不同被理解为文化。世界文化的丰富多样性反映出了产生它们的荒野的相应多样性。"③ 这段话既意指文明是由自然孕育出来的，又意指自然不可被归结为物理学所说的那种简单性，例如，不过就是由基本粒子构成的东西。这与如今非线性科学所说的复杂性、非线性系统所突现的丰富性是一致的。利奥波德说："通过重新评价非自然的、人工的，并且是以自然的、野生和自由的东西为条件而产生的东西，可以获得……一种价值观上的转变。"④ 这里，利奥波德认为，生产"非自然的、人工的东西"是以"自然的、野生和自由的东西"为条件的，也就是说文化或文明的问世和发展是以自然为条件的。说自然的、野生的东西也是自由的，则是直接反对以康德哲学为典范的现代性哲学的。在康德学派看来，只有人才是自由的，非人事物不可能是自由的。

利奥波德的道德观无疑不同于现代性的道德观。现代性道德着力凸显的是人的解放，是自由和权利。利奥波德说："一种伦理，从生态学的角度来看，是对生存竞争中的行动自由的限制；从哲学观点来看，则是对社会的和反社会的行为的鉴别。"⑤ 土地伦理显然试图把生态学意义上的伦理与哲学意义上的伦理统一起来，以限制人类在生态系统中的行动自由。现代性的伦理学从未考虑过对这种自由的限制，

① ［美］奥尔多·利奥波德：《沙乡年鉴》，侯文蕙译，商务印书馆2016年版，第112页。
② ［美］奥尔多·利奥波德：《沙乡年鉴》，侯文蕙译，第181页。
③ ［美］奥尔多·利奥波德：《沙乡年鉴》，侯文蕙译，第213页。
④ ［美］奥尔多·利奥波德：《沙乡年鉴》，侯文蕙译，第7页。
⑤ ［美］奥尔多·利奥波德：《沙乡年鉴》，侯文蕙译，第229页。

它甚至不认为这种自由是伦理学要关注的。

生态学给我们的一个重要警示是：生态系统的承载力是有限的，我们对富足和舒适的追求必须保持在生态系统的承载限度内。这就要求我们重新重视儒家经典《中庸》所着力阐述的原则，凡事都应适可而止。利奥波德在《沙乡年鉴》中多次强调了"适可而止"的重要。他反对过分利用机器去追求效率。他曾说：

> 我并不想装出一副懂得什么是适可而止，或者知道哪儿才是合理与不合理的发明之间的界限的样子来。但是，有一点似乎是很清楚的，即新发明的渊源与其文化上的影响有着很大的关系。自制的打猎和户外生活的用品通常是增添，而不是毁灭人—地球之间的情趣。用自制的鱼饵钓得一条鳟鱼的人所得的成绩应是两分，而不是一分。我本人也使用很多工厂的新发明，但必须有某种限度，超过了限度，用金钱购得的辅助用品去打猎便毁灭了狩猎的文化价值。①

作为一个生态学家，利奥波德已敏锐地发现了分析性科学的局限性，并表达了对只传授这种分析性科学知识的大学的不满。他说："有些人负责检验植物、动物和土壤组成一个庞大乐队的乐器的结构。这些人被称为教授。每位教授都挑选一样乐器，并且一生都在拆卸它和论述它的弦和共振板。这个拆卸的过程叫作研究。这个拆卸的地点叫作大学。"②这种拆卸式的研究无疑就是以还原论为正宗科学方法的现代科学研究。"一个教授可能会弹拨他自己的琴弦，却从未弹过另一个。""教授为科学服务，科学为进步服务。科学为进步服务得那样周到，以致在进步向落后地区传播的热潮中，那些比较复杂的乐器都被践踏和打碎了。零件们一个个地从歌中之歌被勾销了。如果在被打

---

① ［美］奥尔多·利奥波德：《沙乡年鉴》，侯文蕙译，商务印书馆 2016 年版，第 203 页。
② ［美］奥尔多·利奥波德：《沙乡年鉴》，侯文蕙译，第 171 页。

碎之前，教授就把每种乐器分了类，那他也就安心了。"① 也就是说分析性科学所指引的技术发明和生产方式，破坏了生态系统的复杂、精微秩序，破坏了土地共同体的完整、稳定和美丽。如今，已有越来越多（仅指变化趋势，非指已占多数）的科学家意识到，仅有分析性的科学研究是不够的。

提出土地伦理在现代哲学家看来是犯了大忌的：混淆了事实与价值。但利奥波德看到了科学对道德的深刻影响，科学与伦理之间的界限原本就并非不可逾越。利奥波德说：

> 科学在向世界贡献道德，同时也贡献着物质。它在道德上的最大贡献就是客观性，或者叫作科学观点。它意味着，除了事实以外，对每种事物都表示怀疑，它意味着恪守事实，从而使其事实的各个部分各得其所。由科学所恪守的事实之一，是每条河流都需要更多的人，而所有的人都需要更多的发明创造，因此也需要更多的科学，美满的生活则依赖于这条逻辑无限的延伸。②

"这条逻辑"是现代分析性科学所遵循的。量子力学和复杂性科学正在向我们揭示另一种"逻辑"和"合理性"，并启示我们改变我们的道德。

利奥波德说："现代的教义是不惜代价的舒适。"③ 就现代农业的发展趋势来看，种水稻的农民在过去要插秧、薅秧、施肥、收割，常年面朝黄土背朝天，非常辛苦。如今，用播种机播下买来的种子即可，不需要插秧了；秧苗长出来了，需要除草时撒除草剂就行了，不需要薅秧了；稻子成熟了，用收割机去收割就是，不需要用镰刀去收割了。农民比过去舒适多了。可得到这种舒适是要付出代价的（如前所述）。在人工智能技术迅速发展的今天，人们更加不惜代价地追求

---

① ［美］奥尔多·利奥波德：《沙乡年鉴》，侯文蕙译，商务印书馆2016年版，第171页。
② ［美］奥尔多·利奥波德：《沙乡年鉴》，侯文蕙译，第171页。
③ ［美］奥尔多·利奥波德：《沙乡年鉴》，侯文蕙译，第80页。

舒适，但也许会为此付出更高的代价。

利奥波德显然已意识到，人类的经济系统是生态系统的子系统。他嘲讽经济学家说："我还从未见过一个知道葶苈的经济学家。"① 其意思是，经济学家原本应该仔细研究生态系统，可是他们却忽略了这至关重要的事情。

利奥波德关于休闲的看法也特别值得我们重视。他说："在缺乏相应增长的洞察力的情况下，交通运输的发展正使我们面临着休闲过程中的实质性崩溃。发展休闲，并不是一种把道路修到美丽的乡下的工作，而是要把感知能力修建到尚不美丽的人类思想中的工作。"② 中国正大力发展旅游业，也正建设美丽乡村。我们都知道，"要想富，先修路"。一个美丽的乡村，如果既想保住绿水青山，又想要金山银山，那么发展乡村旅游未尝不是一个办法。但如果我们的游客们没有生态文明的觉悟，没有环保意识，则把道路修到美丽的乡下，就可能毁了乡下的美丽。

现代性思想及其人类中心主义是经过数代思想家论证、辩护、修正、补充的思想体系，其核心思想（蕴含人类中心主义）已渗入社会制度，已弥漫于媒体，已贯穿于各级教育的课程体系，已成为数代人的基本信念，或成为多数人的常识。论证非人事物也具有道德资格，反驳人类中心主义，不是短期就能取得成效的。但利奥波德开启了新思想的航程，许多后继者在跋涉前行。

利奥波德的土地伦理对当代环境伦理和生态哲学产生了深刻的影响。著名环境伦理学家克里考特、罗尔斯顿等人都深受其影响。

二 动物解放论和动物权利论

20世纪七八十年代的"动物解放论"和"动物权利论"是产生了很大现实影响的较新的哲学，是学院派哲学家论证非人事物也具有

---

① ［美］奥尔多·利奥波德：《沙乡年鉴》，侯文蕙译，商务印书馆2016年版，第115页。
② ［美］奥尔多·利奥波德：《沙乡年鉴》，侯文蕙译，第198页。

道德资格或地位的执着努力，也是他们反省人类中心主义的开端。

彼得·辛格（Peter Singer）是"动物解放论"的创始人。他于1975年出版了《动物解放》一书，后来此书被誉为"动物保护运动的圣经"。在英语世界占统治地位的分析哲学家们曾甘当知识发现之路上"清道夫"，或甘为科学家打下手，即只专注于语言分析和逻辑分析，而对现实世界的实际状况，包括政治、伦理状况漠不关心。辛格对这样的哲学颇为不满，他认为，"哲学应该质疑一个时代所取的基本假定。针对大多数人视为理所当然的想法，进行批判的、谨慎的透彻思考"；并认为，这才是"哲学的主要任务，而哲学能成为一种值得从事的活动，原因也即在此"①。辛格认为，物种歧视（speciesism）不仅在现代文明被多数人视为理所当然，也被古代人视为理所当然，但这种歧视是完全没有道理的。

我们知道，现代化历程是"人的解放"的历程。在人类社会，追求解放就表现为受压迫、受歧视的阶级、阶层、人群要求得到"平等"的承认、待遇或权利。所以，平等是各种解放运动的基本诉求。20世纪六七十年代是欧美新一轮解放运动风起云涌的年代。马丁·路德·金领导的反对种族歧视的民权运动取得了巨大成功：美国终于废除了种族隔离制度（后来的南非经过曼德拉等人艰苦卓绝的斗争，也废除了种族隔离制度）。有人说，"性别歧视是众人明目张胆接受和实行的最后一种歧视"②，而且是连反对种族歧视的自由派人士也难以免除的歧视。但辛格认为，性别歧视远不是最后一种歧视，物种歧视是比性别歧视更加难以免除的一种歧视。所谓物种歧视，即认为非人动物只是供人类使用的工具，人类可以随意处置它们，怎么处置它们与道德无关。在辛格看来，物种歧视和人间的性别歧视同样没有道理。

歧视女性的人们往往以男女之间的差异为由而为自己的态度辩

---

① ［澳］彼得·辛格：《动物解放》，孟祥森、钱永祥译，光明日报出版社1999年版，第285—286页。

② ［澳］彼得·辛格：《动物解放》，孟祥森、钱永祥译，第8页。

护。歧视非人动物的人们同样会以非人动物与人之间的明显差异为由而拒绝承认人与非人动物之间的平等。辛格认为，这是错误地理解了平等原则。"平等是一种道德理念，而不是有关事实的论断"①。辛格说："平等的基本原则所要求的，并不是平等的或者一样的待遇（treatment），而是平等的考虑（consideration）。对不同的生物运用平等的考虑，所产生的待遇方式以及权利可能并不一样。"② 例如，在20世纪60、70年代欧美的"性解放"过程中，妇女要求有自己决定是否堕胎的权利，男性既然不会怀孕，就无须这项权利。类似地，如果我们能平等地对待非人动物，那么因为动物不能参加选举，则它们也无须拥有选举权。换言之，要求平等不是要求大家在事实上完全一样，而是要求实现"利益的平等考虑"这项道德原则。③

辛格明确反对物种歧视，主张承认非人动物也具有道德资格或道德地位。这很容易让人觉得他是出于情感上的仁慈。辛格《动物解放》一书也确实用了很大的篇幅描述现代集约化养殖场和科学实验室对动物的折磨，这种描述也必然蕴含对残酷折磨动物的行径的强烈谴责。但辛格明确指出，他是为反对物种歧视的主张提供论证和分析的，是诉诸理性而非感情或情绪。④

如果说利奥波德试图唤起生态良知的努力不仅涉及伦理学，而且涉及世界观、知识论和方法论，那么辛格的动物解放论则主要涉及伦理学。现代性的伦理学有两大范式：康德学派的道义论（deontology）和功利主义的后果论（consequentialism）。前者强调，道德价值源自人的理性和自由意志，唯出于道德义务的行为才有道德价值，它特别凸显人的内在价值、尊严和权利，强调道德法则的绝对性。20世纪70年代以后产生的具有巨大影响的两位欧美哲学家罗尔斯和哈贝马斯

① ［澳］彼得·辛格：《动物解放》，孟祥森、钱永祥译，光明日报出版社1999年版，第6—7页。
② ［澳］彼得·辛格：《动物解放》，孟祥森、钱永祥译，第4页。
③ ［澳］彼得·辛格：《动物解放》，孟祥森、钱永祥译，第287页。
④ ［澳］彼得·辛格：《动物解放》，孟祥森、钱永祥译，第294页。

都继承了康德的衣钵。功利主义则认为，道德的要义在于增加生活世界的快乐（或幸福），减少生活世界的痛苦。边沁是 18 世纪的著名功利主义哲学家。他认为，快乐本身就是善，而痛苦本身就是恶。用辛格的话说即"疼痛和痛苦本身就是坏事"①。边沁认为，快乐和痛苦是可以统一计量的。所以，如果一件事有增加快乐或减少痛苦的后果，那么这件事就是正当的，反之是不正当的。在计算快乐或痛苦时，一个人只能算一个人，即没有任何人有权利声称其快乐或痛苦比其他人的重要。辛格是功利主义者，于是他用功利主义的方法去论证非人动物也有道德资格。他的《动物解放》一书所主张的结论是，"所根据的都仅仅是尽量降低痛苦这个原则"②。

当我们在谈及平等时，不能要求平等的存在者都完全相同，但平等者又确实必须有某种共同之处。例如，就男女平等而言，男人和女人毕竟有许多共同之处，例如，都能说话，都有一定的理解能力，等等。功利主义者在谈论道德问题时，非常重视"利益"（interests）这一概念，他们所说的道德上的平等，就是对利益的"平等考虑"。长期以来，人们认为对待非人动物无须考虑道德，就因为他们想当然地认为它们没有自身利益可言。在辛格看来，这是个关键性的错误。辛格赞成边沁的基本观点：

　　凡是具有感受痛苦之能力的生物，我们都应该将其利益列入考虑。

　　感受痛苦或者快意的能力，乃是有利益这回事可言的必要条件，满足了这个条件，我们才能够有意义地谈利益这回事。说学童沿路踢一颗石头有违石头的利益，乃是没有意义的一句话。石头没有利益可言，因为它不可能感受到痛苦。无论我们对它做什么，都不会影响到它的福祉。不过，感受痛苦与快意的能力，不

---

　　① ［澳］彼得·辛格：《动物解放》，孟祥森、钱永祥译，光明日报出版社 1999 年版，第 23 页。

　　② ［澳］彼得·辛格：《动物解放》，孟祥森、钱永祥译，第 29 页。

仅是说某个生物有利益可言——最起码的利益就是不要遭受痛苦——的必要条件，同时也是其充分条件。举例而言，老鼠的一项利益便是不要被沿着路踢，因为被这样踢会使它痛苦。①

如果一种生物有利益可言，那么它就有道德资格或地位，即人类该对它们的利益有平等的考虑。如果一种生物有感受苦乐的能力，那么它就有其利益，所以，感受苦乐的能力——感知能力（sentience）——就是判断一种生物是否有道德资格的标准。②

常识和现代科学都告诉我们，非人动物有感知能力，即能感受快乐和痛苦，"因此它们不是达成人类目的的工具，而是自有其利益的生物"③。人类必须从根本上改变对非人动物的态度和做法，必须承认，长期以来，甚至自古以来，对待动物的态度和做法是不道德的，必须承认非人动物有其道德地位和资格。动物解放运动的目标就是改变这种不道德的态度和做法。就此而言，动物解放运动是"一种基于基本正义和道德原则"④的运动，"是一个伦理和政治性的运动"⑤。

利奥波德的土地伦理要求人类不仅对动物，而且对植物、土壤乃至生态系统都承担道德义务。土地伦理不仅诉诸社会伦理思想，而且诉诸生态学思想。辛格动物解放论的基本思想依据是功利主义的伦理学，与生态学几乎无关。辛格认为，植物没有疼痛感，所以没有利益可言，所以，植物没有道德资格和地位。⑥

辛格明确地拒斥康德学派的伦理学思路。但现代伦理学受康德影响至深，连环境伦理学也不例外。按照康德伦理学的思路，人之所以

---

① ［澳］彼得·辛格：《动物解放》，孟祥森、钱永祥译，光明日报出版社 1999 年版，第 10—11 页。

② ［澳］彼得·辛格：《动物解放》，孟祥森、钱永祥译，第 12 页。

③ ［澳］彼得·辛格：《动物解放》，孟祥森、钱永祥译，第 283 页。

④ ［澳］彼得·辛格：《动物解放》，孟祥森、钱永祥译，第 263 页。

⑤ ［澳］彼得·辛格：《动物解放》，孟祥森、钱永祥译，第 281 页。

⑥ ［澳］彼得·辛格：《动物解放》，孟祥森、钱永祥译，第 284—285 页。

具有道德地位、尊严和权利，是因为人就是"目的自身"，人具有内在价值。如果一个存在者具有内在价值，那么它就有道德地位，反之亦然。于是很多环境伦理学家都着力说明非人事物也有内在价值，以说明它们也有道德资格。辛格坚持彻底的功利主义立场，明确拒斥"内在价值"一类的概念。辛格如下一段话可以表明其坚定的反康德学派的立场：

> 哲学家已经知道，迄今一般用来区别人类与动物的巨大道德鸿沟，迫切需要找到某种根据；可是在人类与动物之间，他们却又无法找到任何具体的差异，既可以区别人类与动物的道德地位，却又不至于破坏人类之间的平等。面对这个局面，哲学家开始天马行空言不及义。他们提出"个人的固有尊严"之类的堂皇说法；他们大谈"所有人的内在价值"（性别歧视和物种歧视一样，不在质疑之列），仿佛所有的（男）人都具有某种无须具体名之的价值，其他生物却都付之阙如；要不然他们就说，唯有人类才是"自身即为目的"，而"人类以外的万物均只因于人类才有价值"。[①]

在辛格看来，"内在尊严"或"内在价值"一类的说辞不过是"漂亮的字眼"，哲学家诉诸漂亮字眼只意味着"论证已穷"[②]。

有趣的是，同样主张以道德保护非人动物的"动物权利论"恰恰沿着康德学派的思路，着力论证非人动物也像人类一样具有道德资格或地位。汤姆·雷根（Tom Regan）是当代最有影响力的"动物权利论"的代表。据辛格说，早在1892年亨利·萨尔（Henry Salt）就写过一本书，题为"动物权利"，"但随即尘封在大英博物馆中，直到80年后，当人收集资料，偶然见到有人引用其书时才为人发现。所有

---

① ［澳］彼得·辛格：《动物解放》，孟祥森、钱永祥译，光明日报出版社1999年版，第288页。

② ［澳］彼得·辛格：《动物解放》，孟祥森、钱永祥译，第290页。

该说的话他都说过了，但没有发生任何作用。"① 19 世纪末，还不具备让"动物权利论"产生影响的时代条件。雷根所处的时代不同了。雷根于 1966 年在弗吉尼亚大学获得博士学位，从 1967 年以来，他一直在北卡罗来纳州立大学任教。其主要著作包括《素食主义的伦理基础》（1972）、《生死事大》（1980）、《为了所有存在物的正义》（1982）、《共居同一地球：动物权利与环境伦理学文集》（1982）、《为动物权利辩护》1983）、《根植地球：环境伦理学新论》（1985）、《捍卫动物权利》（2000）、《动物权利论争》（合著，2001）、《打开牢笼》（2003）等。雷根被认为是当代动物权利运动的精神领袖。他因倡导和实践动物权利观念而获得 1986 年度的甘地奖，并于 1987 年获得了美国仁慈协会颁发的克鲁奇奖章（Joseph Wood Krutch Medal）。雷根还是一位非常出色的教师，他的课吸引并改变了许多学生的观念，他也因此于 2000 年获得了美国教师的最高荣誉奖霍拉迪奖章（Holladay Medal）。②

雷根获得了美国仁慈协会颁发的奖章，但他和辛格一样宣称，倡导动物保护不仅是出于仁慈，而且是出于理性、正义和伦理上的考虑。在雷根等人看来，"我们关于有争议的道德问题的观点（不管这些观点是什么），从来都不可能是不证自明的。我们对有争议的道德问题的回答，都毫无例外地要得到细致的、以知识为基础的、公平的、考虑全面的理性的支持"③。

雷根深受甘地和托尔斯泰的影响。这种思想影响以及他个人的生活经历促使他决心永远也不吃动物，并进而提出"动物权利论"。权利论无疑源自康德的伦理学和政治哲学。功利主义者倾向于认为，权利是法律的儿子，没有法律和法制就无所谓权利，没有什么道德权

---

① ［澳］彼得·辛格：《动物解放》，孟祥森、钱永祥译，光明日报出版社 1999 年版，第13 页。

② ［美］汤姆·雷根、卡尔·科亨：《动物权利论争》，杨通进、江娅译，中国政法大学出版社 2005 年版，译者前言第 2—3 页。

③ ［美］汤姆·雷根、卡尔·科亨：《动物权利论争》，杨通进、江娅译，第 41 页。

利。康德学派则认为，有理性的人（person）就因为其理性、自主性
或自由意志而具有天赋的权利或内在的尊严，或说因为其具有内在价
值而具有天赋的权利，这种权利就是先天的道德权利。有道德权利当
然也就具有道德地位和资格，没有道德权利便没有道德地位和资格。
有权利的存在者是目的本身（end in itself），所以决不能仅被当作工
具。雷根肯定康德的权利论比其他伦理学深刻、优越，但雷根认为，
由于康德关于理性人的标准太高，从而会剥夺一部分人的道德资格，
更会剥夺非人动物的道德资格。"依据康德的观点，人类晚期胚胎、
新生婴儿、几岁大的儿童和那些因为各种残疾、因各种缺陷而缺乏必
要智力能力的人（不管什么年龄）都不是真正的人。因此，对康德而
言，这些人都不是自在目的，也就缺乏权利。"① 据此，康德的伦理学
即便作为人间的伦理学也是"不完满的"，因为它倾向于否定新生婴
儿、儿童和智障者的道德资格，更不用提康德明确否认非人动物的道
德地位了。雷根提出了一个判定任何伦理学或"道德世界观"是否完
满的标准：承诺所有人的权利（包括胎儿、儿童、残障人、少数民族
以及扩大了的人类大家庭中其他易受伤害的成员的权利）和所有动物
的权利的伦理学或"道德世界观"才是完满的，否则就是不完满的。

　　雷根根据是否承认人类对非人动物该担负义务而把所有的伦理学
分为两大类：间接义务论和直接义务论。间接义务论包括简单契约论
和罗尔斯的契约论等。因为间接义务论否认人类对非人动物负有直接
义务，所以，"每一个间接义务论都是且必然是错误"②。尽管罗尔斯
的契约论是精致的，且产生了巨大影响，但因为它否定了人类对非人
动物的道德义务，所以也必然是错误的。

　　直接义务论主要有两种：残酷—仁慈论和偏好功利主义，二者都
肯定人类对非人动物直接负有道德义务。

　　残酷—仁慈论认为："我们负有仁慈地对待动物的直接义务和不

　　① ［美］汤姆·雷根、卡尔·科亨：《动物权利论争》，杨通进、江娅译，中国政法大学出
版社 2005 年版，第 129 页。
　　② ［美］汤姆·雷根、卡尔·科亨：《动物权利论争》，杨通进、江娅译，第 79 页。

残酷对待它们的直接义务。"① 雷根认为,残酷—仁慈论没有在美德和道德正确性之间做出区分。"仁慈的美德是一回事;我们行为的道德正确性是另一回事。"② 有仁慈美德的人完全可能干出背离道德正确性的事。雷根认为,人们是正确还是错误,取决于他们所做的事情的道德性,而不取决于他们在做某事时所表现出来的道德品质。即使用于食物、时装和研究的动物没有被残酷地对待,也不能说明我们把它们用于这些用途就是正确的或者是错误的。仁慈的动物使用者的存在,并不能使使用它们的行为成为正确的。正如,残酷的堕胎主义者的存在,也没有使堕胎成为错误一样,对人的道德判断,与对人们所做的事情的道德判断要区分开来。残酷—仁慈论混淆了这种区别。③

康德伦理学以强调理性的普遍性而著称,康德着力表明,他所表述的"绝对命令"是普遍有效的道德法则,根据这种法则,可判断任何有道德意义的行动在道德上的正确和错误。作为深受康德影响的哲学家,雷根仍极为重视这种普遍性。雷根说:"哲学家们都雄心勃勃地想给道德上的正确和错误提供一个一般性的解释;从根本上说,他们想知道的并不是这个或那个特定的行为、政策或法律是正确的还是错误的,而是那些决定任何一个行为、政策或法律的正确或错误的基本原则。"④ 雷根之所以拒斥残酷—仁慈论,就是因为它不能给出这样的基本原则。⑤

以辛格为典型代表的偏好功利主义者不仅承认人类对非人动物负有道德义务,而且大力推动"动物解放"运动。但雷根因为坚持权利论的伦理学方法,便必然认为偏好功利主义是不正确的和"不完满的"。

---

① [美]汤姆·雷根、卡尔·科亨:《动物权利论争》,杨通进、江娅译,中国政法大学出版社 2005 年版,第 81 页。

② [美]汤姆·雷根、卡尔·科亨:《动物权利论争》,杨通进、江娅译,第 85 页。

③ [美]汤姆·雷根、卡尔·科亨:《动物权利论争》,杨通进、江娅译,第 90 页。

④ [美]汤姆·雷根、卡尔·科亨:《动物权利论争》,杨通进、江娅译,第 13 页。

⑤ 实际上,自 20 世纪六七十年代以来,美德伦理学(virtue ethics)研究已成为一个学术热潮,美德伦理学已把批评的矛头直指雷根所坚持的这种伦理普遍主义。

　　雷根对功利主义的批判部分采用了康德学派的惯用方法。功利主义诚然给出了判定人们行为之道德正确性的普遍判准，但把功利主义判准用于实际情境时常常会导致违背道德直觉和正义原则的结论。古典功利主义的道德原则是，如果一个行动能带来最大多数人的最大幸福，那么该行动就是正当的，反之是错误。偏好功利主义的道德原则不过是古典功利主义原则的修正版：如果一个行动能导致最大多数人的偏好满足，那么该行动就是正当的，反之是错误的。说得复杂而精确一点应该是："我们应该做这样的行为，它能够在被它影响的每一个人的总的偏好满足与总的偏好受挫之间带来最好的综合平衡。"① 古典功利主义把快乐当作善本身，把痛苦当作恶本身，从而认为人们趋乐避苦是自然的，无须诉诸理由。偏好功利主义倾向于认为，人们追求各种偏好的满足是自然的，无须诉诸理由。

　　根据功利主义的标准，我们在判断一个行动的道德正当性时，必须计算受行动影响的所有人的偏好的综合平衡，即得到满足的偏好总量减去受挫的偏好总量。用这种方法决定行动的对与错，难免会做出严重有违现代正义原则的决定。假如你父亲是个亿万富翁，他卧病在床且绝无康复的可能，而你想资助的一个孤儿院急需一大笔钱以维持运转，这时谋杀你的父亲而提前继承遗产，无疑能获得一个很好的偏好满足综合平衡，但这么做是严重违背正义原则的。

　　功利主义是后果论的，即只根据行动的后果去判断行动正当与否，既不考虑行动者的动机，也不问行动以及人之偏好本身的善与恶。雷根认为，这是功利主义的严重弊端。为说明这一点，雷根分析了一个真实的案例：美国某家媒体的夜间新闻报道了一个悲惨的故事。四个年轻的男孩一起轮奸了一个住在他们附近的有精神智障的女孩。这些男孩所想要的，不是抽象意义上的性；他们所想要的是对一

---

① ［美］汤姆·雷根、卡尔·科亨：《动物权利论争》，杨通进、江娅译，中国政法大学出版社 2005 年版，第 91 页。

个无防御能力的女孩的性强迫。在每一个男孩"强奸"完这个女孩以后，他们痛打这个精疲力竭的女孩，然后把棒球拍反复地塞进这个女孩的阴道里。①功利主义在评判这一案例时，"要求每个人的偏好都应该被考虑，而且被平等地计算"②。但我们凭道德直觉发现，那四个男孩的偏好是邪恶的，他们的行为在"道德上是令人作呕的"③。

尽管辛格根据功利主义而倡导"动物解放"，但实际上主张继续利用动物的人们完全可以用功利主义对付辛格。

> 根据 1996 年版《美国统计学杂志》所提供的数据，从事和管理动物农业的人数以及伴随着这些工作而开展的行业，或者直接与肉类工业相关的工作，高达 4500 万人。从动物生产所得到的农业总收入，包括日常的肉类生产和鸡蛋，在那一时期已经达到了 154 亿美元。……除了这些数据以外，成百上千的其他人也间接地与动物农业生产联系在了一起，从卡车司机到附近的麦当劳店的年轻伙计；再加上上百万依赖于这些经济形式的人，他们都直接或间接地与肉类生产联系在了一起；再加上饮食口味 99% 喜欢吃肉和愿意把他们的钱花在这上面的美国人的偏好——把所有这些都加起来，我们就可以大致地看到大量的动物农业对美国经济的重要性，也可以看到废除我们现在所知道的商业性动物农业所要付出的代价（财政上的人员上的）。④

简言之，雷根认为，根据偏好功利主义并不能为"动物解放"进行合理辩护。只有诉诸权利论才能很好地为保护动物进行合理辩护。

根据权利论，道德权利是比法律权利更加根本的权利。在现代民

---

① [美] 汤姆·雷根、卡尔·科亨：《动物权利论争》，杨通进、江娅译，中国政法大学出版社 2005 年版，第 95—96 页。
② [美] 汤姆·雷根、卡尔·科亨：《动物权利论争》，杨通进、江娅译，第 96 页。
③ [美] 汤姆·雷根、卡尔·科亨：《动物权利论争》，杨通进、江娅译，第 97 页。
④ [美] 汤姆·雷根、卡尔·科亨：《动物权利论争》，杨通进、江娅译，第 102—103 页。

主法治社会，人的道德权利包括生命权、自由（liberty）权和身体完整（bodily integrity）权这类权利。[①] 这一类权利也被称作消极权利，即人所拥有的基本权利。

道德权利的获得给那些拥有它们的人提供了一种独特的道德地位（moral status）。获得这些权利就是拥有了某种保护性的道德屏障；我们可以把这种屏障描绘为看不见的"不许入内"的告示（"No Trespassing" sign）。一般来说，它要阻止两件事。（1）其他人在道德上不能随意地伤害我们；也就是说，从道德的角度看，其他人不能自由地随意剥夺我们的生命或伤害我们的身体。（2）其他人不能随意地干涉我们的自由选择；也就是说，其他人不能自由地随意限制我们的选择。在这两种情况下，"不许入内"的告示就是要通过限制他人的自由从而保护那些拥有权利的人。[②] 在西方民主法治社会，权利较好地起到了这种作用。

雷根认为，我们有理由赋予非人动物以权利。理由何在？雷根认为康德把拥有权利的条件定得过高。在康德看来，只有有理性的人（person），才是目的本身，才有内在价值、尊严和权利。雷根认为康德的理性人"只覆盖了太少的个体"[③]，"生活主体"才是决定"一个人拥有内在价值的基础"[④]。

那么什么是生活主体？只有人类才是生活主体吗？雷根说：

> 作为……一种生活主体，它们不仅仅是一个有生命的存在物，也不同于活着和死去的植物；生活主体是它们的生活的体验中心，是这样一些个体，它们能够过某种对它们自己来说是好或坏（这种好坏它们完全能够体验到）的生活：从逻辑上说，这种生活独立于他人对它们的评价。至少对哺乳动物和鸟来说，我们

---

① ［美］汤姆·雷根、卡尔·科亨：《动物权利论争》，杨通进、江娅译，中国政法大学出版社2005年版，第43页。
② ［美］汤姆·雷根、卡尔·科亨：《动物权利论争》，杨通进、江娅译，第44页。
③ ［美］汤姆·雷根、卡尔·科亨：《动物权利论争》，杨通进、江娅译，第127页。杨通进、江娅把person译为"真正的人"，按康德的思路译为"理性的人"较为合适。
④ ［美］汤姆·雷根、卡尔·科亨：《动物权利论争》，杨通进、江娅译，第129页。

所能得出的结论是，作为一个实事，这些动物是生活的主体，就如同我们是生活的主体一样。①

非人动物和人在很多方面是相似的，甚至是一样的。

它们的行为与我们的行为相似，它们的生理学特征和解剖学特征也与我们相似。它们拥有心灵，也拥有心理，这不仅与我们的常识相符，而且得到了我们的最好的科学，特别是进化论的有关结论的支持。我们不能说这些考虑中的任何一个就是动物拥有心灵的证据，但是，把这些考虑结合起来，它们就为我们把某种丰富而复杂的精神生活赋予人类之外的动物提供了有力的根据。②

正因为非人动物是生活主体，所以，它们也有内在价值和权利。它们的权利还包括生命权、身体完整权和自由权。

权利论和功利主义一样凸显着平等，只是对平等的理解不同。雷根等人说："所有的生活主体都是平等的，因为他们平等地分享着相同的道德地位。"③ 据此，则所有非人动物都和人类一样具有道德地位、内在价值和权利。人类长期以来，根本无视非人动物的权利，而仅把它们当作资源和工具，这是不道德的，是严重违背正义原则的。

雷根宣称他所积极投身于其中的动物权利运动的目标是：完全废除商业性的动物产业，完全废除皮毛产业，完全废除科学中对动物的使用。④

动物解放论和动物权利论的伦理学进路是不同的，但有如下共同之处：

---

① ［美］汤姆·雷根、卡尔·科亨：《动物权利论争》，杨通进、江娅译，中国政法大学出版社 2005 年版，第 140 页。

② ［美］汤姆·雷根、卡尔·科亨：《动物权利论争》，杨通进、江娅译，第 140 页。

③ ［美］汤姆·雷根、卡尔·科亨：《动物权利论争》，杨通进、江娅译，第 142 页。

④ Tom Regan, *Animal Rights*, *Human Wrongs*: *An Introduction to Moral Philosophy*, Rowman & Littlefield Publishers, Inc. , 2003, p. 1.

·都对现代性伦理学的人类中心主义提出激烈批判，指出人与非人动物不像现代性思想家，如笛卡尔、康德等人所断言的那样是根本不同的，都论证非人动物与人类一样具有道德地位。

·都只承认非人动物（个体）有道德地位，而不承认植物（个体）等有道德地位。

·都强调基本道德地位的平等。

·都是个体主义的，即认为只有个体才有道德地位，而物种、生态系统等没有道德地位。

这两种理论都对现实中的动物保护运动产生了较大影响。辛格在1990年版《动物解放》中对"动物解放运动"的实际影响有所描述。现实影响既包括对人们消费行为的影响，对动物产业的影响，也包括对关于动物保护的立法的影响。[①] 最近的研究成果表明，自2013年开始，欧盟国家禁止用妊娠笼（独立畜栏）饲养母猪；美国关注农场动物福利的公众日益增多，当前已凭借94%的绝对比例优势支持颁发人道地对待农场动物以及保护农场动物福利的相关法律。截至目前，全球已有百余国家与地区颁布实施了以保护农场动物福利为核心的法律法规。[②]

另外，对比土地伦理、深生态学等以保护生态环境为直接目标的理论，以"动物解放论"和"动物权利论"为典型的动物伦理引起了欧美正统学院派哲学家更多的关注和承认。像哈佛大学哲学系这样的正统学院派哲学系早已开始严肃地讨论动物伦理。纳斯鲍姆（Martha C. Nussbaum）无疑是备受学院派哲学家重视的学院派哲学家，其2006年出版的《正义的前沿》一书有专章论述对于非人动物的正义。在伦理学和政治哲学方法上，纳斯鲍姆和亚马蒂亚·森着力推出了"能力进路"（the capabilities approach），且在学院派哲学中产生了巨

---

① ［澳］彼得·辛格：《动物解放》，孟祥森、钱永祥译，光明日报出版社1999年版，第297—300页。

② 周翊洁：《美国农场动物福利立法对我国的启示》，《产业与科技论坛》2018年第17卷第20期，第28页。

大影响。"能力进路"首先关心的不是动物福利或动物权利，而是人类尊严和有尊严的生活。① 纳斯鲍姆所阐述的"能力进路"既受到了亚里士多德的影响，也受到了康德、罗尔斯的影响，其"能力进路"试图避免各派的弊端，而提出一种公允、全面的正义理论。

康德的哲学充分凸显了人的尊严，纳斯鲍姆"能力进路"的核心关切也是人的尊严，但她界定的人的尊严与康德界定的有很大区别。康德把人的尊严归结于人的理性，进而把人类的人性（humanity of human beings）与动物性（animality）分开了，即认为理性人（person）的理想化本质是 humanity，这种理想化本质只能体现为人的理性（rationality）。罗尔斯的精致契约论也继承了康德的这一思想。能力进路则不然，它把理性和动物性看作完全统一的。沿着亚里士多德把人定义为政治动物和马克思关于人是"处于生命—活动（life-activities）多样性中的需要"的动物的思想，能力进路把理性只看作动物的一个面向，而不把理性看作唯一的与真正的人的功能相关的属性。更一般地说，能力进路认为这个世界包含多种不同类型的动物的尊严，它们都不仅值得尊重，而且值得敬畏。人类诚然有其独特之处，人们通常认为，人之独特之处在于其理性。但在能力进路中，理性没有被理想化到与动物性对立的程度。理性也就是平常的实践理性（practical reason），是各种动物都有的功能。社会性也同样具有根本的、普遍的重要性。而且身体需要，包括关心的需要，就是我们的理性和社会性的一个特征，也是我们尊严的一个方面，而非与尊严对立。② 如果我们不把人的尊严与动物性对立起来，那么就应该这样来理解作为正义主体（a subject of justice）的动物（creature）：这个世界有许多努力过自己的生活的不同类型的动物，每一个生命都有其尊严。这根本不

---

① Martha C. Nussbaum, *Frontiers of Justice: Disablity, Natinality, Species Membership*, The Belknap Press, 2006, p. 346.

② Martha C. Nussbaum, *Frontiers of Justice: Disablity, Natinality, Species Membership*, p. 159.

是一个单数概念，因为生活方式的多样性对整个观念十分重要。① 可见，根据"能力进路"，我们不仅应该确保人的尊严以及有尊严的生活，也应该维护非人动物的尊严以及它们的有尊严的生活。

重视动物伦理的主流学院派哲学家绝非仅有纳斯鲍姆一人，实际上动物伦理已成为主流学院派哲学十分重视的课题。曾任哈佛大学哲学系主任的科思嘉（Christine M. Korsgaard）教授 2018 年出版了一本专著，即《动物伙伴：我们对其他动物的义务》（*Fellow Creatures：Our Obligations to the Other Animals*）。在这本书中，科思嘉着力论证人类对所有的有感知能力的动物都负有义务。据此，则迄今为止人类在极大部分场合对待动物的方式在道德上都是残暴不仁的。②

动物解放论、动物权利论以及各种动物伦理学之所以产生了较大的影响，主要是因为动物和人类非常相似，哲学家们在为非人动物争取道德地位时，总不免诉诸这种相似性。

当今的动物伦理学已突破了人类中心主义的视野，它要求人们承认，人与非人事物之间没有笛卡尔、康德等人所说的那种天壤之别。

三 从"敬畏生命"到"尊重自然"

有环保主义者指责动物解放论和动物权利论把道德资格只给动物而不给植物等其他生物，认为这种界限的划分仍是任意的。也有哲学家主张赋予所有生物（包括植物甚至微生物）以道德地位或道德资格，这种观点也被称作生物中心主义。

20 世纪的著名人道主义者、诺贝尔和平奖得主阿尔贝特·施韦泽（Albert Schweitzer，亦译作"史怀泽"）是生物中心主义的思想先驱。爱因斯坦用"质朴的伟大"称赞施韦泽，说"他在一切领域都避免

---

① Martha C. Nussbaum, *Frontiers of Justice：Disablity，Natinality，Species Membership*, The Belknap Press, 2006, p. 256.

② Christine M. Korsgaard, *Fellow Creatures：Our Obligations to the Other Animals*, Oxford University Press, 2018, p. 11.

了粗暴和冷酷的行为方式"①。

从 18 世纪开始，欧洲科技和物质生产力的发展突飞猛进，但 20 世纪伊始，施韦泽深深地意识到"我们生活在一个模仿者时代""我们大家都是模仿者"②。说"大家都是模仿者"当然指这个时代没有什么创新，但施韦泽显然并非指欧洲缺乏科技创新（实际上科技创新在加快），而是指欧洲缺乏文化和伦理创新。在施韦泽生活的年代发生过两次世界大战，他痛感源自文艺复兴和启蒙运动的人道主义的失败和欧洲"伦理文化"的"软弱无力"③，认识到欧洲"正处于一个精神衰落的时代"④。

施韦泽曾用较长时间思考一种持续的、深刻的和有活力的伦理文化是怎样产生的？这是一个让他"伤透脑筋的问题"。他发现伦理—哲学著作对回答这一问题毫无帮助。⑤ 好像是大自然给了他启示：有一次他旅行所乘的船在一条 1 公里多宽的河中行驶。他看到 4 只河马和它们的幼崽也在向前游动。他回忆说："这时，在极度疲乏和沮丧的我的脑海里突然出现了一个概念：'敬畏生命'。据我所知，我还从未听到和读到过这个词。我立即意识到，这就是令我伤透脑筋的问题的答案：只涉及人对人关系的伦理学是不完整的，从而也不可能具有充分的伦理动能。"⑥ 这与利奥波德受大自然的启示而顿悟应该"像山那样思考"类似。

施韦泽明确意识到启蒙之后欧洲文明发展的严重失衡。如果我们认为文明就体现为智德的进步（福泽谕吉），那么启蒙之后，欧洲文明的进步只是"智"的进步，而没有"德"的进步。施韦泽说：

---

① ［法］阿尔贝特·史怀泽：《敬畏生命》，爱因斯坦代序，陈泽环译，上海社科院出版社 1996 年版，第 1 页。

② ［法］阿尔贝特·史怀泽：《敬畏生命》，陈泽环译，第 5 页。

③ ［法］阿尔贝特·史怀泽：《敬畏生命》，陈泽环译，第 6 页。

④ ［法］阿尔贝特·史怀泽：《敬畏生命》，陈泽环译，第 4 页。

⑤ ［法］阿尔贝特·史怀泽：《敬畏生命》，陈泽环译，第 6—7 页。

⑥ ［法］阿尔贝特·史怀泽：《敬畏生命》，陈泽环译，第 7—8 页。

　　所有知识和能力的进步，如果我们没有通过精神上的相应进步来控制它们，那么它们最终就会产生严重的后果。由于我们对自然力量的控制，我们也以可怕的方式获得了对人的暴力手段。由于占有成百台机器，一个人或者一个股份公司就控制了所有操纵这些机器的人。由于新的发明，一个人一动手就能够杀死成千上万人的生命。什么也阻止不了我们共同毁于经济和物理的强力之中。最多只能是迫害者和被迫害者互换角色罢了。能够帮助我们的只能是放下我们各自所有的力量，但这是一种精神行为。①

　　所以，智德失衡的文明发展是十分危险的。没有道德和精神的提升，人类会毁于自己物质和技术力量的无比强大。

　　我们知道，现代欧洲乃至现代性的伦理奠基于笛卡尔、康德开创的主客二分或人与非人二分的思想框架。施韦泽对这个基本思维框架是持批判态度的。他说：

　　　　在笛卡儿那里，哲学思维是从这样一个命题出发的："我思故我在。"由于这一蹩脚和任意地选择的开端，它不可避免地走向了抽象的道路。哲学找不到进入伦理的入口，而是一直被束缚在没有生机的世界观和生命观之中。因此，真正的哲学必须从意识的最直接和最广泛的事实出发。这就是说："我是要求生存的生命，我在要求生存的生命之中"。②

　　施韦泽提出了"敬畏生命"的善恶标准："善是保存和促进生命，恶是毁灭和阻碍生命。"③ 施韦泽所说的生命包括非人动物、植

---

　　① ［法］阿尔贝特·施韦泽：《文化哲学》，陈泽环译，上海世纪出版集团 2008 年版，第328 页。
　　② ［法］阿尔贝特·施韦泽：《文化哲学》，陈泽环译，第 306—307 页。
　　③ ［法］阿尔贝特·施韦泽：《文化哲学》，陈泽环译，第 307 页。

物，甚至包括微生物。施韦泽把"敬畏生命"的伦理原则看作一种必然的原则。

> 只有当人服从这样的必然性，帮助他能够帮助的所有生命，避免对生命作出任何伤害时，他才是真正伦理的。他不问，这种或那种生命在多大程度上是值得同情的；他也不问，它在多大程度上具有感受能力。生命本身对人就是神圣的。他不撕下树叶、他不采摘花朵，并避免踩死昆虫。如果夏季他在灯下工作的话，他宁可关闭窗门，呼吸发霉的空气，也不愿意看到成群的虫子带着烧焦的翅膀掉在桌上。①

简言之，"伦理就是扩展为无限的对所有生命的责任。"② "伦理就是敬畏我自身和我之外的生命意志。"③

如果人类伤害任何生命都是违背伦理的，那么人类就陷入无法摆脱的矛盾之中。因为人也是一种生物，迄今为止，人类仍只能靠吃其他生物以维持营养。人必须伤害其他生物才能生存，施韦泽明白这一点。他给出的指示似乎是，只有在维持自己的生命所必需时才可以伤害或牺牲其他生命。他说："在任何伤害生命的地方，我必须弄明白这是否必要。即使在看起来微不足道的地方，我也绝不可以超出不可避免性。在大草地上割了许多花草饲养其牲畜的农民，应该避免在回家的路上浪费时间、采摘花草。因为，他这样做，是在没有必然强力的情况下伤害了生命。"④

爱因斯坦认为，在当代西方世界，施韦泽是唯一能与甘地相比的具有国际性道德影响的人。⑤ 敬畏生命伦理对当代环境伦理学也产生

---

① ［法］阿尔贝特·施韦泽：《文化哲学》，陈泽环译，上海世纪出版集团2008年版，第307—308页。

② ［法］阿尔贝特·施韦泽：《文化哲学》，陈泽环，第308页。

③ ［法］阿尔贝特·施韦泽：《文化哲学》，陈泽环，第310页。

④ ［法］阿尔贝特·施韦泽：《文化哲学》，陈泽环，第314页。

⑤ ［法］阿尔贝特·史怀泽：《敬畏生命》，陈泽环译，第148页。

了很大的影响。当代著名环境伦理学家罗尔斯顿在其《环境伦理学》一书的序言中就赞同地引用了施韦泽的如下一段话：

> 到目前为止，所有伦理学的一个巨大缺陷，就是它们认为它们只需处理人与人的关系。然而，伦理学所要解决的问题却是人对世界、对他所遇到的所有生命的态度问题。对一个人来说，只有当他把所有的生命都视为神圣的，把植物和动物视为他的同胞，尽其全力去帮助所有需要帮助的生命的时候，他才是道德的……关于人与人关系的伦理并不是孤立地存在的；它只是从关于人与所有生命之普遍关系的伦理中推导出来的关于人与人之特定关系的伦理。①

保罗·泰勒（Paul W. Taylor）提出的以生命为中心的环境伦理学显然是施韦泽"敬畏生命"思想的继续。如果说施韦泽的思想是对一种洞见的系统阐述，那么泰勒则试图对生物中心主义的环境伦理学进行理性辩护。泰勒力图表明，对待自然的终极道德态度（ultimate moral attitude）——"尊重自然"——在这种环境伦理学中居于核心地位。② 但泰勒所讲的自然并不是作为"终极实体"的自然，而指地球或地球上未被人类染指的那些部分和方面。

泰勒旗帜鲜明地反对人类中心主义。他指出，人类明显地对作为地球生命共同体成员的野生动植物负有道德义务，我们有义务为生物自身的缘故而保护或促进它们的善（good）。我们有责任尊重生态系统的完整性、保护濒危物种、避免环境污染，这种责任源自这样的事实：我们这么做能让野生物种种群在自然状态中保持或达到健康状况。我们对生物之所以负有这种义务，因为它们有它们的固有价值

① ［美］霍尔姆斯·罗尔斯顿：《环境伦理学》，杨通进译，中国社会科学出版社2000年版，第3页。

② Paul W. Taylor, "The Ethics of Respect for Nature," *Environmental Ethics*, Fall 1981, Vol. 3, No. 3, p. 197.

(inherent worth)。这种义务不同于且独立于我们对自己同胞（指人类）的义务。它们的福利（well being，亦译作"幸福"）以及人类福利都应该被理解为目的自身（an end in itself）。①

如果我们接受生物中心的环境伦理学，就必须深刻改变我们的道德宇宙（moral universe）的秩序。必须用新的眼光看待整个地球生物圈。我们必须在两种责任之间保持平衡，生物中心伦理学明确赋予我们的两种责任是：对自然"世界"的责任和对人类文明"世界"的责任。我们不能独断地只从人类之善的角度考虑我们的行动后果②，即不能只一味追求人类的善，而不顾野生动植物的善。在这里，泰勒把自然世界与人类文明世界并列起来了，主张人类的道德责任不能仅限于人类文明世界内部，而应该扩及自然世界，并且人类对这两个世界的责任必须是平衡的。也就是说人类应该承认地球上的非人生物也有道德资格或地位。

论证非人生物也有道德地位，需要说明它们有其自身利益或善，或者说明它们有其自身的固有价值。泰勒分别对此进行了阐述：

每一个生物机体、种群和群落都有其自身的善（a good of its own），道德行为者（moral agents）可通过其行动有意识地促进或损害它们的善。说一个实体（entity）具有自身的善，就是说无须参照任何其他实体的利益，它都能受益或受损。你可以促进它的总体利益，也可以损害它的总体利益，环境条件会因此而好转（促进了它的利益）或恶化（损害了它的利益）。事情对一个实体好就指做这件事增强或保存了它的生命和福利。事情对一个实体坏就指损害了它的生命和福利。

非人生物个体的善就是其生物力量（biological powers）的充分发展。如果它强壮而健康就说明它的善得到了实现。在其所属物种的正常生命周期的各个阶段它拥有成功适应环境以维系生存的所有能力。

① Paul W. Taylor, "The Ethics of Respect for Nature," *Environmental Ethics*, Fall 1981, Vol. 3, No. 3, p. 198.

② Paul W. Taylor, "The Ethics of Respect for Nature," *Environmental Ethics*, Fall 1981, Vol. 3, No. 3, p. 198.

种群和群落的善就在于它们作为遗传和生态相关的生物体所构成的适应系统维持着自身代代续存的功能，其中生物体的平均的善（average good）就是对给定环境的最佳适应。

说一个存在者（a being）有其自身的善，并不意味着这个存在者一定对影响其生命之好坏的事情有兴趣或感兴趣。我们可做有益于或有害于一个存在者之利益的事情，而无须在它想或不想我们做的意义上对我们所做的事有兴趣。事实上，它可能完全不知道其生命中所发生的好事和坏事。例如，树没有知识、欲望和情感，但毫无疑问它们可以从我们的行动中受害或受益。我们可以开着推土机去碾碎它们的根。我们可以为它们施肥和浇水而让它们获得充分的营养和水分。所以，我们可以阻挠或帮助它们实现它们的善。我们这么做使树自身的善受到了影响。我们可类似地促进或损害一个特定树种的种群的善，或一片荒野上整个植物群落的善。①

泰勒认为，不可把感受性或感受苦乐的能力当作一个存在者具有自身的善的标准。这是其生命中心环境伦理学根本不同于动物伦理的方面。既然泰勒说所有的生物（包括植物）都有其自身的善，就难免有人会讥讽他是否也该宣称人造的机器也有其自身的善。泰勒说他不能确定机器是否也有它们自身的善。在人工智能迅猛发展的今天，确实有学者在严肃地论证机器也有其道德地位和资格。

一个人必须承认生物个体、种群和群落都有其固有价值，才会真正采取尊重自然的终极道德态度。

那么，说"一个实体因为有其固有价值而有自身的善"是什么意思呢？回答这一问题涉及两个原则：道德考虑原则和内在价值（intrinsic value）原则。

根据道德考虑原则，道德行为者之所以要给予野生生物以关心和考虑，是因为它是地球生命共同体的成员。从道德的观点来看，无论

---

① Paul W. Taylor, "The Ethics of Respect for Nature," *Environmental Ethics*, Fall 1981, Vol. 3, No. 3, pp. 199－200.

它受到理性行为者（rational agents）行动何种或好或坏的影响，它的善都必须被重视。不管一个生物属于哪个物种，这一点都能成立。每一个生物的善都必须被赋予某种价值，并因其重要性得到所有理性行为者的考虑而得到承认。当然，理性行为者难免会损害特定生物或生物群体的善，以促进其他生物，包括人类的善。但是道德考虑原则规定，每一个生物个体都是值得重视的，因为每一个生物个体都是有其自身善的实体。

根据内在价值原则，不管一个实体在其他方面怎么样，只要它是地球生命共同体的一员，它的善的实现就是具有内在价值的。这意味着它的善是明显值得作为目的自身和因为有其善的实体自身的缘故而得以保持和促进的。如果生物个体、种群和生物群落有其固有价值，那么它们就决不能仅仅被当作客体（object），或认为其全部价值就在于可用作某些其他实体实现其善的工具。各自的福利都应出于和根据各自自身而加以判断。

把这两条原则结合起来，即可表征说生物或生物群体拥有固有价值是什么意思。说它们具有固有价值就是说它们的善值得所有道德行为者的关心和考虑，它们的善的实现具有内在价值，值得作为目的自身和出于拥有自身善的实体的原因而加以追求。①

在泰勒的表述中，"固有价值"（inherent worth）指一个实体或存在者所固有的价值，说生物具有固有价值，类似于说人具有尊严，而"内在价值"（intrinsic value）则指一个实体或存在者的善做出实现而具有的价值，这种价值不需要参考其他存在者的善而做出判断或评价。泰勒所说的"理性行为者"或"道德行为者"主要指具有理性的人，绝大部分非人动植物不可能是"理性行为者"或"道德行为者"，但泰勒认为像海豚、大象以及灵长类动物也有可能成为道德行为者，如果有外星人，他们也许是道德行为者。简言之，道德行为者

---

① Paul W. Taylor, "The Ethics of Respect for Nature," *Environmental Ethics*, Fall 1981, Vol. 3, No. 3, p. 201.

是能动性强的、能分辨和判断行为对错的且能对其行为承担道德责任的存在者，在泰勒的环境伦理学中与"道德对象"（moral subjects，不宜译为"道德主体"）相对。道德对象是道德行为者必须对之承担道德责任的存在者。所有的道德行为者都是道德对象，但许多道德对象都不是道德行为者，这类道德对象包括人类中的婴幼儿和智障者。泰勒的基本观点是，所有的生物个体乃至种群和群落都是道德对象，尽管它们中的大多数不是道德行为者。也就是说，所有生物都应该受到道德行为者的尊重，道德行为者必须对它们承担道德责任。换言之，它们都有道德地位和资格。

泰勒强调，尊重自然的终极道德态度对应着人类文明世界中尊重人（persons）的态度。

如果我们采取了尊重人的态度，那就意味着要把所有人都当人，采取了这种态度，我们就会把每个个人的基本利益的实现都看作具有内在价值的。于是我们就做出了一种道德承诺：在与其他人的关系中过一种特定的生活，我们将自己置于一套规范和规则体系的指导之下，我们认为这套体系对所有道德行为者都具有有效约束力。

类似地，如果我们采取了尊重自然的终极道德态度，我们就做出了承诺：按照一定的规范原则生活。这些原则构成我们如何对待自然世界的行为规则和品德规范。这种态度首先是一个终极承诺，因为它不是从任何更高的规范派生出来的。尊重自然的态度并非奠基于其他更一般、更根本的态度。它决定了我们对待自然世界的总体责任框架。它可以得到辩护，但这种辩护不是从更一般的态度或更基本的原则出发的推理。

说这是一种道德承诺就因为它应被理解为一种利益原则。恰在这一点上，尊重自然的态度不同于热爱自然的情感和性情。后者出于一个人对自然世界的个人兴趣。和我们对特定个人的热烈感情类似，一个人对自然的热爱不过就是他对自然环境以及野外生物的特殊感情，正如爱某个人不同于尊重所有人（不管我们爱不爱），热爱自然不同于尊重自然那样。尊重自然是所有仅仅作为道德行为者的行为者都应该持有的态度，不管他是否热爱自然。当然，仅当我们真的相信尊重自然的道理时，我们才会真的采取尊重自然的态度。用康德的方式说，采取尊重自然的态度就是采取这样的姿态：希望它成为所有理性存在者的普遍法则。那就是无条件地或绝对地采取这种姿态，无例外地适用于每一个道德行为者，不管他对自然是否热爱。①

但泰勒所说的伦理学与学院派专业化的伦理学截然不同。确立"尊重自然的终极道德态度"涉及世界观的根本改变。泰勒显然受到了进化论和生态学的影响，认为生物中心的环境伦理学最好"被描述为一种哲学世界观（a philosophical world view）"②。泰勒承认，一种世界观不是可以归纳或演绎地得到证明的。并非每一种哲学陈述都可以表述为可由经验证实的形式。哲学体系的内部结构也不可能为纯逻辑关系所决定。但作为一个整体的体系可以是一个融贯的、统一的、理性可接受的关于整个世界的"图画"或"地图"，通过考察其每一个主要成分，看它们如何互相支持，我们就可以得到一个获得科学支持的融贯的自然观（a scientifically informed and well-ordered conception of nature），并弄明白人类在自然中的位置。③

如果人类对所有的生物都负有道德责任，且在任何情况下对任何生物的伤害都是道德错误，那么人类就会不断地犯道德错误，因为人类必须吃和利用生物，才能活着。施韦泽认为，人类只有在生存必需时才能伤害其他生物。施韦泽给出的标准无疑是过于模糊了。泰勒也必须给出一套尊重自然的行为规范，以指明如何在各种具体情境中尊重自然，当出现不同生物之间的利益冲突，特别是出现人类与其他生物之间的利益冲突时，道德行为者该怎么做。

泰勒提出了四条行为规则（rules），相应地就有四种责任：

---

① Paul W. Taylor, "The Ethics of Respect for Nature," *Environmental Ethics*, Fall 1981, Vol. 3, No. 3, pp. 202 - 203.

② Paul W. Taylor, "The Ethics of Respect for Nature," *Environmental Ethics*, Fall 1981, Vol. 3, No. 3, p. 205.

③ Paul W. Taylor, "The Ethics of Respect for Nature," *Environmental Ethics*, Fall 1981, Vol. 3, No. 3, p. 205.

不伤害（nonmaleficence）规则。即不伤害自然环境中的任何有自身的善的实体。这项责任涵盖不杀害生物体，不毁坏生物种群或生物群落，不做任何严重损害生物体、种群或群落之利益的事情。根据尊重自然的伦理学，最根本的错误或许就是伤害那些没有伤害过我们的事物。①

不干涉（noninterference）规则。这条规则规定了两种消极的责任：其一要求我们不限制生物个体的自由，其二要求对整个生态系统、生物群落乃至生物个体采取"放任"（hands off）政策。生物有遵循自然规律实现其利益（good）的自由，这种自由不该受限。②

诚实（fidelity）规则。这条规则要求人类不要破坏野生动物对我们的信任（由它们的行为显示出来），不要欺骗或误导能被欺骗或误导的动物，支持动物的基于你过去行动的期待，当你的意向为动物所知且依赖时，保持你的真诚。虽然我们无法和野生动物相互定约，但我们能鼓励它们信任我们。这条规则规定的基本道德要求就是，我们要诚信地应对动物对我们的信任。③

补偿正义（restitutive justice）规则。这条规则要求，当道德对象被道德行为者错误对待时，要在二者之间保持正义平衡（the balance of justice）。一个人做错了事就该负责任，在人与人之间，你觉得你伤害了别人，你会觉得该给予补偿。这类责任就是补偿正义责任。这类责任要求以某种补偿或修正的方式赔偿道德对象。④ 如果前述三条规则没有被人类所违背，则人类就没有对野生动植物做错什么，如果有所违背，则人类需要对野生动植物做出赔偿。⑤

泰勒深知，人类与非人动植物之间难免会发生冲突。事实上，在现代工业化国家，人类早已过分伤害了非人物种。随着高技术的出

① Paul W. Taylor, *Respect for Nature: A Theory of Environmental Ethics*, Princeton University Press, the 25th Anniversary Edition, 2011, p. 172.
② Paul W. Taylor, *Respect for Nature: A Theory of Environmental Ethics*, p. 173.
③ Paul W. Taylor, *Respect for Nature: A Theory of Environmental Ethics*, p. 179.
④ Paul W. Taylor, *Respect for Nature: A Theory of Environmental Ethics*, p. 186.
⑤ Paul W. Taylor, *Respect for Nature: A Theory of Environmental Ethics*, p. 187.

现，伴随着高消费的经济的增长和人口的膨胀，自然界的剩余迅速消失，我们为自己攫取得越多，留给其他物种的就越少。^① 在实践中，人间伦理与环境伦理，人类利益与非人物种利益，之间是有冲突的，泰勒提出了5条协调这种冲突的优先原则：

（1）自卫原则。

（2）均衡（proportionality）原则。

（3）最少错误原则。

（4）分配正义原则。

（5）补偿正义原则。^②

施韦泽的主要关切是使欧洲文化重获活力，并发现完整的伦理以提升人类的精神，以补充源自文艺复兴和启蒙运动的人道主义的不足。泰勒则明显受生态学影响，其"尊重自然"或生物中心的环境伦理学的主要关切是野生动植物的善或利益。值得注意的是，"尊重自然"也是中共"十八大"关于生态文明建设的基本要求，我们可把泰勒的"尊重自然"的环境伦理学当作当代生态文明思想的理论资源之一。

四 自然价值论

霍尔姆斯·罗尔斯顿（1932— ）是国际著名的环境伦理学家，美国科罗拉多州立大学哲学系终身荣誉教授。自1975年发表《存在着一种生态伦理吗?》的学术论文以来，他的思想就引起了人们的广泛关注。他已出版的学术专著包括《科学与宗教：一个批评性的反思》（1983）、《哲学关注荒野》（1986）、《环境伦理学：大自然的价值以及人对大自然的义务》（1988）、《保护自然价值》（1994）等。其中，《环境伦理学》一书在出版的当年就再版五次，并被八所大学选为教材。他因在环境哲学和环境伦理学的研究方面所获得的巨大成就而获得多项荣誉。他是"国际环境伦理学协会"（ISEE，成立于

① Paul W. Taylor, *Respect for Nature: A Theory of Environmental Ethics*, Princeton University Press, the 25th Anniversary Edition, 2011, pp. 257–258.

② Paul W. Taylor, *Respect for Nature: A Theory of Environmental Ethics*, p. 263.

1990 年）的创始人之一和第一任会长（1990—1994），还是在国际环境伦理学界最具权威的杂志——《环境伦理学》——的创始人。他的学术影响和演讲的足迹遍及五大洲。他曾于 1991 年和 1998 年两次来华进行学术访问，对推进我国环境伦理学研究和环境伦理学队伍的成长都起到了积极的建设性作用。① 罗尔斯顿的自然价值论在环境伦理学领域具有巨大影响力，罗尔斯顿的著作较早被翻译成了汉语，对中国环境伦理学研究的影响远超过西方其他环境伦理学家。罗尔斯顿着力把生物学、生态学与哲学融合起来的学术和思想努力特别值得从事生态哲学研究的学者学习。

环境伦理学领域中人类中心主义与非人类中心主义之争在很大程度上聚焦于这样一个问题：非人自然物（非人动物、植物乃至所有生物和生态系统等）有没有内在价值（intrinsic value）？这里的"内在价值"与"工具价值"相对。说一个存在者有内在价值，首先必须说明这个存在者是一个独立自主的主体（subject or agent）。内在价值就是一个独立自主的主体仅因为其本质而具有的不依赖于她/他与其他存在者之任何关系而具有的价值。工具价值则是任何事物对于主体的有用性，这里的"有用性"可在最宽泛的意义上去理解，例如，煤、石油、天然气、可燃冰是有用的，九寨沟、张家界、黄山因为能吸引众多游客而是有用的，一本书因为能满足人们的阅读偏好而是有用的……如果我们沿着康德的价值论思路，那么就会认为，只有理性存在者才具有内在价值，因为只有理性存在者才是独立自主的。正因为如此，只有理性存在者才具有尊严，才构成"目的王国"，才是目的自身。在康德的哲学框架内乃至在现代性哲学框架内，理性存在者，或具有理想化人性（humanity）的人（person）就是一切价值的源泉。如果没有人，则大自然中根本就没有任何价值。有了人，人才赋予煤、石油、铀等矿物以使用价值，赋予九寨沟、张家界、黄山等

---

① ［美］霍尔姆斯·罗尔斯顿：《环境伦理学》，杨通进译，中国社会科学出版社 2000 年版，译者前言第 1—2 页。

地以审美价值……罗尔斯顿以十分彻底的自然主义价值论反驳了现代性的价值论，并拒斥了环境伦理学中对现代性价值论有所妥协的价值论。

按照现代性的价值论，价值完全是主观的，也正因为如此，科学家总想表明，科学研究是价值无涉或价值中立的，科学发现是客观的。罗尔斯顿则着力阐明：价值是具有客观性的，许多价值都是主体在大自然中发现的，而不是由主体建构或投射的。

罗尔斯顿把生命（即生物）区分为主观生命与客观生命。主观生命就是作为评价者、使用者、欣赏者的理性存在者，而客观生命就是所有的非人生物。罗尔斯顿说：

在大自然的客观的格式塔结构中，某些价值是客观地存在于没有感觉的有机体和那些遵循某种行为模式的有评价能力的存在物身上的，它们先于那些伴随感觉而产生的更丰富的价值而存在。生物学已经告诉我们，主观生命是客观生命的延续，客观生命是主观生命的必不可少的支撑者（就我们所知道的地球上的生命而言）。客观生命，当其发展到具有足够复杂性的神经系统水平时，通常也就变成了主观生命。我们为什么只把价值赋予这个过程的主观方面、而不高度评价进化出了所有的有机体的整个过程呢？当我们大声呼吁"让花儿、白桦树、蟹、蚂蚁活着！"时，这种呼吁可能包含有情感的因素；但是，我们所高度评价的，是我们所观察到的东西。没有感觉的有机体是价值的拥有者，尽管不是价值的观赏者。根据环境伦理学的这种"大生广生"的观点，我们与其说，人们点燃了这个仅仅具有价值潜能的世界的价值之火，还不如说，他们在心理上正在参与一个维护生物的价值的生生不息的自然过程。①

① ［美］霍尔姆斯·罗尔斯顿：《环境伦理学》，杨通进译，中国社会科学出版社 2000 年版，第 151—152 页。

价值无疑产生于能动者（agents）的创造、评价、使用、欣赏或表征。但能够对自然事物进行评价、使用、欣赏的能动者绝不限于现代性哲学所限定的人。在罗尔斯顿看来，所有的生物乃至生态系统和大自然都是这样的能动者。人们通常认为，树不可能是一个评价者，它们不可能对其他事物进行评价。但罗尔斯顿认为：

> 树本身也是有价值的，能够评价它自己；它们为自己而存在。我们认为，与"绿色"不同，"树本身"是客观地存在的，树有它自身极力想实现的生命计划。我们认为这样的树是有价值的，而不管它们对我们"显得"是什么。……某些价值是已然存在于大自然中的，评价者只是发现它们，而不是创造它们，因为大自然首先创造的是实实在在的自然客体，这是大自然的计划；它的主要目标是要使其创造物形成一个整体。与此相比，人对价值的显现只是一个副现象。①
>
> 价值评价与整个进化过程密不可分；它是整个进化过程的一部分。不能把价值仅仅理解为令人惊奇的偶发现象和共鸣现象，尽管某些价值现象的产生是偶然的，价值深深地植根于大自然中那些建设性的进化趋势之中。生态中心说是最完美的价值产生理论，它既承认意识的层创进化是一种新的价值，又认为意识所进入的是一个客观的自然价值领域。②

说到底，价值源自生命（即生物）的能动性，并非只有人类才具有能动性，所有的生物乃至生态系统都具有不同程度的能动性。更为根本地，价值源自大自然的创造性，"所有的事物都是在创生万物的自然中产生和保存着的"③。罗尔斯顿说：

---

① ［美］霍尔姆斯·罗尔斯顿：《环境伦理学》，杨通进译，中国社会科学出版社2000年版，第159页。

② ［美］霍尔姆斯·罗尔斯顿：《环境伦理学》，杨通进译，第289页。

③ ［美］霍尔姆斯·罗尔斯顿：《环境伦理学》，杨通进译，第312页。

　　在观察大自然时，人们不应怀有这样的奢望：在其中发现优美如画的景色；相反，在面对创生万物的宇宙——在其中，生生不息的地球总是显得如此地壮美——时，我们应"手之舞之，足之蹈之"。我们应被地球生态系统——大自然在创造它时很少失败——所感动。真正美的是创生万物的生态系统；除非认识到这一点，否则，我们就会对大自然中那些崇高的东西视而不见，而那些只想把这些崇高的东西当作资源来"收获"的人，是注定要失败的。①

　　这里的"优美如画"不是比喻，而是说大自然不会直接创作出梵高的《向日葵》、达·芬奇的《蒙娜丽莎》一类的画作，但大自然的壮美和崇高则是人所望尘莫及的，那种壮美和崇高源自大自然的创造性。

　　如果我们承认大自然具有创造性，大自然中的各种生物也具有不同程度或水平的能动性，则必须承认大自然中充满了价值。罗尔斯顿把大自然所承载的价值概括为 14 类：生命支撑价值、经济价值、消遣价值、科学价值、审美价值、使基因多样化的价值、历史价值、文化象征的价值、塑造性格的价值、多样性和统一性的价值、稳定性和自发性的价值、辩证的价值、生命价值、宗教价值。② 在此不一一说明了。

　　我们知道，现代性思想设定主客二分，主体就是具有理性的人，而客体就是所有的非人事物。只有主体具有内在价值，一个存在者或者是主体或者是客体，主体性（subjectivity）是一个存在者或者具有或者不具有的本质属性，不存在主体性的不同程度问题。你不能说不同的存在者具有不同程度的主体性。与这种二分相应，内在价值也就

---

① ［美］霍尔姆斯·罗尔斯顿：《环境伦理学》，杨通进译，中国社会科学出版社 2000 年版，第 331 页。

② ［美］霍尔姆斯·罗尔斯顿：《环境伦理学》，杨通进译，第 3—34 页。

没有什么程度之分。一个存在者或者因为是个主体而具有内在价值，或者因为它不是主体只是客体而根本没有内在价值。当然，客体可以因为主体对它的评价、使用、欣赏而具有各种不同的工具价值。这样一来，内在价值与工具价值的区分就是截然分明的、绝对的。罗尔斯顿虽然继续沿用"内在价值"和"工具价值"这两个概念，但他不认为这两种价值的区分是绝对明确的。

罗尔斯顿认为，内在价值和工具价值是互相依赖且可以互相转化的。他明确接受了利奥波德的整体主义，认为：

> 价值是这样一种东西，它能够创造出有利于有机体的差异，使生态系统丰富起来，变得更加美丽、多样化、和谐、复杂。从这个角度看，对某一个个体来说是否定性的价值，对整体来说也许是某种肯定性的价值，而且这种价值还将结出那些将被传递给其他个体的价值果实。内在价值往往蕴藏在工具价值之中。任何一个有机体都不是单纯的工具，因为它们都有自己的完整的内在价值，但每一个个体也可以为了另一个生命而牺牲；此时，它的内在价值崩解了，变成了外在价值，而且，它的价值还部分地被（生态系统从工具利用的角度）传递给了其他有机体。①

罗尔斯顿明确地认为，不同的事物可以具有不同量级的内在价值和工具价值。他说，无生物拥有最少的（尽管是基本的）内在价值，但在它们所生存于其中的共同体中，它们却拥有极大的工具价值。就个体而言，植物和无感觉的动物（草、变形虫）拥有较高但仍然是不太重要的内在价值；比较而言，它们（就群体而言）对生物共同体（它们生存于其中）却有着重要的工具价值。就个体而言，有感觉能力的动物（松鼠、狒狒）拥有更为重要的内在价值，而一般说来，它

---

① ［美］霍尔姆斯·罗尔斯顿：《环境伦理学》，杨通进译，中国社会科学出版社2000年版，第303页。

们（就群体而言）对生物共同体（它们生存于其中）只具有较不重要的工具价值。就个体而言，人具有最大的内在价值，但对生物共同体只具有最小的工具价值。等等。①

罗尔斯顿认为，并非仅仅生物个体才具有价值，生态系统也具有价值，甚至具有更加重要的价值。生物个体只护卫自己的身体或同类，只关心自己的生存，但"生态系统却在编织着一个更宏伟的生命故事"：增加物种种类，并使新物种和老物种和睦相处。恰如生物有机体是有选择能力的系统一样，生态系统也是有选择能力的系统。所以，生态系统也是有价值的。在生态系统层面，我们面对的不再是工具价值，尽管作为生命之源，生态系统具有工具价值的属性；我们面临的也不是内在价值，尽管生态系统为了它自身的缘故而护卫某些完整的生命形式。生态系统具有的价值是系统价值（systemic value）。这个重要的价值，像历史一样，并没有完全浓缩在个体身上；它弥漫在整个生态系统中。但是，在生态系统中，这种系统价值并不仅仅是部分价值（part-vlues）的总和。系统价值是某种充满创造性的过程，这个过程的产物就是那被编织进了工具利用关系网中的内在价值。系统价值就体现为大自然的创造性。当人类意识到了自己在这样一个生物圈中的存在、发现他们是这个过程的产物时——不管他们是怎样理解他们的文化和人类中心主义式的偏好，以及怎样理解他们对他人或动物和植物个体的义务的——他们就会感到，他们对生物共同体的这种美丽、完整和稳定负有某些义务。②

在这里我们可以看出整体主义与个体主义在价值观方面的对立。罗尔斯顿坚持明确的整体主义立场，从而否认了个体的绝对独立性。否认了个体的绝对独立性，并强调了个体对共同体其他成员乃至共同体本身的依赖，则必然否认个体之内在价值的绝对性。这是自由主义者所坚决反对的，也是他们所十分害怕的。罗尔斯顿和利奥波德一

① ［美］霍尔姆斯·罗尔斯顿：《环境伦理学》，杨通进译，中国社会科学出版社2000年版，第304—306页。
② ［美］霍尔姆斯·罗尔斯顿：《环境伦理学》，杨通进译，第255—256页。

样，重视生态系统作为一个生命共同体的完整、稳定、和谐、美丽，重视个体乃至种群对共同体的贡献，这难免会被指责为"生态法西斯主义"。这是整体主义者必须做出回应的。我们在后文介绍克里考特对土地伦理的捍卫和发展时，会专门阐述这一点。

罗尔斯顿宣称，他"力图使伦理学自然主义化"①，这在英语世界的哲学圈子内是反主流的学术努力。英语世界的主流哲学无疑是分析哲学，分析哲学诚然有强烈的自然主义甚至物理主义倾向，但分析哲学的自然主义主要体现为自然观和认识论的自然主义，而不是伦理学的自然主义。事实上，由于深受康德、摩尔和逻辑实证主义影响，伦理学的反自然主义一直居于主导地位。反自然主义伦理学和价值论的核心教条就是事实与价值、描述与规范、实然与应然的截然二分。科学是描述事实的，或是发现自然界中实然的因果必然性的，而伦理学、美学等是研究应然的价值、规范的，前者具有客观性，而后者没有客观性。即使按照康德的说法，道德律也是必然的，但那是作为目的自身的主体自由地遵循的必然性，与自然界中的必然性截然不同。科学与伦理学不可混淆，伦理学不能援引科学所揭示的事实去为各种规范做辩护。如果你这么做了，你就犯了"自然主义谬误"（natural-istic fallacy）。罗尔斯顿着力把生物学、生态学和伦理学融合起来，显然早已摈弃了正统分析哲学的这个教条。

罗尔斯顿说："在环境伦理学中，人们关于自然的信念，既植根于又超越了生物科学和生态科学；这种信念与人们的义务信念有着密切的关系。这个世界的实然之道蕴含着它的应然之道。"② 按现代性哲学的教条，说"这个世界的实然之道蕴含着它的应然之道"就是犯了"自然主义谬误"。事实上，我们必须沟通事实与价值、描述与规范、实然与应然、科学与伦理学以及美学，才能很好地理解人类对自然物的义务，也只有这样才能抑制现代人征服自然的狂妄。在现代性的思

① ［美］霍尔姆斯·罗尔斯顿：《环境伦理学》，杨通进译，中国社会科学出版社2000年版，第450页。

② ［美］霍尔姆斯·罗尔斯顿：《环境伦理学》，杨通进译，第313页。

想框架内,人既为自然立法,又为自己立法。恪守事实与价值、描述与规范、实然与应然截然二分的教条,人们认为,人间的道德、法律等规范性秩序与自然秩序完全无关,长期以来,道德和法律都只要求人与人之间互相尊重,而不要求人们尊重自然。罗尔斯顿的自然价值论要求我们遵循大自然的规律,他分析了多种不同意义上的"遵循大自然",如绝对意义上的遵循大自然、人为意义上的遵循大自然、相对意义上的遵循大自然、价值论意义上的遵循大自然,等等。① 并在阐述"遵循大自然"这一节的结尾指出:"不研究自然秩序我们就不能进入生命的圣境;更为重要的是,不能在终极的意义上与自然秩序和谐相处,我们就不可能变得聪明起来。"②

罗尔斯顿的自然价值论是十分深刻、全面的,它奠定在现代生物学和生态学的基础之上。罗尔斯顿让哲学与自然科学融合起来的学术努力,既值得哲学家学习,也值得科学家关注。略显遗憾的是,罗尔斯顿所说的大自然是以地球生物圈为原型的大自然,而不是作为"终极实体"的大自然。

五 土地伦理的发展

如前所述,利奥波德的土地伦理是当代生态伦理乃至生态哲学的先驱,利奥波德的天才洞见启发了很多生态哲学家。但最钟情于利奥波德及其土地伦理的当代哲学家当数克里考特(J. Baird Callicott)。

克里考特于 2015 年在美国北得克萨斯大学以大学杰出研究教授(University Distinguished Research Professor)的身份退休。他属于最早一批研究和讲授环境伦理和环境哲学的职业哲学家,在环境哲学领域建树甚伟。曾担任环境伦理国际学会的主席,在耶鲁大学工作过,曾任北得克萨斯大学哲学与宗教研究系(Department of Philosophy and Religion Studies)主任。其研究工作同时横跨四个领域的主要前沿:

---

① [美] 霍尔姆斯·罗尔斯顿:《环境伦理学》,杨通进译,中国社会科学出版社 2000 年版,第 43—58 页。
② [美] 霍尔姆斯·罗尔斯顿:《环境伦理学》,杨通进译,第 58 页。

理论环境伦理学、比较环境伦理学和哲学、生态哲学和环保政策、环境中自然与人类相伴系统中的生物复杂性。克里考特以利奥波德土地伦理的主要倡导者而知名，他退休前出版的著作《像行星一样思考：土地伦理和地球伦理》就以利奥波德土地伦理的基本进路去应对气候变化。他于 1971 年在威斯康星—史蒂文斯点大学（the University of Wisconsin-Stevens Point）第一次开设环境伦理学课程，这也是全世界第一次环境伦理学课程。他在北得克萨斯大学讲授的本科和研究生课程除环境伦理学以外还包括古希腊哲学和伦理学理论（ethical theory）。①

我们认为，克里考特的主要学术贡献在于发展、补充、修正、扩展利奥波德的土地伦理，使利奥波德原本零散、简单表述的哲学洞见得到了系统化、学理化的表述，并根据科学和哲学在利奥波德之后的进一步发展，对土地伦理进行了修正、补充和扩展。

首先，利奥波德的土地伦理是旗帜鲜明的整体主义的，这在自由主义盛行的欧美社会必然会受到质疑和批判，克里考特在坚定不移地坚持整体主义立场的前提下，对此类质疑和批判进行了回应。

在欧美自由主义传统中，个体主义的自由主义往往被奉为正脉，且被认为是支持民主法治、市场经济和公民社会的正统理论。个体主义（individualism）在人际伦理中强调：只有个人才有尊严、内在价值、权利和道德资格，诸如公司、政党、国家或教会等组织都只是为个人服务的工具，这些组织没有任何理由凌驾于个人之上。像汤姆·雷根那样的环境伦理学家则认为，只有动物个体才具有内在价值、权利或道德资格，而物种、种群、生态系统等皆没有内在价值、权利或道德资格。整体主义（holism）与个体主义正好相反，认为整体或系统大于各部分之总和。例如，人类社会的利益或功能并非恰等于所有个人利益或功能的总和，总有一些社会功能不可归结为个人功能之总和，个人脱离了社会就不可能成为一个正常的人；无论属于哪个物种

---

① https://jbcallicott.weebly.com/.

的个体都不能脱离生态系统（生命共同体），脱离了生态系统，个体就无法生存。从欧洲启蒙运动之后的世界历史来看，人类社会内部的个体主义似乎较好地支持了民主法治，即为谴责统治阶级压迫、剥削被统治阶级提供了较好的理由，因为个体主义坚决反对以集体、国家、社会或人民的名义而践踏个人尊严和权利。20 世纪的世界历史又恰好彰显了整体主义或集体主义对纳粹政治和法西斯主义政治的辩护和支持。在第二次世界大战期间，纳粹和法西斯犯下的罪行令人发指。第二次世界大战以后，纳粹政治和法西斯主义政治已受到国际性的清算。从此以后，"纳粹主义"与"法西斯主义"已成了极权和暴政意识形态的代名词。环境法西斯主义（environmental fascism）应该是一种整体主义的、非人类中心主义的道德观，它倾向于否定人类个体（即个人）和非人类个体的道德地位。土地伦理就被指控为环境法西斯主义，因为它要求生命共同体中个体成员的利益服从于生命共同体的整体秩序，还因为利奥波德认为，人类只是生命共同体的普通成员，于是它必然要求人类个体的利益像其他物种的个体利益一样，服从于生命共同体的完整、稳定和美丽。如果真是这样的话，那么土地伦理所复活的只能是最极端恐怖的对人类的敌视。①

克里考特则着力说明，土地伦理是对大家熟悉的人间伦理（human-oriented ethics）的补充，而不是对人间伦理的取代，从而绝不会导致环境法西斯主义。

克里考特指出，事实上土地伦理的基本社群主义概念等级结构并不蕴含人类个体利益必须服从于生命共同体的完整、稳定与美丽。当然，人类个体与其他物种的个体一样，不多不少就是生命共同体的成员和公民。但人类个体是其他共同体的成员，有时还是公民，这些共同体包括家族（扩展的家庭）、部落、民族（种族群体）、民族国家，乃至地球村（国际共同体），每一种共同体都有其自身的相关伦理。

---

① J. Baird Callicott, *Thinking Like a Planet: The Land Ethic and the Earth Ethic*, Oxford University Press, 2013, p. 65.

在利奥波德看来，人类伦理一直处于历史的进化之中，例如，在古希腊，奴隶被排除在道德共同体之外，在废除了奴隶制以后，道德共同体就扩展了。土地伦理是历史上一系列伦理扩展中的又一次扩展，是展望系列中的下一步（step in a sequence）。这种扩展是一种外向的增加（external addition）。所以，土地伦理并不取代伦理历史系列中先在的伦理，而只是对先在伦理系列的增补。土地伦理也要求个体人类利益服从生命共同体的完整、稳定与美丽，但并不取代维护个人生命权、自由权、财产权和追求幸福的权利的民主国家伦理乃至地球村伦理。

在家族、部落、民族、民族国家乃至地球村的不同层级的共同体伦理所规定的责任或义务与土地伦理所规定的新责任或义务之间难免出现冲突，就像有些部落风俗所规定的女性割礼与普遍人权之间的冲突一样。必须有规定履行责任或义务的优先性的原则，以便在出现责任或义务冲突时，决定何种责任或义务必须优先得到履行。克里考特提出了两条规定冲突责任和义务之优先性的"二阶原则"（second-order principles），以协调产生于不同层级之共同体的责任和义务之间的冲突。

二阶原则1（SOP1）规定：由跟我们较密切、亲近的共同体成员身份所产生的责任和义务优先于较大层级、较没有人格、最近才发展出或才被承认的共同体成员身份所产生的责任和义务。休谟所说的"家庭社会"一般来说是一切共同体中最密切、亲近的，根据SOP1，由家庭成员身份产生的责任和义务压倒一切其他共同体成员身份所产生的责任和义务。

二阶原则2（SOP2）规定：较强的责任和义务优先于较弱的责任和义务。例如，家庭成员有义务为家庭其他成员庆祝生日，但这种义务相对于照顾婴儿和老人的义务就是较弱的义务。责任和义务的强弱还可以跨越共同体而进行比较。一个年轻女子对其身体和性满足的自主的基本人权比她维护一个有女性割礼传统的种族传统的责任更大，尽管其种族共同体比普遍人权原则通行的地球村跟她的关系更密切、亲近。①

克里考特还提出了一条三阶原则，这条原则甚至是最高原则（TOP）。用这条原则可以解决运用两条二阶原则时所出现的冲突。这条三阶原则的要求是：首先运用 SOP1 去协调由不同共同体成员身份所产生的责任和义务的冲突，然后再运用 SOP2。如果 SOP2 与 SOP1 发生冲突，那么 TOP 要求 SOP2 居于 SOP1 之上。

生命共同体成员身份所产生的责任和义务可能与民族国家成员（即公民）身份所产生的责任和义务相冲突。例如，你的美国同胞的经济活动（如伐木）会威胁一个物种（例如北方的花斑猫头鹰或红晕啄木鸟）的生存。在这种情况下，克里考特同意利奥波德的看法，那种鸟类物种具有持续生存的生命权（a biotic right），或如罗尔斯顿所说的，这种"超级杀戮"必须得到"超级的辩护"，换言之，我们有保护物种的很强的土地伦理的责任。所以，挽救濒危物种的责任优先于尊重你的同胞公民的经济自由权，如果其自由权的行使威胁到濒危物种的生存。②

总之，坚持土地伦理的整体主义立场绝不会导致环境法西斯主义。当个人生命遭遇野生动物的威胁时，保护个人生命是其他人需要优先履行的责任。但是，如果一个地方的人们本来已过着小康生活，只是为了更加富裕而要开发一大片湿地，可开发这片湿地将毁坏许多野生动植物的栖息地，甚至让某个物种灭绝，这时保护野生动植物的栖息地就是人们需要优先履行的责任。

顺便要指出的是，坚持整体主义的环境伦理就不必像辛格、雷根等人那样要求完全废除对非人动物的利用。因为生态学是整体主义环境伦理的科学依据，根据生态学，各种生物都处于生命共同体的特定生态位，都处在食物链或食物网上，植物被食草类动物吃，食草类动物被食肉类动物吃……是合乎自然规律的自然现象。人类的杂食习

---

① J. Baird Callicott, *Thinking Like a Planet: The Land Ethic and the Earth Ethic*, Oxford University Press, 2013, pp. 66 – 67.

② J. Baird Callicott, *Thinking Like a Planet: The Land Ethic and the Earth Ethic*, p. 67.

性是历经上百万年形成的，猪、牛、羊、鸡、鸭、鹅等家畜家禽也是世世代代被人类驯养利用的，按照整体主义环境伦理学，人类没有必要改变自己的饮食习惯，也没有必要废除对非人动物的使用。

其次，分析哲学关于事实与价值、实然（to be）与应然（ought to be）之截然二分的教条严重阻碍着正统学院派哲学家对环境哲学或生态哲学的承认，克里考特明确批判了这个教条。

当然，分析哲学内部也有对这个教条的精细分析和批判，著名分析哲学家希拉里·普特南（Hilary Putnam）就用语言分析的方法令人信服地说明了事实与价值之间的相互渗透，以及描述与评价之间的难解难分。在此，我们只介绍克里考特对这个教条的批判。

克里考特说，应对"实然"和"应然"抑或"是"与"应该"之严格二分的教条似乎是环境伦理学的"阿喀琉斯之踵"，利奥波德及其后继者都试图用生态学的事实去论证一种全新的伦理，这会让学院派哲学家不屑一顾。[①] 罗尔斯顿曾提出一种元生态学（metaecology），以说明"描述与评估在某种程度上相伴而生"，唐·E. 玛丽埃塔则用现象学方法得出了类似的结论。[②] 其目的都是消解"是"与"应该"之间的逻辑鸿沟，拒斥现代性哲学的那个关于事实与价值的教条。

克里考特在价值论上没有采取罗尔斯顿的客观价值论立场，这与他对利奥波德的休谟—达尔文式解读密切相关。

"是"与"应该"的区分最早是由休谟提出的。但克里考特认为，休谟并不认为不可以从"是"中推出"应该"。在休谟看来，情感而非理性才是道德的终极基础，但这绝不意味着关于正确与错误、善与恶、美德与邪恶在存在意义上是不确定的，因为理性在道德判断中是有重要作用的。休谟认为，在严格的与哲学的意义上，理性仅以

---

① ［美］J. 贝尔德·卡利科特：《众生家园：捍卫大地伦理与生态文明》，薛富兴译，中国人民大学出版社 2019 年版，第 115—116 页。

② ［美］J. 贝尔德·卡利科特：《众生家园：捍卫大地伦理与生态文明》，薛富兴译，第116 页。

两种方式对我们的行为具有影响：它通过告诉我们作为某种情感之恰当对象之物的存在，从而激发起那种情感；或者它发现了因果联系，并为我们提供调动一种情感的途径。在克里考特看来，恰是因为理性有这种影响，我们才能用生态学和环境科学所描述或揭示的事实去为环境伦理做辩护。①

环境伦理中的推理和日常生活中的如下推理类似：

设想父母对其十多岁的女儿说："你不应该抽烟。"孩子问："为什么？"父母回答说："因为抽烟是有害健康的。"如果这个孩子修过一年级的哲学课程，她可能会得意地回答："你们正在从'是'推导出'应该'。你们已犯了自然主义谬误。除非你们能提供一个元伦理学上更有力的证据，否则，我将继续抽烟。"

但是，理性（亦即医学）于最近已发现：抽烟确实有害健康。它已发现一种此前不知道的"因果联系"，此发现"为我们提供了调动……情感的途径"，即我们通常因自己的好身体与幸福都会感受到的一种情感。但是，正是由于这种情感在人性上如此普遍，所以实践论证中通常会将它省略。

当有关热情、情绪或情感缺省的前提被明确地包含在论证中时，我们就可以把父母的论证阐释如下："（1）抽烟是有害健康的。（2）事实上，你对你的健康是持有积极态度的。（3）因此，你不应该抽烟。"这就是由"是"到"应该"的推理。

在最严格的逻辑意义上，这也许并不是一个推理，但是依据休谟的标准（该标准在他自己的判断中是如此的"严格和富有哲学性"），它是一个有力的实践性论证。连康德也会承认这个实践性论证是推论性的。②

克里考特认为，环境伦理中的推理是类似的：

---

① ［美］J. 贝尔德·卡利科特：《众生家园：捍卫大地伦理与生态文明》，薛富兴译，中国人民大学出版社 2019 年版，第 119 页。

② ［美］J. 贝尔德·卡利科特：《众生家园：捍卫大地伦理与生态文明》，薛富兴译，第 119—120 页。

（1）包括生态学的生物科学已经发现：（a）有机自然被系统地整合为一个统一体；（b）在有机统一体中，人类并无特权；（c）因此，环境滥用威胁人类生命、健康与幸福。（2）人类有关于生命、健康与幸福的相同利益。（3）因此，我们不应该通过生产危险垃圾，消灭那些自然环境赖以发挥其关键功能的物种，或其他伤害或错置，侵害自然环境之有机性与稳定性。① 其中（1）和（2）都是可以用系词"是"表述的事实陈述，结论是用"应该"表述的关于道德和价值的结论。

简言之，克里考特认为，借助于休谟—达尔文的伦理学，我们完全可以跨越事实与价值或"是"与"应该"之间的鸿沟。

最后，利奥波德的土地伦理必须植根于更厚实的哲学土壤，只有这样才能与发展了近300年的现代伦理相抗衡，克里考特试图从现代科学的新成果中提取出一种根本不同于笛卡尔、牛顿和康德等人所奠基的新的世界观，以为土地伦理奠定哲学基础。

克里考特意识到："只要经典的现代科学在主体与客体之间所做的形而上学二分是一种未受挑战的基础性假设，那么现代规范伦理学在价值与事实之间所做的价值论二分就依然无法解决。"② 也就是说，事实与价值、"是"与"应该"的截然二分是由更一般的主客二分所派生的。但20世纪物理学本身的发展似乎也在挖笛卡尔、牛顿和康德等人奠定的现代性哲学的墙角。

在克里考特看来，当马克斯·普朗克（Max Planck）发现，能量可被量子化，自然中有一种最小能量——普朗克常数 h 时，笛卡尔在心与物、主体与客体之间所做的天真的、自然的区分便宣告终结了。在现象的中观与宏观层面，即在台球、星球与恒星层面，早期现代物理学的研究大体上受限于主客二分，一种整体上消极的、没有介入性

---

① ［美］J. 贝尔德·卡利科特：《众生家园：捍卫大地伦理与生态文明》，薛富兴译，中国人民大学出版社2019年版，第121页。

② ［美］J. 贝尔德·卡利科特：《众生家园：捍卫大地伦理与生态文明》，薛富兴译，第163页。

观察者的图景得以维持。当物理学开始向亚原子层面进军时,有一点变得越来越明显:要做一种观察,能量必须在观察对象与观察者之间互换。除了其他事物,能量还是信息和物理化的知识与意识。这样,心便陷入了物。若观察对象如此之小,小到无法呈现与普朗克常数相同的数量级(在此请记住爱因斯坦的质能关系式),那么当与观察主体感官之拓展——实验设备——相关联时,对象就必然可感知地受到影响,而观察主体关于它的知识因此也就必然导致可感知的"不确定"(uncertain)。这种不可避免的不确定便间接地具有本体论的与认识论的重要意义。也就是说,海森堡发现的"测不准原理"间接地具有本体论和认识论的重要意义。①

以量子力学为典范的新物理学的基本启示是:主体与客体(或对象)之间的区分不再像老科学中那样一清二楚。

依洛克之见,一个对象之第一性质乃其质量、位置、速度等。其第二性质乃其色彩、滋味、气味等,它们的实现依赖第一性质对意识的影响。洛克也引入了第三性质,意指一个对象影响其他对象之因果效果,比如火熔化蜡。当洛克的第三性质在哲学上被弃置不用时,亚历山大(Samuel Alexander)重新用它来指称对象之价值特性。于是,在亚历山大的语言体系中,一个对象的运动状态是第一性质,其滋味是第二性质,其美则是第三性质(即第三性质指事物的价值)。

在克里考特看来,新物理学消解了第一性质与第二性质之间的区分。位置与速度乃一个电子之潜在特性,它们经常在不同的经验语境中以不同的方式实现自身,就像色彩与滋味乃一个苹果之潜在特性,为了自身之实现,它们正等待一种意识性存在之眼睛与舌头(以及可能与眼睛、舌头共同发挥作用的所有神经性设备)。威尔逊与他的同事已令人信服地指出:我们的价值接受性乃我们适应性脊椎生物学之一部分,与观看和品尝能力相同。罗尔斯顿已有力地指出:一个对象

---

① [美]J. 贝尔德·卡利科特:《众生家园:捍卫大地伦理与生态文明》,薛富兴译,中国人民大学出版社 2019 年版,第 164 页。

之价值在很大程度上依赖对象之特性，就像它依赖评估主体的心理构成一样。综合量子力学的结论，我们可以说，第一性质、第二性质和第三性质都是在主客体的相互作用中产生的。所有性质都被感知为人们所想象的经典第二性质，它们并非或存在于对象一边，或存在于主体一边，而是潜在的和两极性的，它们的实现都要求主体与客体之间的相互关联。质量与运动、色彩与滋味、善与恶、美与丑等，同样是一种潜在性，它们在与我们或其他类似构成机体的关系中实现自身。[1]

环境伦理学最关键与最顽固的问题似乎就是自然是否具有内在价值的问题。立足正在显现的当代革命性的科学世界观，我们肯定不会说：自然价值是一种内在价值，即具有本体客观性，且独立于意识。因为严格说来自然中没有什么特性是内在的，即本体论上是客观的，且独立于意识的。借用量子理论术语，我们可能更乐于承认：价值是潜在的。自然提供了一系列潜在价值。有些事物潜在地具有工具价值，即因其效用，如作为经济、物质资源，或心理—精神性资源而具有价值；有些对象（有时，并非总是相同的对象）具有固有价值，即为其自身的原因，本身潜在地具有价值。在这样的世界图景中，价值与可用数学语言表述的所谓"第一性质"具有同等的地位。所以，"物理学和价值理论同样客观"[2]。

简言之，仅仅利用休谟—达尔文的自然主义伦理学还不足以为土地伦理奠定哲学基础，必须借助于现代物理学的最新成果，消解笛卡尔、牛顿、康德等人确立的主客二分，才能真正为土地伦理奠定基础。

克里考特还较为重视一种关于量子物理学和生态学的"更具推测性的解释"，这种解释就是由卡普拉（Fritjof Capra）和保罗·谢泼德所给出的十分接近东方"天人合一"观念的解释。

---

[1] ［美］J. 贝尔德·卡利科特：《众生家园：捍卫大地伦理与生态文明》，薛富兴译，中国人民大学出版社 2019 年版，第 165 页。
[2] ［美］J. 贝尔德·卡利科特：《众生家园：捍卫大地伦理与生态文明》，薛富兴译，第165—166 页。

卡普拉说：量子理论摧毁了固体（solid objects）概念和严格决定论的自然律观念。在亚原子层面，经典物理学的坚固物体化为概率性的波动模式，在终极意义上，这种模式并不表示事物的概率，而只是表示相互作用（interconnections）的概率。在原子物理学中，对一个观察过程的仔细分析表明，亚原子粒子不是分立的实体（isolated entities），而只能被理解为实验装备和测量结果之间的相互结合。因此，量子理论就揭示了宇宙的基本统一（a basic oneness of the universe）。这表明我们不能把世界分解成独立存在的最小单元。当我们渗入物质时，自然并不向我们显示任何分离的"基本的宇宙之砖"（basic building blocks），却显示为一个整体的各个不同部分之间的复杂关系网。这些关系总是以本质的方式把观察者包括在内。在观察过程的链条中，人类观察者构成最后的一环，任何原子客体的属性只能被理解为与观察者相互作用的对象的属性。这就意味着客观描述自然的古典理想不再有效了。在与亚原子物质打交道时，我们不能再像笛卡尔那样做出我与世界、观察者与被观察者的严格划分了。在原子物理学中，我们绝不可能仅谈论自然而不同时谈论我们自己。① 卡普拉在消解主客二分的同时，强调了宇宙的统一性（oneness），这种统一不是认识论意义上的统一，也不是逻辑学意义上的"一致"，而是本体论意义上的统一。英语中 Oneness 也可译为"太一"，有万物之源或"存在之大全"的意思。另外，卡普拉拒斥了构成论意义上的还原论，即不存在什么构成万物的德谟克利特意义上的"原子"，万物都处于宇宙总体的复杂关系网中。这样一来，我们至少可以说实体与关系同等重要。

谢泼德从生态学中提取了一种形而上学，他说：生态学思维要求一种跨越边界的视野。由生态学看，皮肤的表皮就像一个池塘的表面或森林之地表，而不是一个不可细微渗透的硬壳。它将自我呈现为一

---

① Frifjof Capra, *The Tao of Phyics: An Exploration of the Parallels between Modern Physics and Eastern Mysticism*, Shambhala Boulder, 1975, pp. 68 – 69.

种高贵、拓展，而不是一种威胁，因为自然的美与复杂性与我们自己相续。一个自我是一个组织中心，它持续地吸收与影响其周边之物。其皮肤与行为乃联系而非排斥世界之柔软地带。克里考特进而解释道，由卡普拉和谢泼德对量子理论和生态学的哲学诠释可知："自然是一个统一体、一个整体，而自我，即'我'（无论从精神上理解还是从生理上理解），不仅与自然相续，而且由它构造。自然与我在观念上形而上学地结为一个整体。"①

如果我们这样理解自我与自然的关系，那么，一个人在反思生物群系的毁灭，以及成千上万种物种灭绝所可能带来的相应损失时，所明显感受到的暗淡前景曾经是个人性性的，但是现在却超越了传统意义上私人性关注的限制。当我反思自然环境日益受损时，我个人感受到一种很真实的自身价值损失。但是，对我而言，这种明显的价值缩减不能被合法地还原为对我个人审美、认识或宗教经验的剥夺，或威胁了我个人的物质利益。对我而言，环境恶化给我造成的伤害超过了传统的、严格意义上的自我所受的次要的、间接的伤害。这一自我包括了皮肤与所有功能性器官。相反，对我而言，环境破坏针对的是一个拓展了的自我，放大了的身体与心灵，环境破坏是对与它相续的"我"（在传统的狭窄与严格意义上）造成了基本的、直接的伤害。②这种对自然与自我之关系的理解既像中国儒家、道家"天人合一"的天人观，又像佛学关于"小我"与"大我"（如来）之关系的理解。在深生态学中，这种思想又得到了更详尽的阐述。

六　深生态学的进路

将环境意识形态区分为浅层生态学和深层生态学这一观点最早来自挪威哲学家阿伦·奈斯（Arne Naess）。1973 年，奈斯在《哲学探

---

① ［美］J. 贝尔德·卡利科特：《众生家园：捍卫大地伦理与生态文明》，薛富兴译，中国人民大学出版社 2019 年版，第 168 页。

② ［美］J. 贝尔德·卡利科特：《众生家园：捍卫大地伦理与生态文明》，薛富兴译，第 169 页。

索》（*Inquiry*）杂志上发表了《浅层生态运动和深层、长远的生态运动：一个概要》一文，对浅层生态学（shallow ecology）、浅层生态运动（shallow ecological movement）与深层生态学（deep ecology）、深层生态运动（deep ecological movement）做了明确的区分和比较。这是对生态思想的"浅"与"深"的最明确的表达。按照奈斯的说法，浅层生态学只关心发达国家公民的健康和富裕，因而它只针对污染和资源耗竭问题制定对策。深层生态学在反对污染和资源耗竭的同时将问题直接引向它的根源，如反对把人与环境区分开来，相反，赞同联系的、整体的形象，认为生物有机体都是生物圈网络或有内在联系的场中的节点。以此为基础，深层生态学原则上赞同生物圈范围内的平等主义；倡导多样性原则与共生原则，认为多样性提高了生存潜力、新生命类型产生的机会和生命形式的丰富。因而鼓励人类生活方式、文化、职业、经济等方面的多样性，反对经济、文化侵略与统治。它主张用多样性、共生和生态平衡原则来处理人与人、人与自然的关系，因而在政治上，主张地方自治与非中心化等等。①

深生态学既是一个产生了巨大影响的思想研究纲领，也是一个旨在唤起生活方式根本改变的社会运动。阿伦·奈斯是深生态学的创始人，奈斯似乎比克里考特、罗尔斯顿等人更明确地意识到，环境思想不能仅局限于伦理层面。奈斯说："如果深生态学是深层的，就必然涉及我们的根本信念，而不仅是伦理学。伦理源自我们对世界的经验。如果你清晰地表达你的经验，那么它就是一种哲学或宗教。"②

1984 年 3 月，在美国著名自然保护主义者约翰·缪尔（John Muir）的诞生日，深层生态学的两位主要人物奈斯和乔治·塞欣斯（George Sessions）在加利福尼亚州的死亡谷（Death Valey）做了一次野外宿营，并在宿营地进行了长谈，在总结深层生态学十余年的发展情况后，两人共同起草了一份深层生态运动应遵循的原则性纲领。行

---

① 雷毅：《深生态学：阐释与整合》，上海交通大学出版社 2012 年版，第 9 页。

② Arne Naess, *Ecology, Community and Lifestyle: Outline of an Ecosophy*, Cambridge University Press, 1989, p. 20.

动纲领由八条基本原则构成。今天，这一纲领已成为深层生态学理论的核心思想，并得到了深层生态主义者的广泛认同。① 这个行动纲领的八条原则是：

（1）地球上人类与非人生物的繁盛具有内在价值。非人生命形式的价值不依赖于它们可能具有的服务于人类狭隘目的的有用性。

（2）生命形式的丰富性和多样性本身就是价值，且对地球上人类和非人类生命的繁盛有贡献。

（3）人类除非为了满足生存之所必需则无权损害生命形式的丰富性和多样性。

（4）如今人类过分干预了非人世界，而且境况在迅速恶化。

（5）人类生命和文化的繁荣与人口的持续减少是不相冲突的。非人生命的繁盛需要人口的减少。

（6）生命条件的重要改善要求政策的改变。这种改变会涉及基本经济结构、技术结构和意识形态结构。

（7）意识形态转变主要指由重视高生活水平（a high standard of living）到重视生活质量的转变。这种要求有区分大（big）与伟大（great）的深刻觉醒。

（8）所有认同如上各条的人都有实行必要改变的直接或间接的义务。②

奈斯对这八条纲领做了一些解释。

其中"生命"一词是广义的，除了生物学意义上的生物之外，还包括河流、景观、文化、生态系统乃至活着的地球。③

在"大量生产、大量消费"早已成为主流生产—生活方式的今天，绝大多数人似乎都无法接受第（3）条，因为这条原则可能要求人人都成为颜回或大卫·梭罗那样的贤哲。但奈斯说，考虑到在生态

---

① 雷毅：《深生态学：阐释与整合》，上海交通大学出版社2012年版，第73页。

② Arne Naess, *Ecology, Community and Lifestyle：Outline of an Ecosophy*, Cambridge University Press, 1989, p. 29.

③ Arne Naess, *Ecology, Community and Lifestyle：Outline of an Ecosophy*, p. 29.

上不负责任的人权张扬（ecologically irresponsible proclamations of human rights）所造成的严重后果，宣布一条关于人类无权做的事情的规范或许是清醒的。对"生存之所必需"（vital need）一词的含义难以做出精确界定。气候的差别以及与气候相关的因素的差别，人们所在社会结构上的差别，都会影响对哪些物品为生存之所必需的判断。还必须考虑需求的区别和获得需求满足的途径的区别。一个工业国的捕鲸者如果不捕鲸，在现有经济条件下就可能面临失业的危险。捕鲸就是他的重要生业。但在一个具有高生活水平的富裕国家，捕鲸就不是生存之所必需。①

第（6）条原则要求改变公共政策。这条原则针对的是工业发达国家制定和实施的经济增长政策，这种政策与（1）至（5）条原则的要求是不相容的。事物是稀缺的，且具有商业或市场价值，现有意识形态才赋予它们价值。也就是说，能被大量消费和大量废弃的东西才会受重视。经济增长只反映可交易的价值的增长，而不反映一般价值，包括生态价值的情况。②

如今的文化多样性要求发达的技术，即能实现每一种文化的基本目标的技术。所谓的软技术、中介技术和适当技术就是朝着这个方向发展的。③ 由此可见，奈斯不羡慕农业文明的技术，而认为未来人类可以发明更发达的多样技术，以保护生物多样性和文化多样性。

有些经济学家批评"生活质量"概念的含义模糊。其实他们的意思不过就是这个概念是不可量化的。你不可能把影响生活质量的重要事情恰当地数量化。这样的量化也是不必要的。④ 根据奈斯的解释，"大"（big）应该指可量化的指标高，而"伟大"（great）应该指那些不可量化的对人生极其重要的事情。

---

① Arne Naess, *Ecology, Community and Lifestyle: Outline of an Ecosophy*, Cambridge University Press, 1989, p. 30.

② Arne Naess, *Ecology, Community and Lifestyle: Outline of an Ecosophy*, p. 31.

③ Arne Naess, *Ecology, Community and Lifestyle: Outline of an Ecosophy*, p. 31.

④ Arne Naess, Ecology, Community and Lifestyle: Outline of an Ecosophy, p. 31.

　　由深生态学运动的八条原则可以清楚地看出深生态学者是在呼唤工业文明的深度改革，是比较接近生态文明论的研究纲领。深生态学突出了文明改革的深度，生态文明论则不仅强调文明改革的深度，而且强调文明改革系统全面的联动性。

　　奈斯所阐述的自我实现（self-realization）思想特别值得重视。克里考特在解释量子理论世界观时曾触及自我实现问题，但奈斯对这个问题给出了更加全面的阐释。奈斯曾把他关于自我实现的思想浓缩为6点：

　　（1）我们低估我们自己。而且我们突出自我。我们倾向于把我们的"自我"混同于小我（the narrow ego）。

　　（2）人类的本性是这样的，如果足够全面成熟，我们就不禁以我们的自我去认同一切生物，无论它们是美还是丑，是大还是小，有感知能力还是没有感知能力。"全面"（comprehensive）这个形容词的意思是"一切方面"（all-sided）。在理解"全面成熟"时，我们应该注意，笛卡尔在与动物的关系方面似乎是欠成熟的；叔本华与其家庭的关系是不够好的（曾将其母踢下楼梯？）；海德格尔至少在政治行为上是不成熟的。对非人事物的弱认同（weak identification）与在一些重要关系，例如家庭或朋友关系方面的成熟是相容的。所以，"全面"一词意指"一切重要关系中的成熟"。

　　（3）人们历来认为，自我的成熟要经历三个阶段：从小我（ego）到社会性自我（妥协的小我），从社会性自我到形而上学的自我（妥协的社会性自我）。但在这种自我成熟的观念中，自然被严重忽略了。我们和我们亲在的环境，我们的家（我们作为孩子而属于它），以及和非人生物的同一性，被严重忽视了。于是，奈斯提出了"生态自我"（ecological self）这个概念。可以说，我们的自我一开始就在自然之中，也是自然的。社会和人际关系是重要的，但我们自我的构成关系远多于这些。这些关系不限于我们与其他人以及人类共同体的关系，也包括我们与其他生物的关系。

　　（4）生命的意义以及我们生活中的欢乐随着自我实现的提高而得

到加强。自我实现也就是每个人都有的潜能（potentialities）的实现，但任何两个生物的潜能都不可能是相同的。无论存在者之间有何种差异，自我实现都意味着自我的扩展和深化。

（5）随着不断趋于成熟，在不可避免地与他者同化的过程中，自我得以扩展和深化。我们"在他者身上看到我们自己"。如果我们认同的他者的自我实现受阻，我们的自我实现也会受阻。我们的自爱将根据"活着且让他者活着"的准则通过协助他者的自我实现而与这些障碍相抗争。于是，通过扩展和深化自我的过程，兼顾万物的利他主义——对他者负责或讲道德——是可实现的。

（6）如今巨大的挑战之一是从日益严重的生态破坏中拯救地球，这种破坏既有损人类明智的自我利益，又有损非人类生物的自我利益，且降低一切生命之欢乐生活的潜能。①

自我实现来自我们对自己潜能的洞见。人类潜能意识的自我历程预设了对我们潜能之丰富和广泛的严重低估。如弗洛姆所言，人如果对其自我和真实需要无知，就可能陷入关于其真实自我利益的自欺中。②

生态自我即把自己的栖息地或居住地——生态系统——看作自我的一个组成部分的自我。生态学格言"万物皆关联在一起"也适用于自我以及自我与其他生物、生态系统、生物圈、地球及其历史的关系。③ 一个生态自我会这样来理解其居住地："我与这个地方的关系是我自己的一部分""如果这个地方被毁了，那么我自己的某种东西也被毁了""如果这个地方变了，那么我也变了"④。

一个人如果能让自我不断趋于成熟而达到生态自我的境界，则不会把保护非人生物、生态系统乃至整个地球生物圈当作自己的负担，

---

① Alan Drengson, Bill Devall（eds.）, *Ecology of Wisdom: Writings by Arne Naess*, Counterpoint, Berkeley, 2008, pp. 81 – 82.

② Alan Drengson, Bill Devall（eds.）, *Ecology of Wisdom: Writings by Arne Naess*, p. 86.

③ Alan Drengson, Bill Devall（eds.）, *Ecology of Wisdom: Writings by Arne Naess*, p. 87.

④ Alan Drengson, Bill Devall（eds.）, *Ecology of Wisdom: Writings by Arne Naess*, pp. 87 – 88.

而当作他自己之价值目标的实现。保护非人生物、生态系统乃至整个地球生物圈也不是人类做出的牺牲，而恰是扩展和加深了人类的自我。这种境界是超越道德的。通过博大的自我，每一个生物都密切相连，这种密切相连会产生认同的能力，非暴力会是其自然的结果。于是，不需要什么道德，就像我们呼吸不需要什么道德一样。①

自我实现理论确实已不再局限于伦理，它既涉及人生哲学，也涉及世界观。

奈斯提出的生态智慧（ecosophy）是饶有趣味的。在知识以数字化方式既便于传播又便于获取、检索的今天，注意知识与智慧的区别十分重要。

奈斯认为，生态哲学（ecophilosophy）与生态智慧是不同的。生态学研究展示了一种进路和方法论，它由一个格言"万物皆关联在一起"而获得启示。这一点可应用于解答一些哲学问题：如何在自然中安置人性，如何通过系统和关系的视角探索新的说明。这种对生态学和哲学共同关注的问题的研究就是生态哲学。在大学的项目中这是一种描述性的研究。它并不做出关于根本价值排序（fundamental value priorities）的决定，而只是在两个得到公认的学科之结合部中审视特定种类的问题。但根本价值排序（或优先顺序）问题恰恰是实践争论中的本质问题。②

奈斯认为，"哲学"一词有两种意思：（1）一个研究领域，一种知识研究的进路；（2）一个人自己的价值观和世界观，他用以指导自己的决策（就他衷心觉得或认为是正当的决策而言）。当用于回答我们自己与自然之关系问题时，第二种意义上的"哲学"就指生态智慧。

奈斯认为，如今有了作为一个学科的生态哲学，但在涉及自我选

---

① Alan Drengson, Bill Devall（eds.）, *Ecology of Wisdom*：*Writings by Arne Naess*, Counterpoint, Berkeley, 2008, p. 90.

② Arne Naess, *Ecology, Community and Lifestyle*：*Outline of an Ecosophy*, Cambridge University Press, 1989, p. 36.

择的实践情境中，我们需要自己的生态智慧。奈斯讲的智慧实际上就
是各人指导其人生重大抉择的个人哲学，每个人的哲学都有其独特
性。奈斯提出了他的生态智慧，并称其为生态智慧 T（Ecosophy T）。
既然人人都可以有其独特的生态智慧，于是就可以有很多种生态智
慧。这么说也并不指个人的生态智慧都是他自己独创的。每个人的生
态智慧也总是不断变化的。

英语词 ecosophy（生态智慧）是由 economy（经济学）和 ecology
（生态学）这两个词共有的前缀 eco 与 philosophy（哲学）一词的后缀
sophy 合成的。在 philosophy 一词中，sophy 表示洞见或智慧，philo 表
示一种友爱。Sophia（智慧）指不需要专门科学的自命不凡，不同于
由 logos 构成的词，如 biology，anthropology，geology 等，但所有智慧
的（sophical）洞见都是与行动直接相关的。一个人或组织通过其行
动而表明其有没有 sophia、卓识和智慧。Sophia 暗指娴熟和理解，而
不是非人格的或抽象的结果。①

奈斯关于哲学和智慧的界定十分值得我们重视。在奈斯的思想
中，已隐含着知识和智慧或理论与智慧的区分。长期以来，科学和学
院派哲学主要探求知识，知识的表征是非人格的、抽象的，是可以用
语言（包括数学语言）书写出来的，既可以印刷于纸版书中，又可以
储存于光盘、磁盘、云空间、网络中。使用者在需要某种知识时可以
去图书馆和网络上检索，用完以后即可置诸脑后。智慧不同于知识，
在奈斯看来，智慧不是非人格的或抽象的结果，而是特定个人的娴熟
和理解；在我们看来，智慧是与人的生命和实践须臾不可离的价值抉
择（涉及道德上的善恶对错）和果断行动的能力。智慧与知识有关，
但不可完全归结为知识，因为智慧总有不可书写甚至不可言说的
方面。

具有生态智慧的人就是生态自我，具有生态智慧的人不会把保护

---

① Arne Naess, *Ecology, Community and Lifestyle: Outline of an Ecosophy*, Cambridge University
Press, 1989, pp. 36 – 37.

生态环境当作自己的负担，不会把相对于现代人消费标准的消费限制当作牺牲，而会把这样做看作自我价值的实现。

以上我们考察了自利奥波德《沙乡年鉴》出版以来，重要思想家、哲学家对非人自然物、自然系统乃至大自然自身是否具有价值和道德资格问题的探讨，我们业已指出，这个问题是生态文明建设中最重要的也是最有争议的思想问题。以上主要介绍并阐释了不同的非人类中心主义的观点。我们之所以没有介绍人类中心主义的观点，就是因为在今日世界，人类中心主义仍然占据着主导地位。在今日中国，主流意识形态已采纳了非人类中心主义的观点，可以说，习近平生态文明思想也是非人类中心主义的。但学院派哲学教授大多仍是人类中心主义者。这毫不奇怪，对于一个中老年的哲学教授来讲，长期研究某个哲学家或某个流派的哲学，就容易认为只有自己研究的那种哲学才是最好的、最正确的，为了捍卫自己的职业地位，他们似乎也应该这么认为。非人类中心主义的环境哲学和生态哲学在中国的学院派哲学中一直遭白眼、受冷落，就因为它们在阐释一种全新的世界观、价值观、幸福观、人生观和发展观，或说在阐释一种全新的、根本不同于现代性哲学的新哲学。学院派哲学教授几乎无一例外地紧盯一种古老或成熟的哲学流派，而环境哲学或生态哲学则不同程度地反叛了这些古老或成熟的哲学。于是，学院派哲学教授几乎无一例外地漠视或轻视环境哲学和生态哲学。

然而，坚冰已经打破，道路已经开通。在利奥波德提出土地伦理以后不久，施韦泽又提出"敬畏生命"伦理，如今越来越多（仅指变化趋势）的学者抛弃了笛卡尔、康德所奠定的主客二分（人与非人的二分）的哲学框架，以上介绍的辛格、雷根、泰勒、罗尔斯顿、克里考特、奈斯就是其中的杰出代表。生态文明理论也在呼唤一种全新的哲学，这种全新的哲学将是非人类中心主义的生态哲学。

"动物解放论""动物权利论"以及其他动物伦理学的功绩在于打开了人类中心主义的"缺口"，但这类思想过分局限于狭义伦理学视域而无法取得新科学的支持。生物中心主义的环境伦理学与新科学也未实现充分交融。由利奥波德首倡，经克里考特、罗尔斯顿、奈斯等人着力阐述的生态哲学是奠基于新科学之上的，代表着生态文明新时代的新的哲学探究，有望逐渐成为生态文明新时代精神的精华。我们认为，生态哲学已较好地说明非人生物和生态系统也有道德资格，人类有维护生态健康的道德义务。

第三节　环境正义与生态正义

以下我们将阐述另一个重大问题：环境正义问题。

在环境哲学和环境伦理领域并非只有非人类中心主义一种声音，也有人类中心主义的声音。重视环境正义而轻视自然价值的学者往往持人类中心主义立场，这些学者往往认为，全球性的环境污染、生态破坏和气候变化，与人类对人与自然之关系的理解没有什么关系，与承认不承认自然物、自然系统乃至自然是否有内在价值也没有什么关系，但与不公平的社会制度有较为直接的关系。

社会主义者和无政府主义者（如布克金）指责非人类中心主义环境伦理不分青红皂白地把全球性环境污染和生态破坏归罪于全人类，好像无论白人、黑人、富人、穷人、男人、女人，大家都有罪。同情不发达国家民众的学者指责非人类中心主义环境伦理学只是发达国家白人中产阶级的环境伦理学，而白人中产阶级自己生活优裕，进而希望保护自然，以便随时可欣赏自然之美。殊不知，一些国家和地方的人们若不开发自己的自然资源就无法生存。也有一些自由主义者指责非人类中心主义环境伦理忽略了环境资源和环保责任在不同人群中的公平分配问题。

批评非人类中心主义环境伦理的人们或多或少地同意：与其说全球性环境污染、生态破坏和气候变化产生于人们对人与自然之关系的错误理解，倒不如说产生于迄今为止的不公平的社会制度，调整好不同阶级、阶层、族群、性别、地区、民族、国家之间的利益关系才是走出生态危机的关键。

换言之，环境污染、生态破坏和气候变化并非源自人们对人与自然之关系的错误理解，而是源自不合理、不公平的人与人之间的关系，例如，源自富人（资产阶级）对穷人、白人对有色人种、男性对女性的剥削和压迫，发达国家对发展中国家的掠夺和剥削，也源自人们对当代人与将来世代之关系的错误理解，更确切地说，源自当代人对将来世代利益的完全漠视。在这些学者看来，与其说保护环境需要改变我们的自然观、价值观，需要重新理解人与自然之间的关系，倒不如说需要改变我们的社会制度和人际关系，其中分配制度的改变尤其重要。如果说过去的分配正义要求公平地分配劳动者所创造的财富，那么，在出现了严重生态危机的今天，还要求公平地分配环境善物，如清洁水、清洁空气、安全食品、优美景观等，以及保护环境的责任。如果我们谋求可持续发展，则必须注意当代人在谋求其发展时不可破坏甚至毁灭将来世代谋求发展的条件。

这些批评包含一些合理建议。为控制污染、降低排放、维护生态健康，必须分配好不同阶级、阶层、族群、性别、地区、民族、国家的权利和责任，简言之，必须通过制度建设去谋求环境正义。

正义是历久弥新的道德和政治理想。正义的制度就是为不同个人、组织、阶层、阶级、族群、性别等规定比例适当的权利和义务的制度。环境正义涉及关于享受基本环境资源或环境善物（如清洁空气、清洁水等）的权利和环境保护、节能减排的责任分配问题。这是以往的正义理论所不关注的，所以，环境正义理论是正义理论的新发展。

一　环境正义运动的兴起

与当代许多环境哲学研究类似，环境正义理论也是在社会环境运动的启发与推动下才开始为学界所重视的。自1982年的"沃伦抗议"以来，全球的环境正义运动与实证研究有力地促进了哲学家们进行更加深入的理论思考，在解决日益严重也日益复杂的环境正义现实问题的同时，反思了现有正义理论的框架，为正义理论的进一步研究打下了基础。

1. 美国的环境正义运动

1978 年，Ward Transformer 公司在北卡罗来纳州的 14 个县非法倾倒了 3.1 万加仑的多氯联苯（PCB）——一种十分危险的化学品。该州在征集意见后，确定了两个垃圾填埋场选址：查塔姆县与沃伦县。沃伦县的选址是一处私人拥有的地块，尽管这里水位浅，不适合用作垃圾填埋场，但只要政府与土地持有人达成一致，就不会有任何法律上的争议。相比之下，查塔姆县的选址是公有的，当地居民都有权利来决定是否接受。最终，该州将垃圾填埋场安置在沃伦。当时，沃伦县的黑人占 60%，有 25% 的居民家庭处于贫困线以下，紧邻垃圾填埋场选址地区的有色人种与贫困居民比例更高，而查塔姆县的相应数字仅为 27% 和 6%。沃伦县居民怀疑这才是此次垃圾填埋场选址的决定性因素。在联合基督教会的支持下，沃伦县的居民举行游行示威，组成人墙封锁了运送有毒垃圾的卡车通道以示抗议。在这次示威活动中，500 多人遭到逮捕，这次社会运动首次把种族贫困和工业废物的环境后果联系到一起，从而在社会上引起了强烈反响，并引发了美国国内穷人和有色人种一系列类似的行动，所以被称为"沃伦抗议"（Warren County Protest）。美国环境正义运动的序幕由此正式拉开。

1987 年，美国联合基督教会种族正义委员会（United Church of Christ Commission for Racial Justice）发表了一份震惊世人的题为"美国有毒废弃物与种族"的研究报告，披露了鲜为人知的资料和事实：在国家环境保护局、州环境保护机构所确定的有毒废物填埋点中，有 40% 集中在亚拉巴马州的埃默尔（Emille），路易斯安纳州的苏格兰维尔（Scotlemdvile）和加利福尼亚州的凯特勒麦市（Kettleman City）三个地区，而这三个地方都是少数族裔聚集区。（埃默尔的人口中有 78.9% 为非洲裔，苏格兰维尔的非洲裔人口占 93%，而凯特勒麦市人口的 78.4% 是拉丁美洲裔）。同时，还有 1500 万非洲裔、800 万西葡裔美国人生活在有一个以上有毒废物填埋场的社区；在有毒废物填埋场最多的 6 个城市：孟菲斯市（黑人占 43.3%，173 个）；圣·路易斯市（黑人占 27.5%，160 个）；豪斯汀市（黑人占 23.6%，152 个）；克利夫兰市（黑人占 23.7%，106 个）；芝加哥市（黑人占 37.2%，103 个）；亚特兰大市（黑人占 46.1%，94 个）中，黑人人口都占较大比例，这份报告所揭示的种族因素很难不使人把它与环境政策制定者的种族偏见联系起来。因此，有人也称这种种族偏见为"环境种族主义"（Environmental Racism）。环境种族主义激起了有色人种社区的强烈愤怒，因而出现了各种各样的民间团体，以反种族主义为核心的环境正义运动也愈加激烈起来。

由于这份报告的指向性是如此明显，最初，美国国内的环境正义运动几乎将自己视为有色人种平权运动的一部分，以致许多人认为"环境正义问题就是环境种族主义问题"。但是值得注意的是，工业界和政府都反对这种对种族主义的关注，认为歧视并非有意。收入与阶级在这里起到了更为核心的作用。一方面，20 世纪 70 年代《住宅法》通过之后，已没有法律和政策上的因素干预有色人种选择自己的居住区域，因此上述报告中社区的黑人比例高，可以说是由市场选择决定的；另一方面，更进一步的研究指出，污染物抛弃地点与收入之间呈现出十分明显的相关性，因此，低收入公民和有色人种是因为低廉的物业成本而迁移到已污染地区的。我们应当更加关注的是造成有色人种处于低收入阶层的原因。然而，"市场调节"的说法可以为低收入阶层面临更严重的环境问题做辩护吗？仅仅因为分配是由市场力量决定的而不是针对少数群体造成的，就意味着整个过程和那样的后果是公正的吗？法拉米里（Norman Farameli）指出，大多数针对环境质量而建议的解决方法都将直接或间接地给穷人或低收入人口带来不利影响，而这种不利影响是与该群体在社会中"应当承担的责任"不成比例的。"如果控制污染的成本通过所有商品货物被直接转移到消费者身上，低收入家庭会受到比富有群体更为严重的影响。如果新技术不能解决环境危机，而且需要减少物资生产，随着大批大批的人们加入失业的洪流，这些收入微薄的家庭只会雪上加霜。"① 因此，贫困的阶层在面对环境问题，或是环境质量改善问题时更加脆弱，也承担了更多本不应被他们单独承担的责任。

在各式各样的环境正义运动的推动下，美国环保局正式提出了"环境正义"概念：环境正义意味着对所有人的公平对待……公平待遇意味着任何一群人都不应在工业、政府、商业运营或政策所造成的负面环境后果中承担不成比例的份额。② 1991年在美国华盛顿召开的有色人种环境高峰讨论会上通过的"环境正义原则"包括以下17项原则。

（1）尊重地球及生态系统：环境正义强力主张应尊重我们赖以生存的地球、生态系统及所有物种间之相互依存关系，不容有任何生态系统遭破坏。

（2）人类应互相尊重，彼此平等：环境正义要求所有公共政策应以所有人类之互相尊重及平等为基础，不容有任何歧视或差别待遇。

（3）永续利用：环境正义支持人类及所有生物对土地及可再生资源进行合乎伦理道德以及平衡的、负责任的利用，以维系地球之永续。

（4）反核及危害生存之毒物：环境正义呼吁全面反对核试验，反对生产任何危害清净空气、水、土地及食物之毒物，反对在处理废弃物时危害清净空气、水、土地及食物。

（5）尊重所有人之自主权：环境正义强力主张所有人类在政治、经济、文化及环境上均有其基本的自主权。

（6）停止再生产并有效管制有毒物质：环境正义强力主张停止生产有毒物质、放射物质及有害废弃物；所有生产者于制造此类物质时应以负责的态度考虑如何消除或控制毒物。

（7）全面及平等之公众参与：环境正义主张社会大众在各种层级

---

① Norman T. Faramelli, "Ecological Responsibility and Economic Justice," *Western Man and Environmental Ethics*, ed. Ian G. Barbour, Addison-Wesley Publishing Co. , 1973, p. 198.

② 参见：https://www. epa. gov/environmentaljustice/learn-about-environmental-justice.

的决策中均有平等的参与权，包括需要评估（needs assessment）、计划（planning）、执行（implementation）、执法行动（enforcement）及绩效评估（evaluation）各阶段。

（8）安全及健康的工作环境：所有工作者均有权享受安全及健康的工作环境，并不会因要求安全工作环境而被迫失业。在家庭中的工作者亦享有免受有害物质威胁的权利。

（9）合理赔偿及救治：对于环境不正义的受害者应给予合理而充分的赔偿及身心救治，其所受伤害应予复原。

（10）环境不正义为违反国际规范的行为：环境正义认为任何不正义行为均系违反国际法令、世界人权宣言（The Universal Declaration on Human Rights）及联合国反计划性屠杀公约（The United Nations Convention on Genocide）的行为。

（11）统治权和自主权的调和：环境正义应允许原住民和美国政府之间通过条约、协议及契约等方式建立相关法律及自然关系，寻求统治权及原住民之间的和谐。

（12）重建与自然和谐的城乡并尊重社区文化：环境正义主张应建立城市及乡村的生态政策，以净化并重建与自然和谐的城乡，尊重所有社区的纯洁文化，并赋予所有人以接近自然资源的平等机会。

（13）严守充分说明及协议原则，并停止用有色种族进行医药及疫苗试验。

（14）反对跨国公司的破坏行为。

（15）反对军事占领、镇压及对土地、文化的破坏；环境正义反对军事占领、镇压以及对土地、人类、文化或任何其他生命的开发性破坏。

（16）加强社会及环境议题的全民教育：环境正义主张对我们这一代及下一代人类，以文化多样性的肯定及经营为基础，加强社会及环境议题的全民教育。

（17）改变生活方式，减少耗费资源及废弃物：环境正义主张我们每一个人均应更加珍惜地球的有限资源，减少不必要的消耗及废弃物，并发挥良知、改变生活方式，以确保我们这一代及后世自然资源的永续及健康。

可以看到，环境正义运动中争论的焦点在于"比例"，即不同社区、不同族群、不同国家、不同世代应当在环境问题上承担何种比例的责任。如果我们说，自然价值论处理的主要是"人与自然的关系"问题，那么环境正义问题则有所不同，它本质上依旧是一种正义问题，处理的是地球资源与环境压力在不同人群之间的分配问题，主要是"人与人之间的关系"问题。

2. 全球化环境正义运动与气候正义

进入 20 世纪 90 年代以来，随着全球化程度的迅速加深，尤其是气候问题与能源问题的迅速恶化，环境正义问题也从美国国内的种族阶级问题中生发开来，全球环境正义问题成为人们争论的新焦点。与阶级问题相似，发展中国家在面对全球环境问题时，更容易在国际环境责任分配中承受不利的后果。尤其是当人们将"排放权"与"发展权"联系起来时，这个问题就更加复杂而难以解决。这一争论在2009 年哥本哈根气候大会上，在以中美两国为代表的发展中国家与发达国家对排放权与发展权问题各执一词的争执中被清楚地摆在人们面前。

实际上，1992 年"联合国气候变化框架公约"（UNFCCC）就已宣布，各国应"在公平的基础上，根据其共同但有区别的责任和各自的能力来应对气候危机"。政治哲学家们也对这里所说的"公平"概念的内涵展开了追索与论证。亨利·舒（Henry Shue）提出，一般的常识是，公平原则包含三种要素：对损害或强制性成本的补偿、根据支付能力的贡献和获得适当的最低生活标准的权利。根据这三种要素中的任何一种，都可以得出公平的分配原则要求工业化国家与发达国家担负主要责任的结论。彼得·辛格认为，公平概念包含四个原则：帮助最不富裕的人的必要性、最大化幸福的功利性要求、对共同资源份额的平等要求，以及补偿伤害或强加成本的责任，按照这四个原则得出的结论同样是富国应该承担减排的大部分责任。

二 正义原则的建立

上述现实问题中主要涉及的是环境负担的分配问题，无论是有害物质的处理，还是减排责任的分割，都可以被视为分配正义问题。美国环保局在阐述环境正义理论时，试图用一种民主的程序正义来解决这一问题。他们提出，环境正义不仅要求事实上的责任划分"成比例"，而且要求"所有人都参与环境法律、法规和政策的制定、实施和执行，而无论种族，肤色，国籍或收入如何……"似乎期待以民主投票方式为这种分配的合法性进行辩护。但是，现实却不总如理论设计一样，环境问题与其他正义问题相比有其特殊性。在现实中，大多数人对环境问题都采取"不在我家后院"原则（Not in My Backyard），即只要这项责任不影响我个人的利益，那我完全支持，但一旦这种责任或成本被分配到我头上，我就坚决不同意。人们称这种现象为"邻避问题"。以沃伦抗议中的垃圾处理厂为例，在商讨环境正义问题时，每个人都不赞同在自己生活的社区设立类似设施，但是对于其他选址则没有太多倾向性。这样，如果仅仅按照民主的投票式程序正义，要么由于人数和社会力量的多寡，而容易导致"多数人的暴政"；要么由于所有社区的反对，而导致必要的工程难以落实。因此，简单的程序正义并不能解决环境正义问题，我们仍需要构建某种实质正义理论来处理环境正义问题。

重视自由是现代社会最重要的特征，也是现代化对人类思想历史做出的重要贡献之一。无论是作为市场经济基础的自由市场理论，还是以诺齐克为代表的要求"最小国家"的自由派理论，抑或是康德式的人权理论，都以人的自由权利为根基。尽管各种自由权利理论的理论基础都不相同，论证进路也有所差别，但是绝大多数现代正义理论都相信，自由是人的本质属性，是决定人之所以为人的最重要因素，只要一个人尊重了其他人同样的自由权利，他就可以做自己想要做的任何事情：无论是决定自己的生活目标、幸福标准，还是决定自己行事的策略或决定自己的兴趣与偏好。这些理论的论证根基与侧重点各不相同，有的理论强调对个人权利的保护，有的理论强调社会运转的效率，有的理论旨在构建某种权利模型。本节试图勾勒出几种正义理论的论证思路，并介绍几种有代表性的简单的正义理论。①

1. 由个人权利开始

如果我们单纯以一个原则为核心构建正义理论，则这种理论较具有融贯性。毕竟，如果我们仅有一个原则，就不会出现多个并立原则相互冲突的情况，一旦理论出现原则性的冲突，我们只需要参照开始构建理论时的核心原则，就可以判断应如何协调。下面我们就从前文所述的"自由权利"原则出发，尝试构造一种正义理论。

如前所述，根据自由权利原则，自由是人的最重要属性，一个人拥有自由权利意味着，只要不伤害其他人，一个人就有权利自由决定自己的人生目标、行为策略、兴趣爱好。如果个人的自由权利是唯一的原则，其他原则都须建立在自由权利之上，以个人的自由权利为基础，如果任何其他要求与这种自我决定权利相冲突，我们都应当首先维护个人自我决定的权利，那么我们就说，这时，个人拥有的是"绝对的"权利。所谓绝对的权利，即指如果没有权利所有人的同意，任何其他人或国家都不能逾越这些个人权利。在个人权利与其他因素，诸如美德、幸福或社会公益等因素发生冲突时，个人权利的绝对性使其凌驾于其他考虑之上。没有任何理由可以为侵犯个人基本权利做辩护，无论这些理由是为了公众福利，还是为了最大功用。以"沃伦抗议"中的事件为例，假设，我所在的城市需要设立一个垃圾处理站，将城市居民产生的生活垃圾集中处理，以美化生活环境，防止疫病滋生。这项政策显然可以说是对社会公共利益和城市绝大多数公民的幸福有利的。但是，市政部门在未经我允许的情况下，强制性地以我家作为垃圾填埋场，我回家之后发现家里堆满了全市居民的各种生活垃圾，这时，我就可以明确感受到，自己的个人自由权利被侵犯了。无论市政部门如何以社会公共利益

---

① 需要特别提醒读者的是，本节中描述的正义理论，并非是该小节涉及的政治哲学家的正义理论，仅仅是以某个命题为核心构建出的简单正义理论，之所以涉及某位哲学家，也仅因为该哲学家对这一命题的论述较为透彻和有代表性。

为理由劝说我，我都有理由不接受这种侵害以及对这种侵害的辩护。不仅把垃圾处理站放在我家是不可接受的，放在我家后院也是不可接受的，放在我家附近也必须获得我的同意。

这种绝对排除任何干涉的权利还导致了另一个结果，就是权利的外在表现是否定性的。例如，一个人马上要饿死了，而我恰巧从他身边走过，我拥有足以将他救活的食物，这时，除非我们两个达成某种食物赠与或交换的契约，那么，出于对他的自由权利的尊重，我不能强制性地将我的食物提供给他，以保证他的生命延续，因为这或许就侵犯了他选择自己人生目标或生活方式的自由权利。或许他是出于自身考量，选择了自杀作为一种决绝的生命策略，又或许他选择了一种以把自己饿到濒临死亡的方式进行生命修行，如果我这时强行给他喂食物，他的修行生活方式就被我粗暴地干涉了。同时，出于对我的自由权利的尊重，这个将要饿死的人也无权强求我对他提供帮助。因为，很简单，这些食物是我拥有的，我有自由支配它们的权利。或许，我需要保留这些食物以应付自己的饥饿，又或许，我以"成为一个冷漠的人"作为自己的人生目标，我自由选择去体验一种"没有慈善和互助的生活方式"，强行要求我捐献这些食物给别人就干涉了我自由地为自己设立的生活计划与生活目标。也就是说，如果我们仅持有个人权利这一项要求，而不考虑任何其他原则，那么这种个人权利仅仅体现为不被干涉与侵犯的消极性要求，不可能由此提出互助合作之类的积极义务，这些义务或许来自我们对社会生活的其他追求。一种单纯的自由权利理论所包含的自由意味着一种绝对而消极的自由权利。同时我们还可以注意到另一个问题，在这个快饿死的人与食物的例子中，我们探讨的是快饿死的人的生命权与"我"的财产权。如果我们仅从个人权利的角度看，生命权与财产权是同等重要的吗？毕竟，生命权是其他自由权利的基础。但是，有哲学家提出，仅仅就"自由权利表现为自身对生活目标和生活策略的选择"而言，财产权与生存权具有同等地位：不仅生存权是财产权的基础，财产权也是生存权的基础。布兰登（Nathaniel Branden）论证道："没有财产权，其他任何权利都无从实现。如果一个人无法自由地利用他所生产出的东西，他就没有自由权。如果他无法自由地让自己的劳动成果满足他所选择的目标，他就未能拥有追求幸福的权利。而且，人不是以某种非物质形式存在的幽灵，如果他无法自由地保有或消耗其劳动成果，他就没有生存权。"①

那么，我们如何保证这种自由权利的运行呢？毕竟，如果我仅仅声称自己拥有这样的权利，而没有外在的保障，我的权利随时可能被他人侵犯，其他人可能拥有比我更强壮的体格或更高超的技术，他们利用这些能力随时可能对我进行强迫或欺诈，使我做出我不愿意做出的行为，侵害我的自由权利。英国哲学家霍布斯就指出，如果没有对个人权利的限制，社会就会陷入"所有人对所有人的战争"，最终将导致实际上没有人的自由权利得以实现。因此，我们需要建立国家与法律，将行使暴力的权力赋予国家，以国家权力保证每一个体自由权利在现实上实现的可能。但是，我们的最高原则与唯一目标依旧是个体的自由权利。由于国家权力的本质被理解为使用暴力与暴力威慑，因此，国家权力的增加通常就意味着对个人生活干涉的增加。一旦我们赋予国家过多的权力，这种原本为了保障个体权利的庞大权力就会反过来干涉甚至剥夺个体的权利。如何在这种保障与干涉之间划界呢？美国当代政治哲学家罗伯特·诺齐克就指出，一切社会组织或社会团体都是由个人构成的，而并非先有了社会组织，才产生了社会组织中的个人。因此，个人的权利优先于社会组织的权力，比如国家的权力。国家是个人为了保护自身权利通过缔结契约而构造出来的社会组织，是现代社会中唯一可以合法使用暴力的组织机构。国家所拥有的这种权力，是个人权利赋予的，是个人权利决定了国家的性质、职能与合法性，而并非国家的权力和职能规定了个人可以享受多少权利。国家权力仅仅在保护其基础——个人权利——的时候才拥有合法性，而一切侵犯个人权利的国家权力都是不正当的。这样，诺齐克就提出了他的代表性结论，即我们需要的是一种"最小国家"，最好的

---

① Nathaniel Branden, *Who Is Ayn Rand*? New York: Random House, 1962, p. 47.

政府就是最弱意义上的政府。①

　　这样，一个基本的自由权利理论框架就搭建起来了，个人拥有绝对的和消极的权利，可以自由发挥自己的能力，支配自己的财产以追求自身的生活目标。国家和政府的责任仅仅是保障个人的权利不受侵害。诺齐克为这样的社会生活设立了两条基本的运行准则——自由交易原则与补偿原则。个人可以在自由的前提下使用、消耗或交易自己的财产，如上文快饿死的人的例子，我拥有的食物是我的财产，我对其具有完全的自由支配权利，如果那位快要饿死的人以自己财产或其他许诺同我交换，我出于自己的意志，而非外在强迫，同意了这一交换，他才可以合理地拥有我的食物的使用权，即使他没有拿出任何东西与我交换，我出于自身的自由意志愿意将食物赠送给他，而他出于自身的自由也愿意接受我的赠予，那么这也是一种合法的转让。如果我们没有遵循类似的自由交换原则，而是比如，他实在太饿了，在我不注意的情况下把属于我的食物吃掉了，这时国家就有义务出现，保障我的财产权。国家应当以暴力或暴力威慑使他对我的损失做出合理的补偿。一个在自由交换与补偿原则下运行的社会，似乎可以最大限度地保护人的自由权利。

　　但是如此规定下的自由权利，却存在一个需要被解释的关键环节，即所有人的财产权最初是如何获得其合法性的。比如我所拥有的食物，我可能会说，我对食物的财产权是合法的，因为它是我用货币在商店自由交换获得的。那商店的权利合法性呢？它又是商店（店主）与农民自由交换而获得的。那农民的合法性呢？这里似乎就需要额外的解释了，我们或许可以说是他劳动所得，但是他们依然需要生产资料，比如种子与土地。关于这两种生产资料的所有权，如果继续以商品的形式向后追溯，那么这个链条或许是无限的。如果我们不将它们视作商品，而用它们终结这个追溯的链条，则似乎需要一个崭新

---

① ［美］罗伯特·诺齐克：《无政府、国家和乌托邦》，姚大志译，中国社会科学出版社2008年版。

的理由。自由交换与补偿原则都仅涉及财产权确定之后的流动过程，并不为财产权的最初获得提供说明。自由主义的先驱约翰·洛克曾经试图给出一个这样的说明：根据他的说法，公民天然地拥有他们的身体，不需要任何国家或法律即可确立这样的事实，即公民有权拥有、使用和享受自己的身体，这个权利是自然赋予的、显而易见的权利，我们的身体是我们的天然财产，其他的财产权都是由这个权利衍生而来。设想一个没有国家、法律和财产权的社会，这时一个人从无主的（那时所有的事物都是无主的）土地上获得了一束小麦，然后将它磨成面粉，再制作成面包。这时他对这片面包就拥有自然的财产权，因为这项财产中汇集了他利用其身体进行的劳动。他的劳动，将原本对人没有价值的东西变成了对人有价值的东西。洛克认为，劳动可以为财产权做出一个合理的说明。无主的小麦之所以被理解为对人没有价值，是基于这样一种反推的理由：如果有其他人认识到它们的价值，它们就不会是无主的。对于这些被人发现有利用价值的自然物，唯一公平的原则似乎是"先到先得"。那么，问题在于，如果这个人在发现这一束小麦的同时宣称，他对世界上所有的小麦都有所有权，这样，以后无论什么人使用小麦或种植小麦（使用小麦的种子）都必须征得他的同意。我们会基于常识认为这种宣称是无效的，因为如果一个人可以如此拓展他的财产权，这个社会似乎就难以持续运转：今天一个人拥有了全部的小麦，明天可能就有另一个人拥有了全部的水稻，一旦有人萌发了这种想法：只要他第一个宣称整个地球都是自己的，地球上其他居民就成了他的奴隶。这样的宣称显然是荒谬的，而且最终这种对财产进行原始分配的方式反过来又限制了我们的自由。因此，对于这种假想的财产权最初分配的过程，洛克也提出了两个限制：第一，因为被开发的自然资源对人类有用，所以它们不应当被浪费。如果我拥有的小麦超过了我自己需要的量，那么我对于自己需求之外的小麦就不再拥有合法的所有权，我只能拥有属于自己的"合适的量"，将这些数量的小麦用来消费或者交换，在满足了我的生活需求之后，剩余的其他小麦就不再合法地属于我。如果我收割的小麦超过了我能利用的最大数量，在完成了食物储备，交换了其他对我有用的货物之后，剩下的小麦只能堆在仓库里腐烂，这显然就是浪费资源的行为，这种占有权就不再可以用身体的衍生权利做辩护。由第一种限制推导而来的第二种限制是，在我们设想的原始分配的最初阶段，世界上应该有足够的资源供所有人分配，这时，我对资源"先到先得"的占有才不会侵害其他人的自由，因为在我利用我发现的小麦的同时，给其他人留下的小麦也足够多、足够好。只有这样，个人财产权的确立才不会干涉到其他人的自由。也只有增加了以上两种限制，面对某个突然宣称整个地球都属于自己的人时，我们才可以合理拒绝他将我们变成他的奴隶的要求。因此，单纯坚持自由权利建立的正义原则应当包含以上三条原则：自由交易原则、补偿原则、有条件限制的财产初次分配原则。

当我们将这种分配模式应用于环境问题时，却发现这三条原则施行起来都有内在的困难。首先，如果我们设定某些自然资源是全人类共同享有的，我们对于这些资源的利用很难征得所有人的自由同意。比如，我们一般认为，空气是全人类共享的资源，我们很难设想一个空气为某人私有的社会，这不仅在现实上难以实现，在理论上，这甚至比"某个人拥有世界上所有的小麦"更容易侵害他人的自由权利。而当我使用汽车时，汽车会向人类共有的空气中排放废气，形成一种污染。而我为了这项自由，要征得世界上每个个体的同意，似乎就是一个不可能完成的任务。很有可能会有某个人，打定主意一生不乘坐汽车也要保证自己可以获得新鲜空气；或者某个人患有严重的肺病，相对于乘坐汽车的便利，清洁空气对他来说有更高的价值。如果按照原始的正义原则，我们似乎只能尊重他们的自由权利，毕竟我们没有能力保证，汽车排放的废气不会流动到他的区域，不对他选择的生活目标形成干扰。"补救的方法不过是禁止任何人向大气中注入污染物，继而侵犯到他人的人权和财产权。就是这么回事。"[1] 那么，我们是否

---

[1]　Murray Rothbard, "The Great Ecoloy Issue," in *The Individualists*, No. 2 (Feb. 1970), p. 5.

可以援引补偿原则，对这些人被干涉的自由做出某种补偿呢？似乎也很困难，且不说这种补偿的额度完全取决于"被伤害者"，很难说是公平合理的。一旦某个人坚持无论什么补偿都不能弥补他享受新鲜空气自由的丧失，补偿似乎就难以生效。即使我们不考虑这种假设的极端情况，在环境领域，补偿也常常是一件不可能执行的任务。

环境领域内经常发生这种例子：某个公司生产时产生的毒素可能会长久而隐秘地影响一个巨大的区域，等到我们发现这种恶劣影响时，所造成的损害可能远远超出这个公司所能承担的数额。我们所熟知的几次"生态灾难"均是如此。日本智索株式会社向水俣湾中排放的废水使大量汞和其他重金属进入了当地的鱼和贝类体内，而这些鱼、贝又被当地人和动物食用。当人们发现这种影响时，许多居民罹患的"水俣病"已不可逆转，上千居民因此死亡。这种恶劣影响显然是公司无法补偿的。因为许多工业活动对环境的影响都是长期而缓慢的，而环境变化对人产生的影响亦是如此。

人们通常难以及时发现环境领域内产生的风险。这反过来又会影响第一条原则的应用：因为环境风险的隐秘性，人们可能对任何新产生的工业技术都采取敌视和戒备的心态，每个人都拒绝让新技术应用于自己的生活范围之内，这又使得任何新技术都不能获得自然资源的合法使用权。最困难的还是第三条正义原则，如果说前两条原则都是由于环境问题的特殊性，而导致它们在应用环节产生困难的话，那么第三条原则可能从理论上就难以应用到环境领域。因为我们假定，只有在资源充足的情况下，人对某些资源的合适占有才有可能获得最初的辩护。如果处于匮乏状态，那么所有的原始占有都需要另外的理由。我们在自然资源分配上所面临的问题往往是：某种资源，在工业化时代之前，我们曾经认为是充足的，但是在工业化之后，我们发现这种资源实际上并不充足。最明显的例子或许是石油，在人们最开始利用石油时，这种资源对我们来说似乎是取之不尽用之不竭的，任何人开采石油之后都给其他人留下了"足够多也足够好"的份额，但是随着工业化的迅速发展，人类对石油的需求迅速跃升至一个相当的高度，石油很快变成了一种稀缺的不可再生资源。

　　更困难的例子是空气，人类在大多数时候甚至不将清洁可呼吸的空气视作一种资源，而单纯将它们视作大自然的慷慨馈赠。因为我们从未想象过这项自由有可能被侵害。但是在工业化时代到来之后，清洁的空气却成为一种有可能被败坏、滥用的资源，而呼吸也变成了一项可能遭受干涉的权利。

　　这些变化到底意味着什么，它是否可以影响原本我们认为没有问题的原始分配？有人会认为，稀缺改变了情况，原始分配本来依赖的限制生效了。原始分配依赖的原则应当被理解为"在资源充足状态下，我们采用先到先得式分配原则；但是在资源稀缺状态下，我们应当采取其他分配方式"。因此，一旦某种资源从充足变得稀缺，就意味着我们有理由对这种资源进行重新分配。只有这样，才能保证个人的自由权利不被侵犯，否则，不过是目睹我们假想中的"有人宣称拥有整个地球上的小麦"在现实中上演罢了。而另一些人则倾向于将原始分配理解为一种历史过程，一旦这种分配被确定，那剩下的就要使用其他规则，比如自由交换原则、补偿原则或继承原则。既然我（或者我的先辈）当时拥有这项资源（比如某个油田）的过程是合法的，那之后就不应该再有任何个人或机构来侵犯我的这项业已合法的财产权。否则，未来仍将不断出现此类事件，某种曾经被认为充足的资源变得稀缺，如果每次我们都要对所有权进行重新划分，那么社会生活将会不定时地陷入混乱。我们可以援引诸如"明智"或"远见"来为这项财产权提供道德辩护，我目前拥有这项资源，乃是之前我或我的先辈预见到了未来可能出现的匮乏，我的财产权来自我或者我的先辈的才智与劳动，因此应当受到同等的尊重。

　　这两种辩护路径看起来都是合理的，也都体现了我们对正义理论的最初要求：对个人自由选择权利的尊重与保障。我们似乎很难从中做出取舍。现实的考虑还会给我们带来另一个问题，如果我们真的基于历史做出判断，可能很少有资源是真正通过如我们假想般合法的途径取得的。欧洲移民屠杀了原住民而获得了北美洲的所有资源，人类历史上每次暴力战争都会重新划定资源的分配方案。具体到环境领域，我们也面临一个紧迫的现实问题：当前全球变暖，如果主要原因是人为导致的，那么其责任主要在那些先行工业化的国家。我们应当如何面对这些业已为我们所知的"不公正的原始获取"，似乎也是目前的正义理论所难以解答的。因此，我们似乎需要增加另一条原则，为我们的财产权提供额外的辩护。以亚当·斯密为代表的经济学家们设想了这样一条原则，即效率原则。

2. 效率原则

在上一节中我们说，纯粹以自由权利为原则构建的正义理论应当包含三条原则：自由交换原则、补偿原则、资源的原始获取原则。其中，第三条原则面临着最严重的理论困难。于是就有思想家做出了如下尝试：如果我们增加某项原则，这项原则与前两项原则不发生冲突，同时又可以为第三项原则提供合理解释，这样，整个理论的漏洞就被弥补了。经济学家们指出，正义原则将自由交易置于社会交换的核心地位，除了保障个人自由选择生活方式的权利之外，还可以提高整个社会的效率。

古典政治经济学告诉我们，自由交换的前提是双方商品价值的相等与供求关系的平衡。但是，决定商品价值的是社会必要劳动时间，也就是社会平均的劳动效率，如果我可以更勤奋地劳动，采用更聪明的劳动方式，我就可以获得更高的劳动效率，以同样的劳动时间获得更多的劳动产品。如果社会必要劳动时间没有改变，供求关系也没有发生变化，那我就可以以此交换到更多的其他商品。推而广之，所有的生产者都有类似的动力提高劳动效率，在同业劳动者的相互竞争中，整个社会的生产效率得以提高，某项产品的社会必要劳动时间缩短，全社会都由此享受了更多的产品，由此造成了整个社会的繁荣。这就是自由市场理论提出的自由交换原则所蕴含的另外的好处。

效率原则为资源的原始获取提供了额外的理由，无论该项资源是充足的还是匮乏的。在上一种理论模式中，由于我们坚持纯粹的自由权利原则，在描述某项相对充足的资源的最初分配时，只有先到先得的方法供我们采用。而面对相对匮乏的资源，则难以提供合适的说明，以至于对为了争夺匮乏资源而爆发的战争等历史上业已发生的不正义行为，都难以应对与解释。引入效率原则之后则不同了，如果说效率与个体自由权利一样，也是一项值得人们追求的目的，那么我们就可以说，国家与社会应当如此分配资源：将它们分配到可以最有效地利用它们的人手中。上一节中关于小麦原始获取的例子就可以得到如下解释：这个将无主小麦制作成面包的人对他的面包具有合理的财产权，并非因为他"首先"利用这些小麦，而在于他"有效率地"利用了这些小麦，他的劳动帮助全社会提高了小麦资源的利用率，为社会创造了更多价值，因此，这些小麦及随后的产品应该为他所有。

需要指出的是，尽管我们可以将效率理论描述为自由权利理论的一种补充，但是，效率理论与自由权利理论有一个重大的区别：自由权利理论坚称，财产权是逻辑在先的，是人的自然权利之一，它自然地源于人的劳动。人们首先拥有了财产权，尔后为了保障自己的这项权利，而缔造了国家和法律，换言之，即使没有国家和法律，财产权依然存在，只不过难以获得现实的保障。但是效率理论不同，根据效率理论，自然存在的仅仅是物体，所有权是我们附加于物体之上的内容，我们之所以创造一项如此的权利，是为了提高效率，以获得更多的产品。也就是说，自然创造的仅仅是物体而已，是法律与社会创造了所有权。于是，这种所有权的分配就无关乎资源的充足或匮乏，在资源充足时，将其分配给更能有效利用它的人，可以为社会创造更多产品，在资源匮乏时，我们似乎更有理由这样做。在面对自由权利理论感到棘手的财产权的"不正义历史"时，效率原则却不起作用，只要暴力获取没有降低资源的利用效率，效率原则就对暴力历史不加谴责。如果暴力的财产转移显著提高了生产效率，则这种转移甚至可以被描述为一种"更为合理的分配"。

具体到资源与环境问题上，效率原则似乎可以解决一个长久困扰我们的问题。如果某片草原是无主的，有许多人在草原上放牧，放牧者出于希望这片草原能更多地产出的心态，倾向于尽量扩大牧群。如果我拥有更多的牛羊就可以更快更多地利用这片草原上的草。但是，这会导致这片草原上的草被迅速地消耗殆尽，最终没有人可以再在这里放牧了。这就是著名的"公有地悲剧。"效率理论提出，一个简单的解决方案就是将"公有地"变成"私有地"。如果这片草原是私人所有的，他就不会放任自己的资源被如此消耗，他可以通过提高放牧者应缴纳的使用费来控制放牧数量，以期整片草原被合理而长久地利用。信奉效率原则的人们通常还认为，这种行为不但保持了草场的长期使用，实际上也提高了草场的利用效率。他们认为，愿意为使用草原支付更高成本的人，可能是更急迫地需要利用草原的人，更可能是可以更有效地利用这片草原，用同样成本产生更多效益的人，只有这样的人才愿意长期负担更高的成本。

对于其他的公共资源，效率原则也提出了合理利用它们的可能性。在自由权利理论中，如空气这样的公共资源，可能由于某个人的反对，而使得其他所有人都难以获得合法使用权，此时，我们并没有额外的方法来判断，哪一方的自由是更值得尊重的，而哪一方的自由是"更值得"侵犯的，因为自由权利理论认为每个个体的自由权利都是绝对的、不可侵犯的。但是效率原则不同，由于效率目标和经济指标的引入，我们可以对利用资源的方式进行成本与收益的分析，如果某种利用方式的预期收益远大于预期成本，那么这种利用就是合理的。比如汽车的使用，按照成本收益分析方法，如果排放汽车尾气对空气质量的影响是微小的，而使用汽车对社会效率的提升是显著的，那么使用汽车就是合理的行为，不必顾及那些坚持反对的人的意见。如果汽车的大量使用对空气的影响变得显著，那我们只需要控制汽车的数量或者革新汽车的排放技术，使环境成本保持在一定范围内，即可享受汽车技术给人们生活带来的便利和给整个社会带来的效率提升、财富增加。成本收益分析方法还可以帮助我们解决环境灾难的赔偿困难，如果一个工业项目的环境灾难是可预见的，那么就有理由拒绝这个工业项目；如果在项目开始的时候，没有人预见到这种环境灾难，那么涉事的工业企业只需要对此承担部分责任，向受害者提供部分补偿即可。

效率理论看似合理地解决了自由权利理论难以解决的问题，也由此成为现实社会中常被应用的原则之一。无论是新工业技术的应用（如汽车），还是新工厂的选址，抑或是国际碳排放市场的建立，背后都有效率理论的支撑。但是效率理论仍有其难以克服、常常为人诟病的理论困难。

首当其冲的是，效率理论是一个有自毁倾向的理论。所谓自毁，就是指一种原则在其被用于推理过程中，倾向于否定自身。对效率理论或自由市场理论来说，垄断就是高悬于其上的达摩克利斯之剑。自由市场理论的优势在于，每个市场主体都是受自身逐利目的驱动的，市场运作的最终结果是造成了整个社会公共效率与公共利益的提升。一种自私的目的，经过"看不见的手"的调整，最终达成了公益的结果，一直是为自由市场理论所津津乐道的优势。这种目的与结果之间的不同真的可以弥合吗？似乎有其困难。每个个体提高劳动效率的最终目的是追求最大的个人利益，但是他们很容易就能发现，最容易取得暴利的经营方式是垄断经营。一旦某项商品被某个生产者或某几个生产者联盟垄断，他们就掌握了这项产品的最终定价权，价格与社会必要劳动时间脱钩，他们也不再有动力改进生产技术，提高生产效率。因此，尽管社会生产效率的提升看起来是自由市场的客观结果，但是自由市场参与者的主观目标则是垄断市场。一旦有生产者达成自己的目标，自由市场理论的最初目的将无法实现。

就环境问题来说，效率理论提供的解决方法也只是理论上合理。就"公有地悲剧"来说，私有化的方式似乎是一种可以采取的解决路径，但是就空气之类的公共资源来说，效率理论则一筹莫展，因为空气无法私有化。成本收益分析方法只在社会公共治理层面适用，却与具体的市场参与者的主观目的背道而驰。以汽车尾气为例，当汽车尾气排放已经成为空气质量的严重威胁时，社会希望使用者可以主动限制汽车的数量或生产者可以主动改进排放技术，以保证整个社会"环境成本"的降低。但是对于具体的汽车生产厂家来说，这种行为却很难被他们主动采取，因为这对他们来说是明显的额外成本。最佳的方案当然是这样的：其他厂家应用了新技术，降低了污染排放，提高了它们的成本，也将整个社会的环境成本降低至可以接受的程度，从而社会允许更多的汽车上路行驶，也允许更多的人购买汽车。而自己则不受影响，依然可以用现有的生产线，享受其他厂家技术革新给自己带来的更大的销售市场。整个社会落入了"囚徒困境"之中。对于单个厂家来说，如果其他厂家不革新技术，那么自己最好也不革新技术，因为自己做出成本上的牺牲，更容易得利的却是保持低成本运行的竞争对手，在成本收益分析上这是典型的不智行为；而如果其他厂家革新了技术，那自己最佳的选择依然是不革新技术，因为自己可以用更低成本在其他厂家提供的更大的销售市场上占得更大份额。可以看到，效率理论似乎可以用私有化的方式解决某些"公地悲剧"，但是对于那些无法被私有化的资源，效率理论却无法阻止"搭便车"的行为，因为"搭便车"人的行为本身就受到效率理论的支持。但是，从社会公益角度来说，这依然是个"公地悲剧"，每个人都希望搭别人的便车，而没人愿意"开便车"。

3. 功利主义

功利主义诞生于 18 世纪，因其"最大多数人的最大幸福"原则为世人所熟知。效率原则，或者其背后的自由市场经济学理论，常常被人们理解为一种功利主义学说。但是两者的理论背景其实有相当大的差异，这种差异主要体现在两个方面。第一，功利主义所说的"幸福"，抑或福祉、福利，是一种广义的福利，凡表现为偏好满足的内容，都可以被功利主义接受为一种幸福。效率原则追求的是社会效率，也就是社会产品产出的最大化。当然，社会消费品就是为了满足人们的需要而被制造出来的，某种消费品的获取就意味着对应需要的满足。但是人们的需要并不仅仅包括消费或物质需要，还包括情感需要。情感需要一直深受功利主义者的重视，但对于自由市场学说则是一个较为陌生的领域。更广义地说，不仅是人，动物也有其生存需要和情感需要，这种扩展就使得当代功利主义代表彼得·辛格关注动物的福利，提出"我们应人道地对待动物"的动物福利论。这种理论就更加为效率理论所不能理解了。第二，效率理论仍然看重个人自由权利的保障，即使不将效率理论理解为个人自由权利理论的一种修正，而仅仅从自由市场的效率出发，仍然可以得出，效率最高的社会生产方式要求国家保障个人的私有财产，这样个体才有革新生产方式提高生产效率的动力。因此，自由市场理论即便不像纯粹的自由权利理论那样要求一个"最小国家"，也认为应当限制国家的权力，国家只是作为自由贸易的保障时才获得其存在的合法性，国家权力除了与自由权利理论提出的应当致力于保障个体权利一致之外，只能用于反垄断、保护市场流通自由等方面。而功利主义则不同，它的基本原则并不包含个人的自由权利，相反，个人权利只有在促进最大功利时才有被保障的价值。换言之，功利主义从一开始就不是以个体的权利为出发点的，而是从政府，或者说立法者的角度，以社会整体福利为出发点的。功利主义的奠基人杰里米·边沁就曾经反对法国大革命中提出的"自然权利"的观点，认为这种思想会导致广泛的无政府状态——自然而不可侵犯的权利是一种"踩着高跷的胡说八道"。功利主义者认为，之所以要保障如生存权之类的基本权利，是因为保障这些权利可以使我们更容易达成最大多数人的最大福利。甚至，根据最原始的功利原则，一旦牺牲某个个体有助于最大福利的提升，纯粹的功利主义者也应当毫不犹豫地牺牲这个个体，哪怕这个个体是他自己。功利主义甚至不试图确立一种绝对的生存权，可想而知，他们对财产权的兴趣只会更低。效率理论试图通过私有化来解决"公地悲剧"，功利主义就不必保持此种幻想，它要求我们对放牧牛羊所造成的社会福利、土地承载力、草原退化之后产生的不幸进行计算，如果最终得出的结论是我们用过度放牧所增加的少量社会福利，换来的是未来显而易见的更大范围更严重的不幸，那么这种利用策略就应该被禁止，而禁止的方式与机关，我们尽可以交给法律与国家。这样，功利主义就不必面对效率理论曾经面对的尴尬局面：在提高某些可私有化的资源的利用率上合理，而面对某些注定只可能是"公共物品"的资源时则非常乏力。功利主义者相信国家与法律的力量，因此，功利主义允许赋予立法者更大的权力，使他们甚至可以针对每个具体事件的不同后果，制定不同的政策或做出不同的裁决。

功利主义常常被人们批评为"仅关注行为的总体后果，而不关注总体后果中的分配正义问题"，因此，似乎功利主义原则本身对环境正义问题很难做出什么贡献。但是 R. M. 黑尔辩称说，指责功利主义不关心分配正义是一个巨大的误解，功利主义实际上对分配的平等有内在的关注，同时它又不是机械的平等主义，而是支持一种兼顾效率与平等的分配模式，这种分配模式也是最接近现实和常识的模式。他论证道，功利主义的目标是创造更大的"幸福"，避免更大的"不幸"，但是社会并不能分配"幸福"和"不幸"，分配的只是具体的社会产品。在经济学中，存在一个著名的"边际效用递减原理"，一个人拥有的某物越多，他从"获得该物"中收获的快乐就越少。举例来说，我在非常饿的时候吃下的第一碗面条可以让我感到很大的幸福，吃第二碗时幸福感会下降，吃第三碗时幸福感更会下降……简言之，一个社会在分配产品时，将产品分配给相对更匮乏的人会产生更大的幸福总量。因此，功利主义其实蕴含了某种平等分配的要求。但是，正如效率理论所指出的，我们应当给提升了生产效率因而促进了社会整体繁荣的个体以充分的奖励，这样才能使他们充分发挥他们的能力与智慧，使社会产品的总量增加，进而满足更多的需求，创造更多更大的幸福。所以，黑尔辩称说，一种精致的功利主义应当持有这样的分配政策：允许并保障私有财产，在分配时给提高了社会生产力的个体以更高的奖赏；但同时也要保证基础的公平，避免极端的贫富不均，以较少的社会产品在低收入群体中创造更多的幸福，保障他们的基本生活条件。具体的分配比例应当基于对"未来可能提升的福利"和"当下最高效的福利分配"进行精确计算而达到的平衡。尽管黑尔也承认，这种计算必然是非常困难的，但人们并不能因为具体计算的困难就指责功利主义是一种不关注分配正义的学说。

然而，尽管功利主义的分配正义可以通过"边际效用递减原理"

推导出来，并且在分配具体社会产品时显得有其道理，但这种分配在处理环境正义等社会责任问题时却难免处在一种尴尬境地。让我们回到"沃伦抗议"的例子上，在城市中开辟一个垃圾填埋场，这当然有利于大多数人最大福利的提升，那么我们在选址时应当采取何种分配策略呢？根据边际效用递减原则的逆向原则，如果我们在生活优渥的富人区修建一个垃圾填埋场，那么对他们生活的影响是巨大的，他们的幸福感会因为这个决策而下降许多。如果我们将垃圾填埋场建在勉强可以达到温饱的穷人社区，由于他们本来的生活状态就很糟糕，他们每天只关注填饱肚子之类的事情，而不太关心空气质量是否良好，生活环境是否优美之类的问题，因此这一选择对他们的幸福感影响不大。所以，如果采纳这种功利主义原则，我们似乎应该把大多数的环境恶物都放到穷人社区。

除了这个问题，功利主义还因为过分依赖对未来福利的计算而为人诟病。显而易见，对福利总和的计算是功利主义的核心要素之一，想要达成最大多数人的最大福利的目标依赖我们预先计算的不同行动方案的不同结果。尽管从边沁开始，功利主义就在致力于设计一种社会福利的计算方式，但遗憾的是，上百年过去之后，这种计算方法仍然让人们觉得是天方夜谭。首先，许多人认为福利，或者快乐，本身就不可被测量。即使我们可以通过心理学手段测量快乐的程度，但是人的快乐分为很多种类，这些种类是否可以用同一种标准进行衡量也是一个长期困扰功利主义者的问题。从密尔时期，功利主义就一直在应对"高级快乐"与"低级快乐"的区分问题。如果快乐只有强度、持续时间等差异，而没有高级和低级之分，那么"做一只快乐的猪"似乎就好过"做一个痛苦的苏格拉底"。人们似乎被鼓励沉湎于日常而肤浅的快乐中，而这反过来无助于社会总体福利的提升。重重困难使得功利计算看起来像是一项不可能完成的任务。

现实经验也是如此，功利主义者们对死刑的态度分为两类。一类认为，死刑意味着一个可以享受福利的主体的完全丧失，杀掉罪犯也并不会使受害人过得好一些，因此是社会总福利的纯粹降低，是功利原则不能接受的；而另一类则认为，保留死刑有助于威慑未来的罪犯，从而减少未来犯罪的次数。其争论的关键就在于，保留死刑的威慑力是否真的有这种效用。但是这种争论在持续一百多年后，我们并未发现双方的分歧有丝毫减弱，人们依然对"极端暴力犯罪的频率和保留死刑之间是否存在因果联系"争论不休。我们对过去经验的描述与总结都存在如此的困难，更不用提对未来可能后果的预测了。而当我们把目光转向环境领域，这个问题就变得更加复杂，因为不确定因素在环境领域中比在其他大部分领域中都要大得多。

生态学家与环境哲学家不断提醒我们，放下人类盲目的自负，我们对许多重要的环境影响因素其实一无所知。历史的经验也似乎在告诉我们，人类总是在被自然教训了之后才了解到自然运行的某些规律。而且，这些未知因素必须被理解为一个整体，在整个生态圈范围内相互影响，因此，我们难以估量对环境进行干预的可能后果。假设我们在考虑建设一座核电站，目前在为它选址，那么就这项工程对环境的影响是很难达成共识的。核辐射与核废料对土壤、水、空气的影响是我们目前仍不能掌握的，甚至核辐射对人体的影响我们也没有准确把握。美国国会在评判某项核电站立项时，倡核的政府委员会计算得出，每拉德核辐射可以引发万分之二的癌症病例，而另一些科学家们则认为，每拉德核辐射可导致 32000 例癌症。这种分歧大到我们甚至无法相信它在未来可以达成共识。环境问题中存在的这种或许是根本的不确定性与功利计算本身的不确定性交织，使人们愈来愈没有信心可以依赖功利原则做出判断，更遑论正确的判断了。

4. 罗尔斯的正义理论

美国政治哲学家约翰·罗尔斯的正义理论是 20 世纪后期最著名也最具影响力的正义理论。许多哲学家在解决环境正义问题时会求助于他的正义论。罗尔斯设计了一个思想实验来得出他的结论，他采用契约论的方法来寻找公平正义的基本原则，但是这种契约并不是现实社会成员商讨缔结的，而是假设在所有缔约成员都不知道自己所处的地域、文化、信仰、家庭出身、社会地位、教育背景等条件下缔结的。罗尔斯认为，只有这样，人们才可以公平地考虑所有阶层对分配的需要，否则人们很难避免现有的社会地位、生活习惯、文化背景给自己造成的偏见。罗尔斯称这种将人的具体境遇遮蔽掉的方法为"无知之幕"。在无知之幕后面，人们将同意，如果社会分配有不平等的因素，那么这种因素一定要以提高最不利阶层的生存状态为前提。罗尔斯的正义理论最终被总结为两个基本原则，其一是自由原则，即每个人都有平等的权利主张，享有平等完备的各项自由权；而且，每个人所享有的自由与其他人在同一体系下所享有的各项自由权兼容。其二是平等原则，其中也包含两个子原则：第一，机会平等原则，即各项公共职位及地位，必须在平等的机会下，对所有人开放。第二，差异原则，社会与经济中的权益并非全都适合按平等原则进行分配，而一旦出现不平等的安排，这种不平等安排必须使社会中"处境最不利"的成员受惠。

在介绍功利主义时我们可以看到，当我们对一个可能有害健康的废弃物质处理厂进行选址时，根据成本效益分析原则，穷人社区并不会为此付出多少经济代价，而富人社区可以为社会创造更多经济价值，根据边际效用递减原则，在穷人社区附近修建一个垃圾处理场对他们生活质量的降低也比富人社区要少得多，因此我们应当将它建在穷人聚居区。但是根据罗尔斯的理论则不然，贫困的社区已经成为整个社会中"处境最不利"的成员，因此，社会不应该再给他们添加更多的负担，除非这群最不利者可以从这项安排中受益。

罗尔斯正义理论作为当代正义理论的集大成者，自提出之日起就受到各国哲学家们的仔细审视。而环境正义问题则是罗尔斯正义论中的一个多年来难解的问题。最明显的就是罗尔斯很难用他的两条正义原则来处理"代际正义"问题，即我们要不要关心后代人的生存环境这一问题。罗尔斯提出了一种"储蓄原则"来应对这一困难，即我们不应将资源挥霍殆尽，而应当为未来和子孙后代储蓄必要的资源。但是，储蓄原则并非出自罗尔斯的两条正义原则，如果要以罗尔斯式契约论进行推演，我们或者把无知之幕"变薄"，即默认无知之幕背后的人们都会想到自己会身为父母，求助于父母对子女和后代的爱心，但这种"爱心"显然不存在于罗尔斯的理论预设中，甚至是反对他的自由主义预设的；或者，我们应当把无知之幕"加厚"，即无知之幕后的人们并不知道自己会成为哪一代人，是生活在资源环境丰富的时代，还是资源耗竭、发生环境灾难的时代，这样，为了优先保证"处境最恶劣者"的权利，人们似乎会达成一种"为后代保护环境"的契约。然而，动物权利支持者们则会反问，何不把无知之幕继续加厚，使我们甚至不知道自己会不会成为一个人，这样，我们是否也要保证动物的某些基本权利，至少避免它们遭受"最恶劣的对待"？

尽管这种反驳略显浪漫，罗尔斯的拥趸者或许可以用"理性"标准将动物与人区分开来，尽管罗尔斯本人暗示，他的正义理论可以通过某些扩展而将动物包含在内。马库斯·辛格（Marcus Singer）则提出了罗尔斯理论中的一个潜在的矛盾，即人们在无知之幕背后协商正义原则时，求助的是趋利避害的本能，而非人类特有的道德责任，这就使得上述"动物可否参与契约"的问题显得不那么难以接受，而且，这意味着罗尔斯的正义理论中隐含着某种后果主义的前提。① 马库斯提出，罗尔斯的正义理论尽管用"差异原则"来反对功利主义正义观，其实却是以后果主义为底色的，虽然罗尔斯曾强调"巨大的财富会成为一个实在的阻碍"，但是他所描述的"无知之幕"背后的人们所做的理性选择，最主要的驱动力仍然是高水平的物质消费，马库斯因此批评道，罗尔斯在无知之幕后设想的仍旧是一个"消费者导向的社会"。以环境正义为例，或许人们会出于"避免自身陷入最坏境地"的选择，从制度上保证每个人与每个社区，哪怕是经济上最贫困的社区也不会处于无法生存的环境里，不会被暴露于致命污染之下，也不会成为全社会的垃圾倾倒场。但是这只是出于无知之幕后的契约签订者们利己的动机，而并没有赋予人们生态责任感。更进一步说，

① Marcus Singer, "The Method of Justice: Reflection on Rawls," *The Journal of Value Inquiry*, Vol. X, No. 4, p. 297.

这并不会鼓励人们主动保护环境。因此，按照马库斯的批评，罗尔斯的正义理论是难以被应用到环境正义领域的。尽管罗尔斯认同，存在某种"基本善"（primary goods），也就是无论一个人对"善"持有何种特殊观念，他都会想拥有这种"基本善"，它包括权利、自由、机遇、能力和财富等。自由主义理论家们通常并不接受某种生态环境属于社会应当无条件促进的"基本善"，如德雷泽克（Dryzek）认为，如果自由主义坚持将清洁环境称作一种善就会产生一个悖论：除非国家中的所有成员都接受一个共同的生态目的，如果不达成这个生态目的，人类其他所有关于善的目的和观念都会受到威胁，否则，我们就不应该牺牲一部分人的幸福，来满足其他人对美好生活的感觉，这可以被视作不同主体间自由的冲突。即使我们可以将安全的生活环境也算作"基本善"的一种，罗尔斯又认为，相对于增进社会中每个个体可能获得的"基本善"，无知之幕背后的人们一定会做出谨慎的选择，更加关心如何最小化自己可能遭受的损失，更优先选择避免自身陷入更糟糕的状态。也就是说，罗尔斯相信，正义并不负责促进人们的善，哪怕是基本善。

实际上，这并非仅是罗尔斯正义理论应对环境正义问题时的困难，而是所有以自由主义为基石的正义理论的共同困难。杜博孙（Dobson）指出，以自由主义理论为基础的正义观念大多都会将自然的考量排除在外，这是因为自由主义通常认为，国家或社会应当对"美好生活"的概念保持中立，以维护自由。我们可以看到，除了功利主义之外，无论是自由权利理论还是自由市场理论，都要求国家收敛自己的权力，为个人的自由留出足够的空间。但是这也意味着社会不能对个体施加某种特定的"善"，国家或社会不能将某种生活方式判断为值得所有人追求的"美好生活"，这种判断会被自由主义者视为是"独裁的"，是对个体选择自我生活方式的一种冒犯。在社会层面，如此理解的正义理论或许是恰当的，但是在环境正义领域，这可能有些困难。如布莱纳（Gary Bryner）所指出的，环境正义的讨论不应被完全理解为"人与人之间的问题"，不仅仅是指对资源、权益和责任在群体之间进行分配，而应当包含一种可持续发展的框架。[1] 所有人都明白，相比恶劣环境的公平分配，建设并保持一个美好环境更具有积极意义。它意味着所有参与者的污染减少。或者说，这更加从根本上解决了环境正义的问题。一般而言，分配正义问题的根源来自匮乏，只有供给不充分时，如何分配的问题才会受到人们重视。健康生活环境的匮乏才使环境正义问题得以充分凸显。因此，一种恰当的环境正义理论应当包含一个督促或建议人们实现可持续发展，减轻环境压力的机制。而这一点对罗尔斯，或者对所有自由主义正义理论来说，都是万万不可接受的。

三 通向生态正义

如果我们同意，环境正义问题应当包含一种可持续的向度，在处理人与人之间关系的同时也应关注人与自然的关系，那么环境正义问题就还应当包含人如何对待非人自然物的问题。哲学家们在处理这一问题时普遍将其分成两个阶段。第一个阶段是人应当如何对待动物。因为动物与人有相当的相似性，动物有与人类相似的感受性，同时也具有相当的自由行动能力。生物学研究表示，动物也有一定程度的社会化行为，因此，许多哲学家将动物问题抽离出来，成为人与自然关系问题中的一个独特分支。关于人类应该如何对待动物的问题，我们在介绍彼得·辛格、汤姆·雷根、保罗·泰勒等人的思想时已做了较为详细的阐述。第二个阶段是人应当如何对待广义的自然界，这其中不仅包含人对待动物的问题，也包含人应当如何对待山川河流，森林草原甚至岩石空气等纯粹自然物的问题，或者说，这个问题关注的是人应当如何对待整个生态圈，应当以何种姿态生活在自然中的问题。认为人对纯粹自然也应承担义务的问题被称为"生态正义"的问题，这个问题也有两种进路。一种进路认为，人虽然对自然没有直接义

---

[1] Gary C. Bryner (2002), "Assessing Claims of Environmental Justice: Conceptual Frameworks," in Kathryn M. Mutz, Gary C. Bryner, and Douglas S. Kenney (eds.), *Justice and Natural Resources: Concepts Strategies, and Applications*, Washington, DC: Island Press.

务，但是存在某些间接义务；另一种进路认为，生态圈应当被纳入道德讨论，人类对其负有某种直接义务。

1. 通过对未来世代的责任达到生态正义

许多哲学家认为，人对自然界负有某种道德责任，但是大多数哲学家认为，这种责任是某种间接责任。自然界并不能被纳入康德所说的"道德王国"中而只能是"自由"之外的"自然"，非人存在物由于不具备道德自主性，因此超出了可以进行正义讨论的范围。对罗尔斯而言，我们与动物、植物和自然界的关系不是一种正义关系，因为我们不能"延伸契约的原则，以自然的方式包含它们"，正义和公正的概念只能用于道德平等的生物之间的关系。但是，大多数哲学家并不因此认为我们可以肆意对待自然，而是承认自然界也具有某种价值，我们有保存和善待它的道德义务。除了在动物身上我们可以发现的工具性价值和审美价值之外，我们另有一个更强有力的理由去论证我们对自然界的道德责任，这就是我们对未来世代的责任。

在我们可以预见的将来，未来世代的人们将和我们一样生活在地球上，也没有任何证据说明，他们的生存要求与当前世代有巨大的差异。因此，我们应当合理地假设，未来世代人类的生存权同样要求一个适宜人类居住的地球，一个稳定而完整的生态圈。为了子孙后代的生存，我们当下应当善待自然，给未来的人们留下一个宜居的地球，这就是"可持续发展"的意义所在。而如何理解当代人对未来世代人们的义务，在哲学上却产生了巨大的争议。

许多哲学家希望将我们日常处理"未来责任"的方法应用于对未来世代责任的论证上。我们日常生活中也要面对未来的不确定性，如对未来投资时，我们采用的分析方法一般是"成本收益分析法"，布罗姆（John Broome）就推荐我们用这种方法去衡量我们对未来世代的责任。首先，布罗姆反对"在对未来有充分了解前不进行任何行动"的原则，这种原则既可以用来支持我们在充分了解人类行为的有害结果之前不必停止现有"疑似有害的行为"，也可以支持我们在充分了解未来的有害后果之前，不采取任何疑似有害的行为。布罗姆指出，这两种行动原则都将行动的基础设定在"对未来的完全了解"之上，但是某些不确定性，如人类当前行为对生态系统影响的不确定性，可能是根本的，是我们永远无法完全确知的。如果采取上述原则，我们就无法以充足理由进行任何行动。而且"不进行任何行动"本身也是一种行动策略，我们无法从改变自然这件事中脱身出来，认为人类可以"不采取行动"而置身事外是不切实际的。同时，布罗姆也反对"基于可能性行动"的策略，即在行动时，选择最有可能造成良好后果的行为。布罗姆指出，这种策略不能指导我们的所有行为，某些行动就明显不适用这条原则。如火灾并不是一件有大概率发生的事件，但我们仍然会在建筑物里常备灭火器。这时我们行动的依据就不是"未来的可能性"。布罗姆最后得出结论说，我们应当采取"成本收益分析方法"，既考虑每种可能结果的成本与收益，又考虑每种结果的可能性，当面临不能精确计算的情境时，尽力而为就好。

但是，这种"尽力而为"却在现实操作上遇到了一个棘手的问题，在经济学中，在进行当下成本与未来收益计算时，会使用一个转换比率，即"贴现率"（discount rate），而对这个比率的不同设定却会导致截然不同的计算结果。在考虑将来世代方面，2006 年，著名经济学家斯特恩带领的小组发布的《斯特恩报告》采取 1.4% 的低贴现率，意味着对未来人福利打的折扣很小，由此得出的结论是"我们目前必须立即采取强有力的行动来阻止全球气候变暖"。而耶鲁大学教授诺德豪斯（William D. Nordhaus）则采取 5.5% 的高贴现率，得出了截然相反的结论。[1] 关于"贴现率"的哲学根据，施米茨（David Schmidtz）有详细的分析，第一种论证的基础是"将机会当作一种成本"，如果我现在支付一笔钱，一年之后可以获得 1 美元，我现在愿意付出的金额一定少于 1 美元，因为用"现在的 1 美元"换取"将来的 1 美元"只不过是白白浪费在这一年中使用这 1 美元的机会。因此，未来的 1 美元没有当下的 1 美元值钱，因为当下的钱包含了当下

---

① 参见潘家华《气候变化引发经济学论证》，《绿叶》2007 年第 21 期。

使用的机会。但是，这种论证不能用来说明对未来世代人类福利的贴现，因为在日常借贷关系中，借贷与还贷的是同一个主体，而在代际关系中，"借贷"方是当前世代，"还贷"方却是未来世代，当代人没有任何理由让未来世代的人们为我们还贷，因此也就没有理由对未来人的福利打折扣。另一种"贴现"的理由来自"边际效用递减"原理，同样的福利对于生活富足的人的满足感提升较小，而对生活穷困的人的满足感提升较大。按照这个理由，如果我们相信，未来人们会生活得比现在好，那么就有理由认为未来的福利没有现在的福利对满足感的提升大。但是，未来的世界会比现在的世界更好吗？对这一问题，大致有三种回答：第一是悲观主义的回答，如基督教的末世论，人类历史是线段式的，由创世纪开端，到最终的末日审判结束，如果我们采用这种历史观，那么其实我们怎么对待未来世代的人是一件不太重要的事。第二是启蒙以来盛行的乐观主义，如孔多塞宣称的那样"人类的完美性实际上乃是无限的"，这种态度相信无论未来人面对怎样的困难，他们都可以发明足够先进的科技来应对，因此，我们也不必对他们过分操心。而对未来世代的责任实际上基于第三种历史观念，即将未来视作开放的、不确定的，它可能变好，也可能变坏，我们唯一可以知道的是未来的面貌与我们的当下行动有关，但这两者之间存在何种具体联系，我们并不能确知。

除了"成本收益分析法"，我们也可以采取"人权"的进路来讨论对未来世代的责任。我们一般认为，人权的主要内容是一个人支配自身、选择自己的生活目标并最终获得自我实现的权利。严格根据这一理论基础而言，人权的主体适用于有能力使用并宣称这些权利的人，主要是心智成熟的成年人。但是，当代人同时还有另一个共识，就是儿童同样拥有人权，即使他们可能并不具备足够的能力运用或宣称自己的权利，甚至，正因为此，儿童们反而获得了更多的权利。如《联合国儿童权利公约》赋予儿童的那些基本权利。如果这些关于儿童权利的信念是可以被广泛接受的，那么我们有理由把类似的原则拓展到所有"未来的成年人"，不仅包括已经存在的儿童，还包括尚未出生的人，他们也可以被合理地设想为"未来的成年人"。对于业已存在的人来说，"尚未存在"无非有两种含义：第一，没有对应的自主自由能力，因而人权也就失去了其基本内容。但是对于同样缺乏自主自由能力的儿童，我们可以将其视为一种脆弱，为什么对未来世代的人不能进行同样的处理？如果其区别仅仅在于时间间隔的长短，那么这种区别对待显然不能得到合理的辩护。第二，我们对未来的人一无所知，也就是说，未来世代的人无法向我们声明自己的权利和利益。这与当代儿童的情况又有多少区别？这样看来，如果我们可以将人权赋予当代儿童，那么，"将人权赋予尚不存在的人"也是可能的，并不因为权利主体尚不存在就使得权利变成一个无主体无内容的空洞概念。①

时至 21 世纪，"可持续发展"观念已得到越来越多的有识之士的认同，认同这一观念则以承认对将来世代的道德责任为前提。

2. 直接的生态正义

另有一些环境哲学家不满足于停留在间接义务上，试图扩大道德共同体的范围，使道德共同体可以包含自然界。其中最具代表性的理论就是利奥波德在《沙乡年鉴》中提出的"土地伦理"。利奥波德在考察人类道德发展的历程后发现，道德共同体的范围是日渐扩大的，这也意味着人类道德关怀能力的日渐提升。最初，道德用来处理人与人之间的关系，如摩西十诫教导人们应该如何处理自己同父母、邻人之间的关系，这时，只有具体的个人可以被容纳进道德共同体。后来，道德中增加了人与社会之间的关系，这时，抽象的社会组织，如国家也被容纳进道德中。利奥波德大胆预测，未来，随着生态学的发展，人类对自身生活环境的认识不断加深，道德的第三阶段将增加人与自然之间的关系，我们应该将整个自然界全部纳入道德共同体，形成"土地共同体"。我们应当将自己视为这个共同体中的一员，而不

---

① Marcus Duwell, Gerhard Bos, "Human Rights and Future People: Possibilities of Argumentation," *Journal of Human Rights*, Vol. 15, No. 2, 2016, pp. 231–250.

再是土地的征服者、所有者和统治者。土地伦理为人类提出了两个义务：第一，根据生态学的研究，为了维护土地共同体的稳定，人类应当尽力保存共同体成员的多样性；第二，人类对自然进行改造的速度与程度应控制在某个"阈值"之内，否则就是不合理的。这已涉及生态正义。

环境正义只涉及如何公平地对待人的问题，而不涉及如何对待自然界和非人自然物（包括各种生物和生态系统）的问题，未超出通常所说的社会正义范畴。生态正义（ecological justice）才涉及如何对待自然界和非人自然物的问题，已超出社会正义范畴。

坚持人类中心主义的人们不会提及生态正义，因为在他们看来，自然界和非人自然物没有道德资格，对自然界和非人自然物无从谈什么正义。例如，根据至今仍具有最大影响力的契约论的正义论（以罗尔斯为代表），对满足如下条件的存在者才可以讲求正义：（1）能自愿加入各种协作活动；（2）能被授予财产权；（3）能相互担负正义责任。只有理智健全的人才满足这些条件，自然界和非人自然物满足不了这些条件，所以，只需对人讲求正义，对自然界和非人自然物无须讲求正义。

自20世纪60年代以来，非人类中心主义哲学家一直在不懈地为自然界和非人自然物的道德资格进行辩护。根据非人类中心主义的观点，人类不仅应该正义地彼此对待，也应该正义地对待自然界或非人自然物。例如，动物权利论者主张，我们必须正义地对待动物，吃肉或残忍地利用动物是不正义的。生物中心主义者认为，残忍地利用一切生物都是不正义的。然而，人类若完全不利用非人生物就无法生存。到底该如何界定生态正义？

如果我们能摈弃现代分析伦理学关于事实与价值之二分的教条，那就应该诉诸生态学去界定生态正义。利奥波德为我们界定生态正义指出了基本方向。生态正义原则可这样表达：

就人类对自然界或非人自然物的行动而言，凡无损于生态系统的完整、稳定和健康的都是正义的，反之是不正义的。

如果说环境正义要求我们尊重每个个人的环境权利，那么生态正义则要求人类尊重每一个非人物种（而非个体）的生存权利。

生态学可较为清晰地界定生态系统的完整、稳定和健康。例如，人为灭绝某地区的一个物种便破坏了该地区生态系统的完整和健康；大量排放温室气体导致气候变化便破坏了地球生态系统的稳定，等等。根据我们界定的生态正义原则，贫穷山区的人们猎杀大量繁殖的食草类动物，只要其猎杀数量适中，就不违正义；一个小康县为过更加富裕的生活而开发一大片湿地致使某物种失去栖息地，则严重违背生态正义。

包括环境正义在内的社会正义的维护依赖于立法、执法、司法系统和政府。罪犯干了不正义的事情会受到法律的惩罚，那么，人类集体（或多数）对自然界和非人自然物犯下的罪行会受到何种惩罚呢？在人类中心主义者看来，对自然界和非人自然物无所谓犯罪，也不存在什么可以惩罚人类集体的力量。人类凭借科技进步和人际协作可越来越自由地征服自然、控制环境、制造物品、创造财富，从而可以生活得越来越自由、自主、幸福，不存在任何超越于人类之上而又能制约人类追求自由、自主和幸福的力量。这一观点乃是现代性所包含的最为致命的错误。其实，无论科技如何进步，人类知识都不可能逼近对自然奥秘的完全把握。大自然永远具有惩罚人类之背道妄行的无上力量。人类若不思悔改地沿着现代性规划的方向发展，不思悔改地"大量开发、大量生产、大量消费、大量排放"，则环境会继续恶化，气候会继续发生不利于生物生存的变化，大量物种会灭绝。"大量开发、大量生产、大量消费、大量排放"的生产—生活方式是违背生态正义的！只有遵循生态正义原则，人类才能安全、幸福、持续地生活在地球上。

环境正义问题既可以算作环境伦理学的一部分，也可以看作政治哲学的一部分。环境正义理论不仅是对环境哲学研究和政治哲学研究的吸收与应用，也从理论与实践上给予环境哲学与政治哲学以反馈，从另一个层面推进了理论伦理学的拓展和深入。

首先，环境正义理论研究拓展了环境哲学的基础概念。从 20 世纪 60 年代环境哲学开始兴起以来，环境哲学家们关注的"环境"与"自然"概念大多是"荒野"式的自然，对于普通大众来说，荒野的概念与生态环境，就算不是太过遥远，也是在满足自身生活需要之后才值得考虑的问题。而环境正义运动与环境正义理论则不同，这里讨论的"环境"是处于城市中的，是每个城市居民每天都会与之打交道的生活环境，与人们日常生活联系得更密切。相比于作为荒野和"大外部"的环境，虽然人们对城市环境的保护有着更悠久的历史，但环境保护的这一方面却在较长时期里被环保组织和环境哲学家们所低估。应该指出的是，这种"环境"概念的扩大并不意味着环境正义完全忽视了与濒危物种或景观有关的问题。不必说本来就关注地球和大外部环境的气候正义问题和能源正义问题，就算仅仅关注生活社区的环境正义问题，自意识到环境正义原则应当包含一种可持续发展原则以来，理论家们也自觉地融入了人与自然关系问题的广义讨论之中。但这种由生活社区开始的环境理论研究，不仅使每个人都对环境正义运动感同身受，让人们更有参与这一运动与讨论的动力；也拓展了环境哲学中"环境"的关注点，不仅那个非人的"自然"值得关注，哪怕完全被人类活动所改造的社区环境也值得理论家们关注。

其次，环境正义理论可以作为反思经典正义理论的切入点。如上文所述，各种典型的正义理论在处理环境正义问题时，都遇到了不同程度的困难，这就引发了政治哲学家们对既有正义理论的更加深刻的探讨。如针对罗尔斯正义理论的困难，杨（Iris Young）与弗雷泽（Nancy Fraser）提出了"正义作为一种承认"的理论。杨提出，分配模式的正义固然重要，但是更重要的在于不公正分配背后的原因，如果社会中存在着群体不平等，一些群体享有特权而其他群体受到压迫，那么社会正义就需要关注群体差异，对不同群体给予公正的尊重与承认。分配问题固然重要，正义并非只关乎分配，只有解决了承认问题，才能从根本上解决正义问题。按照查尔斯·泰勒（Charles Taylor）的说法，承认不仅仅是一种礼貌，也是一项至关重要的人类需求。如果某个客体没有得到承认，理想的分配将永远不会发生，只会导致某种"制度性的不正义"。施劳斯伯格（David Schlosberg）指出，比起罗尔斯式的分配正义框架，"承认"框架更适合于讨论环境正义问题，无论是有色人种还是贫困人群，他们在环境责任的分配上都遭受了不公正，究其根源就在于他们没有得到应得的承认。布莱纳（Gary Bryner）提出，环境正义问题提醒我们，应当对正义概念进行多元化的理解，并指出正义的这些方面并不是相互排斥的，而是重叠在一起的。其中不仅包含分配正义的框架、参与性程序正义，还包括不同社群、族群之间的平等与尊重，以及上文提到的，环境正义应当包含一种"可持续发展"向度，即对将来世代之权利或利益的考虑。可见，环境正义问题的研究，从实证与理论的层面都推进了我们对"正义"概念本身的理解，并催生着当代崭新的正义理论的产生。

四　我国生态文明建设过程的环境正义问题

我国正在大力推进生态文明建设，如何公平、高效地分配环境善物（清洁水、清洁空气、安全食品等），如何公平地分配环保责任或承受环境恶物（如垃圾处理场、核废料处理场等）的责任，是现实而紧迫的任务。21 世纪以来，因环境污染（如填埋垃圾）或某些污染性工业项目的选址而引起的群发性事件时有发生。环境正义问题是我国生态文明建设中凸显的重大问题。

1. 探索我国生态文明建设的环境正义原则

中国坚持走社会主义道路，以上阐述的正义理论都是西方的正义理论，且主要是以自由主义为底色的理论，故不能照搬到中国。中国马克思主义研究者简明地概括了马克思主义的正义观。根据较新的研究成果，马克思主义的正义必须先后满足人的生存需要、人的生产需要以及人的自我实现的需要。如果我们把这一足以呈现人性的需要体系理解为人的美好生活的需要，就可以得出如下论断：

（1）正义在于与人性相适应。

（2）人的美好生活的需要足以呈现人性。

（3）正义在于满足人的美好生活的需要。

研究者也指出，对于不同时代、不同处境的人来说，美好生活的需要会有不同的内容。中国共产党十九大提出的"美好生活"概念所对应的英文表述为 better life，"美好生活"并不是一个凝固的、静态的概念（英译不宜用 good life），而是一个随着时代的发展而不断演进、不断被赋予新内涵的概念。同样，不同时代、不同处境的人们对"美好生活的需要"也会有不同的企求和理解。对于生活在"人对人依赖"、生存需要无法确保，并且"温饱"是人们渴望满足的第一需要的社会中的民众来说，美好生活的需要将主要落在生存需要上。而对于已经基本摆脱了生存困境但还没进入共产主义社会的人们来说，生产及其赖以展开的条件直接限定了人的解放程度，制约了人的自由和全面发展。围绕生产需要而展开的条件将是人们所渴望和争取的，在这种社会状态中，虽然生存问题依然存在，但标识人性需要的已经不是生存需要，而是生产需要。到了共产主义社会，标识这一社会人性需要的将是人的自我实现的需要，因为在这样的社会状态中，人在衣食住行等方面的生存需要已经得到满足，生产需要将直接服务于人的自我发展和自我实现。但不论"美好生活的需要"这一概念如何被不断赋予新的内涵，就我们所经历过的和目前理性所能设想的社会状态来说，美好生活的需要都应包含人的生存需要、生产需要和自我实现的需要这三方面的内容。①

马克思主义正义观为环境正义研究指明了基本方向，但对于解决现实中涉及环境资源和环保责任的纠纷没有直接的指导作用。我们需要更具可操作性的环境正义原则。

我国的发展仍处于社会主义初级阶段。我们在建设生态文明的过程中，既要尽力确保每一个人的生存需要的满足，又要尽力确保每一

---

① 林进平：《论马克思主义正义观的三种阐释路径》，《哲学研究》2019 年第 8 期，第 48—49 页。

个有劳动能力的人的生产需要的满足，这就要求我们坚定不移地走绿色发展之路。绿色发展才是既能确保当代人需要的满足，又不损害将来世代需要的满足的发展，即真正可持续的发展。

"权利"是现代伦理学和政治哲学的核心概念。在全球化的过程中，人权观念已获得越来越普遍的认同，有人甚至认为人权原则是唯一普遍有效的道德基准。中国也没有因为坚持走社会主义道路，而一味把人权观念斥为资产阶级观念从而拒绝就人权问题与国际社会对话。根据现代人权原则，每个人，不分肤色、种族、性别、阶层、阶级，都享有一系列平等的权利，如生命权、身体完整权、行动自由权、信仰自由权、言论自由权、集会结社自由权、经济自由权等。由生命权可直接推导出：人人都享有平等的基本环境权利，如平等地享用清洁水、清洁空气、安全食品等物品的权利。道理很简单：如果被剥夺了享用清洁水、清洁空气、安全食品（与清洁环境直接相关）等物品的权利，就等于被剥夺了生命权。

悖谬的是，现代化的发展大有剥夺人们环境权利的可能。在传统社会的绝大部分生活区域，清洁空气和清洁水不稀缺，人人（不分贫富贵贱）都自然地享有清洁空气和清洁水。但工业化却导致了严重的空气污染和水污染，于是也导致了相应的不公。例如，在中国近40年来的快速发展过程中，城市人口日益增多，人均消费量日益增加，相应产生的城市垃圾也越来越多。垃圾填埋场通常选在地价最低的地方，也就是穷人最多的地方。一个地方一旦成了垃圾填埋场，则附近的水源和空气就会受到污染，于是附近居民的基本环境权利就受到了侵犯。为了让城市居民（相对富裕）享有清洁环境，而把垃圾转移到一个穷人居住的地方填埋，污染了穷人的生活环境，这显然是不公平的。近二十多年来，由垃圾填埋而引起的抗议活动时有发生。

我国在快速工业化的过程中，一些工厂的生产也侵犯了工厂附近居民的环境权利，如污染了空气、水源和土壤，有些地方甚至出现了"癌症村"。工厂盈利了，老板赚钱了，在工厂就业的人们受惠了，但工厂附近的居民却深受其害，这同样不公平。自 2007 年厦门市居民抗议 PX 工程上马以来，全国发生了多起抗议兴建大型工厂的运动，这说明我国公众的环保意识和权利意识在觉醒。

仅仅按市场规律和科学方法去处理垃圾，去决定工厂的布局和资源的配置，不能确保每个人的基本环境权利。为了确保每个人的基本环境权利，必须有相应的立法，即由法律规定：人人都享有不可剥夺的基本环境权利。

在环境污染、生态破坏和气候变化日趋严重的情况下，环境保护和节能减排的责任必须具体落实到个人和各种组织上。我国自 2013 年以来，很多地方出现了雾霾天气，"十面霾伏"，大有剥夺所有中国人享有清洁空气的权利的趋势。雾霾不是某几个人或某几个企业造成的。如何追究造成雾霾的责任？或更一般地问：如何追究环境污染和生态破坏的责任？如何分配保护环境、节能减排的责任？

在 20 世纪八九十年代，全国各地都迫不及待地发展工业以便尽快脱贫致富，那时许多人愿意承受污染。我们近 40 年来的经济增长就依赖于在这一过程中兴建的许多工厂，依赖于引进外资，依赖于充当"世界加工厂"的角色。西方发达国家利用其资本、技术、品牌优势，乘全球化之机把各种污染较重甚至很重的工厂转移到中国。到 2007 年，中国污染物排放达到了世界第一。发达国家的人们一边用着中国制造的各种物品，一边指责中国的大量排放。我们自己一边享受着汽车、空调、冰箱、手机等带来的舒适和便利，一边忍受着雾霾、水污染、土壤污染等带来的痛苦和危害。如今，从上到下越来越多的人意识到，必须保护环境、节能减排了。

那么如何分配保护环境、节能减排的任务或义务？

除极少数仍保持极低消费的传统生活方式的人们（如隐居深山的人），人人都是过量排放者。我们一直对工业化心驰神往，工业化带来的生产—生活方式就是"大量生产、大量消费、大量排放"。近几十年来，越来越多的人已醉心于、沉溺于、习惯于这种生产—生活方式。但科学和事实都告诉我们，环境污染、生态破坏和气候变化就是由这种生产—生活方式引起的。只有改变这种生产—生活方式我们才可能走出环境污染、生态破坏和气候变化的困境。关键的要求是节能减排。由于我们每个人都已形成了过量排放（即过量消费）的习惯，故每个人都有节能减排的义务。如果我们进一步分析过量排放所导致的后果会首先伤害或更严重地伤害穷人或特定地区的人们，如海平面上升会首先淹掉的地区的人们，那么拒不承担节能减排的义务就是不正义的。换言之，节能减排是每个人的道德义务。

但不同个人的排放量又是不同的，如只开汽车的人与既开汽车又用游艇的人的排放量是不同的。不同组织的排放量也是不同的，如一个餐馆和一个炼油厂的排放量是不同的。所以，不同个人和不同组织（包括企业、政府、NGO 等）又该承担不同数额的减排任务。

如今，大家都能接受的一个粗略的口号是：所有人、所有组织都有共同的却有分别的节能减排的责任，简称"共同而有区别的责任"。从国际上讲，所有国家都有共同却有分别的节能减排的责任。

谁排放谁付费，根据排放量的大小决定付费的数额。这是西方主流经济学家提出的调控排放的办法。他们甚至认为，以立法规定每个人和单位 GDP 生产的污染权以后，允许个人和企业自由买卖污染权，可以激励个人和企业积极进行节能减排的技术创新和管理创新，从而有效地保护环境、节能减排。这个依托市场体制的办法似乎有很强的可行性。别总希望人们提高道德品质以保护环境、节能减排，通过制度创新激励人们以追求私利的方式保护环境、节能减排，使个人和企业能通过环境保护和节能减排而赚钱，才能充分激励人们保护环境和节能减排。

其实，事情没有那么简单。没有人们价值观的改变，如从首先重视财富增长向首先重视清洁环境的转变，就没有谁会想到要制定促进环境保护和节能减排的污染权交易制度。仅当多数人意识到保护环境、节能减排是自己的道德义务时，促进环境保护和节能减排的污染权交易制度才能得以制定，并进而得以有效执行。

综上所述，我国生态文明建设的环境正义原则应包含如下内容。

（1）人人都应享有满足其生存需要和生产需要的环境善物（如

清洁水、清洁空气、安全食品等），这应是人人都该享有的一项平等权利。

（2）人人都有节能减排、保护环境的义务，这是人人都该担负的义务。

（3）企业乃至所有的社会组织都有节能减排、保护环境的义务，企业不能只追求利润而不承担节能减排、保护环境的义务。

在确立了以上基本原则的基础上，施行污染权交易制度，将能激励企业进行节能减排、保护环境的技术创新和管理创新。

2. 中国人对代际公平的理解

自 20 世纪 80 年代布伦特兰夫人领导的世界环境与发展委员会提出"可持续发展"概念以来，代际公正问题已受到越来越多人的关注。"可持续发展是既满足当代人的需要，又不对后代人满足其需要的能力构成危害的发展。"迄今为止，"可持续发展"（sustainable development）和"可持续性"（sustainabilty）仍是学界讨论的重要概念。可持续发展理论明确表达了对将来世代的关怀，提出了代际公平的问题。在现代性语境中，人们只关心当代人的生存与发展，而不关心将来世代（future generation）；政治哲学家和伦理学家关于正义的讨论也只涉及当代人，而不涉及将来世代。由可持续发展理论所提出的代际公平问题是对现代性政治哲学和伦理学的严重挑战。

囿于现代性视域，人们较难接受"可持续发展"概念和"代际公平"概念。这存在两种观念上的障碍：（1）理性主义的个人主义，断言只有现在的理性的个人才具有道德资格，才拥有尊严和权利，谈论未出生的人们的道德资格和权利是没有意义的。（2）独断理性主义的进步主义，断言科学技术是不断进步的，因暂时的环境污染、生态破坏、气候变化、资源短缺而为将来世代担忧是杞人忧天，将来世代只会比现在的我们发展得更好。

信奉独断理性主义的进步主义的人们根本就不会重视代际公平问题，因为他们根本不认为环境污染、生态破坏、气候变化会危及将来世代的生存和发展。值得注意的是，作为现代性之思想核心的独断理性主义的进步主义至今仍具有很大影响力。

承认现代工业发展导致了全球性生态危机和气候变化的人们，只要不持"我死之后管他洪水滔天"的心态，就必须正视可持续发展和代际公平问题。如今，国际哲学界有一大批人在为代际公正问题殚精竭虑，问题的核心仍是现在的人为什么要关心尚未出生的人们？

西方哲学界为这个问题大伤脑筋，与西方哲学传统密切相关。西方哲学极为重视论证的严密性和知识的确定性。获得严密论证的、精确的知识才是值得信赖的。从理性主义和个人主义的视角看，"我思的自我"的存在才是确凿无疑的，即只有现在的自我的存在才是绝对无可怀疑的（笛卡尔）。极端怀疑论者连能否明白"他人之心"（other's mind）都极端怀疑。不持极端怀疑论立场的理性主义者可以承认他人的存在，因为他人毕竟还能与我交往。尚未出生的人们根本就不存在，从何谈论对他们的关心？又从何谈论代际公平？

但在中国传统中，人们认为，希望子孙后代永享福祉是身心健康的人们的自然愿望。这大约可从两个方面来看：首先，历代帝王都希望其统治宝座能让子孙永远地继承下去；其次，每个人（包括平民百姓）都把传宗接代看作人生的头等大事，而断子绝孙是人生的最大悲哀。

一个当代学者如果深受中国传统思想的影响，就不会认为考虑将来世代的利益是个需要论证的事情，会当然地认为，我们在谋求当代人的发展时不能损害子孙后代的利益。当代人甚至应该做造福子孙后代的事情，如兴建都江堰一类的水利工程，俗语说："前人栽树后人乘凉"。只有那些未受过中国传统思想影响而全盘接受了西方思想的学者才会认为考虑将来世代的利益是需要论证的。

习近平在中国共产党十九大政治报告中说：

> 建设生态文明是中华民族永续发展的千年大计。必须树立和践行绿水青山就是金山银山的理念，坚持节约资源和保护环境的

基本国策，像对待生命一样对待生态环境，统筹山水林田湖草系统治理，实行最严格的生态环境保护制度，形成绿色发展方式和生活方式，坚定走生产发展、生活富裕、生态良好的文明发展道路，建设美丽中国，为人民创造良好生产生活环境，为全球生态安全作出贡献。

如果我们没有断绝中国传统思想对我们的滋养，我们就会认为希望"中华民族永续发展"是中国人的自然的愿望，为实现这一愿望，就不能损害将来世代的利益，就不能做有违代际公平的事情。

从历史上看，人生的追求和文明的建设总是在连续的历史过程中进行的。人的意义追求虽立足于现在，但总是指向未来的。我们不仅希望自己生活得幸福，生活得有意义，而且希望后继有人。希望人类文明能长久持续是人类的自然愿望，无须殚精竭虑地加以论证，即使需要论证，也不必再坚持笛卡尔式的理性主义论证模式：从"我思故我在"这一所谓的"第一原理"推出结论。承认了这一愿望的自然合理性，就必须承认代际公平的重要性。

如果我们承认生态学是一门能正确指导我们生产和消费的科学，就必须承认，我们不该为了满足自己不断膨胀的物质欲望，而滥伐森林、滥用湿地，为满足市场需求而滥用海洋渔业资源，肆无忌惮地排放废气、废水、废渣等。因为这样就会使环境变得不可居住，将来世代就无法生存。我们必须改变现在的"大量开发、大量生产、大量消费、大量排放"的生产—生活方式，因为这是严重损害将来世代的生产—生活方式，是不正义的生产—生活方式。

当然，在迅速工业化之前，我们不能清晰地预测当代人的发展对将来世代的危害。经过近40多年的快速发展，我们清楚地发现，粗放式的工业化严重地污染了大气、水体、土地等，严重破坏了生态健康，这些都是对将来世代的危害。中国提出走生态文明建设之路，就是要扭转这种粗放式的工业化发展方向。走生态文明建设之路就是为了谋求真正可持续的发展。

3. 中国的"邻避"运动

中国计划经济延续到 20 世纪 70 年代中期，国民经济已濒临崩溃的边缘。改革开放之初（1978 年），全国各地几乎都处于贫困状态，那时温饱是人们的基本需要，也是刚性需要。在这种情况下，人们往往都不太在乎环境污染。如果一个地方能引进一个较大的工业项目，那么当地人往往会欢欣鼓舞。更何况在计划经济时期，人们不仅认为工业化是经济发展的标志，而且是美好生活的象征，工厂厂房鳞次栉比、烟囱林立甚至被看作美丽风景。

中国改革开放之后，经济连年迅速增长。越来越多的地方的人们（虽非全部）由原先的贫穷走向了温饱，进而由温饱走向了小康，也有一部分人变得非常富有。在这样的情况下，人们对美好生活的需要必然会发生改变。在难得温饱时，为求温饱可以牺牲清洁环境，温饱有保障的小康之家当然希望自己家周围的环境至少是清洁的。在这种情况下，就会出现"邻避"现象，甚至出现"邻避"运动。

"邻避"即英文 Not in My Back Yard（不要建在我家后院）的首字母缩写 NIMBY 的音译，这个音译很妙，因为也近于意译，其意思是：不要把污染性项目（如核电厂、化工厂、垃圾处理场等）放在我家附近。西方最早的"邻避"运动与民众抗议在自己家附近建核电厂直接相关。例如，在 20 世纪 50 年代的英国，一些科学家、核工业企业代表和政客把核能称作他们时代的法宝，主张以核能取代火电（用煤或石油），甚至认为核能应用将引起文明的革命。但核电厂的选址引起了居民的质疑和反对，这应该是最早的"邻避"运动。[1] 20 世纪70 年代开始，"邻避"运动在美国逐渐兴起。到了 20 世纪 80 年代，"邻避"运动愈演愈烈，以致 20 世纪 80 年代被称为美国的"邻避时代"。同时期，一些欧洲国家出现了对核废料存储选址的争议。进入

---

[1]　Ian Welsh, "The NIMBY Syndrome: Its Significance in the History of the Nuclear Debate in Britain," *BJHS*, 1993, 26, pp. 15 – 32.

20 世纪 90 年代，"邻避"运动相继在日本、韩国等国出现。①

　　我国的"邻避"运动出现于 21 世纪。比较引人注目的有 2007 年厦门的 PX 项目事件、2010 年广东番禺垃圾焚烧发电厂设址争议、2011 年大连 PX 事件、2012 年四川什邡反对兴建钼铜事件，等等。②

　　有研究者指出：近年来，我国经济加速发展，城市化进程明显加快，政府将能创造经济效益与服务价值的设施放在发展首位，在规模与数量上大幅引进。然而，伴随着公民意识的觉醒，人们更加注重环境影响，对即将迁入的"邻避"设施产生排斥甚至抵制的情绪，并采取各种措施维护其合法权益，当柔性方式无济于事时，"邻避"运动便会相继爆发，"邻避"冲突层出不穷，社会和谐受到威胁，经济增长受到阻碍。此时，政府作为背后的提议者与关键的决策人，成为民众直击的对象与抗议的目标，二者的矛盾将愈发激烈，强烈的潜在风险终将转化为官民危机。最根本的冲突点在于"邻避"设施对政府、企业和公众所带来的利益不均衡，处于利益天平最劣势的一方，则会不遗余力地尝试采取各种手段争取利益最大化，在"邻避"运动中，如何平衡政府、企业、民众三者之间的利益关系，是解决矛盾冲突的关键点。③

　　显而易见，要平息"邻避"冲突，就必须遵循环境正义原则，平衡地维护各方利益。

　　4. 社会主义市场经济与生态补偿

　　自 20 世纪 80 年代末"冷战"结束以来，苏联模式的"计划经济"衰落了，市场经济已成为全球化的经济模式。

　　市场有其高效配置资源的优点，但市场不是万能的。西方主流经济学家认为，环境问题归根结底是经济问题，只要给污染定个价，再培育日趋完善的污染权交易市场，就可以激励个人和企业积极进行保

---

　　①　朱雨琦、吴云清：《发达国家邻避冲突的解决及对我国的启示》，《城市》2016 年 9 月 25 日，第 27 页。

　　②　金菊：《邻避运动的成因与对策分析》，《呼伦贝尔学院学报》2018 年第 26 卷第 6 期，第 51 页。

　　③　李雅丽、李鹏飞、郭睿：《价值平衡视阈下我国邻避问题研究》，《探索争鸣》2019 年 8 月（下），第 8 页。

护环境、节能减排的技术创新和管理创新，从而很好地控制污染，保护环境。

其实，问题没有这么简单。以上我们已提到，按市场规律，垃圾填埋场、污染严重的工厂会被"配置"到地价低或经济落后的地方，但这显然侵犯了穷人的权利，是不公平的。中国改革开放之初，广东首先发展起来，同时也严重污染了当地的环境。如今，广东人富了，开始重视环境保护了。按市场规律，广东的富人会把污染性产业转移到其他地方，愿意接受的地方必然是贫穷的地方。换言之，广东的富人会让自己的工厂去伤害贫穷地方的人们。这也是不公平的。可见，市场不能确保公平。必须有政府和各种非营利组织的介入，才能较好地纠正市场配置所导致的种种不公。

补偿是维护正义的一项重要措施。民航飞机坠毁，保险公司和民航企业要对罹难者家属进行赔偿。那么，环境污染的受害者，如"癌症村"的人们，该不该得到补偿呢？如果该得到补偿，那么由谁来补偿呢？这是环境正义研究者不可忽视的问题。根据一般正义理论，受到伤害的人们理当得到补偿。如果能确知某造纸厂严重污染了某河流，致使以捕鱼为业的渔民失去生计，那么造纸厂就必须补偿渔民的损失。但对于环境污染的受害者来讲，往往难以认清谁是伤害他们的人或组织。

另外，主流意识形态会遮蔽人们的眼睛，使他们对某些不公视而不见。例如，私人汽车的迅速增加明显伤害了没有车的人们[①]：城市交通堵塞，公共空间和生活区附近的道路被占为停车位而导致通行不便，空气被严重污染，等等。拥有私人汽车的人们应该忍受这一切，但让没有车的人们也忍受这一切是不公平的，他们理当得到补偿。然而，由于主流意识形态的影响，至今几乎没有人指出这种不公。根据主流意识形态，积极买汽车的人们为经济增长和社会进步做出了贡献，而拒不买车的人们落伍了，他们活该忍受交通堵塞、公共空间缩

---

① 他们或者因为穷暂时买不起车，或者因为坚持环保而拒不买车。

减和空气污染。

还有一类问题更值得我们重视。保护环境和维护生态健康必须有全局观念，仅用现代主流经济学（预设个人主义）提供的计算方法无法保证权利、资源和责任的公平分配。

例如，根据主流经济学，我们搞南水北调这样一个超大工程就算是一个非常合算的工程，它既能大大缓解京津冀地区的水资源匮乏，又能拉动经济增长，为沿线地区提供致富机会，这好像很公平。但如果我们进一步追问：南水北调会不会改变南方的气候，会不会破坏南方的生态健康？如果真的破坏了南方的生态健康，那么由此引起的经济损失该不该得到补偿？把南方的水调到北方，北方人该不该向南方人付费？

又如，青海位于青藏高原腹地，有着得天独厚的自然风光和人文景观，自然资源非常丰富，长江、黄河、澜沧江就发源于青海，昆仑山、唐古拉山、祁连山等著名山脉纵横于青海南北。黄河、长江和澜沧江每年向下游供水 600 亿立方米，是我国淡水资源的主要补给线，也是中国经济社会可持续发展的命脉。同时，独特的地理环境孕育了独特的生物区系，被誉为高寒生物自然种质资源库，是世界上高海拔地区生物多样性最集中的地区。长期以来，作为"中华水塔"和全国重要的生态功能区，青海承担着重大的保护生态环境的责任。然而，这实际上就意味着要牺牲一部分本地区的发展权。只有对生态资源耗费所构成的生态成本给予适当的补偿，才能保持经济社会的协调和可持续发展。但是，长期以来，青海作为全国重要的生态功能区，牺牲了一部分发展权，而牺牲的这部分发展权没能得到相应的补偿。青海牺牲眼前经济发展可资利用的资源来搞生态保护，是为了全局的长远发展。由此造成的经济损失全部由青海来承担，显然是不公平的。为实现公平，应鼓励各地共同为保护生态环境做贡献。例如，国家和受益者应对青海进行补偿，对中下游生态环境受益部分进行货币计量，使受益方对实际受益进行支付。①

---

① 赵青娟：《青海生态补偿法律机制探析》，《攀登》2008 年第 6 期。

从全局生态保护出发，向为保护全局生态系统的完整、稳定与健康而牺牲了发展权的人群或地方提供经济补偿就是生态补偿。构建了公平的生态补偿制度，才能克服市场在环保中的"失灵"，从而卓有成效地建设生态文明。

5. 中国对世界的减排承诺

自中国经济快速发展以来，有多位发达国家政要发表过这样的言论：如果13亿中国人都过美国人那样的生活，那么地球将趋于崩溃！从生态学的角度看，这个结论是正确的。但根据现代正义理论，我们不禁要问：13亿中国人为什么不能过美国人那样的生活？中国人没有过那种生活的权利？中国人不配过那种生活？

审视美国人的生活方式才是解决问题的关键。有人这样概括美国人的生活方式：一是汽车多且排量大。美国每千人汽车拥有量近800辆，全球第一。美国大街上个头庞大、排量超大的汽车很常见。二是郊区独栋房屋多。美国较少人居住在城区高层单元式住宅中，多数人都住在郊区的独栋房屋里。很多学校和购物中心也远离城市，这意味着多数美国人要在上学、上班和购物的路上消耗大量汽油。三是美国人过于讲究生活舒适。哪怕在四季如春的地方，房间也开着空调，所有的卫生间都24小时供应热水，等等。美国50%左右的碳排放直接来自个人和家庭生活，美国人均每年排放22.9吨二氧化碳，欧洲人排放10.6吨，而印度人只有1.8吨。[①]

欧美人率先追求"大量生产、大量消费、大量排放"的生产—生活方式，如今以美国人为最。近20多年来，欧美人每天用着中国制造的各种物品，又反过来指责中国的碳排放总量达到世界第一（但中国2014年的人均碳排放仅为6—7吨[②]，2016年为8.8吨[③]），并反对

---

① 华士镇、门开阳：《浅谈美国生活方式和美国的碳排放》，《江阴日报》2010年2月24日第A02版。

② 董庆：《华沙气候大会的博弈与承诺》，《生态经济》第30卷第1期（2014年1月）。

③ 中国人均碳排放量高？看历史累积才有意义，http://www.tanpaifang.com/tanguwen/2019/1220/67105.html。

中国人追求美国人那种富裕生活。这是不公平的。

从生态学的角度看，美国人的生活方式是根本违背生态规律的，是根本错误的，是违背生态正义的。美国作为当今世界上唯一的超级大国，必须从根本上改变其生产—生活方式，才能在缓解气候变化方面做出与其国际地位相称的贡献。仅仅利用全球资本主义的大势把污染性企业转移到发展中国家而保护好自己国家的环境是饮鸩止渴的办法，一边大量消费发展中国家制造的商品，一边指责发展中国家的大量排放，既不公平，又荒唐可笑。保护环境、节能减排、合理应对气候变化必须全球一起行动。

如何全球一起行动？坚持"共同但有区别的责任"原则。这既要求发达国家大幅减排，又要求它们落实承诺，提供资金和技术，帮助发展中国家提高适应能力。[①] 但从近年来世界气候大会的谈判进程看，节能减排以抑制气候变化的国际合作进展十分缓慢。某些发达国家以经济"困难"为借口，拒不履行自己的承诺，不愿意出钱帮助广大发展中国家。有些发达国家则想通过气候变化问题来制约一些发展中国家的发展。[②] 这是狭隘的国家主义的立场在作怪。病根在现代性。现代性把国家富强列为至高目标之一，现代化竞争的实质就是争强斗富。殖民主义时代英、美、德、、法、意、日、俄的争强斗富导致了血雨腥风的两次世界大战。冷战结束以后，进入全球资本主义时代，但国际竞争仍未改变争强斗富的实质。如今的美国自诩拥有最具影响力的"软实力"，事实上它也最有政治影响力，但它的政治影响力离不开它的经济实力和军事实力。在现代性的国际氛围中，各大国代表在气候大会的谈判桌上都不会为了减排而甘愿削弱自己的经济实力，因为经济实力的削弱就意味着军事实力的削弱，而军事实力的削弱又意味着政治影响力的削弱。美国就担心像中国这样的大国，一旦经济

---

① 刘梦羽：《气候谈判就是为国家争取战略机遇期——专访多哈气候大会中国代表团团长、国家发改委副主任解振华》，《中国报道》2013 年总第 107 期。

② 刘梦羽：《气候谈判就是为国家争取战略机遇期——专访多哈气候大会中国代表团团长、国家发改委副主任解振华》，《中国报道》2013 年总第 107 期。

腾飞，军事力量加强，就会威胁它的世界霸权。所以，它非但不会真心实意地帮助中国节能减排，而且会利用气候变化问题来制约中国的发展。超越现代性的狭隘视角，淡化国际上的争强斗富，节能减排的国际合作才会富有成效。

毫无疑问，像中国这样的发展中国家也必须承担自己的减排责任，不能只仰仗发达国家的援助，而必须积极淘汰落后产能，改变产业结构，改变经济增长方式，发展循环经济和生态经济，切实地节能减排。这既事关国际义务，又事关中国人自己的祸福。如果我们一味追求美国人那样的生产—生活方式，就走不出雾霾，就消除不了"癌症村"。那样，我们就会陷入富裕的痛苦中。

美国人必须首先改变其严重违背生态规律的生活方式，才有理由对发展中国家提出减排的要求。

中国把生态文明建设当作中华民族永续发展的千年大计，就是在对世界兑现其节能减排、保护环境、应对气候变化的承诺。2015年9月27日，习近平在出席联合国气候变化问题领导人工作午餐会时说：

中国一直本着负责任的态度积极应对气候变化，将应对气候变化作为实现发展方式转变的重大机遇，积极探索符合中国国情的低碳发展道路。中国政府已经将应对气候变化全面融入国家经济社会发展的总战略。去年，中国单位国内生产总值的二氧化碳排放比二〇〇五年下降了百分之三十三点八。未来，中国将进一步加大控制温室气体排放力度，争取到二〇二〇年实现碳强度降低百分之四十至百分之四十五的目标。中国愿意继续承担同自身国情、发展阶段、实际能力相符的国际责任。今年上半年，我们正式提交了国家自主贡献，宣布了相应的落实举措。两天前，中美两国发表了第二份关于气候变化的联合声明。中国还将推动"中国气候变化南南合作基金"尽早投入运营，支持其他发展中国家应对气候变化。中国愿意同世界各国一道，在落实发展议程的过程中，合作应对气候变化。①

　　但是，中美乃至全球关于气候变化的协作曾因特朗普当选美国总统而深受负面影响。

　　2017年6月1日，特朗普明确宣布退出《巴黎协定》。《巴黎协定》是2015年12月12日在巴黎气候变化大会上通过、2016年4月22日在纽约签署的气候变化协定，该协定为2020年后全球应对气候变化行动做出安排。从《巴黎协定》所规定的"巴黎机制"来看，其特点在于"稳"，没有急于求成的强制目标，没有针对不作为的惩罚要求。远景目标是相对于工业革命前地球升温不高于2℃，并探讨不高于1.5℃的可能性；中期目标是在21世纪下半叶实现温室气体零排放；近期目标是尽早实现温室气体排放峰值。可见，《巴黎协定》的目标是明确的，但实现的时间是具有弹性的。各缔约方对于"巴黎目标"，没有法律约束性的承诺，只有自主决定的贡献。国际社会看重美国，希望美国能够起到"带头大哥"的作用，与国际社会一起，推进"巴黎气候进程"；对于特朗普宣布退出《巴黎协定》，人们普遍表现出失望、无奈、困惑，甚至愤怒。②

　　中国政府对《巴黎协定》采取了根本不同于特朗普政府的做法。2016年9月3日，习近平说：

　　　　气候变化关乎人民福祉、关乎人类未来。去年年底达成的《巴黎协定》具有里程碑意义，它为二〇二〇年后的全球合作应对气候变化明确了方向，标志着合作共赢、公正合理的全球气候治理体系正在形成。

　　　　中国为应对气候变化作出了重要贡献。中国倡议二十国集团

---

① 中共中央文献研究室：《习近平关于社会主义生态文明建设论述摘编》，中央文献出版社2017年版，第130—131页。

② 潘家华：《负面冲击 正向效应——美国总统特朗普宣布退出〈巴黎协定〉的影响分析》，《中国科学院院刊》2017年第32卷第9期，第1016页。

发表了首份气候变化问题主席声明，率先签署了《巴黎协定》。我作为中国国家主席，今天根据全国人大常委会的决定批准了《巴黎协定》。我现在向联合国交存批准文书，这是中国政府作出的新的庄严承诺。①

2021 年 4 月 22 日习近平在北京以视频方式出席领导人气候峰会，并说："我正式宣布中国将力争 2030 年前实现碳达峰、2060 年前实现碳中和"，再次向国际社会表示中国应对气候变化的负责任态度和建设生态文明的决心。

美国领导人的执政思想没有超越现代性的藩篱，体现了典型的争强斗富的资本主义精神。

习近平生态文明思想已超越了现代性。我们相信，遵循习近平生态文明思想，中国将对人类做出较大贡献。

---

① 中共中央文献研究室：《习近平关于社会主义生态文明建设论述摘编》，中央文献出版社 2017 年版，第 139 页。

第八章 生态实践与生态智慧

中国共产党第十八次全国代表大会政治报告中的一段话充分表明了中国人要把生态文明建设落实到各行各业实践中的决心："面对资源约束趋紧、环境污染严重、生态系统退化的严峻形势，必须树立尊重自然、顺应自然、保护自然的生态文明理念，把生态文明建设放在突出地位，融入经济建设、政治建设、文化建设、社会建设各方面和全过程，努力建设美丽中国，实现中华民族永续发展。"就像欧洲最早的现代化建设不是在有了完整、完备、详细的理论和计划之后才付诸实践一样，生态文明建设也不可能等到有了完整、完备、详细的理论和计划之后才付诸实践。生态文明建设的目标与其说是建设人间天堂，不如说是消除工业文明所导致的根本弊端：环境污染、气候变化和生态破坏。所以，目标是明确的。只是实现这些目标必须实施文明诸维度的根本变革。这种变革只能是实践中的变革，只能表现为众多人的"干中学和学中干"。

第一节 生态实践

如今，生态实践已成为一个重要的研究课题，有人甚至提出了生态实践学。

美国北卡罗来纳大学夏洛特分校地理与地球科学教授、中国同济大学建筑与城规学院生态规划客座教授象伟宁近年来一直在大力推进生态实践和生态智慧研究，且已形成这方面研究的一个颇具规模的学术共同体。这个学术共同体十分活跃，每年至少组织一次较大规模的学术研讨会，还组织举办旨在吸引青年学生参加的大讲堂。这是对生态文明建设的重要贡献。

象伟宁教授界定了"生态实践"一词的含义。他说：社会—生态实践是一种人类行为和社会过程，发生于特定的社会—生态语境下，旨在为人类的生存和发展提供安全、和谐和可持续的社会—生态条件。社会—生态实践既是最基本的，也可以说是最原始的社会实践，数万年前智人（Homo Sapiens）就已不自觉地参与了自然改造并与之协同进化。社会—生态实践可涵盖人类行为和社会过程的六个不同但又相互交织的种类——规划、设计、建设、恢复（restoration）、保护和管理。①

象伟宁认为，社会—生态实践者（socio-ecological practitioner），诸如规划师、设计师、工程师、保护人士、护林员、社区倡导者、环保说客、土地管理者和市政管理者等，必须同时处理两种截然不同但又相互交织的关系——人与自然（生态）的关系和人与人之间（社会、经济、政治、文化……）的关系。在这种情况下，实践者们常常不由自主地陷入了原错性（original flaw）和非理性（wickedness，卢风曾建议将其译为"顽劣性"，象伟宁教授接受了这个建议）的泥潭，必须谨慎地通过反复试错（trial and error）和渐进锔补（evolutionary tinkering）的方式加以应对。② 这是狭义的生态实践。

象伟宁也界定了生态实践学，指出生态实践学以社会—生态实践为研究对象，旨在创造一个涵盖但不限于以下内容的知识体系：

（1）社会—生态实践如何既作为一个自成一体的系统而运作，同时又作为一个与其他系统相关联的系统而运作，以及如何不断发展提升？

---

① 象伟宁：《生态实践学：一个以社会—生态实践为研究对象的新学术领域》，王涛、黄磊、汪辉译，《国际城市规划》2019年第34卷第3期，第10页。
② 象伟宁：《生态实践学：一个以社会—生态实践为研究对象的新学术领域》，王涛、黄磊、汪辉译，《国际城市规划》2019年第34卷第3期，第10页。

（2）社会—生态实践者们在面对原错性和非理性问题时又该何去何从，他们应遵循怎样的实践逻辑和运用哪些知识？

（3）为何有些社会—生态实践工作令人受益匪浅，而有些却不尽如人意？在这些案例中，实践者的领导力又发挥了哪些作用？为何有些实践者的领导力表现良好，而另一些则差强人意？

（4）在那些影响深远的社会—生态实践典型案例中，爱迪生范式（Edison's Quadrant）下的生态实践学践行者们（即具有生态实践智慧的实践者们）是如何对症下药并保证药到病除的呢？

（5）在那些功在千秋的社会—生态实践研究的典型案例中，巴斯德范式（Pasteur's Quadrant）下生态实践学的实践学者们（即具有生态实践智慧的实践学者们）又是如何创造新的知识领域，并且既有用于实践者又启发于同行学者的呢？[①]

象伟宁还指出：生态实践学知识的深入是通过社会—生态实践研究来推动的，是对现实世界中实践者之社会—生态实践所做的细致的实证研究，其务实性的策略（pragmatic strategies）如下：

（1）以实践为研究对象。

（2）向现实世界的实践者学习并研究他们在特定环境下的作为。

（3）洞悉什么有效，什么无效，以及什么在伦理上更为重要？

（4）理论逻辑源于实践，服务实践，超越实践。

（5）在研究中接受方法论的多元化。

（6）建立真、善、美的理论。[②]

由象伟宁所界定的生态实践以及生态实践学可以看出，生态实践有内在的伦理维度，生态实践学不是一门只探讨技术操作方法的学问，而是一门指引人们追求真善美之统一的生态智慧的学问。

陶火生从哲学的高度探讨了生态实践。他认为，生态问题是由于

---

① 象伟宁：《生态实践学：一个以社会—生态实践为研究对象的新学术领域》，王涛、黄磊、汪辉译，《国际城市规划》2019 年第 34 卷第 3 期，第 10 页。

② 象伟宁：《生态实践学：一个以社会—生态实践为研究对象的新学术领域》，王涛、黄磊、汪辉译，《国际城市规划》2019 年第 34 卷第 3 期，第 10 页。

人们不合理的近现代实践方式而产生的，因此，必须批判性地改变近现代实践方式，并代之以当代新的实践方式，从而实现人类社会的可持续发展。问题的解决不在改变整体性的生态系统的自在运行，而只在改变人们自己的实践方式，选择新的发展模式和生活方式。从人与自然的关系来讲，社会经济发展与资源环境的矛盾要求人类实践实现生态学转向。① 实现了生态学转向的人类实践就是生态实践。

陶火生指出：生态实践的外延体现了实践方式的生态化转变的现实性。在浅层面上，生态实践包括环境保护、生态修复等实践行为。在深层面上，生态实践体现为循环经济的生产方式、绿色消费的生活方式以及绿色科技的技术性实践。② 由此可见，陶火生从哲学角度概括的生态实践是广义的（不同于象伟宁所界定的狭义的"生态实践"）。

陶火生还探讨了生态实践的内在规定性：（1）生态实践的合理性建立在自然资源的稀缺性假设之上。（2）生态实践的一个重要的、基本的特征就是以自然为"创造原型"和实践典范，即师法自然。"师法自然，就要掌握与自然和谐相处的智慧。这对我们人类来说，是最为重要的智慧。"（3）生态实践是一种人们不断对实践中的各种要素进行非线性系统整合的实践活动。（4）在生态实践中，人与自然处于互动之中。③

简言之，以生态学为基本行动指南，以生态哲学为基本价值指引的人类实践都是生态实践。生态实践也就是建设生态文明的自觉行动。

第二节　信息、知识与智慧

如本书第五章所述，关于人类正走向的新时代或新文明该被称作什么时代或文明，不同的学者有不同的看法。我们主张称其为生

---

① 陶火生：《生态实践与近现代实践方式比论——和谐的实践才有人与自然的现实和谐》，《中国石油大学学报》（社会科学版）2008 年第 24 卷第 4 期，第 82 页。
② 陶火生：《生态实践与近现代实践方式比论——和谐的实践才有人与自然的现实和谐》，《中国石油大学学报》（社会科学版）2008 年 8 月第 24 卷第 4 期，第 83 页。
③ 陶火生：《生态实践与近现代实践方式比论——和谐的实践才有人与自然的现实和谐》，《中国石油大学学报》（社会科学版）2008 年第 24 卷第 4 期，第 84—85 页。

态文明新时代，另一些学者称其为信息时代或信息文明。随着计算机、网络和人工智能技术的迅猛发展，信息确实已成为人们须臾不可离的资源，以致我们今天可以说，人离不开信息，就如鱼离不开水一样。

"信息"这个词在申农（Claude Elwood Shannon）创立信息论之前仅概指某个具体的陈述，其意义一目了然，人们一般称之为事实。申农给予这个词一个特指的技术定义，这样就与通常的用法分离了。在他的理论中，信息不再与陈述的语句意义有联系。相反，信息开始成为通信交换的纯数量单位，尤其当这些交换发生在一些需要将消息编码和解码的物理系统中时，如应用于电子脉冲。大多数人总以为信息是指发生在谈话过程中的谈话者和受话者之间的交流。而出身于贝尔实验室的申农则对连接谈话双方的电话线中会发生什么变化更感兴趣。在他的论文中，信息论的基本概念——噪音、冗余度、熵——汇集在系统的数字表达式中。作为二进制数的信息量的基本单位的比特也第一次出现了，它是一个纯计量单位，它使所有通信技术的传输能力都可以量化。[①]

早在20世纪90年代，尼古拉·尼葛洛庞帝（Nicholas Negroponte）就说："从原子到比特的飞跃已是势不可挡、无法逆转。"[②] 什么是比特？"比特没有颜色、尺寸或重量，能以光速传播。它就好比人体内的 DNA 一样，是信息的最小单位。比特是一种存在（being）的状态：开或关，真或伪，上或下，入或出，黑或白。出于实用目的，我们把比特想成'1'或'0'。"[③] 如今甚至有物理学家宣称：万物皆是比特。

今天，每天都有大量的信息向我们涌来，通过微信、微博、电子

---

① ［美］西奥多·罗斯扎克：《信息崇拜》，苗华健、陈体仁译，中国对外翻译出版公司1994年版，第8—9页。

② ［美］尼葛洛庞帝：《数字化生存》，胡冰、范海燕译，海南出版社1996年版，第13页。

③ ［美］尼葛洛庞帝：《数字化生存》，胡冰、范海燕译，第24页。

邮件等，其中绝大部分是我们不需要的。如今，获取知识也十分方便。如果有人问你："汉高祖刘邦是哪一年死的？"只要你有个智能手机，你几秒钟就能找到答案。

知识不同于信息。许多学者认为信息是客观存在的。换言之，客观存在的信息可能没有被任何人所使用。什么是知识？这是西方哲学史上最受重视也是最难回答的问题。让我们来看西方学者对这一问题的追溯。

苏格拉底曾向审判他的人说明他如何获得了智慧的名声。他的朋友凯乐丰去德尔菲神庙求神谕，问有没有人比苏格拉底更有智慧。神谕的回答是"没有"。凯乐丰将此告诉苏格拉底以后，苏格拉底十分惊讶，因为他根本不认为自己有什么智慧，无论是大智慧还是小智慧，他都没有。苏格拉底也讲了他对神谕的理解：苏格拉底是最有智慧的就因为只有他能意识到自己是没有智慧的。

苏格拉底认为，他以及其他人所没有的智慧（wisdom）不同于任何种类的知识（knowledge）。苏格拉底曾明确声称自己有某些重要的知识：例如，无论人还是神，犯道德错误以及不服从上级都是邪恶且可耻的，他也知道，某些类型的惩罚是邪恶的。他甚至承认自己知道许多事情，但都是一些微不足道的事情。实际上，关于许多事情的知识会完全成为常识。可见在苏格拉底看来，并非所有的知识都能导致智慧。

但是，苏格拉底认为，有些知识是能导致智慧的。他考察过他认识的那些被认为有智慧的人们。例如，工匠们知道很多事情，也因为其知识而确实比苏格拉底聪明。但因为他们认为自己在其他方面而且在最重要的事情上也很聪明，那么事实上他们就不聪明了，他们的愚蠢超过了他们的智慧。也正因为如此，苏格拉底才因为拥有承认自己无知这种唯一的"人类智慧"而是最有智慧的人。

在柏拉图对苏格拉底的描述中，我们可发现知识和智慧因判断（judgment）这个概念而有了联系。普通或寻常知识与能让其拥有者具有智慧的知识的区别在于，后一种知识，而非前一种，能让其拥有者成为对重大事情的合适判断者，成为判断能手。有智慧的人具有做出各种不同判断的技巧和能力，只有能手（an expert）才有这样的判断能力。并非所有种类的知识都能产生这种能力或技巧。

有智慧的能手能做的最重要的一类判断是涉及评价的判断，恰是评价性的判断能标识本真性的能手之为能手。就工匠具有手艺而言他们具有某种智慧，但就最重要的事情——人可以追求的那种价值以期过最佳生活（苏格拉底认为这些价值包括"明智、真理和灵魂的福祉"）——的判断而言，这些工匠则十分无知。他们因为自负而实际上无智慧。

在对价值的理解，以及评价能手的能力中，知识转化为智慧。这种对价值的理解对知识无所添加，但它本身却是唯一值得追求的知识。在苏格拉底看来，舍此，则任何知识都是微不足道的。从最重要的意义上讲，知道（to know）就是成为判断价值的能手。

柏拉图在《理想国》中也谈到了知识、智慧和价值之间的关联。知识是我们做成事情的一种力量或能力，而且是所有人类力量中最有效的力量。知识的力量是天生的，通常却被浪费了。为培养这种力量，必须有最严格的训练程序，只有那些最有天分的学生才能完成这种程序。训练到这种程序的最高阶段，人就可以做出最可靠的判断，有这种能力的人就是合格的哲学王（the philosopher-rulers），即最佳的人类统治者，他们的眼界是善之诺斯替派视界（the gnostic vision of The Good）。善才是知识和真理的源泉。知识的对象由善而获得其存在。教育就是通过应用我们天生的知识能力，直至最终获得善的视界而发展我们的这种能力。①

当代学者论智慧不免援引亚里士多德对智慧的定义。亚里士多德认为，智慧和明智是理智的两种德性。② 明智是对达到目的之手段的

---

① Keith Lehrer and Others, *Knowledge*, *Teaching and Wisdom*, Springer-Science + Business Media, B. V. 1996, pp. 3 – 5.

② ［古希腊］亚里士多德著，廖申白译注：《尼各马可伦理学》，商务印书馆 2004 年版，第 187 页。

正确选择。① 智慧"是各种科学中的最为完善者。有智慧的人不仅知道从始点推出的结论，而且真切地知晓那些始点。所以，智慧必定是努斯与科学的结合，必定是关于高等的题材的、居首位的科学"②。在亚里士多德看来，像工匠那样善于做具体的事情（如制轮、建筑）不意味着有智慧，而只有像阿那克萨格拉斯和泰勒斯那样的哲人才有智慧，那样的人"对他们自己的利益全不知晓，而他们知道的都是一些罕见的、重大的、困难的、超乎常人想象而又没有实际用处的事情，因为他们并不追求对人有益的事务"③。明智是人所不可或缺的，因为"德性是一种合乎明智的品质"④，可见，一个人不明智就不可能有德性。但智慧优越于明智，而不是相反，"说本身低于智慧的明智反而比智慧优越，这必定荒唐"⑤，"说明智优越于智慧就像说政治学优越于众神"⑥。这里值得注意的是，古希腊人承认"人不是这个世界上最高等的存在物"⑦，众神和宇宙整体秩序都是高于人的存在物。

亚里士多德明确指出，明智是实践性的，而不是科学，"明智是同具体的东西相关的，因为实践都是具体的"⑧。而他所说的智慧似乎不是实践性的，而典型地体现为哲人的沉思。智慧必定能使人幸福。在亚里士多德看来，沉思才能使人获得智慧，从而获得最高的幸福。⑨（以上关于亚里士多德论智慧的叙述源自卢风撰《时代精神、生态哲学与生态智慧》，《贵州省委党校学报》2017 年第 4 期总第 170 期。）

如今，我们应该以数字化技术的广泛应用为背景，去重新分辨知识与智慧之间的区别。我们可把人类的能力大致分为三大类：技能、

---

① ［古希腊］亚里士多德著，廖申白译注《尼各马可伦理学》，商务印书馆 2004 年版，第 182 页。

② ［古希腊］亚里士多德著，廖申白译注《尼各马可伦理学》，第 175 页。

③ ［古希腊］亚里士多德著，廖申白译注《尼各马可伦理学》，第 176 页。

④ ［古希腊］亚里士多德著，廖申白译注《尼各马可伦理学》，第 189 页。

⑤ ［古希腊］亚里士多德著，廖申白译注《尼各马可伦理学》，第 187 页。

⑥ ［古希腊］亚里士多德著，廖申白译注《尼各马可伦理学》，第 190 页。

⑦ ［古希腊］亚里士多德著，廖申白译注《尼各马可伦理学》，第 175 页。

⑧ ［古希腊］亚里士多德著，廖申白译注《尼各马可伦理学》，第 179 页。

⑨ ［古希腊］亚里士多德著，廖申白译注《尼各马可伦理学》，第 306 页。

知识和智慧。其中的技能和智慧都是与活生生的、具体的个人生命和实践不可分离的，但知识却是可与活生生的、具体的个人生命和实践相分离的。今天，我们也可以说，知识是可以数字化的，从而可以存贮于图书馆、磁盘、硬盘、网络、云端等空间或虚拟空间，而技能和智慧是不可以数字化的，是不可能脱离特定个人的生命和实践而被存贮于空间或虚拟空间的。

庄子讲过一个"庖丁解牛"的故事，故事中那个庖丁的解牛技能已出神入化，是其他庖丁所望尘莫及的。我们假设他能写一本"解牛指南"且写得尽可能详细，但你不能指望其他人背诵了他写的指南就能具备他那种出神入化的技能。他死了，他的技能也就在世界上彻底消失了。汉代名将李广的射箭术也一样。《史记》记载："广为人长，猿臂，其善射亦天性也。虽其子孙他人学者，莫能及广。"① 绘画、雕塑等技艺或艺术也是这样，达·芬奇、米开朗基罗、梵高等艺术家的作品可以留存下来，但他们作画的艺术已随他们的故去而消失了。

换言之，技能与可数字化的信息和知识不同，技能总是特定个人的技能，或说技能是个人性的。即使平常的技能，如游泳、驾驶、骑自行车等，都是与个人实践或行动不可分的。不可把技能等同于数据或文字。你能背诵汽车驾驶指南，并不意味着你就会驾驶汽车；你能背诵作画要领，并不意味着你就会作画……

我们还必须指出，技能不同于现代人常说的技术，现代技术指一套操作流程，其"硬件"就是一条流水线。例如制造汽车的技术就是一个操作流程，通过多人分工协作，在流水线上操作就能制造出汽车。现代技术流程也需要个人具有技能，但如今个人的技能似乎可以被机器人的操作所替代。换言之，现代技术只要求使用技术的人进行标准化、程序化的操作，而不要求人具有特殊的天赋，不要求人具有卓越的技能。

智慧不可以数字化，不可以存贮于空间或虚拟空间，也与特定个

---

① 司马迁：《史记》，中华书局 2013 年版，第 2872 页。

人的生命和实践不可分。继承苏格拉底、柏拉图等人的思想，我们可以把智慧界定为做出重大伦理决策且把伦理决策付诸实践的能力。这里的"伦理决策"相当于苏格拉底所说的"评价性判断"，离不开柏拉图所说的"善的视界"。说到伦理，狭隘的现代哲学家会认为伦理与事实（科学）无关。摈弃了事实与价值的二分，我们就会发现，重大伦理决策总是既涉及价值，又涉及事实，甚至也涉及审美。简言之，重大伦理决策涉及对真、善、美的考虑和追求。何种伦理决策才是重大决策？

就个人而言，信仰的选择、皈依或改宗的决定、人生理想的确立都是重大伦理决策，你是跟着潮流走、"跟着感觉走"，还是经过较长甚至长期的学习和沉思而决心享有一种真正值得享有的人生？用哲学的术语表述就是：你有没有对本真性的追求？你是决心以内向超越为主，还是以外向超越为主？你是自觉或不自觉地信奉物质主义，还是自觉地超越物质主义？这些都属于个人的重大伦理决策。这样的决策决定着个人的终极关切或最高关切：你是以做尽可能大的官为终极关切或最高关切，还是以赚尽可能多的钱为终极关切或最高关切？你是以成圣、成佛为终极关切，还是以信仰上帝为终极关切？当然，这样的决策会直接影响个人的择偶、择业、交友等生活方面。

就一家企业而言，重大伦理决策涉及领导人这样的决策：是做真正有利于社会的生意，还是不择手段地赚钱？在建设生态文明的今天，企业要不要自觉承担保护环境、节能减排和循环利用资源的责任？

对于一个现代国家的最高政治领导人来讲，重大伦理决策涉及这样的决策：走社会主义道路，还是走资本主义道路？实行民主法治，还是实行极权制度？让市场经济为社会主义所用，还是把市场经济等同于资本主义从而弃之不用？面对敌人的挑衅，是战还是和？重要的历史关头尤其能凸显大政治家的非凡决策能力。这种能力就是政治智慧。例如，在计划经济已推行了20多年，且很多人认为社会主义只能实行计划经济的形势下，顺应老百姓急需温饱的大势，而果断决定实施改革开放，就是邓小平运用政治智慧而做出的重大决策。

和技能一样，智慧也不能与特定个人的生命实践相分离。庄子讲的另一个故事把这一点说得很清楚。

> 桓公读书于堂上，轮扁斫轮于堂下，释椎凿而上，问桓公曰："敢问：公之所读者何言邪？"公曰："圣人之言也。"曰："圣人在乎？"公曰："已死矣。"曰："然则君之所读者，古人之糟粕已夫！"桓公曰："寡人读书，轮人安得议乎！有说则可，无说则死！"轮扁曰："臣也以臣之事观之。斫轮，徐则甘而不固，疾则苦而不入，不徐不疾，得之于手而应于心，口不能言，有数存乎其间。臣不能以喻臣之子，臣之子亦不能受之于臣，是以行年七十而老斫轮。古之人与其不可传也死矣，然则君之所读者，古人之糟粕已夫！"

由这个故事可知，匠人的技能和圣人的智慧都不可能通过语言（口语或书面语）而完全传授给他人或后人。圣人留下的话语不等于圣人的智慧。《论语》记载了孔子的很多言论，据传《道德经》为老子所撰。我们不能把《论语》等同于孔子的智慧，也不能把《道德经》等同于老子的智慧。后人阅读《论语》《道德经》或可受其启发且经由思考、践行而获得自己的智慧，但你的智慧只是你自己的智慧，而不是孔子或老子的智慧。一个人也不可能仅凭读诵经典而获得智慧，体认、沉思和践行是受经典启发而获得自己的智慧的必要条件。其中践行尤其是不可或缺的环节。即使一个人不仅能背诵《道德经》而且能精彩讲解，从而能吸引众多人听他讲解，那也不意味着这个人就有老子的智慧。

技能和智慧都与个人天赋直接相关。李广善射，达·芬奇、梵高善画，孔子和老子具有大智慧，都与他们各自的天赋直接相关。

从逻辑学和语义学角度研究"知识"的文献已非常多，而且多是"技术性行话"，我们在此不做介绍。柏拉图说，知识是人类做成各种事情的能力，培根说"知识就是力量"。人类文明史也确实能够说明，文明发展的一个重要侧面就是知识的进步。知识就是已被人类用自然语言或人工语言（包括数学和计算机语言）所表征了的信息。知识可成为指引人们获得技能或智慧的指南，但知识本身不等于技能和智慧。所有的知识都可以编写成一个文本。这里的"文本"是狭义的，就指用文字写成的数据串或语句串，可以纸版形式存贮于物理空间，也可以电子版形式存贮于虚拟空间。就此而言，《论语》《道德经》等经典都是知识，而孔子、老子等贤哲的智慧早已随他们的故去而消失。

现代教育的基本特征是重视知识传授而相对轻视技能训练，且明显轻视智慧的培养。这与现代化对分工和效率的极端重视直接相关。亚当·斯密的《国富论》开篇就论分工。斯密说，分工能大大地提高劳动效率。以很简单的扣针制造为例，如果一个人试图独自从头到尾制造扣针，那么他"说不定一天连一枚针也制造不出来"，有了多人的分工协作，则平均"一人一日可成针四千八百枚"①。可见分工确实能大大提高生产效率。现代教育也是现代经济体系的一部分，教育的主要目标不是培养心智健全的人，更非"以修身为本"，而是为社会输送"人力资源"。于是，各级教育都极为重视传授知识，连政治教育和思想品德教育也主要表现为填鸭式的灌输。现代社会无疑十分重视发现新知识，即十分重视科学研究和技术创新。然而，现代科学研究和技术创新普遍推行专业化政策。按照这种政策，一个人的研究越专越好。连哲学研究也极为重视专业化，一个哲学家越是能说出和他研究方向不同的人听不懂的"技术性行话"就越能表明他有水平。整个社会对理工科的重视远甚于对文科的重视；在整个文科领域，人们对文史的重视又甚于对哲学的重视（当然，这与大众对文学的普遍需要有关）；在整个哲学界，人们又相对轻视伦理学和人生哲学（当

①　［英］亚当·斯密：《国民财富的性质和原因的研究》，郭大力、王亚南译，商务印书馆2002年版，第6页。

然，研究中国哲学的人们必须重视人生哲学），又过分受专业化要求的影响。在这样的社会，到处都是有知识的聪明人，却很少见真正有智慧的人。

如苏格拉底和柏拉图所说，智慧是对人生基本努力方向的辨明和判断，不可脱离对善的思考和追求。而现代教育和科研片面追求高效完成特定任务（如制造出原子弹、战胜人类棋手的机器人、卫星等）的手段（即知识和技术），而相对轻视智慧，这便使现代文明的发展具有越来越大的危险。全人类只顾沿着"黑色发展"的道路狂奔，而不问目标是否值得追求。从完成每一个任务的局部情境看，有知识、有技术的人们显得很聪明，但从文明史的视野看，"黑色发展"的集体努力是愚蠢的、危险的。

人类必须既重视知识和技术，又重视技能和智慧。在过分重视知识和标准化技术的工业文明中，人们使用的物品绝大部分都是从制造业流水线上下来的标准化产品。于是大家都使用大致一样的标准化产品。人是很矛盾的存在者，他们一方面有从众心理，另一方面有标榜个性的倾向。大家都使用标准化的产品，这符合众多人的从众心理，但又不能满足个性强的人们凸显个性的需要。于是，富人就通过私人订制而满足其虚荣心，相对贫穷的人就通过穿奇装异服、设计古怪发型、文身、在鼻子上戴饰物等方式凸显个性。在建设生态文明的过程中，我们应该重视个人技能和艺术，不仅让艺术家有足够广阔的舞台，也让有卓越技能的人有展示自己技能的舞台。

第三节 生态智慧与生态文明建设

建设生态文明不可没有各行各业的生态实践，生态实践不可没有生态智慧。

"生态智慧"与"生态文明"一样是个新近出现的词组。谁最先使用了这个词组？象伟宁教授多年来一直在考察最早出现"生态智慧"一词的文献。

　　据象伟宁教授考据，1973 年，挪威生态哲学家阿伦·奈斯在一篇描述深生态学特征的论文中，用他自己创造的新词 Ecosophy 表述了"生态哲思"的概念。Ecosophy 是由两个古希腊词根 ecos（家园）和 sophia（理论智慧）组合而成，表示个人（而不是群体或团体）在深刻感悟人与自然之间互惠共生关系基础上所秉持的伦理信念，可称为"个人生态哲思"。尽管奈斯当时的本意是将"个人生态哲思"等同于"生态智慧"，然而二者的正式连接直到 16 年以后才在他的文章当中出现。1989 年，在一篇《从生态学到生态哲思，从科学到智慧》（From ecology to ecosophy：from science to wisdom）的论文中，奈斯不仅明确指出"人类若要与地球生物圈所有的成员互敬互爱和谐共处，单纯地依赖生态学的科学知识是不够的，必须要有生态智慧（生态哲思）的引导"，还巧妙地通过"Eco-wisdom（ecosophy）"［即"生态智慧（生态哲思）"］的简洁表述方式，首次正式确认了生态智慧和生态哲思两个概念的等同关系。为了区分不同个人的生态哲思，奈斯建议在"生态哲思"一词后面加一个后缀。比如他标示他自己的生态哲思为 Ecosophy T，后缀 T 是他在挪威山区 Halingskarvet 地方的小木屋 Tvergastein 的第一个字母。[①] 其实，在奈斯那儿，Ecosophy 就指生态智慧，换言之，Ecosophy 不宜翻译为"生态哲思"。我们可以说，按迄今为止的考据，最早使用"生态智慧"的文献就是奈斯于 1973 年发表的那篇文章。

　　据我们搜索，汉语"生态智慧"一词最早出现在佘正荣发表在《宁夏社会科学》1992 年第 3 期（总第 52 期）上的文章：《略论马克思和恩格斯的生态智慧》。该文主要阐释马恩的生态思想，而没有界定何谓生态智慧。1996 年 12 月佘正荣著的《生态智慧论》由中国社会科学出版社出版。在该书的"前言"中，佘正荣写道：

---

① 卢风、曹孟勤、陈杨：《生态文明新时代的新哲学》，中国社会科学出版社 2019 年版，第 417—418 页。

生存智慧来源于生物对环境的适应，因而生存智慧实质上就是生态智慧。对环境的适应是一切智慧最原始和最深刻的根源。事实上，任何生物都是在适应环境的过程中同时改造着环境，只有同人类急剧改变自然环境的力量比较起来，所有生物才显得不足挂齿，但是这并不意味着生物只是消极地、被动地适应环境。实际上，正是生命物种在几十亿年的进化过程中对环境的积极改造，才产生了有利于人类和所有生物居住的生物圈环境。生物对环境的适应过程包含着对环境进行适当的改造，从而使得环境更适合于生存，所以生命的适应过程是充满着智慧的。但是，用机械世界观和近代科学技术思想武装头脑的人，不光忘记了生存必须适应环境，而且狂妄自大，目空一切，认为人类的伟大之处就在于征服和统治自然，改造和控制环境，并以此来满足人类没完没了的物质欲望。人类在工业化过程中破坏自然产生的严重后果，已经引起了人们的恐慌和不安。不少心灵敏悟的诗人和知识渊博的学者常常用两种可怕的事物来比喻人类行为的后果：这就是身躯庞大的恐龙和肉眼看不见的癌细胞。众所周知，恐龙因为滥用生物资源和毁灭周围环境，最终走上了物种灭绝的道路；而癌细胞也是只顾自己恶性扩张而不知控制，到头来也因为它所寄居的生命机体的瓦解而死亡。当然，恐龙和癌细胞的可怕比喻不见得就是人类结局的恰当比喻，但是这样的比喻却向人类发出了严正的规劝和强烈的警告：人类如果不放弃自己的自私和贪婪，继续滥用所有生物共同的生活资源、破坏所有生物共同生存的生态环境，他的结局就会像恐龙和癌细胞一样，走向自我毁灭。①

由这段话可看出，佘正荣认为，生态智慧并非仅是人类才可能拥有的，当他说"生命的适应过程是充满着智慧的"时，似乎意指所有很好地适应并改造了环境的生物都具有生态智慧。既然连非人生物都

① 佘正荣：《生态智慧论》，中国社会科学出版社1996年版，前言第2—3页。

可以具有生态智慧，那么古人就完全可以具有生态智慧。事实上，佘正荣在《生态智慧论》一书中既介绍了中国古代儒道释三家的生态智慧，也介绍了当代西方环境哲学家和生态哲学家对生态智慧的探索。他称中国古代思想（以儒家的人文主义为典范）为自然人文主义，称现代人文主义（源自欧洲文艺复兴和启蒙运动）为科技人文主义。他认为，当代人类面临的生态灾难与科技人文主义所激发的人类自私和贪婪直接相关，所以必须超越科技人文主义。生态学和生态哲学正支持着一种更高形式的人文主义——生态人文主义。生态人文主义将是在生态文明中占主导地位的价值观。"走向生态人文主义，就是走向完善的生态智慧，就是走向生态文明，就是走向一个大有希望的未来。"① 由此可见，佘正荣所说的生态智慧既指源自生物之生存能力的"生存智慧"，也指超越了古代人文主义和现代科技人文主义的生态人文主义价值观。

由《生态智慧论》一书来看，佘正荣所说的"生态智慧"既指生存能力，也指可形诸文字的价值观。该书的主旨是详细阐述一种新的价值观——生态人文主义，而不是着力阐述"生态智慧"。

近年来，象伟宁教授一直在大力推动生态智慧研究。清华大学人文学院的卢风也一直很重视生态智慧研究。2014 年 5 月 5 日卢风邀请象伟宁来清华大学做了题为"生态学与生态智慧"的学术讲座。同一年的 5 月 27 日卢风应华东师范大学生态与环境科学学院之邀，在华东师范大学做了题为"生态哲学与生态智慧"的学术演讲，象伟宁教授是主持人。同一年的 10 月 1—3 日，卢风代表中国自然辩证法研究会环境哲学专业委员会在甘肃酒泉组织召开了"全国生态智慧与生态文明建设研讨会"。同一年的 10 月 17—19 日，象伟宁教授在重庆组织召开了第一届生态智慧与可持续发展国际研讨会。这一年 10 月 1—3 日在酒泉召开的全国性会议应是国内最早的研讨生态智慧的学术会议。《南京林业大学学报》人文社会科学版 2014 年第 4 期刊有这次会

① 佘正荣：《生态智慧论》，中国社会科学出版社 1996 年版，第 281—282 页。

议的综述。

那么，什么是生态智慧？

生态规划学者沈清基提出："生态智慧……是人们正确地理解和处理生态问题的能力。"象伟宁则在 2016 年的一篇论文中用他创造的英语新词 ecophronesis（由两个古希腊词根 eco 和 phronesis 组合而成），正式提出了"生态实践智慧"的概念。象伟宁认为，在包括生态规划、设计、营造、修复和管理五个方面内容的社会—生态实践范畴内，生态实践智慧是个人、群体或团体精心维系人与自然之间互惠共生关系的契约精神，以及在这种精神驱动和引导下因地制宜地做出正确决断，采取有效措施从而审慎并成功地从事生态实践的能力。他特别指出，正像"实践智慧"是亚里士多德通过实践研究凝练出来、用以表征实践者有效从事实践的能力一样，生态实践智慧的概念也是对人类在生态实践中培养和历练出来的契约精神和实践能力的学术认证。从美国生态规划学者麦克哈格（McHarg）在美国得克萨斯州规划、设计和营造 The Woodlands 新城的成功生态实践，到中国生态水利工程师李冰在都江堰修建的造福万代的水利工程；从拜占庭查士丁尼大帝（Byzantine Emperor, Justinian the Great）时代修建的土耳其伊斯坦布尔的地下水宫殿，到埃及尼罗河流域持续了近 5000 年的农业灌溉系统；再到世界各地其他不胜枚举的成功的生态实践案例都无一例外地体现了实践者身上的这种契约精神和有效的判断执行能力。①

象伟宁给出了如下等式：

生态智慧 = 生态哲思 + 生态实践智慧

他进而又指出：在包括生态规划、设计、营造、修复和管理五个方面内容的社会—生态实践范畴内，生态智慧是个人、群体或团体在对人与自然互惠共生关系深刻感悟基础上，在具体的社会—实践过程中自觉地精心维系这种关系的契约精神，以及在这种精神驱动和引导

① 卢风、曹孟勤、陈杨：《生态文明新时代的新哲学》，中国社会科学出版社 2019 年版，第 419—420 页。

下做出符合伦理道德规范的正确决断、采取有效妥善措施从而审慎并成功地从事生态实践的杰出能力。生态智慧来自实践并服务实践，是生态哲思和生态实践智慧的完美结合。①

象伟宁还特别指出：如上定义的三个重要的关键词是"深刻感悟""契约精神"和"实践能力"。

其实，没有必要再区别定义"生态实践智慧"，智慧就是在极度困难的情境中做正当的事和/或好事的能力，就是一种实践能力。生态智慧就是人在极度困难的情境中做对人和生态系统都正当和/或好的事情的能力，或者说就是在极度困难的情境中成功从事生态实践的能力。理解这个简洁的定义需要注意以下几点。

（1）做简单的事情不需要智慧，在汽车制造技术很成熟的汽车制造厂制造通常的汽车不需要智慧，例如，在某家汽车制造厂，某一型号的汽车已生产了多年，那么制造这种型号的汽车就不需要智慧。只有当做一件事情极度困难时才需要智慧。例如，当2003年"非典"袭来和2020年初冠状病毒袭来全国上下都处于对不明病魔的恐惧之中时，做各种决策（包括伦理的、政治的、技术的）就必须有智慧。事实上，在这种情况下，伦理、政治、技术等方面的决断是互相纠缠的。面临伦理困境时的决断和行动也需要智慧，例如，无辜的人被歹徒追杀而逃到你家，你藏匿了他，而后来歹徒追到你家，你直接告诉歹徒人在你家何处，或直接撒谎说没见到人，这两种选择都不是有智慧者的作为，既不撒谎又保护了无辜的人，才是有智慧者的作为。因为前两种作为都是很容易做的，而后一种是极为难做的。

（2）如前所述，智慧是在艰难情境中做出正确伦理决断且将决断付诸实践的能力。长期以来，人们所说的正当和好的事情仅指对人正当和好的事情，换言之，"正当"和"好"是在人类中心主义的伦理框架中定义的。在"生态智慧"定义中的"正当和/或好的事情"不

---

① 卢风、曹孟勤、陈杨：《生态文明新时代的新哲学》，中国社会科学出版社2019年版，第421页。

仅指对人正当和/或好的事情，而且指对生态系统正当和/或好的事情。换言之，这里的"正当"与"好"是非人类中心主义伦理框架中的"正当"与"好"。确切地讲，生态智慧定义中的"正当"和"好"是传统伦理学与生态学融合以后而定义的"正当"和"好"。这种"正当"和"好"不仅可用于评价一个人或一些人直接针对另一个人或另一些人的行动，如强奸、屠杀、折磨人，而且可用于评价各种工程，如都江堰工程、红旗渠工程、三峡水利工程、南水北调工程等。以前我们对所有工程的评价主要是经济和技术的评价，而生态智慧定义中的"正当"和"好"是带有明确的伦理含义的。对比工业文明的贪大求快，生态文明把可持续性置于首位。生态伦理意义上的"好"是指可持续的或永续的"好"。正因为如此，也有生态智慧研究者说，生态智慧就是做永久性好事的能力。

（3）象伟宁教授认为可以有集体智慧，但是我们坚持认为，智慧只能是个人的智慧，而不可能有什么集体智慧。例如，都江堰是李冰父子设计的，因为李冰父子具有生态智慧，因而都江堰的建成具有永久性的好处，它真正是个造福万代的水利工程，它不仅有益于"天府之国"的人民，也有益于当地的生态系统。必须有很多人参与才能完成都江堰建设。当年建设都江堰是众多人分工协作的集体行动，但智慧则主要来自李冰父子，我们不能说每一个参与了都江堰建设的人都有生态智慧，也不能说是集体的生态智慧造就了都江堰。众多都江堰建设者只要接受指挥并按分工要求做好自己的事情就行了。我们可以说他们都有一份贡献，但不能说他们都有生态智慧。当然，在都江堰这样的工程建设中，可能是少数几个都有生态智慧的人达成了共识，进而共同研究、商量，最后做出了总体设计，然后指挥众多人去实施建设。信息和知识都可以共享。有智慧的人可以把自己的决定和发现说出来或写出来，从而让他人了解，进而形成一个共同的行动方案或工程设计。但智慧却是个人的决断和实践能力，是与个人实践以及个人生命不可须臾分离的。

我们以下将会说明，生态智慧是在生态学和生态哲学指引下而形成的智慧。生态学强调整体性，其基本方法是整体主义方法，如奈斯所指出的，无论是生态学还是深生态学都强调"万物皆关联在一起"。那么，我们讲生态智慧只能是个人的智慧，是否与整体主义相矛盾呢？

我们认为是不矛盾的。个体与整体（或不同层级的系统）的关系是辩证的。整体主义不必否认个体与整体之间的相对区分。

就人类而言，个人与社会（或共同体）之间的关系就是一种辩证的关系。

个人一出生就处于不同层级的共同体中，首先是出生在一个家庭，每个人皆为父母所生，家庭又必在一个社区（邻里、村庄、街坊或城市居民区等）……她/他必然在特定语言、文化共同体中逐渐学会说话、思维，乃至身心渐趋成熟。假如一个人刚出生就被抛弃在森林里，侥幸被狼养大，那么，她/他虽有人类的基因和身体，但她/他必然不会说话，不能像人一样思维和行动，因而不能算是人。可见，个人不可脱离共同体。但这只是事实的一个方面。

事实的另一个方面是，个人性是无法消解的。首先，没有任何两个人的身体、外貌绝对相同。警察能根据指纹去辨识特定个人就因为每个人的指纹都是独特的。正如在一个大森林中你找不到两片绝对相同的树叶一样，在当今的 70 亿人中你也找不到两个外表绝对相同的人。其次，没有任何两个人的欲望、偏好是完全相同的。最后，没有任何两个人的思想是完全相同的。同样信仰基督教，但不同的人对教义、教规、经典的理解必然是不同的；同样信仰佛教，但不同的人对修行法门、佛经的理解也必然是不同的。自古至今有着无数思想家，你找不到两个思想完全一致的思想家，亦如你在大森林中找不到两片绝对相同的树叶一样。正因为个人之间存在绝对无法消除的差异（包括欲望、偏好和思想的差异），人们对价值、幸福和利益的理解也存在绝对无法消除的差异。

当然，无法消除的个人性与个人对共同体的依赖并不矛盾，人类自诞生起就一直这么生存着。人类始终都既具有个体性，又具有社会性。说人具有社会性，绝不意指所有个人都熔铸在社会中，也绝不意指社会就等于一个人体，个人只是社会整体的一个器官。

关于个人与社会（共同体）之关系的这种辩证理解，完全可以推广到自然界。任何一个非人生物个体都有其个体性，但它又依赖于种群、群落和生态系统。行星、恒星也有其边界，从而可被看作相对独立的客体，但它们又存在于特定的系统之中。

每一个人都有其独特之处。对于具有特定技能的人而言，技能是其独特之处；对于具有智慧的人而言，智慧是其独特之处。说只有个人有智慧而没有什么集体智慧，与整体主义不相矛盾。

第四节　生态知识与生态智慧

智慧虽不是知识，但与知识密切相关。如果我们不像佘正荣那样认为非人生物也有生态智慧，而坚持认为，只有人才可能有智慧，非人生物不可能有智慧，那么我们进而可以说，知识是指引人类获得智慧的指南。一个人有知识未必有智慧，但若没有知识，则根本不可能有智慧。换言之，有知识是有智慧的必要条件，而非充分条件。老子、庄子、孔子等人因为有丰富的人生阅历、有敏锐的思维能力，且读过很多书，所以有极为丰富的知识。再加上他们各自的天赋和独特的人生经历，使他们产生了各自的智慧。他们把自己的所思所想写成文字，又成了传给后人的知识。我们反复体味他们留下的文字，首先会获得知识，进而可能形成我们自己的智慧。

现代工业文明取得了炫目的辉煌成就，也导致了空前的文明危机。就其成就看，我们不能否认其倡导者、建设者中有人是极有智慧的。但这些人的智慧不是生态智慧，而是争强斗富、贪大求快的智慧，是谋求文明之"黑色发展"的智慧。这种智慧与现代哲学和科学的指引直接相关，或说是在现代哲学和科学指引下产生的智慧。设计、制造、发射卫星和航天飞机，建造空间站，制造原子弹、氢弹，实施南水北调一类的超大工程……提议做这些事，或做出做这些事情的决断，都需要智慧。但在《道德经》《庄子》（一种知识）的指引之下，人们大概形成不了这种智慧，现代哲学和科学才能指引人们形成这样的智慧。但由于现代哲学和科学在根本上的错误和细节上的精确，故各种贪大求快的工程的实施，通常都有短期的令人满意的实效，但却导致了空前的环境污染、气候变化和生态危机，也导致了因未来战争而灭绝人类的空前危险。

建设生态文明必须有生态智慧，获得生态智慧需要生态知识的指引。生态知识大致包括两大类：包含生态学知识的非线性科学知识和生态哲学知识。只有以生态知识为指南，我们才可能获得生态智慧。

生态学知识的要点如下：

（1）和其他一切系统一样，生态系统物质和能量是守恒的。这便是热力学第一定律：能量守恒，能量不能被消灭和创生。[1] Patten 等人（1997）推测过没有守恒定律的世界会是什么样子：事物生发杂乱无章；无中可以生有；数学计算毫无意义。他们得出结论：如果有一条定律比其他定律更加根本，那就是物质和能量守恒定律。[2] 我们常说，万物生长靠太阳。这也是生态学常识：太阳是地球上一切活动的终极能源。没有太阳，地球上的万物都将死亡。[3]

（2）生态系统的物质是完全循环的，能量是部分循环的。生态系统不使用不可再生资源，而是在系统内部进行元素循环。[4] 成熟的生态系统捕获了更多的太阳辐射能，但也需要更多的能量用于维持自身。在这两种情况下都有部分太阳辐射能被反射掉。[5]

（3）生态系统中的一切过程都是不可逆的、熵增的，而且是消耗自由能的，即消耗㶲或可做功的能。㶲是一个系统在其环境条件下变为热力学平衡状态时可做功（＝熵－自由能）的量。[6]

---

① Sven Erik Jorgensen, *Introduction to Systems Ecology*, CRC Press, 2012, p. 11.
② Sven Erik Jorgensen, *Introduction to Systems Ecology*, p. 33.
③ Sven Erik Jorgensen, *Introduction to Systems Ecology*, p. 11.
④ Sven Erik Jorgensen, *Introduction to Systems Ecology*, p. 28.
⑤ Sven Erik Jorgensen, *Introduction to Systems Ecology*, p. 32.
⑥ Sven Erik Jorgensen, *Introduction to Systems Ecology*, p. 48.

（4）生态系统中的一切生物组分都具有相同的基本生物化学性质。一切生物体的生物化学是基本一致的，这意味着不同类型的生物体的基本构成是高度相似的。原始细胞和最高等的动物——哺乳动物——的生物化学过程有着惊人的相似性。因而新陈代谢过程也大致一样。所有植物的光合作用的关键步骤也是一样的。①

（5）生态系统是开放系统，需要自由能（㶲或可做功的能）的输入以维持其功能。根据热力学第二定律，所有动态系统的熵都不可逆地趋于增加，系统因此而失去有序性和自由能。因此，生态系统需要输入能量以抵抗热力学第二定律的作用而做功。生态系统不仅在物理上是开放的，在本体上也是开放的。由于生态系统的高度复杂性，生态学认同生态学观察的不确定性原则。②

（6）如果输入的自由能多于生态系统维持自身功能的需要，多出的自由能会促使系统进一步偏离热力学平衡。如果一个（生态）系统获得远超过维持其热力学平衡所需的自由能，则额外自由能或㶲会被系统用于进一步远离热力学平衡，这便意味着系统获得了生态㶲。③

（7）生态系统有多种偏离热力学平衡态的可能，而系统会选择离热力学平衡态最远的路径。自从量子力学引入不确定性原理以来，我们日益发现我们实际上生活在具有偏好性的世界，这个世界发生着各种可能性的实现和不同的新可能性创生的演化过程。④ 所以，说生态系统能做出选择是顺理成章的。一个接受㶲流的系统会尽量利用㶲能流，以远离热平衡态，如果有更多组分和过程的组合为㶲流所利用，那么，系统会选择能够为其提供尽可能多㶲含量（储存）的组合，也就是使 dEx/dt 最大化。⑤

（8）生态系统有三种生长形式：A. 生物量增长；B. 网络增强；

① Sven Erik Jorgensen, *Introduction to Systems Ecology*, CRC Press, 2012, p. 85.
② Sven Erik Jorgensen, *Introduction to Systems Ecology*, p. 59.
③ Sven Erik Jorgensen, *Introduction to Systems Ecology*, p. 102.
④ Sven Erik Jorgensen, *Introduction to Systems Ecology*, p. 118.
⑤ Sven Erik Jorgensen, *Introduction to Systems Ecology*, p. 118.

C. 信息量增加。[1]

（9）生态系统具有层级结构。生态系统是由不同层级结构组成的，这使生态系统具有这样一些优势，变化（干扰）会在较高或较重要的层级上减弱，机能失常时易于修复和调整，层级越高，受环境干扰就越小，本体开放性可被利用。开放性决定等级层次的空间和时间尺度。生物有机体的构成层级是细胞——组织——器官——个体。生物有机体属于不同的物种。物种在种群中。种群构成一个互相影响的网络系统。网络系统与环境中的非生物成分构成生态系统。生态系统相互影响构成景观。多个景观组成区域。地球上的所有生命物质组成生物圈，生物圈和非生物组分组成生态圈。[2]

（10）生态系统在其每一个层级都有高度的多样性，包括细胞层级的多样性、器官层级的多样性、个体层级的多样性、物种层级的多样性、群落层级的多样性和生态系统层级的多样性。正因为有不同层级的多样性，生态系统才具有很强的韧性，于是，即使在最极端的环境中仍有生命存在[3]。

（11）生态系统具有较高的应对变化的缓冲能力。有三个与系统稳定性相关的概念：恢复力（Resilience）、抵抗力（Resistance）和缓冲力（Buffer capacity）。恢复力通常指一个物体在变形（特别是受压变形）后恢复其原有大小和形状的能力。抵抗力指受到影响，或强制函数改变，或出现扰动时，生态系统抵抗这些变化的能力。缓冲力与抵抗力密切相关，缓冲力有精确的数学定义：$\beta = 1/$［烟（状态变量）/烟（强制函数）］。生态系统的多种缓冲力总是与其生态烟有着显著的相关性。生态烟甚至是生态系统之缓冲力总和的一个指标。[4]我们能在自然界发现的参数在所有情境中通常都能确保高生存概率和高生长速率，于是可避免出现混沌。有了这些参数，资源就能得到最

[1] Sven Erik Jorgensen, *Introduction to Systems Ecology*, CRC Press, 2012, p. 102.

[2] Sven Erik Jorgensen, *Introduction to Systems Ecology*, pp. 155 – 156.

[3] Sven Erik Jorgensen, *Introduction to Systems Ecology*, pp. 169 – 189.

[4] Sven Erik Jorgensen, *Introduction to Systems Ecology*, p. 193.

佳利用以获得最高的生态㶲。①

（12）生态系统的所有组分都在一个网络中协同工作。生态网络是生态系统远离热力学平衡的重要工具，它使生态系统在可供其生长和发育的资源中获得尽可能多的生态㶲。资源在网络中通过额外耦合或循环提高了利用率。网络的形成使生态系统对物质和能量的利用具有了巨大优势。网络意味着无限循环，网络控制是非局域的、分散的、均匀的。网络对生态系统的影响很重要，这些作用包括协同作用、互助作用、边界放大效应和加积作用（总系统通流量大于流入量）。食物链的延长对网络的通流量和生态㶲具有积极效应。减少对环境的生态㶲损耗或减少碎屑物会使网络产生更强的功能和更高的㶲。较快的循环（通过较快的碎屑物分解或加快两个营养级之间的传输）能使网络产生较强的功能和较高的㶲。在食物链中越早增加额外的生态㶲或能量循环流，所产生的效果就越显著。②

（13）生态系统具有大量的信息。大量信息体现在个体基因组和生态网络两个层面。等级这个概念可用于表示生态网络所显示的信息量，但为了和基因组的信息表达一致有必要用生态㶲表示信息的流通。进化可被描述为信息量的增长。基因组信息量增长被认作垂直进化，而生物多样性增加导致的生态网络及其信息的增加被认作水平进化。当生物量增长接近限值时，遗传信息和网络信息仍大有增长的可能性（远离极限）。信息体现于各种生命过程，生命就是信息。信息并不守恒。信息传递是不可逆的。信息交换就是通信。③

（14）生态系统具有涌现的系统属性。系统大于各部分之总和。生态系统的属性不能仅由其组分加以说明。生态系统远超过其各部分之总和。它们具有独特的整体属性，这些属性能够说明它们如何遵循地球上的热力学定律、生物化学规则和生态热力学规律而生长发育。④

---

① Sven Erik Jorgensen, *Introduction to Systems Ecology*, CRC Press, 2012, p. 209.
② Sven Erik Jorgensen, *Introduction to Systems Ecology*, p. 238.
③ Sven Erik Jorgensen, *Introduction to Systems Ecology*, p. 241.
④ Sven Erik Jorgensen, *Introduction to Systems Ecology*, p. 261.

丹麦生态学家 Sven Erik Jorgensen 称上述 14 条为生态系统的 14 条定律。如此概括的生态（系统）定律显然继承了现代物理科学的定律，如继承了物质和能量守恒原理、热力学第二定律等。但同时有极为重要的补充：补充了系统论和信息论的基本原理。恰是这种补充，使生态学的问世具有了革命性的意义。

巴里·康芒纳（Barry Commoner）曾概括了生态学的四条法则：

第一法则：每一事物都与其他事物相关。① 这显然就是系统论的基本观点。由以上所说的第 9 条规律可引申出这一点，那条规律提到：地球上的所有生命物质组成生物圈，生物圈和非生物组分组成生态圈。由此，我们可进一步指出，生态圈中的每一个事物都与其他事物相关。

第二法则：一切事物都必然有其去向。② 这也就是物质和能量守恒定律。我们每天烧掉大量的煤和石油，它们并非化为乌有了，而是转化为污染物了。

第三法则：自然所懂得的才是最好的。③ 这是哲学层面的概括，要求我们尊重自然、服从自然，向自然学习；警示我们：不要肆无忌惮地改造自然。

第四法则：没有什么免费的午餐。④ 这条法则告诉我们，每一次获得都必须付出代价。例如，如今几乎家家都用空调，几十亿人可以免受夏日的酷热，这无疑是一种获得，但我们必须为此付出代价，这个代价绝不仅是必须支付的电费，而是碳排放增加后地球的进一步升温。如今农民不用辛苦地为庄稼除草了，使用除草剂就行了。他们无疑获得了舒适。但这种舒适的获得恐怕也不免要付出代价，如土壤的恶化。⑤

---

① Barry Commoner, *The Closing Circle*：*Nature*, *Man and Technology*, Alfred A. Knopf, New York, 1972, p. 33.

② Barry Commoner, *The Closing Circle*：*Nature*, *Man and Technology*, p. 39.

③ Barry Commoner, *The Closing Circle*：*Nature*, *Man and Technology*, p. 41.

④ Barry Commoner, *The Closing Circle*：*Nature*, *Man and Technology*, p. 45.

⑤ 以上论述直接引自卢风、廖志军撰《论生态文明建设的科学依据》，《科学技术哲学研究》2018 年第 2 期总第 35 卷。

生态哲学知识在本书前面的章节已有所阐述，在此再做简略介绍：

（1）大自然是具有创造性的，大自然中的可能性比现实性更加丰富，或说"天地之大德曰生"。换言之，大自然并不只是物质、暗物质、能量、暗能量等物理实体（physical entities）之总和，而是充满着生生不息过程的终极实在。万物皆互相关联，且处于不同层级的系统之中。处于进化和创造之中的不同层级的系统随时会涌现（emergent）出新事物。大自然不是地球，也不是产生于"大爆炸"的宇宙，而是万物之源，是万有之总和。"大爆炸"就是我们所属的宇宙在大自然中的涌现。

（2）人类是大自然长期进化的产物，是地球上最有灵性的存在者，但不是最高存在者。人类凭其理性，或"符号化的想象力和智能"，在一段时期内能获得越来越强的适应自然环境和建设文明的力量，但若一味沿着征服自然的方向追求力量增长，最终会导致自身的毁灭。人类没有通过认知而穷尽自然一切奥秘的能力，无论科学如何进步，人类之所知相对于大自然所隐藏的奥秘而言都只是沧海一粟。

（3）"人为自然立法"和"人乃天地之心"的说法都是错误的。如果我们把主体性理解为创造性、能动性，那么人的主体性是低于大自然的主体性的，大自然的主体性是绝对的主体性，是"无为而无不为"主体性，而人的主体性只是特定环境中"有为"的主体性。人是地球上的最高存在者，而不是大自然中的最高存在者。当我们说"尊重自然、顺应自然、保护自然"时，"自然"指地球，而非指作为终极实在的自然。地球需要人类的保护，而作为终极实在的自然无须人类的保护，人类也根本没有能力保护作为终极实在的自然。荷尔德林和海德格尔都呼吁：人类必须向比人类更高的存在者学习。大自然正是比人类更高的存在者。

（4）个体与不同层级的共同体的关系是辩证的关系。我们既不能否认个体的相对独立性，又不可否认个人对共同体的依赖。就社会而言，既不可否认个人的相对独立性，又不可否认个人对社会的依赖。

着力保障个人基本权利的现代民主法治是人类政治文明发展的重要成果之一，生态文明建设可以在民主法治的框架下循序渐进地进行。在生态危机充分凸显的今天，记取利奥波德的这一忠告——"人类只是生命共同体的普通成员"——特别重要，人类不应继续充当大自然的征服者。

（5）价值就是能动者（agent）需要的东西，能动者就是具有创造性、能动性的存在者。人类是地球上能动性最强的能动者，但不是唯一的能动者，各种非人生物都有不同程度的能动性，人造的机器人也有能动性。非人动物需要食物、水、栖所等，食物、水、栖所等对非人动物就是有价值的。能动者的能动性越高，其所需要的价值就越丰富。在地球上，人的能动性最强，于是人所需要的价值最为丰富。现代性在事实与价值之间做出了区分，并认为二者之间存在不可逾越的逻辑或语义学鸿沟。其实，事实与价值是互相渗透的。现代性也区分了内在价值和工具价值，并认为只有人才有内在价值，一切非人存在者皆无内在价值，它们充其量只具有人类所赋予它们的工具价值。其实，非人存在者也有能动性，从而也有其内在价值。例如，非人动物能像人那样改变自然环境（筑巢），也能利用自然环境中的自然资源。

（6）自然美高于艺术美。自然美源自大自然的伟大创造，艺术美只是人类的"小制作"。自然美之所以高于艺术美，因为大自然的能动性远高于人类的能动性。

（7）人是追求无限的有限存在者。我们之所以说人是有限存在者，是因为人只有有限的认知能力、制造能力，只有有限的寿命（必有一死），只有有限的能动性。但人又因为有"符号化的想象力和智能"而追求无限。追求无限也就是追求人生意义、价值和幸福。文明的发展也源自人对无限的追求。现代性严重误导了人类的无限追求或意义追求，激励人类以追求物质财富增长或物质生活条件改善的方式追求无限。正因为现代人贪得无厌、永无休止地追求物质财富的增长和物质生活条件的改善，才逐渐形成了"大量开发、大量生产、大量消费、大量排放"的生产生活方式。恰是这种生产生活方式导致了全球性的生态危机。人是悬挂在自己编织的意义之网上的文化动物。意义之网也就是符号之网。这里的"符号"并非仅指书写出来的符号，而是泛指所有的人化物或人工物，如刀叉、盘子、服装、珠宝首饰、手表、汽车、手机、平板电脑等。所有的人化物都具有符号的功能。现代工业文明充分凸显了商品的符号功能，使商品连同其广告一起产生了巨大的激励作用，激励人们拼命赚钱、大量消费。现代工业文明中商品的符号功能就是物质主义的价值导向。不超越物质主义的价值导向，就无法建设生态文明。

（8）人类必须以内向超越的方式追求无限。中国古代的儒道释三家学说明确指出了内向超越的方法。这里的"超越"非指经验之外的上帝、天国、彼岸、佛国等，而仅指人改变现实、追求理想和幸福的努力。内向超越把人生追求的最高目标设定为美德的养成、智慧的增长和人格的完美，这些都是人生之内的目标而非任何身外之物。获得生态智慧必须养成必要的美德。

首先，不诚实的人不可能有智慧，诚实是获得智慧的必要条件，唯有那些具有诚实美德的人才可能有智慧。那些巧言令色、奸诈狡猾、善于弄虚作假的人很善于办事，但我们不会称赞他们有智慧。自古至今，讲如何做好人好事的人很多，论如何做好人好事的书很多，但这些人和这些书的作者并非都"心口俱善，内外一种"（六祖慧能语①）。这里的"好人好事"并非仅指像雷锋那样做好人做好事，而泛指所有的宗教、伦理理论、意识形态规范的好人好事。只有真诚地按儒家指引的路径修身的人，才会真的做好事；只有真诚信仰基督教的人，才会真的做好事；只有真诚信奉生态学和生态哲学的人，才会真的做好事……简言之，"诚者，物之终始，不诚无物"。

其次，贪婪的人是不可能有智慧的，节制也是获得智慧的必要条

---

① （唐）惠能：《六祖坛经》，辽宁教育出版社2005年版，第34页。

件，只有那些具有节制的美德且善于把握做各种事情的度的人才可能有智慧。这里的"贪婪"主要指不择手段、不知餍足地追求身外之物。"身外之物"不仅指物质财富，也指名誉、地位、权力等。贪婪者既然不择手段地追求身外之物，便不免欺骗撒谎，即他们不诚，如前所述，不诚者无智慧。追求身外之物而不知餍足就必然愚蠢，因为身外之物的增多不是人的本真需要，对身外之物的追求保持适度才是明智的。"祸莫大于不知足"，贪得无厌地追求自己不该拥有且不必拥有的东西就是十足的愚蠢。这是就个人而言的。现代工业文明的意识形态、制度和文化，把永不知足地追求物质财富或金钱的人凸显为精英或卓越人物，而把知足的人挤在社会边缘。也就是把具有现代智慧的人凸显为精英，而把具有生态智慧的人挤在社会边缘，这可谓工业文明陷入生态危机的另一个原因。为了走出工业文明深陷其中的生态危机，我们必须建设生态文明，必须把具有生态智慧的人凸显为精英，由他们去引领社会和文明的发展。也只有这样，我们才能走上"绿色发展"的道路。

培养生态智慧尤其需要具有诚实和节制这两种美德。但现代工业文明因为以工商为本，从而必然由工商精英去引领社会，即其他人都主要以工商精英为榜样。但工商精英通常只把诚实当作获取利润的手段，而几乎不可能养成诚实的美德。于是，在这样的社会具有诚实美德的人相对较少，且有诚实美德的人易于被排挤在社会边缘。现代知识体系（即现代科学和现代哲学）则根本不指引人们培养节制的美德，事实上，由现代知识指导建构的社会制度和文化，规定了"合法的贪婪"和"合理的贪婪"。在合理合法的前提下把企业做大做强，就是对社会乃至对人类的积极贡献。于是，在各个企业力争做大做强的激烈竞争中，生态环境遭到了严重破坏。为了培养生态智慧，必须培养节制的美德，包含生态学的非线性科学和生态哲学支持人们培养节制的美德，从而指引人们追求生态智慧。

习近平说："走向生态文明新时代，建设美丽中国，是实现中华民族伟大复兴的中国梦的重要内容。"① 又说："建设生态文明关乎人类未来。国际社会应该携手同行，共谋全球生态文明建设之路，牢固树立尊重自然、顺应自然、保护自然的意识，坚持走绿色、低碳、循环、可持续发展之路。"② 在一代有生态智慧的党和国家领导人的指引之下，中国人正大力建设生态文明。我们坚信，在生态文明建设中，中国将会为人类做出较大贡献。

---

① 中共中央文献研究室：《习近平关于社会主义生态文明建设论述摘编》，中央文献出版社 2017 年版，第 20 页。
② 中共中央文献研究室：《习近平关于社会主义生态文明建设论述摘编》，第 131 页。

第九章　生态经济、生态技术与 绿色生活方式

我们说，超越工业文明而走向生态文明，必须实现文明各维度的联动变革，换言之，生态文明建设是涉及全社会各行业、各方面、各部门、各层面的整体性系统工程。只有特定行业行动起来，而其他行业则一概不动，是不可能建设好生态文明的。但是，整体性系统工程总得有让各行各业、各部门的男男女女开始动手做工作的入手之处。改变能源结构和产业结构，进行技术创新，改变经济增长模式和结构，改变消费模式和生活方式，就是个人可以直接入手的事情。

第一节　生态经济与非物质经济

建设生态文明不仅需要改变产业结构和经济结构，还需要改变经济思想。经济思想的变革不仅涉及环境保护和技术进步，还涉及对经济活动的分类，涉及经济学的基本理论，而经济学基本理论与哲学密切相关。美国经济学家保罗·霍肯（Paul Hawken）关于物质经济和信息经济的构想和论述对于我们展望生态文明的经济具有深刻启示。① 本节首先概述霍肯对物质经济的分析和对信息经济的展望，进而阐述非物质经济概念，并阐述发展非物质经济对于生态文

---

① 人们在探讨生态文明思想的起源时会提及蕾切尔·卡逊的《寂静的春天》、罗马俱乐部的《增长的极限》等，却没有人注意保罗·霍肯的《未来的经济》（*The Next Economy*）。其实，《未来的经济》一书为生态文明的经济发展指出了初步方向。

明建设的重要意义。

一　霍肯论物质经济和信息经济

工业文明的经济主要是物质经济（mass economy）。工业文明物质经济的发展自 1880 年一直到 20 世纪 80 年代，历时 100 多年。在这段时间内，人们发现了石油，发明了内燃机，逐渐普遍使用电力，逐渐建构了工业化、消费导向的社会。用"物质"（mass）一词之所以恰当，是因为这段历史的主要经济动力是以化石燃料取代人力以为大众（mass，这里指消费者）生产物质（mass，这里指物质）产品。在这一历史时期，个人、公司和国家都积累了大量的货物、资本和财产。[①]

物质经济的增长依赖于廉价的矿物资源。自 19 世纪末开始，石油生产商就尽力使人们不用煤而用油，这样他们过量生产的产品才能被市场消化，结果既导致了煤价的降低，也导致了油价的降低。随着能源价格的降低，铁、钢以及工业品的价格也随之降低，这便刺激了需求和能源消费的进一步增长。能源的跌价，会进一步导致工业品的跌价。一直到 20 世纪 70 年代，能源价格基本上一直走低，这便是物质经济不断增长的基本物质条件。[②]

物质经济造就了史无前例的肆意挥霍的消费者，他们的能源消费量不断增长。廉价的能源使得城镇、社区和家庭都消费大量资源，却很少生产能回归自然的东西。物质经济假设：随着时间的推移，人人都有越来越多的物品[③]，换言之，物质财富会随着时间的推移而不断增加。

从 1950 年到 1973 年是工业主义的黄金时代（golden age of industrialism）。这是历史上持续时间最长的繁荣时期。随着工业生产以每年 3%—4% 的比率增长，工资快速上涨，物价则因人们购买力的增强而下跌，事实上，商品价格是逐年下跌的。隐藏于这一现象背后的关

---

① Paul Hawken, *The Next Economy*, Holt, Rinehart and Winston, New York, 1983, p. 8.

② Paul Hawken, *The Next Economy*, pp. 15 – 16.

③ Paul Hawken, *The Next Economy*, pp. 16 – 17.

键性事实就是矿物燃料价格的逐年下跌。这个世界的能源仿佛在泛滥。①

然而，真实的世界不是这样的。矿物能源不是取之不尽、用之不竭的，大地也不能容纳不断增加的废弃物。到了 20 世纪 70 年代中期，石油价格开始上扬，这便预示着物质经济即将式微。工业主义时代积累的技术和新兴的信息技术会创造出一种新的经济：信息经济。

物质经济的特征是规模经济，即由众多人大量生产且大量消费物品。信息经济的特征则是人们生产和消费较少数量的物品，但物品中包含着更多的信息。所谓信息也就是商品的设计、功用、手工、耐用性以及附加于物质中的知识。信息就体现为产品的质量和智能，它能使产品更有用，有更多的功能，更耐用，更易于修理，更轻便，更结实，且更节能。就美国而言，由物质经济向信息经济的转变始于 1973 年，在这一年，能源和资本的价值上涨，而工人劳动时间的价值开始下跌。② 霍肯认为，由物质经济到信息经济的转变是一场经济革命。面对这场革命，各行各业、各个公司以及各个个人若能及早调整并能顺应大势则能生存发展，若仍抱着物质经济的理念不放，则必遭惨败。

信息经济要求物质减量化。能源价格的上扬会导致其他矿物原料价格的上涨，还会导致制造、运输和配送费用的上涨。在这样的情况下，物质经济就无法增长了。物质经济的各个要素是互相加强的：廉价能源会降低生产成本，这会增加工资和需求，工资和需求的增加会反过来刺激生产，进而又导致产品和能源成本的降低。信息经济与物质经济形成对照：信息经济激励信息需求的增加，这会使信息变得廉价，因而降低产品成本，至少会阻止产品价格上涨。半导体的广泛使用，既可节约物质和劳动，又可大大提高产品的信息量，并使无形的智能广泛应用于经济领域。机械工具和机器代表着我们肌肉的延伸，

---

① Paul Hawken, *The Next Economy*, Holt, Rinehart and Winston, New York, 1983, pp. 22 – 23.

② Paul Hawken, *The Next Economy*, p. 9.

如今微电子代表着我们的心智向物质的延伸，其首要经济价值就是降低物质消费的数量。因为我们使物质变得更聪明、更富有信息了，我们就没有必要保持那么高的物质生活水平。因为我们不需要那么多的物质，于是许多从事物质生产的人就会失业。随着物质经济的衰落，成千上万的人会失业，但随着信息经济的兴起，成千上万的新工作岗位会诞生。[①]

信息经济特别重视把劳动和管理，而不仅仅是资本和能源的价值注入物质之中。但它注入产品的不是劳动和管理本身，而是能提高产品质量的智能劳动和智能管理。在物质经济中，工人的劳动、技能、能力的差别是按扩大"经济规模"的要求分等级的。对于一个焊工来讲，其技能高超不高超是无所谓的，因为生产线只要求平均的焊接技能。而信息经济要求尽力提高产品质量，这便要求人们对工艺和管理精益求精。在物质经济中，工资上涨，劳动者能够买的物品不仅价格下跌，其质量、耐用性和工艺水平也下降了。为改变这种状况就要求大信息量的劳动能进入每一件产品。按经典经济学，这意味着生产率的下降；而信息经济学会说，每一件产品中的信息量都得到了提高。道理很简单：物质会降低智能，而智能可增强物质。换言之，当我们沉溺于物质财富时，我们就没有动力用智能去理会这些财富。如果减少了我们所拥有的物品，我们就会更用心去创造、挑选、使用和维护物品。物质经济的基本观念是物质财富越多越好，拥有大量物品对每个人而言要好于拥有更高质量和更多劳动含量的物品。在信息经济中，我们将实现从丰裕（affluent）社会到流动（influent）社会的转变。如果你丰裕，则货物和服务流向你；如果你是流动的，则含于物品内的信息就会流向你。丰裕社会拥有豪华富足的物品，但那并不意味着这些物品都好用、值得欣赏和保持。流动社会的物品数量会减少，但物品所代表的关系会更多地受到关注和关心，人们会呵护其拥有的物品，他们之所有对于他们更富有意义。换言之，丰裕社会积聚

----

① Paul Hawken, *The Next Economy*, Holt, Rinehart and Winston, New York, 1983, p. 78.

物品，而流动社会分享物品中的信息。①

以上是霍肯对物质经济的分析和对信息经济的展望。

二　物质经济与非物质经济的区分

霍肯所讲的"信息经济"是个具有一般意义的概念：物质经济是工业文明自 19 世纪末至 20 世纪 70 年代的主流经济形态，但随着矿物能源价格的上涨和环境污染的加剧，物质经济会趋于没落，取代物质经济的将是信息经济，即信息经济将是未来的主流经济形态。

沿着霍肯的思路，我们可进一步把经济区分为物质经济和非物质经济。自然科学家已注意到物质与非物质的"界限"。当科学家在讨论讯息时，"他们谈论的是'非物质性的讯息'，而非物质本身"②。

西方经济学家已开始分析物质价值和非物质价值之间的区别，并开始探讨这两种价值之间的关系。

对客观真理的追求有力地推动着精确科学（exact science）的进步，这种追求就是供给侧的对非物质价值（nonmaterial value）的根本追求。科学家共同体为人们提供客观知识，就是在供给侧创造非物质价值。西方经济学家用"非物质的"（nonmaterial）代替意义含糊的"精神的"（spiritual）或"心灵的"（mental），"非物质的"一词的外延更广。他们倾向于认为，非物质价值就是那些深深植根于人性（human nature）之中且不同于可用货币购买的货物或服务的价值。对客观真理的追求无疑是对非物质价值的追求，但人性中还有一种更强的非物质价值追求，那就是自我表现（self-expression）。自我表现是每一个健康人的内在需要，这种需要远远超过追求客观真理的需要。正是这种强烈需要创造了艺术和评论性科学（the commenting sciences），它们远比精确科学更能让众多人着迷。需求侧的非物质价值

---

① Paul Hawken, *The Next Economy*, Holt, Rinehart and Winston, New York, 1983, pp. 81 - 82.

② ［美］海因茨·R. 帕格尔斯：《计算机与复杂性科学的兴起》，牟中原、梁仲贤译，漓江出版社 2017 年版，第 219 页。

可被定义为对自我表现的追求，它满足人类评论世界和自我情感的需要，对这种价值的追求是艺术创造、评论性科学研究乃至我们一部分日常行为的动力。[①] 已有西方经济学家认为，物质价值和非物质价值的相互作用既是经济增长的原初动力，又是促进产业循环的动力，而产业循环是经济增长的自然机制。[②]

非物质经济与信息经济不同，它是指满足人们各种非物质需要的经济，是生产和消费非物质价值的经济。霍肯关于物质经济不可持续的论述过分依赖于他关于能源价格上涨的判断，进而使其经济思想的表述带有浓重技术至上的思想倾向。按照霍肯的推理，只要人类发现了新的廉价能源，则物质经济仍可以持续增长。自霍肯《未来经济》出版，30 多年过去了。如今，技术乐观主义者告诉我们，太阳能将成为取之不尽、用之不竭的廉价能源，虽然它暂时还不廉价，但将来可以比过去的石油更廉价。[③] 按霍肯的推断，我们可迎来另一个物质经济的黄金时代。其实，现代工业文明的症结不在经济，也不在技术，而是在文明整体。就整体来看，现代工业文明已病入膏肓。整个工业文明经济结构的改变必须从物质经济与非物质经济的划分着手，让物质经济的规模趋于稳态（霍肯的观点在这方面富有启发作用），同时促进非物质经济的不断增长。

提高产品质量、延长产品寿命（即提高耐用性）和丰富产品的信息含量是霍肯信息经济的重点。发展这种意义的信息经济，对于克服工业文明的弊端，改善物质经济，具有十分重要的意义，但对于治疗现代工业文明的顽疾——物质主义的精神气质——则疗效有限。经济是广义文化的一部分，对狭义的文化——宗教、哲学、科学、文学艺术等——则有巨大的影响力，人们通常认为经济结构决定着文化的形

[①] Arvid Aulin, *The Origins of Economic Growth：The Fundamental Interaction between Material and Nonmaterial Values*, Verlag Berlin：Springer, 1997, p. 18.

[②] Arvid Aulin, *The Origins of Economic Growth：The Fundamental Interaction between Material and Nonmaterial Values*, p. V.

[③] ［美］杰里米·里夫金：《第三次工业革命：新经济模式如何改变世界》，张体伟、孙豫宁译，中信出版社 2012 年版，第 26—68 页。

式和内容。仅当以文化产业为支柱的非物质经济大发展时，物质主义的精神气质才会消退，生态文明建设才会富有成效。

物质经济活动是生产和消费物质财富的经济活动，如生产和消费汽车、家用电器、珠宝等物质产品都是物质经济活动，如今的房地产业、建筑业也属于物质经济活动，食品生产与加工同样主要属于物质经济活动。非物质经济活动是生产和消费非物质价值的经济活动，例如，文化产业的经营就属于非物质经济活动，中医保健按摩也属于非物质经济活动。如今快速发展的数字化技术将助长未来的非物质经济发展。如今，发达国家"至少有70%的GDP依赖于无形商品——而不是农业或者制造业加工后输出的实体商品，这些无形商品与信息密切相关"①。

哈特（Michael Hardt）和奈格里（Antonio Negri）在《帝国：全球化的政治秩序》一书中对"非物质劳动"的界定有助于我们界定"非物质经济"。生产"非物质性商品的劳动，如一种服务，一个文化产品、知识或交流"，就是非物质劳动。"非物质劳动的一面可以在与计算机的功用的类比中被发现。"熟练而灵活地掌握计算机技术正成为一种基本的劳动技能。"如今我们日益像计算机一样思考，而通信技术和它们的互动模式越来越成为劳动活动的中心。"② 即以计算机为主要工具的劳动是非物质劳动的一面。"非物质劳动的另一面则是人类交际和互动的情感性劳动，比如健康服务主要依赖于关怀和感情劳动；娱乐工业也类似地聚焦于情感的创造和控制上。这种劳动是非物质的，即使它是群体的和感情性的，因为它的产品是不可触摸的，是一种包含放松、幸福、满意、兴奋或激动的感觉。"③

概括地讲，非物质经济活动包括两大类：一类满足人们对信息和

---

① ［意］卢西亚诺·弗洛里迪：《第四次革命：人工智能如何重塑人类现实》，王文革译，浙江人民出版社2016年版，第6页。

② ［美］麦克尔·哈特、安东尼奥·奈格里：《帝国：全球化的政治秩序》，江苏人民出版社2008年版，第284页。

③ ［美］麦克尔·哈特、安东尼奥·奈格里：《帝国：全球化的政治秩序》，第286页。

知识的需求，另一类满足人们的健康、情感、审美和精神需求。

现代物质生产一般都是高能耗的，物质产品的量值比（单位质量的价值）① 一般较低，发展非物质经济可以大大降低能耗，因为非物质产品或服务的量值比较高。例如，汽车的量值比是 200 元 / kg，水泥的量值比更低，而电影光碟的量值比也许可达 10000 元 / kg。国画大师创作一幅画的能耗微乎其微，所需物质材料的数量也微不足道，但其作品的量值比或许可达 10000000 元/kg 以上。随着数字化技术的发展，将来文化产品的物质形态可能隐而不见。例如，纸板书将来可能趋于消失，只有研究版本学的学者才需要去找纸版书；你有个阅读器，就可以阅读任何书，无须像今天的人文学者那样，书房里满是纸版书，常苦于没有地方放书。将来买一本书就是买电子文本的使用权，这样一来畅销书的量值比就更大了。正因为非物质产品（可能是无形的）的量值比比物质产品的量值比大得多，且非物质产品有很大的提高量值比的空间，所以，促进非物质经济增长而控制物质经济增长，可以在有效节能减排、保护环境、维护生态健康的同时，继续保持经济增长。

物质经济的增长是有极限的，这个极限就是生态系统的承载限度，霍肯在分析物质经济时已涉及这一点。

全球性生态危机的直接根源是全球"大量生产、大量消费"物质产品所导致的"大量排放"以及人类对野生动植物栖息地的大量开发和占用。迄今为止，多数人不肯正面反思"大量开发、大量生产、大量消费、大量排放"的根本错误。欧美在开发荒野方面已较有节制，中国也开始调整其发展战略，中央已开始限制大开发，已开始划定"生态红线"并建立各种自然保护区。但多数人无法割舍"大量生产、大量消费"的生产生活方式，其根本原因在于他们的信仰，他们信仰物质主义和科技万能论。

---

① 关于量值比定义参见瓦尔特·施塔尔《绩效经济》，诸大建、朱远等译，上海译文出版社 2009 年版，第 2 页。

在承认"大量排放"导致了环境污染和气候变化之后,他们承认必须采用清洁生产技术、开发清洁能源、发展循环经济,但仍不承认"大量生产、大量消费"的极限,更认识不到"大量生产、大量消费"的错误根源。他们认为,有了绿色技术和循环经济,就可以实现"零排放",这样,人类就可以一如既往甚至变本加厉地"大量生产、大量消费"。殊不知这是违背物理学基本定律的。有了清洁生产技术和清洁能源,有了循环经济的工业体系,我们诚然可以开发"城市矿山"(各种工业垃圾、建筑垃圾、生活垃圾等),变废为宝,但开发利用"城市矿山"同样需要能源,换言之,让废弃物质循环流动同样需要能源。如果矿物能源仍占能源总量的绝大部分,那么在循环利用废弃物的过程中就会再次产生污染。可见,关键在能源。农业文明之所以没有造成严重污染,就是因为人们主要使用太阳能维持低水平的物质消费。以中华文明为例。中国人的衣食主要依靠农桑技术,使用农桑技术的实质是"赞天地之化育",即用人力、畜力帮助农作物生长,没有农药、化肥,也没有什么地膜、大棚和大型农业机械,除大面积单一种植导致一定的生态破坏之外,没有什么污染。如今,人们都不愿意再回到"面朝黄土背朝天"且物质匮乏的农业文明时代。完全回到田园诗般的农业文明时代的想法无疑是过分怀旧的乌托邦,但以为科技进步能确保几十亿人一如既往地"大量生产、大量消费"的想法则是科学主义的乌托邦。

就中国的情况来看,迄今为止,矿物能源仍占能源的70%以上,离百分之百的清洁化还十分遥远。以这种能源结构,大力发展电动汽车也只是把尾气污染由城市转移到各个发电厂所在地。所以,只要国家仍鼓励汽车消费,那么,即便电动汽车数量超过乃至完全取代燃油汽车,污染仍会加重,而电动汽车被我们看作一种绿色汽车。即便将来能源完全清洁化了,中国960万平方公里土地所能承载的汽车数量也是有限的。如果中国人都向美国人学习,一户拥有2辆以上汽车,那么公路和停车场可能要占去大部分耕地。可见,汽车产量和消费量增长是有极限的。房地产业的发展同样有存量增长的极限。

总的来讲，物质经济增长是有极限的。物质经济增长在达到极限后，可通过发展非物质经济而谋求可持续增长。为建设生态文明，我们必须使物质经济在清洁化、生态化的基础上趋于稳态，即基本不再有量的增长（当然可以有质的改善，如霍肯所言）。清洁化和生态化生产与消费必然要求物质资源的减量。当然不是要求无止境地减量而直至为零，而只是要求把物质生产和消费的生态足迹限制在生态系统的承载限度内。

非物质经济也必须有清洁化和生态化的限定，因为非物质经济也必须有物质载体，同样并非天然清洁、天然符合生态法则的。例如，为拍一部电影而砍掉一片树林，就破坏了生态健康。读纸版书离不开造纸业，而造纸业会产生污染（这个问题可通过数字化技术而解决）。又如，网络游戏是文化产业的一部分，但如今的数据中心仍然耗能严重。未来的非物质经济发展必然和通信业紧密相连。2012 年通信业综合能耗为 609.92×10^4 t 标准煤，耗电 394.83×10^8 度，同比增长分别为 7.2% 和 8.87%。随着我国通信业的迅猛发展，通信设备数量也急剧增加。据统计，截止到 2013 年 3 月底，我国移动用户数已经达到 11.46×10^8 户，移动通信基站数已超过了 120×10^4 个；我国各类数据中心总量约 43×10^4 个，可容纳服务器共约 500×10^4 台。其中经营性数据中心机房 921 个，面积约 88×10^4 m^2，机柜数约 17.7×10^4 个，可容纳服务器约 200×10^4 台。随之而来的能耗也急剧增加，因此，推动数据中心节能减排的工作迫在眉睫。[1] 所以，发展非物质经济也必须遵循清洁化、生态化原则。清洁化、生态化的非物质经济才可能持续增长。

生态文明的经济应是稳态的清洁化、生态化物质经济加不断增长的清洁化、生态化非物质经济。

非物质经济的增长原则上是没有极限的，但在经济总量中非物质

---

[1] 秦婷、张高记：《数据中心节能减排措施探讨》，《西安邮电大学学报》2013 年第 18 卷第 4 期。

经济占比能否超过物质经济依赖于商业精英和大众消费偏好的转变。如果越来越多人的消费偏好由豪华物质消费转向高水平的文化消费，例如，由对大排量豪华汽车的偏好转向对电影、话剧、歌剧、读书、艺术沙龙、字画等的偏好，那么，非物质经济在经济总量中的比例就可望超过物质经济。

在生态文明建设中，我们遭遇的最尖锐的矛盾就是发展与环保之间的矛盾。以现有的能源结构，人们常常发现，打好"蓝天保卫战"、保住绿水青山，就要关停一些工厂，这样一来发展就严重受阻；一旦大力促发展，就必须建更多的工厂，于是污染加重。解决这一矛盾的跟本出路在于：（1）改变能源结构，改变物质经济的产业结构，淘汰落后产能，促进绿色创新，采用绿色技术，物质资源循环利用，最终使物质经济趋于稳态（即其物质、能量循环遵循生态规律）。（2）当物质经济增长达到极限时，大力发展非物质经济。物质经济不可能无止境增长，但非物质经济可以无止境增长（不排斥虚拟成分）。由追求物质经济增长转向追求非物质经济增长，才能化解发展与环保之间的冲突。这种转向必须伴随现代文化的变迁。

三　拜金主义与物质主义剥离的文化

社会需要一种能持续有效地激励多数人勤奋劳作并激励各行各业精英们积极创新的东西。金钱（货币）正是这样一种东西，且迄今为止人类没有能够创造出可以替代金钱的更好的刺激物。让创新者、勤劳者多得金钱，就能让一个社会充满活力。迄今为止，人类社会远没有具备可以废除货币的条件。中国在计划经济时期也没有废除货币，但"以阶级斗争为纲"的政治路线和计划经济体制空前抑制了货币的作用，这就严重窒息了人们创新和劳动的积极性。于是在那个时期，除了国家重点支持的一些项目（如两弹一星）以外，绝大部分行业皆没有什么创新，且效率很低。到了20世纪70年代中期，国民经济已濒于崩溃的边缘。自1978年改革开放以来，我们取得了经济腾飞的巨大成功，这主要得益于我国逐渐引进了市场经济体制。引进市场经济体制，就是让货币充分产生激励创新和劳动的作用。

金钱是好东西。但人们过分崇拜金钱，一个社会的制度过分使用金钱激励杠杆（即过分市场化），又会导致诚信危机、权力腐败、行业腐败乃至整个社会的腐败。用现代工业技术不顾一切地赚钱（追求GDP增长）会导致严重的环境污染和生态破坏。我国近40多年来严重的环境污染和生态破坏正是用现代工业技术过分追求金钱的结果，即片面追求GDP增长的结果。

有没有可能让金钱继续发挥激励人们积极创新、勤奋劳动的作用而不产生污染环境、破坏生态的激励作用呢？有可能！这需要如上两节所说的经济观念的根本改变，需要国家宏观政策的调整，需要政治制度的变革，更需要文化的根本转型。

我们常说，人是悬挂在自己编织的意义之网上的文化动物。现代人对经济增长的追求源自对意义的追求。一个人一旦把对某物的追求当作对其人生意义的追求，便会表现为永不知足、死而后已的追求。例如，一个画家如果把画作水平的提高当作其人生意义，那么他对画作艺术的追求就永不知足，死而后已；一个商人如果把赚钱当作人生意义，那么他对金钱的追求就永不知足，死而后已……现代市场经济滋养着物质主义和拜金主义彼此融合的文化，这种文化使许多人认为，人生的意义就在创造物质财富、拥有物质财富、消费物质财富，而货币一直是衡量财富数量的标尺。于是，人们对意义的追求就表现为对物质财富增长的贪恋，也表现为对金钱的贪恋。也正是几十亿人对物质财富增长的贪得无厌的追求，导致了全球性的环境污染、生态破坏和气候变化。现代物质经济发展与物质主义文化是密不可分的。依霍肯之见，矿物资源（主要指煤和石油）的廉价是发展物质经济的物质基础，我们想补充的是：物质主义文化是发展物质经济的精神动力。

在数字化技术日益发达的今天，我们能明显地发现货币数字化即非物质化的趋势。货币从古代的金银演变为现代的纸币，将来纸币可能会消失，而被彻底数字化。在这一过程中，结合生态文明建设的需要，有没有可能出现这样的文化变迁：拜金主义开始与物质主义剥离？即仍有许多人迷恋货币（就是个数字），国家仍需要通过制度用货币激励人们积极创新、勤奋劳动，人们仍必须使用货币，但人们更情愿在非物质消费方面花钱，而逐渐自觉地克制其物质消费。换言之，许多人仍以所赚的钱的数值去标识自己的成功，去获得他人的认同，但他们不再以拥有豪华别墅、游艇、汽车和金银珠宝为荣，而以能欣赏交响乐、歌剧、名画、诗歌等为荣。这是可能的。国家可通过基本制度和宏观政策的改变而促进这样的文化变迁，例如，对非物质经济行业实行激励政策，如在严格环评的前提下予以免税甚至给予补贴，对于非物质消费者也实行同样的激励政策。例如，可通过消费税去引导非物质消费，限制物质消费。例如，3 口之家买第 1 辆车时，只缴普通的税；在同时拥有第 2 辆车时，就必须缴 2 倍的税；在同时拥有第 N 辆车时，就必须缴 N 倍的税，而非物质消费则免税。在发达文化中必有奢侈消费，禁绝奢侈消费会窒息文化的发展。奢侈的物质消费无疑是环境污染和生态破坏的一个原因。为建设生态文明，我们必须抑制奢侈的物质消费，但可激励奢侈的非物质消费。亿万富翁同时拥有第 N 栋别墅就必须缴 N 倍的豪华消费税，但听高水平的交响乐、歌剧，收藏珍贵字画等，则可以免税。

我们没有肯定拜金主义的意思。但我们必须明白，很难彻底消除拜金主义的影响，只要货币没有被废除，就一定会存在拜金主义者。在市场经济和民主法治框架下，社会上存在一定数量的拜金主义者是正常的，他们可以在不同行业中发挥其积极作用。关键的是，不能让他们成为领导者和社会楷模。如果我们不再奉行 GDP 至上，不再以经济增长为衡量干部政绩的首要指标，而把廉政和环境保护纳入政绩考核范围，就可较好地把拜金主义者摈除于领导者和社会楷模之外。简言之，在市场经济和民主法治条件下，拜金主义必然会作为多元价值观的一元而产生影响，但我们可通过民主法治限制其社会影响。

直接激励物质奢华从而激励环境污染的是物质主义而不是拜金主义。为建设生态文明，必须超越物质主义文化。拜金主义与物质主义相剥离是可能的。拜金主义与物质主义相剥离的文化可滋养非物质经济的发展，从而确保物质经济稳态发展的经济持续增长。超越了物质主义，我们就既能享有适度的物质富足和清洁环境，又能享有水平不断提高、内容日益丰富的文化生活。①

第二节　NbS 与调谐性技术

"基于自然的解决方案"（Nature-based Solutions，缩写为 NbS 或 NBS，本节一律用 NbS）是近十年来在国际上越来越得到广泛认可和应用的应对环境和社会挑战的办法，可应用于气候变化、食品安全、水资源管理以及灾害风险管理等领域。② 生态文明建设是已纳入中国特色社会主义"五位一体"总布局的发展战略。中国的生态文明理论强调"尊重自然、顺应自然、保护自然"，这与许多学者解释的 NbS 的基本原则和精神是一致的。但是，"生态文明"这一概念在国际上远没有像 NbS 那样得到广泛的接受。中国生物多样性保护与绿色发展基金会（简称"中国绿发会"）作为 IUCN（世界自然保护联盟）会员单位于 2019 年 8 月向 IUCN 提交了关于《传统医药应符合生态文明思想》的提案。2019 年 12 月 11 日至 2020 年 3 月 11 日该提案在线上讨论期间，中国绿发会注意到不少会员代表针对提案的题目提出了质疑，认为"生态文明"是中国概念，在中国以外地区并没有得到广泛认可，因此要求删除了。不仅来自 IUCN 可持续利用和生计专家组成员和国外 IUCN 会员单位代表反对使用"生态文明"这个概念，就连很多中国"专家"也认为"生态文明"是中国术语，认为这一概念不宜出现在 IUCN 决议和决定中。经过两轮讨论之后，中国绿发会注意到，在 2020 年 3 月 17 日提案协调员发布的最新版本中，该提案的

---

① 这部分主要内容已发表在《理论探讨》2019 年第 1 期。
② Nadja Kabisch, Horst Korn, Jutta Stadler, Aletta Bonn（Editors），*Nature Based Solutions to Climate Change Adaptation in Urban Areas: Linkages between Science, Policy and Practice*, Springer Open, 2017, p. 29.

题目由 Adapting traditional medicine to fulfill the vision of eco-civilization（传统医药应符合生态文明思想）改为 Adapting traditional medicine to achieve social and environmental sustainability（传统医药需符合社会和环境可持续理念），最初提交的版本中的"生态文明"一词被删去。[①] 其实，最早提出"生态文明"（ecological civilization）概念并借此概念批判工业文明弊端的人不是中国人，而是德国人伊林·费切尔（参见本书第五章第一节）。费切尔于 1978 年就提出了"生态文明"概念，只是直至今天，在西方学者中使用、重视这一概念的人仍寥寥无几。而中国自 2007 年中共"十七大"政治报告提出"建设生态文明"之后，"生态文明"一词就成了热词。中国研究气候变化的专家们需要向国际同行介绍生态文明的理论和实践，NbS 或可成为西方学者理解生态文明的过渡"桥梁"。本节阐述 NbS 与生态文明的关系，探讨"生态文明"一词受西方学术界冷落而在中国生根开花的原因，并探讨何种技术既能支持文明发展又能保护自然。

一 什么是 NbS

什么是 NbS？欧洲委员会专家组（The EC Expert Group）指出，NbS 这个概念是建立在其他几个密切相关的概念之上的，这几个相关概念包括"生态系统进路"（ecosystem approach）、"生态系统服务"（ecosystem services）、"基于生态系统的适应/减缓"（ecosystem-based adaptation/mitigation）以及"绿色和蓝色基础设施"（green and blue infrastructure）。欧洲委员会也提出，欧盟引领 NbS 和仿生学应用，以发展受自然激发、支持的利用、模仿自然的工业和技术方法（the development of industrial and technological solutions inspired by, using, copying from or assisted by nature）。于是欧洲委员会专家组倾向于把 NbS 定义为"受自然激发和支持的自然知识（knowledge about nature）的创

---

① 中国绿发会：《生态文明只属于中国？绿会所提 IUCN WCC 2020 国际提案"生态文明"主题被删》，https://kuaibao.qq.com/s/20200320A0UVXI00? refer = spider. 当然，并非只有中国方面提出的凸显"生态文明"的建议和方案遭到了拒绝。

新性应用"。这个专家组还指出，工业挑战和人类活动所引起的环境问题可望通过向自然寻求设计和过程知识（design and process knowledge）而得到解决。①

Sean O'Hogain 和 Liam McCarton 在《基于自然的解决方案的技术组合：水管理的创新》一书中写道：基于自然的解决方案既是自然的也是［人为］构造的体系，它利用且加强化学和微生物处理过程。基于自然的解决方案可以是低成本的，操作和维护所要求的能量低，产生的环境影响小，能给人类以及生态系统带来增加的效益。这些效益包括生物多样性、气候变化影响的减缓、生态系统恢复、舒适性和韧性。② 这里的"自然"可以被理解为是与生物多样性密切相关的，生物多样性则指生物多样性（特定物种、栖息地、生态系统）全体或个体要素（the individual elements）和/或生态系统服务。"基于自然的"可以理解为诉诸生态系统进路、基于生态系统进路、仿生学或直接利用生物多样性因素的。"解决方案"则指针对特定问题和挑战的清晰可辨的办法。③

"自然"一词的含义十分复杂，有人说其有多种含义，就如"千层饼"（a mille-feuille）一般。④ 英国著名思想家密尔（John Stuart Mill）曾分析指出，"自然"一词至少有两种基本含义：一种是指存在于外部和内部世界的一切力量（the powers）以及通过这些力量而发生的一切事情。另一种是指一切未经人类意志和有意识的能动性干预而发生的事情。⑤ 第一种意义的自然就是宇宙万物，在古汉语中就是"天地万物"；第二种意义的自然则指未被人类干预过的东西，即

① Sean O'Hogain, Liam McCarton, *A Technology Portfolio of Nature Based Solutions*：*Innovations in Water Management*, Springer, 2018, p. 3.

② Sean O'Hogain, Liam McCarton, *A Technology Portfolio of Nature Based Solutions*：*Innovations in Water Management*, p. 3.

③ Sean O'Hogain, Liam McCarton, *A Technology Portfolio of Nature Based Solutions*：*Innovations in Water Management*, p. 4.

④ Lorraine Daston, *Against Nature*, The MIT Press, 2019, p. 7.

⑤ John Stuart Mill, *Three Essays on Religion*, Broadview Editions, 2009, p. 68.

非人为的东西，自然的就是天然的。NbS 中的"自然"指生态系统，显然指相对未被人类干预过的自然事物，即相对天然的事物。NbS 并不是指一味用人为之力去实现各种目标或解决问题，而是指充分利用生态系统的服务功能去实现各种目标或解决问题。

那么 NbS 新在何处呢？如果我们考察前工业文明，那么就会发现古人早已在农业、水利和城市建设或管理（包括水管理）中用了这种办法。中国的都江堰就是这样的光辉典范。只有我们把目光收缩在工业文明历史时期，才能说 NbS 是一种重要的创新。

在工业文明中，人们面对特定问题和挑战的惯常做法是：先把遇到的问题界定清楚，再弄清问题出现的背景，然后寻找可行的解决问题的技术。这种进路往往狭隘地聚焦于技术的解决方案。基于自然的解决方案则要求用多学科的进路去解决问题。基于自然的办法的创新性在于它不是用纯技术的方法去解决问题。它在搜寻各种可能的不同方案时首先会问：有没有基于自然的解决方案？这样，解决方案的选择范围就得到了扩展。① 简言之，NbS 之新就在于它不是一味地只用工业文明的技术去应对挑战和解决问题，而是重视从自然中获得启示和支持，向自然学习②，用自然界中的生物多样性和生态系统功能去解决环境、经济和社会问题。其与前工业文明时期的解决办法区别何在呢？我们或许只能说，前工业文明的技术水平低，而如今的 NbS 不排斥现代高新科技，如前所述，NbS "既是自然的也是［人为］构造的体系"。

Sean O'Hogain 和 Liam McCarton 强调，在 NbS 中，自然与解决方案是一体的，换言之，NbS 是"把自然设计进来"（Design Nature in）。与之对照，在惯常的灰色基础设施（grey infrastructure）设计中，自然并非内在于解决方案之中，相反，解决方案是强加于自然环境

---

① Sean O'Hogain, Liam McCarton, *A Technology Portfolio of Nature Based Solutions: Innovations in Water Management*, Springer, 2018, p. 4.

② Sean O'Hogain, Liam McCarton, *A Technology Portfolio of Nature Based Solutions: Innovations in Water Management*, p. 3.

的，换言之，是"在自然之中的设计"（*Design in Nature*）。[①] 我们或可这样理解："把自然设计进来"就是让人工物与自然打成一片，就是谋求人与自然的和谐共生，"在自然之中的设计"就是人以外在于自然的主体身份，把自己的设计（人工物）添加在作为客体的自然之中，这是工业文明中人类征服自然的惯常做法。在 Sean O'Hogain 和 Liam McCarton 看来，NbS 是与循环经济相适应的设计。例如，水循环经济和 NbS 的特点是"把水设计进来"（Design Water in），而水线性经济的特点是把水转移到处理厂之外，即"把水设计在外"（Design Water out）。[②] Sean O'Hogain 和 Liam McCarton 强调：根据 NbS，基础设施的首要功能是协调自然和各种利益相关者的利益，以便获得可持续的且可为人类社会所接受的解决方案。[③] 这显然有谋求人与自然和谐共生的意思。"协调自然和各种利益相关者的利益"这一说法既预设了自然有其利益，也预设了自然与人类之间的利益冲突需要协调。也有 NbS 的研究者说："需要采取行动以化解气候变化对生态系统的影响，无论是直接为了帮助生态系统，还是为了帮助人们适应气候变化。"[④] 这显然也有谋求人与自然和谐共生的意思。

Sean O'Hogain 和 Liam McCarton 指出，广泛应用 NbS，既要求人们改变行动（act differently），也要求人们改变思想（think differently），还要求改变人与人之间的交往方式（interact differently）。[⑤]

所要求的思想改变与 NbS 的如下特征密切相关：

[①] Sean O'Hogain, Liam McCarton, *A Technology Portfolio of Nature Based Solutions*：*Innovations in Water Management*, Springer, 2018, p. ix.

[②] Sean O'Hogain, Liam McCarton, *A Technology Portfolio of Nature Based Solutions*：*Innovations in Water Management*, p. ix.

[③] Sean O'Hogain, Liam McCarton, *A Technology Portfolio of Nature Based Solutions*：*Innovations in Water Management*, p. 7.

[④] Nathalie Seddon, Sandeep Sengupta, María García-Espinosa, Irina Hauler, Orothée Herr and Ali Raza Rizvi, Nature-based Solutions in Nationally Determined Contributions：Synthesis and Recommendations for Enhancing Climate Ambition and Action by 2020, IUCN, Gland, Switzerland and the University of Oxford, Oxford, UK, 2019, p. 11.

[⑤] Sean O'Hogain, Liam McCarton, *A Technology Portfolio of Nature Based Solutions*：*Innovations in Water Management*, p. 7.

（1）考虑多功能的解决方案。这可能要求项目不只提供一种功能，于是要求运用动态的自然或环境过程去扩展传统的设计进路。

（2）要把项目看作处于流动中的和易于变化的动态实体（a dynamic entity）。自然过程不是静止的。所以，必须把韧性建设进来。尽管项目或许是建在自然环境中的，即是自然中的建设，但思想上的变化涉及把自然建设进来。

（3）一旦考虑到动态和多功能，就不能不考虑不确定程度的增加。自然系统具有不确定性，这便增加了风险水平。一种可用信息不断增长的知识基础允许且能应对不确定性。然而，必须有作为适应措施的可能办法和灵活性，这样才能提高解决方案的可行性。

（4）整合由动态自然系统而来的风险的增加。诸如"不确定性"这样的概念是主流项目设计者所尽力回避的，而 NbS 的隐含原则——干中学（learning by doing）观念还没有被广为接受。[①]

由这一段概括可见，NbS 所依据的科学不再是以牛顿物理学为典范的经典科学，而是以量子物理学和非线性科学（蕴含生态学）为典范的新科学。新科学不再预设自然系统是线性的、简单的、确定的，因而是完全可预测的，也是完全可控制的，而是预设自然系统是非线性的、复杂的、不确定的，因而不是完全可预测的，也绝不是完全可控制的。Sean O'Hogain 和 Liam McCarton 说，传统的方法（指过去乃至今天仍占主导地位的方法）最好可被归结为线性的，即首先确定问题，然后搜寻并提出不同的解决方案。[②] 倒不如说，传统的方法之所以是线性的，主要是因为它采用的是线性科学的思维方式，而 NbS 在思维方式上的新就体现为它采用了非线性科学的思维方式。爱尔兰总统 Michael D. Higgins 在《基于自然的解决方案的技术组合：水管理的创新》一书的前言中说：这个新世纪的需要不可能由任何陈腐的和未

---

① Sean O'Hogain, Liam McCarton, *A Technology Portfolio of Nature Based Solutions: Innovations in Water Management*, Springer, 2018, p. 6.

② Sean O'Hogain, Liam McCarton, *A Technology Portfolio of Nature Based Solutions: Innovations in Water Management*, p. 5.

经证明的所谓线性变化的必然性得到满足。满足这些需要必须有已发现的、由耐心和坚忍不拔的精神激发的新科学、新技术和新思维方式。① 新科学应该是量子物理学和非线性科学，新技术应该就是以生态技术和 NbS 为范型的调谐性技术（下文会对调谐性技术稍加说明），而不是工业文明惯常使用的征服性技术，而新思维方式应是一种奠定在新科学基础上的新哲学②指引的思维方式。

简言之，NbS 是通过多学科（包括社会科学）交叉合作而设计的充分利用生态系统（即自然）的服务功能去解决各种经济、社会问题的多功能、有韧性和灵活性的综合性办法。NbS 有两大特点：一是兼顾人类利益和生态健康（即保护生物多样性）；二是充分甚至优先利用生态系统的服务功能去解决各种问题，而不是一味通过提高现代技术含量的办法去解决各种问题，这很像我们的这样一种食品偏好：对于某些类别的食品，加工的程序越少越好（即技术含量越少越好），亦即越天然越好，例如，理想的蔬菜、水果是未使用化肥，未喷洒农药，未经加工的新鲜蔬菜和水果。近些年已有不少应用 NbS 的成功案例，兹不赘述。

二　生态文明建设与 NbS

如前文所说，支持 NbS 的科学已不是以牛顿物理学为典范的经典科学，而是以量子物理学和非线性科学为主的新科学，生态学是新科学的一部分。支持生态文明的科学同样是这样的新科学。由"生态文明"这个名称可立即看出生态文明与生态学的直接关系，生态文明就是以包含生态学的新科学为科学依据的文明，建设生态文明的主旨就是谋求人与自然的和谐共生以及人类文明的可持续发展。③ 生态文明思想是一种受生态学启发而兴起的关于文明的新思想。

---

① Sean O'Hogain, Liam McCarton, *A Technology Portfolio of Nature Based Solutions: Innovations in Water Management*, Springer, 2018, p. vi.

② 反科学的学者可能会讨厌这种说法，不妨将其改为"与新科学互相支持的新哲学"。

③ 习近平：《决胜全面建成小康社会　夺取新时代中国特色社会主义伟大胜利——在中国共产党第十九次全国代表大会上的报告》，2017 年 10 月 18 日。

自 20 世纪六七十年代以来，一些科学家和思想家认为，生态学的问世具有革命性的意义。美国欧柏林大学（Oberlin College）的欧尔（D. W. Orr）说：

> 20 世纪最伟大的发现，与核物理学、计算机科学或基因工程都没有任何关系。最伟大的发现是对生物与环境之本质性联系（the essential connectedness）的发现。研究这种相互关系的首要学科——生态学开始于 19 世纪恩斯特·海克尔（Ernst Haeckel）的工作。进化论的发现扩展了我们对时间中的生命联系和地球上生命史的意识。诸如生态学、一般系统论、系统动力学、运筹学和混沌理论这样的学科都以各自的进展增加了这同一个宏大故事的细节和理论深度，从而提升了这个故事的精确性，扩展了这个故事的知识范围。生物系统连接成食物网，生态过程存在于更大的系统中，这更大的系统可被称作人类圈、生物圈、生态圈，甚至可被称作盖娅。不同生物形式的界限以及我们所界定的生物与非生物的界限不是固定不变的，有时一种生命形式会转化为其他形式和过程。在地球上，［某处］系统的微小改变会在别处和某个未来时间产生巨大的效应。自然系统和人工世界以多得难以想象的方式互相缠绕。与其说世界像个机器，不如说更像一个把所有生命形式都包揽于内的网络，而且世界是在时间中演化的。千年之前的人类行动［的效应］仍如水上涟漪般地扩散着，时而加强时而减弱其改变的强度。我们在回顾历史时，可以发现有些人为的改变是永久性的，例如遍及中东大部分地区的森林破坏和土壤盐碱化。①

肯定会有很多人指责欧尔这段话的偏颇，怎么能说核物理学、计算机科学或基因工程不是伟大的发现呢？但我们不能不承认，核物理

---

① S. E. Jørgensen（ed.），*Ecosystem Ecology*，Elsevier B. V.，2009，p. 12.

学、计算机科学或基因工程的发现都是在伽利略、牛顿以来的分析性、还原论经典科学框架内的发现，而生态学的发现不仅有经验内容上的重要发现，而且是对经典科学思维方式乃至整个现代性（modernity）的根本挑战。正因为如此，有些科学家称生态学为颠覆性的科学（the subversive science），他们认为生态学是一个整合性的学科（an integrative discipline），提供了一种"跨越各种边界的视野"，发起了一种"抵抗运动"——不同于对人类自身力量的狂热。在他们看来，生态学提供了改变我们工程和社会规划中一切做法的要素。于是也认为世界需要知道生态学家们的发现，需要认真看待生态学知识，以改变我们获取食物、能源、材料、住所以及生计的方式。作为颠覆性科学的生态学应该融入了建筑、工业、农业、景观管理、经济和政治。简言之，万物相互关联的观念应该从晦暗不明的学术期刊的纸上走向主要街道、董事会的会议室、编辑部、法庭、立法会议和教室。① 就此而言，生态学研究就是在为一种新文明准备科学依据，这种新文明就是如今中国人正着力建设的生态文明，它理当成为一种全球性的新文明。正如习近平所指出的："国际社会应该携手同行，共谋全球生态文明建设之路。"②

当然，生态学不是孤立的，欧尔已提及一般系统论、系统动力学、运筹学和混沌理论。哥本哈根大学的系统生态学家 S. E. Jørgensen 概述过 20 世纪重大科学发现对生态学以及新自然观的支持。他说：过去 100 年里出现的七大科学理论彻底改变了我们的自然观（our perception of nature），这七大科学理论是：广义相对论、狭义相对论、量子理论、量子互补原理、哥德尔定理、混沌理论和远离平衡态的热力学系统理论。根据这些理论，我们今天明白大自然要比人们 100 年前理解的复杂得多。③ 他还明确地说：生态系统所固有的复杂

---

① S. E. Jørgensen (ed.), *Ecosystem Ecology*, Elsevier B. V. 2009, p. 13.
② 中共中央文献研究室编：《习近平关于社会主义生态文明建设论述摘编》，中央文献出版社 2017 年版，第 131 页。
③ S. E. Jørgensen (ed.), *Ecosystem Ecology*, p. 34.

性表明，必须放弃历史悠久的还原论科学传统（the long reductionistic scientific tradition），而转向新的整体论生态学进路（a new holistic ecological approach）。自笛卡尔、牛顿始，还原论科学业已形成一个连绵不断的成功链条。然而，近来越来越多的人认识到，我们需要一种较为整体论的方法去进行知识综合。如今，对复杂系统之整体论理解的探究已被许多科学家视为 21 世纪重大的科学挑战之一。①

新科学的思维方式是整体论的思维方式。

然而，要让新科学（包含生态学）从"学术期刊的纸上走向主要街道、董事会的会议室、编辑部、法庭、立法会议和教室"，让新科学"融入建筑、工业、农业、景观管理、经济和政治""改变我们获取食物、能源、材料、住所以及生计的方式"，谈何容易？现代性和工业文明毕竟创造了无数奇迹，给越来越多的人带来了富足和舒适。要人们（特别是科学家和学者）改变还原论的思维方式而转向整体论的思维方式，谈何容易？西方有源远流长、根深蒂固的还原论思想传统，还原论科学②取得了巨大的成就，至今仍居于主导地位。唯当一个国家真心实意地建设生态文明时，新科学才可能从纸上走向现实，也只有在还原论思维没有彻底战胜整体论思维的国家，生态文明思想才可能被广为接受。今日中国正是这样的国家。虽然是一位西方人首先提出生态文明概念，但该概念在西方得不到广泛重视，却在中国得到了广泛重视和深入研究，并正被用于指导中国的现代化建设。为什么？就因为自古以来中国人的思维方法一直是以整体论为主的。或如季羡林先生所说的："西方的基本思维模式是分析的，而中国或其他东方国家的则是综合的。"③"所谓综合，就是整体观念、普遍联

---

① S. E. Jørgensen（ed.），*Ecosystem Ecology*，Elsevier B. V. 2009，p. 33.

② 美国著名生物学家斯蒂芬·罗斯曼（Stephen Rothman）说："从最广的意义上看，自牛顿时代以来，科学与以还原论观念所从事的科学研究一直是一回事儿。根据这种观点，将一个人称为还原论者，无非在说这人是一位科学家。而且，说'还原论科学'是啰嗦多余，而说成'非还原论科学'则肯定是措辞不当。"[美]斯蒂芬·罗斯曼：《还原论的局限：来自活细胞的训诫》，李创同、王策译，上海世纪出版集团 2006 年版，第 16—17 页。

③ 季羡林：《三十年河东三十年河西》，当代中国出版社 2006 年版，第 17 页。

系这八个字。"① 在中国整体论是主导性的思维方式，而在西方还原论是主导性的思维方式。当然，西方也并非没有人重视整体论，黑格尔就十分重视整体论，最早提出生态文明观念的费切尔就深受黑格尔的影响。费切尔提出的生态文明概念，在西方响应者寥寥无几，在中国却正生根开花，就因为西方是还原论压倒了整体论，而中国的整体论还没有被还原论压倒。

虽然自新文化运动以来，在向西方学习的过程中，国人中重视还原论方法且排斥整体论方法的人数在增加，但整体论一直没有被彻底击垮。这可以中医的命运为佐证：虽然一直不乏彻底废除中医的叫嚣，但中医仍顽强地存活了下来。如今，新科学的兴起，充分显示了整体论的极端重要性。季羡林先生多次提过新科学对东方思维方式的支持，并说："为什么到了 20 世纪末，西方文化正在如日中天光芒万丈的时候，西方有识之士竟然开创了与西方文化整个背道而驰的混沌学呢？答案只能有一个，这就是：西方有识之士已经痛感，照目前这样分析是分析不下去的。必须改弦更张，另求出路，人类文化才能重新洋溢着活力，继续向前发展。"② 但我们也不能简单地接受季先生"三十年河东三十年河西"的看法，不可宣称"只有中国文化、东方文化可以拯救世界"③，而应该认识到，只有通过东西方的对话和合作才能发现走出种种全球性危机的出路。就思维方式而言，则必须承认，综合和分析都是必不可少的，作为方法论的还原论也是必不可少的。我们永远都必须坚持整体论与还原论并重以及综合与分析并重的思维原则，但我们只可把还原论当成一种方法论，而不可把它当成本体论。

作为当代中国生态文明建设思想指南的习近平生态文明思想就体现了综合与分析、整体论与还原论的辩证统一。这种辩证统一既体现为对中国古老的整体论的继承，也体现为对马克思主义辩证唯物论的

---

① 季羡林：《三十年河东三十年河西》，第 14 页。并非仅季先生持此论，许多研究中国文化的大家皆持此论。
② 季羡林：《三十年河东三十年河西》，当代中国出版社 2006 年版，第 8 页。
③ 季羡林：《三十年河东三十年河西》，第 4 页。

创造性发展。也正因为中国传统的思维方式与马克思主义的唯物辩证法深度契合，才确保了中国人的主导思维方式不是以还原论为主的，而是整体论和还原论并重的。也正因为如此，费切尔首先提出的"生态文明论"才能在中国生根开花。当中国宣称要"把生态文明建设放在突出地位，融入经济建设、政治建设、文化建设、社会建设各方面和全过程"① 时，我们便可看到当年生态学家的理想将成为现实：生态学已开始全面地从纸上走向现实，"融入建筑、工业、农业、景观管理、经济和政治"中，并指导"改变我们获取食物、能源、材料、住所以及生计的方式"。

那么我们该如何理解 NbS 与生态文明之间的关系呢？

二者的根本思想是一致的，都以蕴含生态学的新科学为科学依据；二者的根本目标是一致的，都谋求人与自然的和谐共生。但二者的一般性、概括性有所不同，分属不同的理论范畴。

从人类历史或文明史的角度看，"文明"一词的外延囊括一切人类成果或人化物，包括器物、技术、制度、文字、艺术、文学和思想等。生态文明思想用在一个国家，就是一个国家的最高顶层设计，或最长远的发展战略，用在全人类，就是人类文明的最高顶层设计，是全人类的最长远的发展战略。而 NbS 是一个相对具体的工程技术方法学概念，可直接应用于与经济、政治直接相关的工程技术和管理领域。正因为生态文明概念具有最高的普适性，所以它可以应用于经济建设、政治建设、文化建设和社会建设的一切方面。但它与各种具体工作和技术操作就有较远的距离，需要通过一些中间层次的理论和方法才能对具体工作、工程设计和技术操作产生指导作用。正因为 NbS 是一种工程技术方法学，所以它可以直接指导许多工程设计和技术操作，但它不大可能被用以指导立法、公共政策的制定以及文学艺术创作，而生态文明概念对这些领域恰恰具有直接的指导作用。

---

① 胡锦涛：《坚定不移沿着中国特色社会主义道路前进　为全面建成小康社会而奋斗——在中国共产党第十八次全国代表大会上的报告》，2012 年 11 月 8 日．

生态文明理论和 NbS 都强调多学科和跨学科研究的必要性，但生态文明研究所必需的学科就比 NbS 所必需的学科要多。例如，迄今为止介绍 NbS 的文献极少提及哲学人文学，而生态文明理论研究恰恰起源于哲学人文学。少了哲学人文学的参与，生态文明理论就达不到最高顶层设计的理论高度。

从逻辑上看，生态文明理论蕴含 NbS，从实践上看，生态文明建设必须采用 NbS。从各国应对气候变化、保护环境、节能减排的具体情况来看，大张旗鼓地建设生态文明的中国必然会更加自觉地采用 NbS。

另外，在 NbS 中，"自然"一词指生态系统和生物多样性，而在生态文明理论中，"自然"一词既指这些事物，也指整个自然界，甚至指宇宙或多个宇宙之总和。也正因为如此，在谈 NbS 时，有些学者特别强调"把自然设计进来"与"在自然之中的设计"是不同的，后者是 NbS 所要避免的。"把自然设计进来"指把生态系统设计进来，即使生态系统和人工物融合起来。而在生态文明理论中，在哲学的思想高度上，我们恰恰要明白，人工系统是生物圈的子系统，人是在自然之中的，即文明永远是在自然之中的文明。

NbS 就是生态文明建设的工程技术方法学，只有在生态文明建设中，NbS 才会得到最广泛的推广和应用。

三　征服性技术与调谐性技术

如前所述，作为一种工程技术方法，NbS 早已被农业文明的匠人们所采用，古人或许没有在方法学上对这种方法进行明确的概括，他们只是那么做了而已。例如，李冰父子领导建设的都江堰工程，取得了实践上的巨大成功，很好地实现了人与自然的和谐共生，但他们不会称自己采用的方法为 NbS。那么建设生态文明的技术（包括 NbS）与农业文明的技术有什么区别呢？它与工业文明的主导性技术又有什么区别呢？

技术是文明十分重要的构成部分之一，没有技术就没有文明。今天的考古学家一般会根据发现的器物的精致、复杂程度去判断文明水平的高低，实际上就是根据技术水平去判断文明水平的高低。技术就是人为地改造自然物的能力。"自然的"就是"没有被人为改造过的"。在本书第一章第四节，我们说，人类从诞生起，就处于人为与自然的张力之中。农业文明的技术则导致了更大程度的生态破坏，只是远没有达到现代工业文明的技术所导致的破坏程度——全球性的环境污染、生态破坏和气候变化。就中国古代文明来看，一方面有源远流长的"天人合一"观念，另一方面其技术无论如何精巧，仍以手工技术为主，故达不到征服自然的水平，从而没有产生现代工业生产所导致的这样的污染和破坏后果。老子认为，真正有智慧的人能做到"有什伯之器而不用"，但古代统治阶级中不乏贪婪的人，他们根本做不到这一点。然而古代技术只有那么高的总体水平，故即便统治阶级穷奢极欲，也不致造成现代人的生产和消费所导致的这种污染和破坏。

利奥波德说：现代的教义是不惜代价地追求舒适。其实，追求舒适是人类的天性，并非仅现代人才追求舒适。工业文明的技术创新带给人类以越来越多的富足与舒适。如果建设生态文明就必须舍弃富足与舒适，那么就没有几个人愿意接受和建设生态文明。要保住甚至超过工业文明带给人类的富足和舒适，就必须发展比工业文明更高水平的技术。但从原始社会到工业文明的发展历程表明，人类技术的进步总是意味着生态破坏的加剧。那么，人类能不能既确保技术进步，又不破坏生态健康而与自然和谐共生呢？舒马赫（E. F. Schumacher）在其 1973 年出版的、至今仍影响不衰的名著《小的是美好的》一书中探讨过这个问题。

舒马赫对工业文明的主流技术进行了尖锐的批判，认为工业文明的技术是败坏人性的技术，是非人的技术。在采用这种技术的工厂中，"死物质得到了改善，人却受到了腐蚀和贬低"[1]。现代技术发展

---

① E. F. Schumacher, *Small Is Beautiful*: *Economics as if People Mattered*, Harper & Row, Publishers, 1973, p. 150.

的基本方向是：追求更大的规模、更快的速度和不断增强的暴力，蔑视一切自然和谐规律。① 使用这种技术的人们的生产活动既异化于自己真正的、生产性的劳动，也异化于自然的自平衡系统（the self-balancing system of nature）。他认为工业文明的基本制度、价值导向、生活方式以及技术发展方向已导致了人类文明的深重危机。如果我们不能创造出一种能与人性和人类周围活自然之健康（the health of living nature around us）相容的新生活方式，人类生存将面临巨大的危险。② 在技术创新方面，他力主发展一种"具有人类面孔的技术（a technology with a human face）"③，也就是真正人性化的技术。真正人性化的技术不是不断满足贪婪者的贪欲的技术，不是那种既让人少动手又让人少动脑的技术，而是让人们更具有生产能力的技术。这种技术是为大众所使用的技术，而不是从属于大量生产的技术，它对现代知识和经验进行最佳利用，并会带来符合生态学规律的去中心化，会节约稀缺资源，会服务于人，而不是让人服务于机器。他称这样的技术为中等技术（intermediate technology），它比过去的原始技术要发达得多，但又比富人们青睐的超级技术简单、便宜、自由得多。你可以称它为自助技术，或民主的抑或人民的技术，人人都可以使用，而根本不同于那种为富人和权势者所掌控的技术。④

　　舒马赫相信扭转技术发展方向是可能的。技术发展的正确方向是满足人的真实需要，也就是适合于人的实际大小（the actual size of man）。舒马赫认为："人是小的，小的是美好的。追求硕大无比就是自我毁灭。"⑤ 可见，舒马赫主张限制技术干预以及集中使用能量的规模，反对大型或大规模技术。舒马赫所提供的理由似乎主要是政治、伦理和美学的，大型技术必然只能由国家或跨国公司所支配，从而主

---

　　① E. F. Schumacher, *Small Is Beautiful: Economics as if People Mattered*, Harper & Row, Publishers, 1973, p. 157.

　　② E. F. Schumacher, *Small Is Beautiful: Economics as if People Mattered*, p. 153.

　　③ E. F. Schumacher, *Small Is Beautiful: Economics as if People Mattered*, p. 148.

　　④ E. F. Schumacher, Small Is Beautiful: Economics as if People Mattered, p. 154.

　　⑤ E. F. Schumacher, *Small Is Beautiful: Economics as if People Mattered*, p. 159.

要服务于政治家、军事家和大老板们的野心和贪欲，而不能真正服务于大众；大型技术倾向于创造越来越多的庞然大物，它们与人本身的大小不相称，因而不会激发人的美感。实际上，反对无止境地发展大型技术也有科学上的理由：地球或一切生态系统的承载力是有限的，人类对生态系统的干预力度和规模若超过了生态系统的承载限度，就"会对自然的恢复力和可持续性产生严重威胁"①。

舒马赫正确地指出：现代技术的发展方向是追求更大的规模、更快的速度和不断增强的暴力。我们可把这三种追求概括为对日益强大的征服力的追求，进而可称现代工业文明的技术为征服性技术。这种征服性既针对人，也针对自然。针对人的征服性技术就是现代军事技术，它表现为由步枪到坦克再到核武器的发展。针对自然的征服性技术则体现为由 19 世纪的捕鲸技术到当代各种超大重型机械的发展，这种发展可确保现代人移山填海、上天入地。舒马赫显然主张人类扭转扩张征服力的技术进步方向。

与征服性技术相对的技术应该是调谐性技术。调谐性技术的根本目标是调谐生态系统（人在其中）中不同利益相关者之间的关系，以维护生态系统的健康，进而谋求人类与自然的和谐共生。这恰是生态文明建设和 NbS 的目标。这里，"维护生态系统的健康"已涵盖了"谋求人类的福祉"，因为"生态兴则文明兴，生态衰则文明衰"②。

生态技术是典型的调谐性技术。例如，不用杀虫剂杀灭"害虫"，而用"害虫"的天敌去控制"害虫"的种群，就是典型的调谐性技术。20 世纪英国著名农学家艾尔伯特·霍华德（Albert Howard）在其产生了巨大影响的著作《农业圣典》中写道："昆虫和真菌并不是植物病害的真正原因，它们只会侵染不适宜的品种和生长不好的农作物。它们的真正作用是作为农业生产的检查员，指出那

---

① ［美］S. T. A. Pickett, J. Kolasa, C. G. Jones：《深入理解生态学：理论的本质与自然的理论》. 赵设等译，科学出版社 2019 年版，第 205 页。

② 中共中央文献研究室编：《习近平关于社会主义生态文明建设论述摘编》，中央文献出版社 2017 年版，第 6 页。

些营养不良的作物，保证农业生产符合标准。换言之，这些害虫可被视为大自然的农业导师，是任何一个合理农作系统不可分割的一部分。"① 如果这么看待农业上的各种"害虫"，我们就不会发明毒性越来越强的杀虫剂以图把"害虫"灭绝，而是把"害虫"看作生物多样性的构成部分。

中医也是一种典型的调谐性技术，它主要调理人体系统，甚至调理人体与环境的适应关系。与之对照，西医技术的征服性特征就很强，例如，它用各种抗生素杀灭病菌或病毒。当然，西医可吸纳中医理念，从而弱化其征服性且强化其调谐性。

并非仅生态技术和中医技术可归属于调谐性技术，自古至今人类创造的很多技术都可归属于此类（当然，古人的很多技术失传了）。

判定人们是在使用征服性技术，还是在使用调谐性技术，主要应看使用技术的目的。所谓调谐，必是在一个系统（共同体或整体等系统）中对各部分或各子系统之关系的调谐。使用技术时，看你是在征服，还是在调谐，要看你有没有整体或系统观念，要看你使用技术对整体造成了何种影响。仍以农业为例：如果你用杀虫剂只想尽可能高效地杀灭"害虫"且认为最好是灭绝它们，那么你的用法就是征服性的；如果你虽然用了同一种杀虫剂，但你只是为了抑制"害虫"的种群，而绝不是想灭绝它们，你尽力不损害生态系统的健康，那么你的用法就是调谐性的。

现代技术的精准化有利于调谐性技术的发展，例如，医疗上抗生素的使用，农业上化肥、农药的使用，农田浇灌等，如果能做到精准，就会产生很好的调谐效果。在这方面，人工智能技术可以大有作为。

如今我们确实必须慎用大型技术，但不可能绝对拒斥大型技术，大型技术用于非征服性目的也是可能的。例如，人类发射卫星和航天

---

① ［英］艾尔伯特·霍华德：《农业圣典》，李季等译，中国农业大学出版社 2013 年版，第 157 页。

飞机的目的可以既不是征服弱小国家，也不是征服自然，而是探索宇宙奥秘，理解大自然（非仅指地球生态圈，而指整个宇宙乃至所有的宇宙）。又如，兴建三峡大坝、南水北调这样的工程，没有大型机械肯定不行，但如果我们建这样的工程的目的不仅是增加经济效益、社会效益，而且是"帮助生态系统"，那么大型机械的使用就不是征服性的，而是调谐性的。

习近平总书记说："自然是生命之母，人与自然是生命共同体，人类必须敬畏自然、尊重自然、顺应自然、保护自然。"① 我们判断技术使用者使用的是征服性技术，还是调谐性技术，就要看他们有没有"敬畏自然、尊重自然、顺应自然、保护自然"的情怀和动机，有了这样的情怀和动机，则工业文明的许多技术都可以使用。不忘人类是生态共同体（即生命共同体）的普通成员（利奥波德语），则自然会重视调谐；以为人类是自然中的最高存在者，则自然会去征服。

NbS 与农业文明的技术的根本区别在于，NbS 可利用现代高科技去调谐人类与生态系统之间的关系，而农业文明的技术是低水平的技术，它无法保障所有人的温饱。我们曾说，古代农业文明的农桑技术是主要使用太阳能的技术，从而是绿色技术。但古代人使用太阳能的方式是：靠农作物通过光合作用而把太阳能转化为农桑产品，这需要成千上万劳动者付出艰辛劳动。现在和将来的 NbS 可以利用工业文明的重要技术——电力技术——利用太阳能发电，有了充足的清洁电，就可以既避免污染、排放，又保持高效率，且又确保劳动者和消费者的适度舒适。NbS 与工业文明主导性技术的根本区别则在于，NbS 只使用调谐性技术，而工业文明的主导性技术是征服性技术。有了征服性技术和调谐性技术的区分，我们可更好地把握 NbS 的根本特征：充分利用生态系统的服务功能并灵活地运用调谐性技术去解决各种经济、社会问题。②

---

① 习近平：《在纪念马克思诞辰 200 周年大会上的讲话》，《人民日报》2018 年 5 月 5 日。
② 这部分内容已发表在《福建师范大学学报》（哲学社会科学版）2020 年第 5 期。

第三节 绿色消费与绿色生活方式

一 现代人的生活方式：生产与消费，工作与休闲

这里讲的"生活方式"是广义的"生活方式"，不与"生产方式"相对。"生活方式"若指人类的生存方式，就应该涵盖生产方式，因为人类的生存方式包含人类的生产方式。

现代大多数人的生活方式似乎可以简单地概括为工作与消费，人们通过工作去赚钱，然后以消费或休闲的方式去花钱。本书第二章第二节讲述过一个段子，说不会赚钱的男人等于猪；不会花钱的女人等于猪。这个段子以调侃的方式定义了人：人就是能赚钱、花钱的灵长类动物。把人"定义"为能赚钱、花钱的动物，就意味着工作和消费是人类生活中十分重要的两件事，从社会的角度看，则意味着生产和消费是十分重要的两件事。我国从"以阶级斗争为纲"到"以经济建设为中心"的改革开放，就是由不那么重视生产与消费到越来越重视生产与消费的社会变迁。

循着这一思路，人们就倾向于把人类活动划分为两大类：生产与消费，每个人的活动也相应地划分为两部分：工作与消费。循着这一思路，人们会认为，"生活方式"不包含"生产方式"，他们会把生活方式理解为生产领域之外的活动方式，例如休闲或消费。

从世界范围来看，人们把工作与消费（赚钱与花钱）看作人生很重要的事情是现代化的结果，特别是资本主义发展的结果，是"万物商品化"[①] 的结果。最根本的是商业精英引领社会发展的结果。在古代社会，人们不会这么看待人生。

凡勃伦（Thorstein Veblen）说："处于掠夺的文化时期，在人们的思想习惯中，是把劳动跟懦弱或对主子的服从这类现象连接在一起

---

① ［美］伊曼努尔·华勒斯坦：《历史资本主义》，路爱国、丁浩金译，社会科学文献出版社1999年版，第3页。

的。因此劳动是屈居下级的标志,是一个有地位、有身份的男子所不屑为的。"① 在那个时期,社会是由军事精英统治的。"财富的内容主要是奴隶,以及由于拥有财富和权力而得来的利益,其形态主要是个人的劳役和个人劳役的直接成果。"② 换言之,在那个时期,统治阶级既不需要从事生产活动,也不太需要为个人或家庭生活而花钱。他们的财富是凭借武力而获得的。奴隶们要无条件地服劳役,他们没有多少或几乎没有花钱的机会。

从中国历史上看,军事精英统治社会或国家的历史是相当长的,尽管汉代以降,中国出现了相对完备的文官政府,但实质上的最高统治者大多是军事精英。例如,东汉末年,汉献帝只是名义上的最高统治者,实质上的最高统治者是当时的军事精英曹操(幸好曹操集军事精英、政治精英与文化精英于一身)。当然,在中国古代,军事精英与士(文人)一直处于复杂的互动或斗争之中。在争夺天下时,士只能充当参谋,主角是韩信、诸葛亮那样的军事精英。汉高祖刘邦就极为瞧不起儒生。但战争结束后,为治理天下,最高统治者就不得不重用文人。于是,在和平时期,居"四民之首"的士是领导阶级。但由于没有对暴力的制度化约束,故最高统治者往往由军事精英担任。在这样的社会,皇族和王侯家族享用较多由臣民进贡的物品,并非什么都必须用钱购买;农民们也有很多物品是自己制作自己使用或消费的,也并非什么都必须用钱购买。所以,传统中国人不可能把自己的生活方式归结为工作和消费(赚钱和花钱)。

随着现代化的发展,商业精英越来越具有引领社会潮流的影响力,商业对社会各方面、各领域的渗透力越来越强,以致使"万物皆商品化"。这便空前凸显了货币的"神通"。人们为获得生活必需品必须花钱,为获得快乐也必须花钱,甚至为了获得"承认"也必须有钱,以致让很多人认为,有了钱就有了一切,没有钱便丧失了一切。

---

① [美]凡勃伦:《有闲阶级论》,蔡受百译,商务印书馆1997年版,第31页。
② [美]凡勃伦:《有闲阶级论》,蔡受百译,第32页。

在奴隶社会，劳动对奴隶来说是毫无乐趣的苦役，而且奴隶没有"辞职"和罢工的自由。现代社会赋予劳动者以基本人权，包括选择工作的权利，但现代社会仍无法确保多数人能从事自己所喜欢的工作，无法确保在工作中就能享受生活的乐趣。很多人不得不忍受工作的乏味，而只能在工作时间之外的休闲和消费中享受人生的乐趣。休闲和消费都必须花钱（这不同于中国古代农民在农闲时的休息），而钱又只能通过工作去挣。于是，人生最重要的事情就是工作与消费，或赚钱与花钱。

现代化是人类文明的一次巨大进步，也就是由农业文明跃进到工业文明的进步。商业精英取代军事精英而成为引领社会的精英，也许这正是人类走向永久和平的必要步骤。军事精英擅长的是战争或掠夺，而常态的商业活动就是和平的、互惠互利的商品交换，商业精英擅长的是商业活动，所以，总的来讲，他们比军事精英更倾向于选择和平而不是选择战争。军事精英只能通过战争而显示自己的独特才能，而商业精英在和平的环境里就能充分显示自己的独特才能。

18世纪的欧洲启蒙学者就曾给予商业和商业精英以高度评价。有启蒙学者说，"纯种商人"是"博通的学者"，因为"他们不用书本就了解各种语言，不用地图就了解地理"。这些人通过旅行和通信就可以拥抱整个世界与所有国家，因此"够资格担任国家的任何职位"。也有启蒙学者说："在一个共和国里，没有比商人更有用的成员。他们透过相互提供有益的服务把人类编织在一起；他们让大自然的恩物得以流通、为穷人提供工作、为富人增加财富、为君主增加荣耀。"著名启蒙思想家伏尔泰也曾说，"请走进伦敦证券交易所去"。

这是个比许多朝廷还更值得尊敬的地方。在那里你可以看到各民族的代理人为着人类的利益而聚集起来。在那里，犹太人、穆罕默德派和基督徒互相打交道，就像是同一宗教的教友。只有因为投机而破产者才会被冠以异教徒之名。在那里长老宗信徒信任浸礼宗信徒，而圣公会信徒也把贵格会信徒的话当话。这和平和自由的集会结束后，有些人会上犹太会堂去礼拜，另一些人会去喝酒；这一位会去奉圣父、圣子和圣灵之名受洗，那一位会去让人为他儿子行割礼并用别人听不懂的希伯来语为这个小孩喃喃祝祷；另外一些人去到他们的教堂，帽子戴在头上，静静地等待上帝降临——人人都心满意足。①

20世纪的著名经济学家和思想家熊彼特（Joseph A. Schumpeter）则说："工商资产阶级基本上是和平主义者，倾向于坚持把私人生活的道德观念应用在国际关系中。"② 他们"用不着挥舞刀剑，不需要体力上的英勇"，也不赞美"为打仗而打仗、为胜利而胜利"的意识形态。③

当然，人类文明的发展是充满曲折的复杂过程，商业精英开始引领社会并不意味着军事精英就立即退出了历史舞台，也并非每一个商业精英都始终不渝地秉持和平主义精神。事实上，资本主义商业的发展一开始就伴随着殖民主义的掠夺和战争，20世纪又发生了两次世界大战。最要命的是，武器的制造难免要借助于商业，而靠制造或贩卖军火发财的商人，大约不会是真正的和平主义者。

无论如何，工作加消费（赚钱加花钱）的生活比奴隶们和古代农民们的生活好。但是我们也不能认为工作加消费就是最好的生活方式。

二　消费主义与资本主义

现代社会的主流生活方式既然是工作加消费（赚钱加花钱）的生活方式，便必然有一套为之辩护的意识形态。消费主义就是这样的意

---

① ［美］彼得·盖伊：《启蒙运动》（下），梁永安译，台湾立绪文化事业有限公司2008年版，第72—73页。

② ［美］约瑟夫·熊彼特：《资本主义、社会主义与民主》，吴良健译，商务印书馆2014年版，第205页。

③ ［美］约瑟夫·熊彼特：《资本主义、社会主义与民主》，吴良健译，第205页。

识形态。消费主义是资本主义意识形态的一部分，是一种价值观、幸福观、人生观。我们也可以说，消费主义是资本主义所特有的一种文化（狭义）。"这种文化的主要特征是：获取和消费成为实现幸福的手段，对新事物的崇拜，欲望民主化，金钱价值成为衡量社会所有价值的主要尺度。"①

　　文化必须产生某种关于天堂的概念，或者是产生一些富有想象力的关于美好生活的想法。② 推动和信奉消费主义的人们相信，日益繁荣的商业社会就是人间天堂，随时可以通过购买而满足自己不断翻新的物质欲望的生活就是美好生活。"商业里自有空间来安放你所有的宗教、所有的诗歌和所有的爱。商业本应是美好的，并正在飞快地变得美好。"③

　　进步主义者可能会宣称，消费主义文化是最符合人性的文化，是人类社会发展到高级阶段才会出现的文化。说人类社会发展到一个高级阶段——资本主义——才会出现消费主义文化是正确的，但断言它最符合人性则大可置疑。如现代社会学先驱查尔斯·库利（Charles Cooley）所言，"金钱价值"的出现并非"自然的"或"正常的"；它们是新经济和文化的历史产物，"而绝对不是全体人民一致行动的结果"④。消费主义文化是由商业精英引领创造的文化，是深契商业精英之价值追求的文化，也是能充分凸显商业精英之独特才能的文化。这种文化的种子已存在于古代商业精英的生活方式中，唯当商业精英成为主导社会潮流的精英时，它才会产生普遍影响，以致让人们误以为它就是最符合人性的文化。

---

　　① ［美］威廉·利奇：《欲望之地：美国消费主义文化的兴起》，孙路平、付爱玲译，北京大学出版社 2020 年版，第 1 页。

　　② ［美］威廉·利奇：《欲望之地：美国消费主义文化的兴起》，孙路平、付爱玲译，第 6 页。

　　③ ［美］威廉·利奇：《欲望之地：美国消费主义文化的兴起》，孙路平、付爱玲译，第 39 页。

　　④ ［美］威廉·利奇：《欲望之地：美国消费主义文化的兴起》，孙路平、付爱玲译，第 5 页。

当代历史学家认为，可能是在 17 世纪晚期而不是在 18 世纪，就出现了较为完整的消费主义。无论早期阶段和成熟阶段的精确分界线是什么时候，到 18 世纪中期，消费社会显然已经存在于英国、法国、低地国家以及德国和意大利的部分地区，某些迹象也已经扩展到英属北美殖民地。[①] 可见，从问世时间上看，消费主义与资本主义大致同时。

资本主义社会的基本特征就是让"资本的逻辑"成为社会建制和指导社会行为的基本原则。所谓"资本的逻辑"就指这样一条行动律令：必须让资产（或财富）增值。也可以说，资本的定义就表明了"资本的逻辑"。什么是资本？资本就是能增值的资产（或财富，主要指货币）。守财奴藏在地窖里的财宝不是资本，贫民用于维持日常生计的物品和货币也不是资本，只有能带来更多资产的资产才是资本。资产到了商业精英手里才可能成为资本。众多股民也力图让自己的资产成为资本。从个人来看，这条行动律令的要求就是：你必须让你的资产增值，否则就是一个失败者；从社会来看，就是我们所有人都必须为经济增长而努力，不增长，毋宁死。在古代社会，这个行动律令根本就不是一个具有普遍有效性的"律令"，唯当商业精英成为引领社会的精英时，这一律令才具有了普遍有效性。商业精英成为领导阶级，"资本的逻辑"就成了立法和制定公共政策的基本原则之一。在这样的社会条件下，经济增长就成了十分重要的人类奋斗目标之一，甚至成了唯一的人类奋斗目标。我们通常认为，"发展是硬道理""和平与发展是当今世界的两大主题"。如果你按资本主义的理路去理解"发展"，你自然会认为，经济增长就是发展的根本标志。在现代社会，股市好像是社会状况或发展态势的晴雨表，出现牛市皆大欢喜，牛市标志着社会的快速发展；出现熊市股民沮丧（中国股民有 1 亿多人），熊市标志着发展受阻。

---

① ［美］彼得·N. 斯特恩斯：《世界历史上的消费主义》，邓超译，商务印书馆 2015 年版，第 20 页。

我们或可认为，消费主义的问世略晚于资本主义的问世。资本主义的原始积累需要马克斯·韦伯所说的"新教伦理"，这种伦理蕴含着克勤克俭原则，即殚精竭虑地赚钱，但绝不乱花一分钱，以便积累资本，扩大再生产。但这种一味克勤克俭以扩大再生产的生活方式是违背最基本的经济规律的。如果人们的消费不增长，不断增多的产品怎么卖得出去？唯当生产与消费大致同步增长时，资本才能顺畅流通。在资本原始积累时期，消费主义文化似乎是不必要的。完成了原始积累，资本主义就离不开消费主义。

从美国资本主义发展史上看，消费主义文化的形成就是一个"欲望的民主化"过程。美国历史学家威廉·利奇（William R. Leach）在《欲望之地：美国消费主义文化的兴起》一书中写道：

> 伴随着对新事物的崇拜和消费者天堂的展开，欲望开始民主化。欲望民主化也根源于美国走向民主的伟大运动。……
>
> ……1885 年以后，随着国家工业化的飞速发展，民主观念，就像人们对待新事物及天堂的观念一样，开始发生根本变化。土地蕴含的财富日益减少，财富更多地存在于资本或者是生产新商品所需要的资金上。这种金钱财富被少数人拥有；与此同时，越来越多的美国人都失去了对工作的控制，变成依赖他人（资本所有者）来获取工资和福利。在这种背景下，一种新的民主概念产生了，它由日益增加的收入和不断提高的生活标准促成，得到资本家和许多进步主义改革者的支持……
>
> 这种带有高度个人主义色彩的民主观，强调人的自我取悦和自我实现，而非社区或公民福祉。①

"欲望的民主化"就是"人们渴望得到同样的商品、享有同样的

---

① ［美］威廉·利奇：《欲望之地：美国消费主义文化的兴起》，孙路平、付爱玲译，北京大学出版社 2020 年版，第 3 页。

舒适和奢华的平等权利"①。在消费主义文化中，人们会觉得阶级之间的界限模糊了（当然不是消失了）。并非仅仅资产阶级才接受消费主义，到了 20 世纪 20 年代，工人阶级也已"被卷入蓬勃发展的消费主义中"②。

消费主义与拜金主义有不解之缘。在商业精英看来，"金钱是一切的核心：通过商品来赚钱，通过满足他人的梦想来赚钱，通过服务赚钱，通过图片赚钱"。他们的理想就是，"通过增加金钱提供舒适生活的能力"，提升"人类的幸福感"③。

迄今为止，消费主义文化仍然未褪去物质主义的底色。消费主义文化的推动者们想"打造的是一个物质奢侈的'梦中世界'。物质主义是诱惑所在"④。威廉·利奇写道：

> ［消费主义文化］传达了一种感觉，即至少在商品世界中，男人和女人可以找到一种转变和解放、一个没有痛苦的天堂、一种新的永恒。他们可以找到宗教历史学家约瑟夫·哈洛图尼亚（Joseph Haroutunian）所谓的通过"拥有"而"存在"，通过"商品"而"发现善"。换句话说，充满消费幻想的消费世界开始培育这样一种观念，即男人和女人，可能不是通过精神上的善行或对"永恒"的追求，而是通过占有"商品"，追求"无穷"来成就自我，哈洛图尼亚将这种观念与资本主义"一直"生产新商品、创造新意义的趋势联系到了一起。
>
> ……哈洛图尼亚认为，"存在"是有限的，因为我们"只存在于我们这一生"并注定要走向死亡。而另一方面，在新的消费

---

① ［美］威廉·利奇：《欲望之地：美国消费主义文化的兴起》，孙路平、付爱玲译，北京大学出版社 2020 年版，第 4 页。

② ［美］彼得·N. 斯特恩斯：《世界历史上的消费主义》，邓超译，商务印书馆 2015 年版，第 64 页。

③ ［美］威廉·利奇：《欲望之地：美国消费主义文化的兴起》，孙路平、付爱玲译，第 48 页。

④ ［美］彼得·N. 斯特恩斯：《世界历史上的消费主义》，邓超译，第 56 页。

环境中,"拥有"则让人相信死亡是可以被克服的,或者人们可以在"无限的积累"中找到"永恒"。在"我们这个时代,一个人积累的商品可能是无限的,但他用于积累商品的时间却是有限的。在机器的世界里,拥有有限生命的人是无限多的。'存在'的本质是有限的,但是,'拥有'却能冲破禁锢,朝无限奔去。带着死亡印记的人,面临着无限拥有的机会。"①

人是追求无限的有限存在者,哈洛图尼亚对商品社会中人的追求的解释印证了这一点。资产阶级或所有的深受拜金主义影响的人对金钱的无止境追求,现代社会对经济增长的极端重视,乃至一般而言人们对发展的重视,都源自人对无限的追求。或一言以蔽之,文明的发展源自人对无限的追求。

从古至今,不同阶级、阶层的人所使用的物品是不同的,人们使用的不同物品常常就是他们所属阶级或阶层的标识,或说是他们的社会地位的标识。在中国古代,不同爵位的贵族使用的物品的形制是受礼制约束的,王侯使用的物品的形制若采用了皇宫中物品的形制就会被视为谋反的迹象,而谋反则会被诛九族。在"欲望民主化"的现代消费社会,亿万富翁的豪宅可以比总统官邸更加豪华。但民主化取消了贵族的等级制,却支持了基于金钱的等级制,人们按其拥有财富的多寡而分属不同的阶级或阶层。不同阶级或阶层的人们虽都使用同一类物,例如都使用汽车,但不同的人们所使用的汽车的档次有区别。恰是这种区别构成不同阶级或阶层的标识。例如,五菱、长安的车主一般都是在底层艰苦奋斗正处于创业阶段的人;丰田、大众、本田等品牌的车主一般都是小康之家的人;奔驰、宝马、奥迪的车主一般是资产上亿的人,而劳斯莱斯、宾利等品牌的车主一般都是大企业家或者是大土豪(低阶层的人也会出于虚荣

---

① [美]威廉·利奇:《欲望之地:美国消费主义文化的兴起》,孙路平、付爱玲译,北京大学出版社 2020 年版,第 142 页。

而买低配置的名牌车）。人们必须通过拥有和使用特定的物（商品）
而获得承认。例如，你若没有一辆豪车就没有资格进入某些私人会
所或高档俱乐部。

总之，在现代消费社会，大众消费（mass consumption，亦可译为
"大量消费"）对日常生活的浸润已不限于经济过程、社会活动和家
庭结构，而是已扩及意义心理体验（meaningful psychological experi-
ence），即影响个人身份的构成、社会关系的形成和社会事件的
设计。①

我们倾向于把消费主义界定为替"工作加消费"或"赚钱加花
钱"的生活方式辩护的意识形态，但有西方学者认为，消费是一种行
动，而消费主义是一种生活方式（a way of life）。②

虽然历史学家已把消费主义的问世追溯到 17 世纪晚期，但真正
富足的消费社会或成熟的消费文化是在第二次世界大战之后的欧美发
达国家出现的。对于消费文化和消费主义，既有人大唱赞歌，也有人
大加挞伐。早在 20 世纪 70 年代，霍克海默和阿多诺就觉得在大量生
产的社会消费者是被迫购买和使用商品的。反驳者则把消费看作一种
自由和解放。霍克海默和阿多诺认为，资本主义文化已堕落为"野蛮
无意义的"文化，反驳者则认为，资本主义经济实际上已达到一个史
无前例的文化丰富的高峰。消费文化的赞扬者们把消费看作不断创新
和赋能的源泉。赞扬者的最著名代表或许就是米尔顿·弗里德曼
（Milton Friedman），在弗里德曼看来，选择是基于自身之正当性的目
的。当你每天在超市进行选择时，你得到了你所选择的东西，其他的
每个人也是这样的。投票箱产生了没有获得全体同意的一致性，市场
则产生了没有一致性的全体同意。③

一些研究 18 世纪革命的历史学家倾向于认为，消费主义一旦开

---

① Steven Miles, *Consumerism: As a Way of Life*, SAGE Publications, 1998, p. 9.
② Steven Miles, *Consumerism: As a Way of Life*, p. 4.
③ Steven Miles, *Consumerism: As a Way of Life*, p. 33.

始出现，就会不可避免地沿着奢侈的路径发展。① 在中国现代史上的计划经济时期，包括"文化大革命"时期，好像是抵制资本主义最有力的时期。但据美国历史学家卡尔·格斯（Karl Gerth）看，像"文化大革命"那样的破坏性运动并没能建设社会主义，它甚至导致了不同形式的消费主义，因而表现出某种否定共产主义革命的倾向。② 格斯认为，红卫兵只攻击了资本主义和消费主义的浅表信念，而未触及其深层的制度安排：资本积累优先于社会平等，所以，"文化大革命"时红卫兵的极端努力没能实现他们所宣扬的目标，却事与愿违，强化了某些消费模式的发展和蔓延。③ 例如，他们用抄家所得的财物举办的展览却刺激了消费主义欲望，尽管披着社会主义教育的外衣。毛泽东在接见红卫兵时穿了军装，使得军装在全国流行，于是，反时尚成为时尚。④ 有些红卫兵把抄家得到的手表、自行车等据为己有。⑤ 毛主席像章的流行是国家鼓励的政治目标，这却正好能说明消费主义具有自我扩张和强制性的本质。⑥ 我们当然不能完全接受格斯的判断，但中国改革开放以来的发展确实表明现代市场经济（无论是社会主义的还是资本主义的）难以避免消费主义。

从历史上看，消费主义文化是由资本主义社会孕育的，但它并非专属于资本主义社会。追求工业化的社会都难免滋生消费主义，因为工业化的目标就是高效的"大量生产"，"大量生产"必然要求"大量消费"。像中国这样的采用市场经济的社会主义社会不会大张旗鼓

---

① ［美］彼得·N. 斯特恩斯：《世界历史上的消费主义》，邓超译，商务印书馆 2015 年版，第 54 页。

② Karl Gerth, *Unending Capitalisn: How Consumerism Negated China's Communist Revolution*, Cambridge: Cambridge University Press, 2020, p. 171.

③ Karl Gerth, *Unending Capitalisn: How Consumerism Negated China's Communist Revolution*, p. 185.

④ Karl Gerth, *Unending Capitalisn: How Consumerism Negated China's Communist Revolution*, p. 195.

⑤ Karl Gerth, *Unending Capitalisn: How Consumerism Negated China's Communist Revolution*, p. 189.

⑥ Karl Gerth, *Unending Capitalisn: How Consumerism Negated China's Communist Revolution*, p. 201.

地宣传"消费主义"这个概念,但市场经济必须使用的营销手段——如大量使用广告——必然时时激励人们积极消费,政府出台的种种鼓励消费的政策也会促进消费主义文化的流行。

三 消费主义与物质主义

迄今为止的消费主义是物质主义的,消费主义生活方式就表现为无止境地追求物质财富的增长,表现为"大量消费、大量排放(抑或大量废弃)",表现为大众积极参与的物质消费方面的攀比,表现为时尚所推动的物品消费方面的喜新厌旧(修旧不如换新)。这种消费主义从属于"大量开发、大量生产"的生产方式,在大量使用煤、石油、天然气等矿物能源的情况下,消费主义激励的"大量消费"必然导致"大量排放"。"大量开发、大量生产、大量消费、大量排放"必然导致严重的环境污染、生态破坏和气候变化。如今,越来越多的有识之士认为,"大量开发、大量生产、大量消费、大量排放"的生产—生活方式是不可持续的,这便意味着物质主义的消费主义生活方式是不可持续的。

从工业生态学的视角审视工业文明的可持续性问题,人们倾向于认为,将来的绿色技术和生态技术可以在确保物质丰富的同时,使人类从生态危机中脱身。他们认为,将来的能源可实现100%的清洁化①,通过循环和共享等方式,可以丝毫不降低人类生活的物质舒适程度而实现"零排放"。那么,这是不是意味着物质主义的消费主义是没有问题的?不是!即便能源可达到100%的清洁化,物质财富的增长也是有极限的。也正因为如此,循环经济建设的第一要求便是物质减量化。

整个现代文明史表明,消费主义是难以祛除的,它甚至必然伴随着工业化进程,或更一般地,必然伴随着现代化进程。"让物质财富

---

① [美]杰里米·里夫金:《零碳社会:生态文明的崛起和全球绿色新政》,赛迪研究院专家组译,中信出版集团2020年版,第XX页。

充分涌流"（或解放生产力）从而让所有人都免于物质匮乏既然是现代化要实现的基本目标，那么就应该让所有人都能享受物质丰裕的舒适。如前所述，消费主义的流行是商业精英领导社会的自然结果，而商业精英领导社会不仅带来了"欲望的民主化"，也使"自由、平等"的观念得到了空前的普及。由军事精英间歇地甚至一贯地统领社会到商业精英引领社会是一种历史的进步。消费主义生活方式是伴随着这一社会变迁而出现的，它的出现也代表着一种历史的进步。

那么，消费主义是不是只能是物质主义的呢？非物质主义的消费主义可能吗？答案是：消费主义并非只能是物质主义的，非物质主义的消费主义是可能的。在本章第一节我们已讨论了发展非物质经济的可能性和现实性，并讨论了拜金主义与物质主义相剥离的可能性和现实性。在此，我们将讨论消费主义与物质主义相剥离的可能性和现实性。

我们反复提及的一个关于人性的基本观点是：人是追求无限的有限存在者。这一点也被当代重视人生意义问题研究的英国哲学家科廷汉姆（John Cottingham）所强调。[1] 对无限的追求就体现于人们对自己所认定的最高价值的永无休止、永不知足的追求。这一点在各行各业的精英身上表现得最为典型，而在芸芸众生身上表现得相对平淡。几乎所有的宗教都力图把人类对无限的追求引导于精神（或非物质）领域。现代唯物主义则把一切宗教都指斥为迷信，指斥为麻痹人民的"麻醉剂"，进而用科学和物质主义指引人们追求无限。在生产严重不足、分配严重不公的古代社会，劳动人民（特别是农民）终岁劳苦，丰年勉强免于饥饿，灾年则不免填于沟壑。从这样的历史背景来看，现代唯物主义对宗教的批判无疑具有启蒙大众的解放作用。它告诉人们，没有什么"天堂""净土"，没有什么救世主，没有什么神灵；物质是世界的本原，只有物质才是真实的。饥寒交迫的劳苦大众最缺乏的就是物质财富，富人最让穷人眼馋的也就是他们拥有着用不完的物质财富。正因为如此，

---

① John Cottingham, *The Meaning of Life*, Lodon and New York: Routledge, 2003, pp. 52 – 53.

在资本主义早期，尽管物质主义的消费主义曾遭受古板的宗教徒的痛斥和抵制，但它很快就借资本主义的发展大势而成为主流。在这一历史进程中，我们也确实能看清历代统治阶级对劳动人民的欺骗：辛勤劳作就是上帝或上天分配给你们的本分职责，供养统治阶级让他们养尊处优，也是上帝或上天分配给你们的本分职责，"劳心者治人，劳力者治于人""无君子莫治野人，无野人莫养君子"，你们必须克勤克俭，只有统治阶级才有权利享受各种奢侈品。就中国古代而言，统治阶级中不乏物质主义者，他们以贪求物质财富的方式追求无限，在劳苦大众中，大约没有什么物质主义者。欧洲启蒙的一个最值得重视的方面就是揭穿了古代统治者对劳苦大众的欺骗而告诉人们：人人都有权利以追求物质财富增长的方式追求无限，这便是"欲望的民主化"的实质。

资本主义也空前地激励了人类的各种创新，包括思想创新、科技创新、管理创新、营销创新等。创新也源自人对无限的追求。若没有对无限的追求，人就很容易安于现状。正因为有对无限的追求，人们才很容易产生对现实的不满，进而有超越现实的努力。这一点同样典型地体现为各行各业精英们不可遏止的创新冲动和努力。也正因为资本主义空前地激励了各种创新，才使工业文明空前提高了人类文明的发展速度，特别是提高了物质财富的增长速度。在这一方面，我们可明显地看出"冷战"时期两种现代化（抑或工业化）模式——市场经济与计划经济——的差别。市场经济远比计划经济更能持续地激励创新并保持生产的高效率。

那么，市场经济为什么比计划经济更能持续地激励创新、保持高效率呢？就是因为市场经济制度不仅利用了人们的合作倾向，而且充分利用了人们追求个人利益最大化的倾向。注意，我们在这里既不否认人们具有彼此合作的倾向，也不否认人们具有追求个人利益最大化的倾向。支持计划经济的意识形态片面地把人在各种具体情境中追求自我利益的倾向斥为罪恶的私有意识和自私自利意识，并力图用制度禁绝人们的自利行为，结果是严重遏制了人们的创新冲动，并导致了多数人工作时的消极怠工。市场经济则不然，它用金钱激励人们积极创新、勤奋劳作，让人们有一项创新就有一份金钱的回报，多一分劳作就多一分金钱的回报。持续激励创新和劳作的机制就是这种金钱激励机制。这种机制无疑会滋生拜金主义。但拜金主义不见得在每个人身上都会具有极端的表现，拜金主义也必然会受到各种文化因素（包括宗教和艺术）的抑制。作为多元精神信仰的一种，拜金主义或许也能产生积极作用。例如，为了保护环境，维护生态健康，走出生态危机，降低温室气体排放，需要各行各业人们的积极创新和持续劳作。那么，用什么去激励人们从事这方面的创新和劳作呢？仅仅诉诸政治动员？诉诸人们的思想觉悟和高尚人格？显然不行，我们不得不利用市场机制去激励各种绿色创新，例如，碳排放税制度就是激励绿色创新的制度。[①] 我国的碳交易市场制度也属于此类。[②] 我们不得不用利润、工资和奖金去激励各行各业的人保护环境、维护生态健康。少数人可能宁肯牺牲个人利益，也要不懈地保护环境，但绝大多数人必须在能得到金钱回报的情况下，才会积极地从事绿色创新和环境保护。正因为如此，拜金主义可以在受控制的情况下为生态文明建设发挥积极作用。

如前所述，从消费主义问世的历史过程来看，它不仅是物质主义的，而且是拜金主义的。事实上，拜金主义才是消费主义的本征属性，而物质主义不是，换言之，我们不可能把拜金主义从消费主义中剥离出去，但可以把物质主义从消费主义中剥离出去。最初的货币是多数人都想要的物质形态的商品，后来演变为贵重而又易于分割和称量的金银，再后来又演变为铜铁等铸造的形制标准的硬币，到了20世纪又演变为由政府信用支持的纸币，这一演变过程呈现为明显的去物质化和纯符号化趋势。从数字化技术日益发达的今天来看，纸币终将消失，而演变成纯粹的数字符号。这样一来，我们将能看到物质主

---

① ［美］杰里米·里夫金：《零碳社会：生态文明的崛起和全球绿色新政》，赛迪研究院专家组译，中信出版集团2020年版，第XXI页。

② 薛飞、周民良：《中国碳交易市场规模的减排效应研究》，《华东经济管理》2021年第6期，第11—20页。

义与拜金主义的脱钩，从而看到物质主义与消费主义的脱钩。

人之追求无限源自人之"符号化的想象力和智能"。在此，我们必须区分狭义的符号与广义的符号。狭义的符号指语言（包括自然语言和人工语言）、文字、绘画（包括文身）、雕塑、各种密码以及各种象征标志（Logo）等，狭义的符号仅仅表示或传达意义。广义的符号则包括一切人工物，服装、珠宝、手表、手机、平板电脑、汽车等物质形态的人工物都是广义的符号。那些不属于狭义的符号的人工物往往因其物质结构而具有特定的使用价值，如衣服之御寒功能，汽车之运载功能，但它们也通过文化而隐晦曲折地表示或传达意义。

意义是非物质形态的，是通过文化而在人与人之间传播的。

有西方学者对 meaning（意义）一词做了较为细致的分析。他们认为，可把与人生意义相关的"意义"一词的用法分为三大类：理解性意义（intelligibility-meaning）、目的性意义（purpose-meaning）和重要性意义（significance-meaning）。

理解性意义的例子如下：

> 你所说的并不意指什么事情。
> 你所说的那句话是什么意思？
> 你的那个脸色是什么意思？
> 这意味着什么？（例如，回到家里发现家里遭抢劫而发问）

目的性意义的例子如下：

> 你摆那种脸色想干什么？
> 他发脾气是想引起他爸爸的注意。
> 我真的指这件事！
> 我不是这个意思。我不是故意的。我发誓，我不是故意这样的。

重要性意义的例子如下：

> 那次会谈太有意义了。
> 这块表对我真的很有意义。
> 你对我来讲什么意义都没有。
> 那是一项有意义的发现。①

我们在哲学上谈论的人生意义主要指重要性意义。

追求无限就是追求意义，"人类是渴求意义的"②，追求意义才是人不同于非人动物的根本特征。政治精英对权力死而后已的追求，商业精英对金钱死而后已的追求，艺术精英对艺境死而后已的探求，虔诚的基督徒对天国的向往，虔诚的佛教徒对佛国净土的向往，都是对人生意义的追求。

人生意义也就是人们对好生活、幸福生活或值得过的生活的理解，一个人对人生意义的理解就是他的人生观。人生观就蕴含在人们的信仰之中。这里的信仰是广义的，并非仅指宗教信仰。不信任何宗教的人也可以有其信仰，例如，他可以信仰唯物主义或物质主义。一个人若认为自己的人生是有意义的，那么他就自然地有幸福感，他绝不会抑郁，更不会有自杀倾向；反之，一个人若认为自己的人生是没有意义的，那么他就会抑郁，甚至会有自杀倾向。在世俗化的现代社会，可能有人会说，活着就好，何必追问什么意义？这种人中的某些人或许对自己的生活比较满意，即觉得自己的生活是值得过的，那么他们正过着的那种生活就是他们所追求的人生意义。这种人中的某些人可能正艰苦奋斗而无暇思及人生意义问题，那么他们的奋斗目标就是他们所追求的人生意义。就此而言，说追求人生意义，并非仅指思考人生意义问题，而指人们对种种人生目标的追求，包括对爱情、事

① Stephen Leach and James Tartaglia, *The Meaning of Life and the Great Philosophers*, Lodon and New York：Routledge, 2018, pp. 2 – 3.
② John Cottingham, *The Meaning of Life*, Lodon and New York：Routledge, 2003, p. 32.

业、财富、正义、境界、智慧等的追求。

在古代社会，宗教为人们指出了人生的意义，例如，基督教告诉人们，人生的根本意义就在虔信上帝，按《圣经》指引的方式生活。在古代中国，汉武帝"罢黜百家，独尊儒术"以后，主要是儒教指导着人们对人生意义的理解。古代社会的制度（包括风俗）特别注重思想统治，力图纯化、统一人们的信仰，从而统一人们对人生意义的理解。这在基督教统治的欧洲中世纪表现得十分明显。在一个教区或社区内，不信正统宗教的人会被视为异教徒，从而备受歧视，甚至受打击、迫害。这种情况在今天的伊斯兰地区仍有残留。在政教分离的现代西方民主社会，宗教已失去了中世纪那种统治思想的力量，在信仰方面，也就是在对人生意义的理解方面，要比古代宽容多了。民主法治国家的宪法都赋予个人以信仰自由。物质主义的消费主义也就是在民主法治的条件下流行、兴盛起来的。如今，虽然仍有很多人信仰不同的宗教，美国甚至多数人都信仰上帝的存在，但各种宗教徒都不同程度地受物质主义的影响，而且各种宗教都在改变其信念和形态，以便与物质主义并行不悖。

现代哲学、科学的求索历程和整个人类历史都表明，信仰是不可能统一的，因而对人生意义的理解必然是多种多样的。历史和现实中的铁腕统治者总希望能统一人们的思想，但他们无法以任何一种思想体系本身的真理性吸引所有人的信仰，而只能用暴力去镇压"异端"信仰。现代性思想与民主法治所支持的信仰多元主义是有矛盾的。科学无疑是现代性思想的主干。从伽利略、开普勒、牛顿到麦克斯韦、爱因斯坦的科学都坚持严格的决定论，而决定论不承认思想体系的多样性。对一个问题的回答若总是众说纷纭，该问题就不可能成为科学所要研究的问题。人生意义问题正是这样的问题，人类永远不可能就此达成一致认识和理解。正因为如此，人生意义问题不可能成为现代科学所要研究的问题（但不意味着此问题与科学完全无关）。悖谬的是，科学不关注人生意义问题，却给予物质主义（一种关于人生意义的信仰）以强有力的支持。

20 世纪的分析哲学努力让哲学成为科学的一部分，于是它也绝不肯碰"人生意义"问题。在分析哲学家看来，语词以及其他语义结构可以有意义，而对象、事件、事态或生命本身是没有意义的。追问人生的意义无异于问："红色的味道是什么？"或"什么东西比最小的东西更小？"①

欧陆哲学一直没有放弃对人生意义的研究，虽然它没有特别凸显"人生意义"这个概念。可惜，欧陆哲学晦涩的话语和逻辑既不能有力地影响大众，又无力抵御科技进步和市场营销所主导的生活潮流。

苏格拉底说，未经反思的人生是不值得过的。反思人生在很大程度上就是反思人生意义。从历史和现实来看，能深入自觉地反思人生意义问题的人只是少数思想精英。如上所述，在现代社会，科学家、分析哲学家都不重视人生意义问题，欧陆哲学关于人类生存状态的哲学思考则表述得佶屈聱牙（以海德格尔的哲学为最）。于是，绝大多数人（包括各行各业的精英）的生存都处于无反思的随大流状态，而"大流"是由商业精英和科技精英引领的。这样，物质主义的消费主义就成了最有影响力的人生观。

对人生意义问题的回答注定是多种多样的，但这绝不意味着所有的答案都是同样正确或同样错误的。对于那种影响了绝大多数人的答案，我们尤其要加以辨析和反思。我们把信仰归入由个人自由选择的范围是完全合理的，但对于那种影响了绝大多数人的信念却必须加以辨析和反思。物质主义正是影响了绝大多数人信仰的信念，甚至是直接影响了立法和公共政策之制定的信念。所以，物质主义的影响绝不仅限于某些人的私人领域，它强有力地影响了公共领域。

长期以来，我们说和平与发展是世界的两大主题。人们对"发展"的理解往往是物质主义的，即人们通常认为，物质财富的增长是发展的

---

① Stephen Leach and James Tartaglia, *The Meaning of Life and the Great Philosophers*, Lodon and New York：Routledge, 2018, p. 2. 21 世纪的分析哲学已有了改变，已开始承认人生意义问题在哲学中的"合法"地位。

硬指标，一个地区的工厂、楼房、汽车、高速公路、铁路、飞机、机场等越来越多，该地区就会被认为发展得好；一个地区若没有这些东西，就会被认为没有发展。在现代化国家中，效率原则是立法和制定公共政策的基本原则之一，注重效率也是为了快速发展，遵循效率原则，就是让法律和公共政策能不断地激励经济增长，迄今为止，物质财富的增长一直是经济增长的明显标志。物质主义就是通过对"发展"和"效率"的俘获而进入公共领域的。就这样，它几乎让一切原本抵御物质主义的宗教都让步甚至投降了，于是它影响了绝大多数人对人生意义的理解，即影响了绝大多数人的人生观。

如果物质财富的增长是没有极限的，那么就可以一任物质主义主导绝大多数人的人生追求。但现代科学和全球生态危机与气候变化的事实都表明，物质经济的增长是有极限的，物质主义所激励的"大量开发、大量生产、大量消费、大量排放"的生产—生活方式是不可持续的，即物质主义的消费主义生活方式是不可持续的。所以，人类必须从根本上改变其生产—生活方式。如果人类难以改变其消费主义的生活方式，那就必须让消费主义与物质主义脱钩，走向绿色消费主义。

绿色消费主义就是主张保护环境的一套生活信念，它不反对人们采用赚钱加消费的生活方式，但严格要求人们保护环境。现代历史上的绿色消费主义产生于三种力量的结合：一是环境主义的涌现；二是商业中环境责任的引进；三是对消费和社会精英生活方式之环境影响的关切。[①]

绿色消费主义所要求的绿色消费就是亲环境的消费，就是表现为亲环境行为的消费。亲环境行为就是消费者怀着保护环境的目的而采用的环境友好行为。亲环境行为体现着消费者态度、认识、动机、价值观、信念和欲望的改变，而这些方面的改变反过来会引起消费者需

---

① Ruchika Singh Malyan and Punita Duhan, *Green Consumerism: Perspectives, Sustainability, and Behavior*, Canada: Apple Academic Press Inc., 2019, p. 42.

求的改变。①

有外国研究者说：今天，有知识的人们都知道各种产品、加工过程以及包装对环境的有害作用。极易获取的信息能引起行为的根本改变。消费者关心其健康和总体物质福利的固有意识能引起营销创新时代新向度的建构。消费者在环境导向中扮演着主角。他们的态度、认知和需求会直接或间接影响关于环境的决定。消费者对食品、包装、服装、出行、假日旅游、宾馆、电信、账单提供方式、投资和房产的选择对正发生于全球的气候变化有不容置疑的影响。地球的演化和转动取决于绿色消费者的热情。②

现代社会的大众消费所造成的严重的环境破坏，既与现代社会的人口远多于古代社会有关，更与现代人的人均生态足迹远大于古代人有关。另外，消费也不是孤立的，消费与生产是一体两面，现代人的生产和消费都对环境造成了巨大压力。

日本学者以日本社会的变化为例，对比了日本快速发展时期与过去的能源消费情况。在20世纪60年代，日本每天人均能源消费接近28000千卡。之后日本经济快速发展，进入工业化国家行列。到了1975年，每日人均能源消费达到92000千卡；到了2009年，每日人均能源消费达到114000千卡；到了2015年，每日人均能源消费达到127000千卡（美国每日人均能源消费则为240000千卡）。人体维持生存所需的能量每天不过2400千卡（即新陈代谢率的1.5倍）。所以，日本人每天的人均消费能量超过这个数值的50倍。消费这么多能量干什么呢？以移动10公里为例，步行需要308千卡能量，骑自行车需要118千卡，驾驶燃烧汽油的车就需要8670千卡，约是步行所需能量的30倍。化石燃料的燃烧总是不充分的，大部分转化为热，释放进大气层。这种低效的能源利用在我们的生活方式中扮演着主角。

① Ruchika Singh Malyan and Punita Duhan, *Green Consumerism: Perspectives, Sustainability, and Behavior*, 2019, p. 67.

② Ruchika Singh Malyan and Punita Duhan, *Green Consumerism: Perspectives, Sustainability, and Behavior*, p. 68.

我们在舒适和方便上的持续微小收获对环境施加的影响按几何级数增长。[①]

当代日本人的生活方式能代表工业文明的基本生活方式。如今，包括中国在内的快速工业化国家的人们的生活方式同样以大量消费矿物能源为特征。地球生物圈不支持几十亿人的这种生活方式。大量消费能源，也就是大量消费物质。绿色消费就要求人们在能源、物质消费方面减量，这要求消费者改变其态度、认识、动机、价值观、信念、欲望，简言之，改变其人生观、价值观和幸福观，由物质主义走向非物质主义。从文化的（狭义的）角度看，要求消费主义与物质主义脱钩。

现代消费主义文化不可能一成不变，消费主义可以与物质主义脱钩。

首先，物质主义绝不是由人类基因决定的人的自然倾向，而只是工业文明特有的文化。物质主义的错误不在其强调人的生存必须有一定数量的物质资料，而在其激励人们无止境地追求物质财富的增长和物质生活的舒适、便利。换言之，它的根本错误在于它误导了人类之追求无限的方向。人类必须扭转其追求无限的方向，由无限贪求物质价值转向无限追求非物质价值。

非物质价值并非不可以通过货币进行买卖。自古以来，人的许多非物质需要都是可以通过货币购买的，创造非物质价值的人也可以通过出售自己的作品而获得经济收益。例如，中国古代书画家，也卖书画，喜欢书画的人也买书画。如今，正蓬勃发展的文化产业正是典型的生产非物质价值的产业。

另外，也并非只有科学研究和自我表现才创造非物质价值，从经济学的角度看，像保健按摩这样的行业所"生产"的价值也属于非物质价值。消费者从这个行业购买的是身体的舒适感，而不是物质产

---

① Ryuzo Furukawa, *Lifestyle and Nature：Integrating Nature Technology to Sustainable Lifestyles*, Singapore：Pan Stanford Publishing Pte. Ltd.，2019, pp. 8 – 9.

品。这样的行业如果能够健康发展，也有助于保护环境和节能减排。如果越来越多的消费者的消费偏好由买大排量的汽车转变为享受保健按摩的舒适，那么就能有效地节能减排。

其实，绿色消费主义就是与物质主义脱钩的消费主义。亲环境的消费必然要求节能减排，只有摒弃了物质主义，才可能自觉地节能减排。

我们相信，在全球性生态危机和气候变化的威逼之下，在信息技术和人工智能技术的积极推动之下，世界经济会出现强劲的非物质化趋势，人类文化也会相应地出现非物质主义趋势。

信息技术的发展将为经济非物质化提供技术手段。例如，飞机设计要求画出大量图纸，从草图到最终图纸的确定，会耗费大量纸张。有了计算机辅助设计（CAD）系统之后，就大大减少了纸张耗费。美国在制造 B-29 轰炸机（美国最大、最复杂、飞行距离最长的轰炸机）时，在每一张图纸的最终版本出来之前，要扔掉 4000 来张草图。与之对比，CAD 使得大量的设计调整和修改变得很容易，适当的软件能根据任何一处修改变动而自动调整相关的一切从而改变整个设计。随着 CAD 的普及，CAD 用非物质的电子版取代了建筑、制造、网络设计等领域的一切设计图纸。发达国家在两代人之内就几乎普遍实现了设计的非物质化。[①]

我们以前买一本美国出版的纸版书，必须让书漂洋过海地从美国来到中国，如今在网络上瞬间就可以读到电子版。如今我们参观一个博物馆通常还得实地参观，将来我们可能在网络上就能参观，且和实地参观的体验效果一样。

我们不能指望信息技术能自然地带来经济的非物质化。如加拿大学者斯米尔（Vaclav Smil）所说的，多亏有了 CAD，人们不用消耗大量的纸张了，不用绘图台了，不用那么多椅子和橱柜了，也不用巨大的储藏间了。但是创造和保存非物质化的设计图必须有现代计算机、

---

① Vaclav Smil, *Making the World: Material and Dematerilization*, UK: Wiley, 2014, p. 166.

大数据存储、通信、专门的软件、宽大的屏幕、满屋子的服务器，必须有网络。为了制造飞机和手机，需要设计的国际化和洲际承包协作的彼此信赖，要求设计方案和技术参数的国际共享。不用说，这一切都会增加电力的耗费，增加基础设施建设。而电力是由燃烧矿物燃料而获得的。所以，目前完美的非物质化典范实际上不过是复杂的物质替换形式。①

经济非物质化与文化的非物质主义变迁必然互相依赖。英格尔哈特（Ronald Inglehart）等人在 20 世纪 70 年代所做的一项关于文化变迁的调查发现，发达国家的文化已出现了由物质主义转向后物质主义（post-materialism）的趋势。物质主义价值观优先凸显经济和物质安全（economic and physical security），而后物质主义价值观优先凸显自我表现和生活质量（self-expression and the quality of life）。②

他们对英国、法国、西德、意大利、比利时和荷兰这六个发达国家所做的社会调查，支持了两个假说：稀缺性假说和社会化假说。

稀缺性假说：虽然实质上每个人都想要自由和自主，但是人们的价值排序会反映他们所处的社会经济条件，从而把最迫切的需要置于最高主观价值的地位。物质生活资料和身体安全是生存的第一必需。所以，在稀缺条件下，人们会把物质主义目标（materialistic goals）置于价值排序的顶端，而在繁荣条件下人们会变得更重视后物质主义目标（post-materialistic goals）。

社会化假说：物质稀缺与价值排序之间的关系不是立即同步变化的：两种变化之间会有个时间差，因为在很大程度上一个人的基本价值观是其成长期间（由少年到成年）的条件的反映。价值观的改变主要是通过人口的代际交替而发生的。每个社会的老一辈倾向于把他们的价值观传给下一代，这种文化遗传是难以消除的，但文化遗传会和

---

① Vaclav Smil, *Making the World*: *Material and Dematerilization*, UK: Wiley, 2014, pp. 166 – 167.

② Ronald Inglehart and Christian Welzel, *Modernization*, *Cultural Change*, *and Democracy*, Cambridge: Cambridge University Press, 2005, p. 97.

人们亲历的经验相冲突，从而会被逐渐侵蚀。

稀缺性假说类似于经济学中的边际效用递减定律。它反映了一个基本的区分：物质生存和安全与诸如尊重、自我表现、审美满足一类的非物质需要（nonmaterial needs）的区分。因为物质需要与生存攸关，所以当它的供应紧缺时，它就会被提高到优先于任何其他需求的地位，当然也会优先于后物质主义需要。反之，当物质需要能被确保满足时，其被满足就会被当作当然的，这时，后物质主义目标就会被提到优先地位，人们会扩展其视野而看到更高的价值目标。①

英格尔哈特和魏泽尔（Christian Welzel）在他们 2005 年出版的《现代化、文化变迁与民主》一书中写道：根据稀缺性假说，发达工业社会过去 50 年的经济史具有重要的意义。因为这些社会是主导性历史模式的突出例外：其大部分人口没有生活在饥饿和经济不安全的条件下。这便导致了这样一种渐变：归属感、尊重、理智和审美满足变得更加重要。我们可以预期，高度繁荣期的延长会促进后物质主义价值的扩展，而经济衰退期会出现相反的结果。最近的趋势，例如失业率的居高不下，股票市场的跌落，福利国家的收缩，会增加经济不安全性，如果这种情况持续足够长，人们会失去生存安全感。长期下去，物质主义价值就会回潮。②

由英格尔哈特和魏泽尔所做的调查和分析，我们可得出如下的重要结论：

工业化所带来的物质丰裕是超越物质主义的必要条件。

超越物质主义是可能的。

面对全球性的生态危机和气候变化，人类必须超越物质主义，普遍采用绿色生活方式，建设生态文明。

---

① Ronald Inglehart and Christian Welzel, *Modernization*, *Cultural Change*, *and Democracy*, Cambridge: Cambridge University Press, 2005, pp. 97 – 98.

② Ronald Inglehart and Christian Welzel, *Modernization*, *Cultural Change*, *and Democracy*, p. 98.

四 绿色生活方式与生活方式的多样性

在人类进入农业文明以后，随着文化的发展，人的生活方式就必然是多种多样的。生活方式与信仰直接相关，而人们的信仰不可能整齐划一。历代专制统治者大约都想统一其臣民的思想，但没有任何思想家能提出一套让所有人都虔诚信仰的思想体系。中国汉武帝"罢黜百家，独尊儒术"，那只意味着朝廷以儒学为公开提倡的意识形态，绝不意味着所有臣民都虔信儒学。虔信老庄思想者的生活方式必然不同于虔信儒学者的生活方式。今天，基督教徒的生活方式与伊斯兰教徒、佛教徒、印度教徒、神道教徒等人的生活方式必然不同，信教者与不信教者的生活方式也必然不同。简言之，文化和亚文化的多样性决定了生活方式的多样性。

我们当然不能否认人的生活有某些共同性，例如，所有人都必须吃饭才能活着。罗尔斯关于合理多元主义（reasonable pluralism）的论述对于我们理解现代人生活的共同性与不同信仰者生活之独特性具有重要的启示。对应于现代性关于私人领域与公共领域的区分，罗尔斯在政治概念与综合信念（comprenhensive doctrine，也译作"整全信念"）之间做了区分。政治概念是可以相对独立于各种宗教、哲学信仰而得以表述的。[①] 而关于人生价值，理想人格品性，理想友谊、亲情、社会关系等指导我们行为且界定我们整体生活的信念是综合信念。[②] 不同信仰者可以就政治概念（如何谓政治正义？）达成重叠共识。但人们的综合信念必然是多种多样的，而且这种多样性是无法统一的。有许多不同的综合信念都是支持现代基本社会结构——民主法治——的，实际上也就是蕴含着现代人道主义的，即支持保护人权的。这样的综合信念被罗尔斯称作合理的综合信念（reasonable comprehensive doctrines）。在《政治自由主义》一书中，罗尔斯多次强

---

① John Rawls, *Political Liberalism*, New York: Columbia University Press, 1996, p. 12.

② John Rawls, *Political Liberalism*, p. 13.

调，合理多元主义不是人类生活的不幸条件，而是在自由条件下人类自由运用其理性的结果。罗尔斯还明确地说：民主社会中合理综合性宗教、哲学和道德信念的多样性并非仅是将会消失的历史状况，而是民主公共文化的永久性特征。① 事实上，正因为综合信念的多样性是无法统一的，民主法治才是诸多政治建制中最不差劲的选项。因为无法用让所有人都能信服的方式证明，多种信仰中哪一种是唯一真的，其他的都是假的，所以，持不同信仰的人们应该在坚持各自信仰的同时彼此宽容。持不同信仰的人们也不应因为各自生活方式的差异而互相歧视。民主法治正是支持宽容、反对歧视、力倡平等自由的政治制度。

我们说，建设生态文明，必须提倡绿色生活方式，但这绝不意味着要统一人们的生活方式。绿色生活方式的基本要求是保护环境，节能减排。沿着罗尔斯的思路，我们可以把"保护环境，节能减排"的要求归入政治领域（抑或公共领域），换言之，"保护环境，节能减排"，是和"尊重人权"一样的公共道德原则。在公共道德原则中增加"保护环境，节能减排"这一条，确实是非同小可的事情，因为这一增添正凸显了生态文明与工业文明的根本区别。这意味着人人不仅都有尊重他人人权的义务，还有保护环境、节能减排的义务。这一普遍义务的产生源自工业文明不可持续这一事实，人类普遍履行这项义务迫于走出全球性生态危机的切实需要。把保护环境、节能减排规定为公民的基本义务，不违背民主法治精神，也丝毫不影响人们保持其生活方式的独特性。基督教徒、佛教徒、伊斯兰教徒、儒教信徒、唯物主义者等，都可以按各自的信仰采取各自的生活方式。这便是"道并行而不相悖"。但唯当人类走向生态文明时，即人人都保护环境、节能减排、维护生态健康时，才会是"万物并育而不相害"。

采取绿色生活方式的实质是超越物质主义生活方式。物质主义是一种"综合信念"，但长期以来它披着科学的外衣直接影响了制度和

①　John Rawls, *Political Liberalism*, New York：Columbia University Press, 1996, p. 36.

公共政策的制定和修改，即潜入了公共领域，从而使物质主义生活方式——大量消费、大量排放——成了多数人的生活方式，即成了主流生活方式。正因为物质主义原本是一种"综合信念"，它又侵入了公共领域，于是它也侵蚀了各种宗教和哲学信仰。超越物质主义只要求人们明白一个简单的事实：人类的幸福生活（抑或有意义、有价值的生活）以拥有充足的物质生活资料为前提，但绝不依赖于物质财富的增长。中国古代的颜回，美国 19 世纪的大卫·梭罗，都以自己的生活方式体证过这一事实。当代美国人科斯特（Amy Korst）、鲁伯特（April Luebbert）等人践行的"零垃圾生活方式"（the zero-waste lifestyle）也证明了这个事实。科斯特在《零垃圾生活方式：废弃少生活好》一书中十分详细地介绍了零垃圾生活方式，并概述了这种生活方式的两种好处：

其一，生活简朴而更加完整：我们每天都想有多一点时间。零垃圾生活有助于简化生活中的很多事情，从购物到保洁。你可以在购物方面少花时间，而多花时间陪伴家人和朋友。

其二，既可以少花钱又可以多享受花钱的幸福：你会明白过去买了许多你欲求的（wanted）东西，而不是你需要（need）的东西，你购买时会运用良知，既考虑自己的需要，也考虑环境影响，你会倾向于买较耐用的东西。①

"零垃圾生活方式"还有其他方面的重要意义：支持地方企业，吃得更健康，为将来世代承担保护地球的义务，为美化自然环境而减少垃圾，少受有毒化学物品、人工色素和添加剂的危害，变得更为自足（self-sufficient）。②

简言之，"零垃圾生活方式"完全可以是更加幸福、更加有意义的生活方式，也是最彻底的绿色生活方式。在工业文明的大局没有发生改变的条件下，践行"零垃圾生活方式"会十分艰难。但当循环经

---

① Amy Korst, *The Zero-waste Lifestyle: Live Well by Throwing away Less*, New York: Ten Speed Press, 2012, p. 17.

② Amy Korst, *The Zero-waste Lifestyle: Live Well by Throwing away Less*, pp. 20 - 21.

济、循环社会得以形成时，生产和消费过程中所产生的"垃圾"大部分都可以再利用或循环利用，这样，"垃圾"就不是垃圾了。

超越物质主义的根本途径是看破物质主义的根源：和其他信仰一样，物质主义源自人对无限的追求，但物质主义是对人类无限追求（即价值追求）的危险的误导。人只能以追求非物质价值的方式追求无限，而不能以追求物质价值的方式追求无限。在工业文明中，人们最终追求的也是非物质价值，如得到他人的承认和羡慕、舒适感和满足感、快乐或幸福。也就是说，物质主义者追求的价值归根结底还是非物质价值。自农业文明问世以来，人类社会一直以物质财富的多寡精粗去标识不同等级的人们的贵贱。工业文明的民主法治只强调了基本人权的平等（这已是一大进步），而完全没有改变农业文明以物质财富之多寡精粗标识不同阶级、阶层人之身份的传统。农业文明的意识形态还抵制、贬低物质主义（这固然反映了统治阶级的虚伪），而工业文明的意识形态公开拥护物质主义。这就使多数人以追求物质财富增长的方式追求无限。我们可以说，物质主义价值导向已隐含在农业文明的财产制度之中，工业文明则使之公开化、合法化、合理化了。

在物质财富充分涌流的条件下，人类于工业文明晚期第一次有了让多数人看破物质主义之错误的可能。只要多数人（如劳动者和被统治者）的生存仍不时地受到物质匮乏的威胁，对物质主义的批判就必然显得虚伪、可笑。工业文明首先使发达国家消除绝对贫困成为现实，目前又使中国这样的有 14 亿人口的大国消除了绝对贫困，并让人类看到了在全球消除绝对贫困的可能（尽管还需付出巨大努力且必须假以时日）。这就为批判物质主义提供了现实的条件。上一节提到的英格尔哈特等人的调查和研究能说明这一点，最近日本人大前研一关于"低欲望社会"的研究也能说明这一点。

大前研一判断：日本社会已成了一个低欲望的社会，许多人有大笔存款，却不愿提高消费水平，即不愿换更豪华的车，换更大的房子，等等；二十多岁、三十多岁的日本人，"不想有责任""不想承担责任""不想扩大自己的责任"。"为此，即使进了公司，也不想出人头地，将结婚视为重荷，将买房贷款视为一生被套牢——这些想法成了日本年轻人的主流想法。"① "如今日本年轻人当中，成为话题的流行新语就是'穷充'（poor 并充实）。他们认为没有必要为金钱和出人头地而辛苦工作，正是因为收入不高，才能过上心灵富足的生活。"② 这种"穷充"心态在欧洲富裕国家也出现过。

据大前研一分析，日本人的"穷充"与便利店的普及密切相关。大前研一说：

> 便利店创生出一天只要 500 日元就能解决温饱的社会。这也就是说，一天只需 500 日元一个硬币，在便利店买饭团、面包或便当，吃个一两餐便能生存下来。对自由职业者或尼特族来说，并不像上班族那样有规律的时间概念，也没有早中晚的节奏。肚子饿了，就在便利店买上便宜的便当充饥。有很多人都过着这样的生活。如此这般，就算手头宽松些，一天 1000 日元食费，也就足够——总之，现在的日本，借各地到处泛滥的便利店文化之光，不会再有饿死人的危险了（特殊事例除外）。③

"穷充"本是值得肯定的人生态度，却引起了大前研一的深深担忧。大前研一认为，"如果整个国家都蔓延着'穷开心也不错'的气氛，那么这个国家最终会沉没"，社会将"因此失去活力"④ "一旦对时尚、汽车、住宅等既无物欲也不想拥有的话，人类生产活动所需要的'驱动力'就会丧失殆尽。"⑤

---

① ［日］大前研一：《低欲望社会："丧失大志时代"的新国富论》，姜建强译，上海译文出版社 2018 年版，第 231 页。
② ［日］大前研一：《低欲望社会："丧失大志时代"的新国富论》，姜建强译，第 50 页。
③ ［日］大前研一：《低欲望社会："丧失大志时代"的新国富论》，姜建强译，第 46 页。
④ ［日］大前研一：《低欲望社会："丧失大志时代"的新国富论》，姜建强译，第 50—51 页。
⑤ ［日］大前研一：《低欲望社会："丧失大志时代"的新国富论》，姜建强译，第 47 页。

　　大前研一坚持自由主义的基本立场，反对国家扩张权力，力主保障企业自主权，反对提高遗产税，反对征收资本收入累进税，反对高社会福利制度。他显然希望物质主义的消费主义能一直都是日本乃至一切有活力的社会的主流生活方式，全然不知人类对无限（意义）的追求归根结底是对非物质价值的追求，也没有认识到物质主义生活方式与全球性生态危机的直接关联。

　　大前研一的《低欲望社会：“丧失大志时代”的新国富论》在被译成汉语出版以后，在中国社会产生了较大影响，已有人开始担心中国的年轻一代会成为“低欲望”的人。2021 年，“躺平”成为大家议论的热点话题。有人说，躺平虽然谈不上积极，但也绝对不是混吃等死，不求上进；而是安于现状，不再追求高薪工作，不结婚、不生小孩、不买房买车，试图过一种佛系的快乐生活。① 可见，中国年轻人的“躺平”也就是大前研一所说的“低欲望”。有人认为“躺平”是当代年轻人对社会的一种消极反抗。②

　　但苏州大学的马中红教授对在网络时代出生、成长的一代的看法不同于那些为“低欲望”而担忧的人们。马教授说：

　　　　现在的年轻一代或许已经或正在发生一系列变化。比如，他们不再把上班和工作视为同一件事，上班是一种选择，而工作也是一种选择；且他们也不把工作看作唯一重要，而更愿意将生活看得和工作同等重要，珍惜属于自己的时间，尊重自身的生活方式，不愿意仅仅为了挣钱牺牲个人爱好和兴趣，不满足只做流水线上的一个环节，如果尊严受到践踏，他们宁可辞职、跳槽、宅家，他们无法理解为什么一定要牺牲个人尊严做自己不情愿做的事情。③

---

① Couch Potato：《编辑手记：躺平》，《室内设计与装修》2021 年第 7 期。
② Couch Potato：《编辑手记：躺平》，《室内设计与装修》2021 年第 7 期。
③ 马中红：《“低欲望”还是“新欲望”》，《中国青年报》2019 年 12 月 23 日第 2 版。

这正表明，年轻一代在温饱无忧的条件下，有了较强的自主意识，超越了物质主义。

其实，坚持物质主义生活方式不是保持社会活力的必要条件。保持社会活力的必要条件包括：（1）人与人之间有适度的竞争张力（民主法治、市场经济和基本福利制度保障条件下的竞争是适度的竞争）；（2）社会面临各种挑战，甚至面临一些风险和危机。有这两个必要条件，自然有人努力创新、迎接挑战、应对风险和危机，社会自然有活力。

从历史上看，人类自进入农业文明以后，人与人之间的竞争乃至斗争就无法消除，人类社会面临的各种挑战、风险和危机也绵延不断。任何时期都有人"躺平"，都有人是低欲望的，农业文明的芸芸众生大多是低欲望的，因为他们不得不保持低欲望。唯当物质消费攀比成为主流生活方式且经济增长依赖于众多人的物质消费攀比时，众多人"躺平"和"低欲望"才令人担忧。换言之，今天只有那些资本拥有者（非仅指资本家，也包括普通股民）才最容易为众多人的"躺平"和"低欲望"而担忧。

大前研一等人所说的"低欲望"显然主要指物质消费方面的低欲望，而非指人们对任何事情都是低欲望的。马中红说：年轻一代学习和工作的目标性并不那么功利，上一代曾经孜孜以求的"成功人生"不再成为驱使他们努力的唯一动力，因而表现得比较"淡定"。"淡定"，不是因为害怕失败而放弃追求，放弃竞争，而是更愿意按自己的意愿，减少内耗去学习、工作和生活。事实上，兴趣和意义替代了上一代的"成功""成名"，正逐渐成为年轻一代努力的新动能，与无趣的工作相比，他们更愿意付出时间成本、情感成本和金钱成本去做自己喜欢的事情。譬如，熬夜为偶像打榜、参与社会公益活动等。① 这些似乎表明，新一代人的生活方式会更加多样化。"兴趣"和"意义"是更加本真的人生目标，前辈们追求"成功""成名"，也就因

---

① 马中红：《"低欲望"还是"新欲望"》，《中国青年报》2019年12月23日第2版。

为他们对"成功""成名"有持续不衰的兴趣，且把追求"成功"
"成名"当作人生意义。生活方式多样化必然会促进文化（狭义）的
多样化繁荣，文化繁荣的社会不会是失去活力的社会。

　　从维护生态健康和谋求人类和平的角度看，"低欲望"非但不是
坏事，而恰恰是好事，因为无止境地追求物质财富增长的、"高欲望"
的、物质主义生活方式恰恰是全球性生态危机和战争的根源。物质主
义生活方式与生态危机的关联是显而易见的（本书已多有揭示），那
么，它与战争有何关联？从古至今，武器、装备、军需都是打赢战争
的必要条件，正因为如此，统治者都必然要集聚并控制物质财富。进
入工业文明以后，强大、先进的军事力量必须有先进制造业的支持。
冷战的结果表明：用核武器和航空母舰等装备起来的"庞大军事机
器"还必须得到高效率的经济体系的支持。这种高效率的经济体系必
须是物质经济体系，而不可能是非物质经济体系。所以，并非那些便
利店即可满足其物质需要的人们需要不断增长的物质经济，而是在世
界上争霸的政治精英、军事精英、军需品供应商们需要不断增长的物
质经济。只有物质经济才能支持征服性技术，只有征服性技术不断进
步才能支持野心家们在世界上争霸。

　　"低欲望社会"的出现，人们对"佛系生活方式"的认同，都表
明人对无限或意义的追求完全可以从对物质财富增长的追求转向对非
物质价值的追求。"低欲望社会"完全可以是一个富有活力的社会，
只是其活力不是由争霸的欲望激发的，也不是由物质欲望激发的，而
是由应对全球性生态危机的使命感激发的，当然也可以是由赚钱的欲
望激发的，但随着货币和经济的日益非物质化，随着生态文明观念的
深入人心，人们积极赚钱不是为了满足不断膨胀的物质欲望，而是直
接出于"兴趣"，或出于对人生意义的追求（参见马中红）。人与人
之间可能难以避免互相攀比，但在生态文明中，人们将不再攀比物质
消费，而是攀比非物质消费。

　　采用绿色生活方式，保护环境，节能减排，恰恰需要保持大前研
一等人所反对的"低欲望"。绿色生活方式将会是生态文明的公共道

德和法律所要求的生活方式。采取绿色生活方式，正是全人类应对全球性环境污染、生态破坏、气候变化等危机的必然要求，是生态文明建设的必然要求。生态文明建设是人类文明的全面创新，这种全面创新必然激发根本不同于工业文明的社会活力，例如，不再是工业文明的那种人类征服自然的社会活力。建设生态文明也必然要求世界各国更坚定地谋求人类和平，因为人类的战争与"征服自然的战争"是休戚相关的。①

---

① 卢风：《人类的战争与人与自然之间的战争》，《生态文化》2021 年第 2 期，第 14—15 页。

结　束　语

关注全球性环境污染、生态破坏和气候变化的各行各业精英和研究不同学科的学术精英容易据守自己的行业或学科而提出解决方案。例如，从事能源研究的学者认为，解决问题的关键在于能源的清洁化；从事经济学研究的学者认为；关键在于认识到环境问题是个经济问题，"给污染定个价"，市场就能解决环境污染问题；如今从事气候变化研究的学者认为，关键在于减碳，进而建设"零碳经济"和"零碳社会"；从事循环经济研究的学者认为，关键在于变"线性经济"为"循环经济"……这些学者提出的解决方案都有可取之处，但又都失之于片面。工业文明充分凸显的生态危机是由人类文明长期演变而孕育出来的，是文明的危机。为透视危机并找到出路仅用分析的方法是不够的，必须用整体论或系统论的方法对人类文明进行整体诊断。"生态文明"概念的提出是人类思想史上的一次伟大飞跃。生态文明论把整体论方法运用于最具普遍意义的语境，彻底避免了片面分析的局限——就环保谈环保，就低碳谈低碳，就能源谈能源，就清洁生产谈清洁生产，就循环经济谈循环经济，就气候变化谈气候变化……即彻底避免了"头痛医头，脚痛医脚"的局限。

为走出工业文明的危机，必须实现文明各维度（涉及各行各业、各部门、各领域、各地区、社会各方面）的联动变革。但每个人又只能从具体事情做起。文明整体的变革也必须从各行各业和社会各方面的具体工作做起。要而言之，我们必须从如下各方面的具体工作做起：

（1）改变能源结构，逐渐减少化石能源的使用，大力发展太阳能、风能等可再生能源，在这方面，中国已迈开了较大的步伐，世界其他国家也在努力。

（2）改变产业结构，淘汰重污染、低效益的落后产能，结合互联网、大数据、人工智能等高新技术，采用清洁生产技术，发展高科技、高效益（并非仅指经济效益、社会效益，而是要兼顾生态效益）的产业，重视发展生态产业，实现产业生态化和生态产业化。

（3）改变经济增长方式，变"线性经济"为"循环经济"，当物质经济增长达到极限时，大力发展非物质经济。

（4）改变技术创新方向，变"黑色创新"为"绿色创新"，"黑色创新"是征服性技术的创新，而"绿色创新"是保护环境、维护生态健康、促进生态产业和循环经济的技术创新。

（5）改变消费模式，变"大量排放""大量废弃"的消费为"绿色消费"。

前四个方面的改变是专业从业者可以立即着手去做的，最后一项改变则是每一个人都有责任立即去做的。但做这些事如果得不到法律和公共政策的许可和支持，就会寸步难行。所以，必须有相应的政治、经济等制度方面的变革。

但人们必须有较强烈的动机才会去做事。工业文明强劲发展的惯性有力地阻碍着人们去做以上五个方面的事情以及实施相应的制度变革。唯当人们思想观念发生了根本改变，他们才会勇敢地排除工业文明发展惯性的阻碍而立即着手做以上五个方面的事情，政治家们才会毅然决然地推进相应的制度变革。简言之，有了观念的改变，人们才会有建设生态文明的动机，进而才会付诸行动。

由工业文明走向生态文明所必需的观念改变包括：（1）由机械论或物理主义自然观到生机论自然观；（2）由盲目可知论的知识论、科学观到谦逊理性主义的知识论、科学观；（3）由方法论的还原论到分析与综合兼顾的方法论的整体论或系统论；（4）由个体主义到辩证的共同体主义（不否认个体的相对独立性）；（5）由人类中心主义价值论到自然主义价值论；（6）由物质主义价值观、幸福观、发展观到非物质主义价值观、幸福观、发展观。有了这样的观念转变，人们就会明白工业文明为什么不可持续？为什么必须走向生态文明？没有这样的观念转变，能源部门的人们就不会积极研究并开发可再生能源；企业界的精英们就不会积极推进产业结构的改变，就不会积极发展绿色产业或生态产业，也不会积极建设循环经济；科技精英们就不会积极转向或选择绿色创新；政治家们就不会积极推进生态文明的制度建设。观念的改变离不开教育和媒体的改变，唯当生态文明理念成为教育和媒体的主导理念时，多数人才会从根本上改变自己的观念。

具体行动是建设生态文明的**关键**，决定行动之动机的观念则是生态文明建设的**根本**。关键一旦启动就会产生效果，但根本没有改变，则没有人会启动关键。

中国已把生态文明建设融入"五位一体"的整体布局，已从上到下地启动关键，改变根本。我们相信，中国作为一个有14亿人口的大国，率先建设生态文明，必将对人类做出较大贡献。

在反思全球性生态危机的思想根源、文化根源和社会根源时一直存在两种不同的观点。一种观点是：生态危机归根结底是社会危机，生态危机是由资本主义制度决定的财富分配严重不公所导致的；另一种观点是：生态危机的深刻思想根源和文化根源是人类对人与自然之关系的错误理解，生态危机是由人类中心主义的思想错误所导致的。

从社会制度方面看，坚持现代性（无论是马克思主义还是自由主义）立场的人们正确地认识到，源自农业文明的分配不公和贫富悬殊是节能减排、环境保护的严重障碍。如今，全球1%的富人掌握的财富与其余99%的人一样多，而最富的62个人的财富可抵36亿穷人的财富之和。令人惊讶的还有财富集中的速度：2010年，大约388个最富的人的财富可抵全球最穷人口财富的一半，到了2014年这一数字就只有80个，2015年更减少为62个。[①] 巨富及其亲属们难免穷奢极

---

① 青木、辛斌、柳玉鹏、张旺：《惊人贫富分化令世界担忧》，《报刊荟萃》2016年4月1日。

欲，而中等阶级往往羡慕他们的穷奢极欲，于是物质消费的攀比不可遏止，"大量生产、大量消费、大量排放"的生产—生活方式难以改变。世界上还存在大量的饥饿人口。按资本主义方式消除贫困，可能未等到全球人口脱贫，地球生态系统就早已趋于崩溃。

从信仰、世界观、价值观和道德方面看，许多思想家都发现了源自农业文明且被工业文明所强化的人道主义的错误，后来的批判者称迄今为止的人道主义为人类中心主义。利奥波德、施韦泽、阿伦·奈斯、林·怀特、克里考特、罗尔斯顿等人都对人类中心主义进行了深入的反思，这种反思已产生广泛的影响。对人类中心主义的反思同时涉及对现代科学思维方式——还原论——的反思，这与生态学的兴起休戚相关，也深受复杂性科学的支持。但是，对人类中心主义的批判不是对人道主义的断然否定，而只是指出，人类不可把自然当作异在的他者加以征服，应该把整个地球生物圈都当作一个共同体；要求尊重每一个人的权利没有错，但若为此而肆意灭绝地球上的其他物种，则会导致地球生物圈的崩溃，从而使人类自身失去其生存所必需的家园。

这两种观点并非互斥的，各有其合理的方面，各执一端而固执地否定对方才是最需要避免的错误。

建设生态文明必须改变财富分配不公的现实。从农业文明直至今天，劳动阶级一直通过阶级斗争去争取温饱的权利。好像长期的分配不公只引起了穷人的不满。蕴含着生态学的复杂性科学和全球生态危机的事实表明，贫富悬殊也是违背自然规律的，即大自然不允许人间分配不公的长期存在。换言之，长期贫富悬殊、分配不公，不仅不合人伦，也有悖天道。到了21世纪的今天，富人们应该明白，不仅广大劳动人民要求改变分配制度、缩小贫富差距，大自然也将迫使人类这样做。如果他们不仅拒绝倾听劳动人民的声音，也拒不服从大自然的命令，那么人类和地球生物圈都将面临灭顶之灾。

建设生态文明不仅要求我们把地球生物圈看作一个生命共同体，还要求我们敬畏作为终极实在的大自然。这种意义上的大自然不等于地球，也不等于物理学所描述的宇宙。大自然是万物之源，是"存在之大全"，是老子所说的"道"。人类对大自然心存敬畏，才会真心地维护地球生物圈的健康，才能走出工业文明的危机，走上生态文明的康庄大道。

参考文献

中文著作

（春秋）孔丘：《论语》，中华书局 2006 年版。

（春秋）老子：《道德经》，安徽人民出版社 1990 年版。

（战国）班固：《汉书》，中华书局 2007 年版。

（战国）庄周：《庄子》，中国社会科学出版社 2004 年版。

（战国）子思：《中庸》，中华书局 2006 年版。

（元）王祯撰，缪启愉、缪桂龙译注：《东鲁王氏农书译注》，上海古籍出版社 2008 年版。

（唐）惠能：《六祖坛经》，辽宁教育出版社 2005 年版。

（唐）张彦远：《历代名画记》，浙江人民美术出版社 2011 年版。

《范文正公文集》，四部丛刊景明翻元刊本。

《范文正公政府奏议上》，四部丛刊景明翻元刊本。

郭书田：《中国生态农业》，中国展望出版社 1988 年版。

季羡林：《三十年河东三十年河西》，当代中国出版社 2006 年版。

雷毅：《深生态学：阐释与整合》，上海交通大学出版社 2012 年版。

联合国环境规划署：《全球环境展望 6·决策者摘要》，联合国环境规划署，2019 年。

林默彪：《社会转型与人文关切》，社会科学文献出版社 2018 年版。

刘钝曹效业主编：《寻求与科学相容的生活信念》，科学出版社 2011 年版。

刘海峰：《中国科举文化》，辽宁教育出版社 2010 年版。

刘文典：《庄子补正》，赵锋诸伟奇点校，中华书局 2015 年版。

卢风、曹孟勤、陈杨：《生态文明新时代的新哲学》，中国社会科学出版社 2019 年版。

卢风：《生态文明与美丽中国》，北京师范大学出版社 2019 年版。

闵宗殿、董凯忱、陈文华编著：《中国农业技术发展简史》，农业出版社 1983 年版。

（南宋）程颢、程颐：《二程集》，中华书局 2004 年版。

《欧阳文忠公集》外集卷第九，四部丛刊景元本。

钱穆：《文化学大义》，九州出版社 2012 年版。

钱穆：《中国文化史导论》，商务印书馆 1994 年版。

《圣经》，中国基督教协会印。

释印顺：《佛法概论》，上海古籍出版社 1998 年版。

王凤兰主编《中国医道》，古吴轩出版社 2009 年版。

象伟宁：《生态实践学：一个以社会—生态实践为研究对象的新学术领域》，王涛、黄磊、汪辉译，国际城市规划 2019 年版。

叶谦吉：《叶谦吉文集》，社会科学文献出版社 2014 年版。

余诗琴：《荷尔德林：理性批判与人的诗意栖居》，德国奥登堡大学图书馆在线出版，2012 年。

余正荣：《生态智慧论》，中国社会科学出版社 1996 年版。

袁行霈：《中国文学概论》，高等教育出版社 1990 年版。

中共中央文献研究室：《习近平关于社会主义生态文明建设论述摘编》，中央文献出版社 2017 年版。

中共中央宣传部：《习近平总书记系列重要讲话读本》，学习出版社、人民出版社 2014 年版。

［澳］彼得·辛格：《动物解放》，孟祥森、钱永祥译，光明日报出版社 1999 年版。

［巴西］何塞·卢岑贝格：《自然不可改良》，黄凤祝译，生活·读书·新知三联书店 1999 年版。

［比］伊利亚·普利戈金：《确定性的终结：时间、混沌与新自然法

则》，湛敏译，上海科技教育出版社 1998 年版。

［德］海德格尔：《荷尔德林诗的阐释》，孙周兴译，商务印书馆 2015
年版。

［德］黑格尔：《美学》，朱光潜译，商务印书馆 2009 年版。

［德］卡尔·雅斯贝尔斯：《智慧之路——哲学导论》，柯锦华、范进
译，中国国际广播出版社 1988 年版。

［德］康德：《历史批判文集》，何兆武译，商务印书馆 1991 年版。

［德］库尔特·拜尔茨：《基因伦理学》，马怀琪译，华夏出版社 2000
年版。

［德］诺贝特·埃利亚斯：《文明的进程：文明的社会发生和心理发
生研究》，王佩莉、袁志英译，上海译文出版社 2013 年版。

［法］阿尔贝特·史怀泽：《敬畏生命》，陈泽环译，上海社会科学院
出版社 1996 年版。

［法］弗朗索瓦·于连：《本质或裸体》，林志明、张婉真译，百花文
艺出版社 2007 年版。

［法］甘丹·梅亚苏：《有限性之后：论偶然性的必然性》，吴燕译，
河南大学出版社 2018 年版。

［法］基佐：《欧洲文明史》，程洪逵、沅芷译，商务印书馆 1998
年版。

［法］孔多塞：《人类精神进步史表纲要》，何兆武、何冰译，生活·
读书·新知三联书店 1998 年版。

［法］莱维·斯特劳斯：《种族与历史》，清河译，云南人民出版社
2004 年版。

［法］帕斯卡尔：《思想录》，何兆武译，商务印书馆 1995 年版。

［法］皮埃尔·阿多：《古代哲学的智慧》，张宪译，上海译文出版社
2012 年版。

［法］托马斯·皮凯蒂：《21 世纪资本论》，巴曙松等译，中信出版社
2014 年版。

［古希腊］塞克斯都·恩披里柯：《皮浪学说概要》，崔延强译注，商

务印书馆 2019 年版。

〔古希腊〕亚里士多德：《尼各马可伦理学》，廖申白译注，商务印书馆 2004 年版。

〔加〕巴里·艾伦：《知识与文明》，刘梁剑译，浙江大学出版社 2010 年版。

〔美〕阿瑟·O. 洛夫乔伊：《存在的巨链》，张传友、高秉江译，商务印书馆 2015 年版。

〔美〕奥尔多·利奥波德：《沙乡年鉴》，侯文蕙译，商务印书馆 2016 年版。

〔美〕布鲁斯·马兹利什：《文明及其内涵》，汪辉译，商务印书馆 2017 年版。

〔美〕格拉汉姆·哈曼：《铃与哨：更思辨的实在论》，黄芙蓉译，西南师范大学出版社 2018 年版。

〔美〕海因茨·R. 帕格尔斯：《大师说科学与哲学：计算机与复杂性科学的兴起》，牟中原、梁忠贤译，漓江出版社 2017 年版。

〔美〕霍尔姆斯·罗尔斯顿：《环境伦理学》，杨通进译，中国社会科学出版社 2000 年版。

〔美〕J. 贝尔德·卡利科特：《众生家园：捍卫大地伦理与生态文明》，薛富兴译，中国人民大学出版社 2019 年版。

〔美〕卡萝尔·格雷厄姆：《这个世界幸福吗》，施俊琦译，机械工业出版社 2012 年版。

〔美〕克莱夫·庞廷：《绿色世界史：环境与伟大文明的衰落》，王毅、张学广译，上海人民出版社 2002 年版。

〔美〕朗佩特：《尼采与现时代：解读培根、笛卡尔与尼采》，李致远等译，华夏出版社 2009 年版。

〔美〕刘易斯·芒福德：《技术与文明》，陈允明等译，中国建筑工业出版社 2009 年版。

〔美〕罗塞尔·罗伯茨：《看不见的心——一部经济学罗曼史》，李勇、李琼芳译，中信出版社 2002 年版。

［美］罗伊·莫里森：《生态民主》，刘仁胜等译，中国环境科学出版社 2016 年版。

［美］马克·斯劳卡：《大冲突：赛博空间和高科技对现实的威胁》，黄锫坚译，江西教育出版社 1999 年版。

［美］尼葛洛庞帝：《数字化生存》，胡泳、范海燕译，海南出版社 1996 年版。

［美］Ray Kurzweil：《奇点临近》，李庆诚等译，机械工业出版社 2017 年版。

［美］史蒂芬·平克：《当下的启蒙》，侯新智等译，浙江人民出版社 2019 年版。

［美］斯蒂芬·罗斯曼：《还原论的局限：来自活细胞的训诫》，李创同、王策译，上海世纪出版集团 2006 年版。

［美］斯特伦：《人与神：宗教生活的理解》，金泽、何其敏译，上海人民出版社 1991 年版。

［美］S. 温伯格：《终极理论之梦》，李泳译，湖南科技出版社 2003 年版。

［美］汤姆·雷根 卡尔·科亨：《动物权利论争》，杨通进、江娅译，中国政法大学出版社 2005 年版。

［美］托马斯·内格尔：《心灵和宇宙：对唯物论的新达尔文主义的自然观的诘问》，张卜天译，商务印书馆 2017 年版。

［美］西奥多·罗斯扎克：《信息崇拜》，苗华健、陈体仁译，中国对外翻译公司 1994 年版。

［美］席文：《科学史方法论讲演录》，任安波译，北京大学出版社 2011 年版。

［美］雨果·德·加里斯：《智能简史》，胡静译，清华大学出版社 2007 年版。

［美］约翰·D. 卡普托：《真理》，贝小戎译，上海文艺出版社 2016 年版。

［美］詹姆斯·L. 多蒂、德威特·R. 李：《市场经济——大师们的思

考》，林季红等译，江苏人民出版社 2000 年版。

［美］詹姆斯·格雷克：《混沌：开创新科学》，高等教育出版社 2004 年版。

［美］詹姆斯·A. 罗伯茨：《幸福为什么买不到：破解物质时代的幸福密码》，田科武译，电子工业出版社 2013 年版。

［日］福泽谕吉：《文明论概略》，北京编译社译，商务印书馆 1995 年版。

［匈］贝拉·弗格拉希：《逻辑学》，刘丕坤译，生活·读书·新知三联书店 1979 年版。

［以色列］尤瓦尔·赫拉利：《人类简史：从动物到上帝》，中信出版社 2014 年版。

［意］利玛窦 金尼阁：《利玛窦中国札记》，何高济、王遵仲、李申译，中华书局 1983 年版。

［意］卡洛·罗伟利：《现实不似你所见：量子引力之旅》，杨光译，湖南科学技术出版社 2017 年版。

［英］A. J. 麦克迈克尔：《危险的地球》，罗蕾、王晓红译，江苏人民出版社 2000 年版。

［英］艾伦·麦克法兰：《现代世界的诞生》，管可秾译，上海人民出版社 2013 年版。

［英］爱德华·威尔逊：《半个地球：人类家园的生存之战》，浙江人民出版社 2017 年版。

［英］B. 马林诺斯基：《科学的文化理论》，黄建波等译，中央民族大学出版社 1999 年版。

［英］L. 比尼恩：《亚洲艺术中人的精神》，孙乃修译，辽宁人民出版社 1988 年版。

［英］理查德·莱亚德：《不幸福的经济学》，陈佳玲译，中国青年出版社 2009 年版。

［英］尼尔·弗格森：《文明》，曾贤明、唐颖华译，中信出版社 2012 年版。

［英］斯蒂芬·霍金：《霍金沉思录》，吴忠超译，湖南科技出版社 2019 年版。

［英］斯蒂芬·霍金：《万有理论：宇宙的起源与归宿》，吴忠超译，湖南科技出版社 2019 年版。

［英］汤因比：《历史研究》，曹未风等译，上海人民出版社 1997 年版。

［英］特里·伊格尔顿：《论文化》，张舒语译，中信出版集团 2018 年版。

［英］亚当·斯密：《国民财富的性质和原因的研究》，郭大力、王亚南译，商务印书馆

［英］伊懋可：《大象的退却：一部中国环境史》，梅雪芹等译，江苏人民出版社 2014 年版。

英文著作

Alan Drengson, Bill Devall (eds.). *Ecology of Wisdom*: *Writings by Arne Naess*. Counterpoint, Berkeley, 2008.

Aldo Leopold. *A Sand County Almanac*, *and Sketches here and there*, Oxford University Press, 1987.

Alfred North Whitehead. *Modes of Thought*. The Free Press, New York, 1938.

Alvin and Heidi Toffler. *Creating a New Civilization*: *The Politics of the Third Wave*, Turner Publishing, Inc., Atlanta, 1995.

Arne Naess. *Ecology*, *Community and Lifestyle*: *Outline of An Ecosophy*, Cambridge University Press, 1989.

Arran Gare. "Speculative Naturalism: A Manifesto, Cosmos and History." The Journal of Natural and Social Philosophy, Vol. 10, No. 2, 2014.

Arran Gare. *The Philosophical Foundations of Ecological Civilization*: *A Manifesto for The Future*, Routledge, London and New York, 2017.

Barry Commoner. *The Closing Circle*: *Nature*, *Man*, *and Technology*, New York, Alfred A. Knopf, 1972.

Bryner, Gary C. (2002). "Assessing Claims of Environmental Justice: Conceptual Frameworks." in Kathryn M. Mutz, Gary C. Byner and Douglans S. Kenney (eds.). *Justice and Natural Resources*: *Concepts Strategies and Applications*. Washington, DC: Island Presss.

Carlo Rovelli. *Reality Is Not What It Seems*: *The Journey to Quantum Gravity*, Translated by Simon Carnell and Erica Segre, Penguin Books, UK, 2016.

Carlo Rovelli. *Seven Brief Lessons on Physics*, Translated by Simon Carnell and Erica Segre, Penguin Books, UK, 2015.

Christine M. Korsgaard. *Fellow Creatures*: *Our Obligations to the Other Animals*. Oxford University Press, 2018.

Contemporary Philosophical Naturalism and ItsImplications. Edited by Bana Bashour and Hans D. Muller, Routledge, 2014.

C. P. Snow. *The Two Cultures*, with introduction by Stefan Collini. Cambridge University Press, 1998.

Curt Meine. *Aldo Leopold*: *His Life and Work*. The University of Wisconsin Press 1988.

Daniel Stolijar. *Physicalism*. Routledge, 2010.

David Edward Tabachnick. *The Great Reversal*: *How We Let Technology Take Control of the Planet*. University of Toronto University, 2013.

David Lindley. *Uncertainty*: *Einstein*, *Heisenberg*, *Bohr*, *and the Struggle for the Soul of Science*. A Division of Random House, Inc., New York, 2008.

David Schmidtz, Elizabeth Willott, *Environmental Ethics*: *What Really Matters*, *What Really Works*. New York: Oxford University Press, 2002.

Dieter Henrich. *Der Gang des Andenkens*. Klett-Cota, 1986.

Ernst Cassirer. *An Essay on Man*: *An Introduction to a Philosophy of Human*

Culture. New York: Doubleday Anchor Books, 1944.

Friedel Weinert. *The Scientisits as Philosopher: Philosophical Consequences of Great Scientific Discoveries.* Springer, 2005.

Geoffrey Hunt and Michael Mehta. *Nanotechnology: Risk, Ethics and Law.* Earthsacn Publications Ltd., 2008.

Gerald G Marten. *Human Ecology: Basic Concepts for Sustainable Development.* Earthscan, London, 2001.

Hans-Johann Glock. *What Is Analytic Philosophy?* . Cambridge University Press, 2008.

Herman E. Daly and John B. Cobb, Jr. With Contributions by Clifford W. Cobb. *For the Common Good: Redirecting the Economy toward Community, the Environment, and a Sustainable Furture.* Beacon Press, 1994.

Howard T. Odum. *Environment, Power, and Society.* Wiley-Interscience, A Division of John Wiley & Sons, Inc., New York, London, Sydney, Toronto, 1971.

Ilya Prigogine and Isabelle Stengers. *Order out of Chaos: Man's New Dialogue With Nature.* Bantam Books, Inc., 1984.

Ilya Prigogine. *Is Future Given?* . World Scientific Publishing Co. Pte. Ltd., New Jersey, London, Sigapore, Hong Kong, 2003.

Ilya Prigogine. *The End of Certainty: Time, Chaos, and the New Laws of Nature.* The Free Press, 1997.

Immanuel Kant. *Critique of Pure Reason.* Translated and Edited by Paul Guyer and Allen W. Wood. Cambridge University Press, 1998

Immanuel Kant. *Practical Philosophy.* translated and edited by Mary J. Gregor. Cambridge University Press, 1996.

Isaiah Berlin. *Against the Current: Essays in the History of Ideas.* The Viking Press, New York, 1980.

J. Baird Callicott. *Animal Liberation: A Triangular Affair*, in Donald Vad-

DeVeer and Christine Pierce (eds.). *People*, *Penguins*, *and Plastic Trees*: *Basic Issues in Environmental Ethics*. Wadsworth Publishing Company, 1986.

J. Baird Callicott. *In Defense of the Land Ethic*: *Essays in Environmental Philosophy*. State University of New York Press, 1989.

J. Baird Callicott. *Thinking Like a Planet*: *The Land Ethic and the Earth Ethic*. Oxford University Press, 2013.

John C. Mowen, Michael S. Minor. *Consumer Behavior*: *A Framework*. Pearson Prentice Hall, 2001.

John Gray. *Enlightenment's Wake*: *Politics and Culture at the Close of the Modern Age*. Routledge, 2007.

Karl Jaspers. *Way to Wisdom*: *An Introduction to Philosophy*. Translated by Ralph Manheim. New Haven and London: Yale University Press, 1954.

Keith Lehrer and Others. *Knowledge. Teaching and Wisdom*. Springer-Science + Business Media, B. V. 1996.

Luciano Floridi. *The Fourth Revolution*: *How the Infosphere is Reshaping Human Reality*. Oxford University Press, 2014.

Luciano Floridi. *The Onlife Manifesto*, *Being Human in a Hyperconnected Era*. Springer Open, 2015.

Marcelo Gleiser. *Imperfect Creation*: *Cosmos*, *Life and Nature's Hidden Code*. Black Inc. , 2010.

Marcus Singer. "The Method of Justice: Reflection on Rawls. " *The Journal of Value Inquiry*, Vol. X, No. 4.

Mark Amadeus Notturno. *Hayek and Popper on Rationality*, *Economism*, *and Democracy*. Routledge Taylor & Francis Group, 2015.

Martha C. Nussbaum. *Frontiers of Justice*: *Disablity*, *Natinality*, *Species Membership*. The Belknap Press, 2006.

Nathaniel Branden. *Who Is Ayn Rand?*. New York: Random House, 1962.

Nicholas Rescher. *Complexity*: *A Philosophical Overview*. New Brunswick and London: Transaction Publishers, 1998.

Norbert Bolz. *Lebenslauf des Subjekts in Aufsteigender Linie*, *in Die Frage nach dem Subjekt*, *herausgegeben von Manfred Frank*, *Gerard Raulet*, *Willem van Reijen*, Suhrkamp, 1988.

Norman T. Faramelli. "Ecological Responsibility and Economic Justice." Western Man and Environmental Ethics. ed. Ian G. Barbour. Addoson-Wesley Publishing Co. , 1973.

Paul Hawken. *The Next Economy*, *Holt*, *Rinehart and Winston*, New York, 1983.

Paul W. Taylor. *Respect for Nature*: *A Theory of Environmental Ethics*, Princeton University Press, 25th Anniversary Edition, With a New Foreword by Dale Jamieson, 2011.

Peng Gong. "Cultural History back Chinese Research". *Nature*, 26 January 2012, Vol. 481. p. 411.

Peter F. Drucker. *Post-capitalist Society*. Butterworth-Heinemann Ltd. , 1993.

Peter S. Wenz. *Environmental Ethics Today*. Oxford University Press, 2001.

Peter Winch. *The Idea of a Social Science*, *and Its Relation to Philosophy*. Routledge, London, 2003.

Pierre Hadot. *Philosophy as a Way of Life*, *Edited and with an Introduction by Arnold I. Davidson*, Blackwell Publishing, 1995.

Pierre Hadot. *The Veil of Isis*: *An Essay on the History of the Idea of Nature*. Translated by Michael Chase. The Belknap Press of Harvard University Press, 2006.

Quentin Meillassoux. *After Finitude*: *An Essay on the Necessity of Contingency*. Translated by Ray Brassier, Continuum International Publishing Group, 2008.

Rene Descartes. *Principles of Philosophy*. translated by Valentine Rodger Miller and Reese P. Miller. D. Reidel Publishing Company, 1983.

Robert Hinde and Joseph Rotblat. *War No More: Eliminating Conflict in the Nuclear Age*. Pluto Press, London, Sterling, Virginia, 2003.

Roy Morrison. *Ecological Democracy*. South End Press, Boston, 1995.

Saint Augustine. *Confessions*. Hackett Publishing Co. Inc. , 1993.

Shimon Malin. *Nature Loves to Hide: Quantum Physics and the Nature of Reality*, *a Western Perspective*. Oxford University Press, 2001.

Steven Weinberg. *Dreams of a Final Theory: THe Scientists Search for the Ultimate Laws of Nature*. Vintage Books, A Divison of Random House, Inc. , New York, 1993.

Sven Erik Jorgensen. *Introduction to Systems Ecology*. CRC Press, 2012.

Thomas Berry. *The Great Work: Our Way into the Future*. Three Rivers Press, New York, 1999.

Tim Kasser. *The High Price of Materialism*. A Bradford Book, The MIT Press, 2002.

Tom Regan. *Animal Rights*, *Human Wrongs: An Introduction to Moral Philosophy*. Rowman & Littlefield Publishers, Inc. , 2003.

Vernon Pratt with Jane Howarth and Emily Brady. *Environment and Philosophy*. Routledge, Taylor & Francis Group, 2000.

William Ophuls. *Immoderate Greatness: Why Civilizations Fail*. Great Space, North Charleston, SC, 2012.

W. V. Quine. *Ontological Relativity and Other Essays*. Columbia University Press, 1969.

W. V. Quine. *Theories and Things*. The Belknap Press of Harvard University Press, Cambridge, Massachusetts and London, England, 1981.

索　引

后　记

本书初稿的"环境正义和生态正义"部分是由王远哲博士撰写的，其余部分是我撰写的。初稿经过修改、补充以后，王远哲博士又仔细审读了一遍，并提出了一些修改意见。我根据王远哲博士的意见，再次修改，最后定稿。

清华大学博士生余怀龙、钟毓书校对过初稿，钟毓书编辑了名词索引，在此一并表示感谢。

我在撰写自己负责的那些部分时，我的妻子罗春霞女士一直给予我各方面的关心和照顾。事实上，在我们39年的婚姻中，她一直在为我默默奉献。

年轻时我曾立意追求真理，求学期间也曾意气风发。后来进入学术界，渐受风气侵染，名利心越来越重，于是犯了不少错误。2019年经一记棒喝，如今已幡然梦醒。今后当以不同的眼光看世界，以不同的心态度余生，以不同的智趣做学问。

卢　风

2022 年 1 月 14 日于清华园